MATHEMATIK NEUE WEGE

ARBEITSBUCH FÜR GYMNASIEN

Analysis

LÖSUNGEN

Herausgegeben von
Günter Schmidt
Henning Körner
Arno Lergenmüller

Schroedel

MATHEMATIK NEUE WEGE
Arbeitsbuch für Gymnasien
Analysis
Lösungen

Herausgegeben und bearbeitet von

Dieter Eichhorn, Florian Engelberger, Andreas Jacob, Henning Körner,
Arno Lergenmüller, Dr. Karl Reichmann, Michael Rüsing, Olga Scheid,
Prof. Günter Schmidt, Thomas Vogt

© 2011 Bildungshaus Schulbuchverlage
Westermann Schroedel Diesterweg Schöningh Winklers GmbH, Braunschweig
www.schroedel.de

Das Werk und seine Teile sind urheberrechtlich geschützt. Jede Nutzung in anderen als den gesetzlich zugelassenen Fällen bedarf der vorherigen schriftlichen Einwilligung des Verlages. Hinweis zu § 52a UrhG: Weder das Werk noch seine Teile dürfen ohne eine solche Einwilligung gescannt und in ein Netzwerk eingestellt werden. Dies gilt auch für Intranets von Schulen und sonstigen Bildungseinrichtungen.
Auf verschiedenen Seiten dieses Buches befinden sich Verweise (Links) auf Internet-Adressen. Haftungshinweis: Trotz sorgfältiger inhaltlicher Kontrolle wird die Haftung für die Inhalte der externen Seiten ausgeschlossen. Für den Inhalt dieser externen Seiten sind ausschließlich deren Betreiber verantwortlich. Sollten Sie bei dem angegebenen Inhalt des Anbieters dieser Seite auf kostenpflichtige, illegale oder anstößige Inhalte treffen, so bedauern wir dies ausdrücklich und bitten Sie, uns umgehend per E-Mail davon in Kenntnis zu setzen, damit beim Nachdruck der Verweis gelöscht wird.

Druck A^2 / Jahr 2013
Alle Drucke der Serie A sind im Unterricht parallel verwendbar.

Redaktion: Sven Hofmann
Herstellung: Reinhard Hörner
Grafiken: M. Wojczak, Berlin
Umschlaggestaltung: KLAXGESTALTUNG, Braunschweig
Satz: Satzteam Bleifrei, Hildesheim; Layout Service Darmstadt GmbH
Druck und Bindung: pva, Druck und Medien-Dienstleistungen GmbH, Landau

ISBN 978-3-507-**85582**-3

Inhalt

Vorbemerkungen 4
Zu diesem Buch 4

Kapitel 1 Funktionen und Änderungsraten
Didaktische Hinweise 10
Lösungen 13

Kapitel 2 Funktionen und Ableitungen
Didaktische Hinweise 41
Lösungen 44

Kapitel 3 Modellieren mit Funktionen – Kurvenanpassung
Didaktische Hinweise 110
Lösungen 114

Kapitel 4 Folgen – Reihen – Grenzwerte
Didaktische Hinweise 142
Lösungen 144

Kapitel 5 Integralrechnung
Didaktische Hinweise 160
Lösungen 162

Kapitel 6 Erweiterung der Differenzialrechnung
Didaktische Hinweise 198
Lösungen 201

Kapitel 7 Exponentialfunktionen und ihre Anwendungen
Didaktische Hinweise 241
Lösungen 243

Kapitel 8 Wachstum
Didaktische Hinweise 281
Lösungen 285

Vorbemerkungen

Dieses Lösungsheft richtet sich in erster Linie an die Lehrenden.

Die Lösungsskizzen gestatten einmal einen schnellen Überblick über Anspruch und Intention der vielfältigen Aufgaben, zum anderen weisen sie vor allem bei den komplexeren und offenen Aufgaben auf verschiedene Lösungswege hin, wie sie von den Lernenden individuell beschritten werden können. Zusätzlich erläutern die kurzen didaktischen Hinweise vor den Lösungen zu jedem Kapitel noch einmal die konzeptionellen Anliegen der einzelnen Kapitel.

Die Lösungen und Lösungshinweise sind andererseits aber von der Sprache und dem Umfang her so gehalten, dass sie je nach der gewählten Unterrichtsform und Entscheidung der Unterrichtenden auch den Lernenden zur Verfügung gestellt werden können. Dies entspricht unserer Auffassung von eigentätigem und selbstständigem Lernen und dem Erwerb von Lernstrategien, die dieser Werkreihe zugrunde liegt.

Viele Aufgaben in diesem Buch sind auf selbsttätige Aktivitäten ausgerichtet und recht offen angelegt, häufig werden verschiedene Lösungswege explizit herausgefordert. Insofern stellen viele Lösungen nur eine von vielen Möglichkeiten dar. Bei Aktivitäten, die auf Erfahrungsgewinn durch Handeln zielen, haben wir folgerichtig auf die Darstellung von Lösungen verzichtet.

Zu diesem Buch

Dieses Buch stellt in Konzeption und Gestaltung einen neuen Ansatz eines Schulbuches für den Mathematikunterricht am Gymnasium dar. Es greift in mehrfacher Hinsicht die konstruktiven Ansätze auf, die im Zusammenhang mit der Diskussion um die Allgemeinbildung im Mathematikunterricht und über die Ergebnisse der TIMS-Studie und PISA in den letzten Jahren entwickelt wurden und auch in den Bildungsstandards ihren Niederschlag gefunden haben.

1. Das Buch unterstützt eine Unterrichtskultur der Methodenvielfalt mit offenen und schüleraktiven Lernformen. Dadurch wird die absolute Dominanz des Grundschemas *kurze Einführung → algorithmischer Kern → Üben* überwunden.

Dies zeigt sich zunächst in der Gliederung jedes Lernabschnitts in drei Ebenen grün – weiß – grün.

In der **1. grünen Ebene** werden **verschiedene treffende Zugänge zum Thema** des Lernabschnitts angeboten. Dies geschieht in Form von interessanten, aktivitäts- und denkanregenden Aufgaben, welche die unterschiedlichen Interessen und Lerntypen ansprechen. Die alternativ angebotenen Aufgaben zielen auf die aktive Auseinandersetzung mit den Kerninhalten des Lernabschnitts. Sie sind schülerbezogen, situationsgebunden und handlungsauffordernd gestaltet und knüpfen an die Vorerfahrungen der Lernenden an. Sie sind weitgehend offen formuliert und regen zu unterschiedlichen Lösungsansätzen an.

Die **weiße Ebene** beginnt mit einer kurzen Hinleitung zum zentralen Basiswissen, das im hervorgehobenen **Kasten** festgehalten wird. Anschließend wird dieser Inhalt auf vielfältige Weise auf- und durchgearbeitet und gefestigt (→ „intelligentes Üben"). Die **Aufgaben** hierzu sind kurz, anregend und abwechslungsreich, sie beinhalten neben dem operatorischen Durcharbeiten auch Anwendungen und Vernetzungen, selbstverständlich auch Übungen zum Ausformen von Routinen. In eigens gekennzeichneten Icons werden Möglichkeiten zur Selbstkontrolle und Tipps zum eigenständigen Lösen angeboten.

Die **2. grüne Ebene** ist der **Erweiterung** und **Vertiefung** gewidmet. Ein wesentlicher Gesichtspunkt ist dabei die Einbindung der Aufgaben in Kontexte und Anwendungen. Ein zweiter Aspekt zielt auf offenere Unterrichtsformen (Experimente, Gruppenarbeit, kleine Projekte), ein dritter auf passende Anregungen zum Problemlösen (Knobeleien). Die Aufgaben sind auch äußerlich unter solchen Aspekten zusammengefasst. Zusätzlich finden sich hier lebendig und anschaulich gestaltete Lesetexte/Informationen.

2. Den Aufgaben liegt in allen Ebenen eine Auffassung des „intelligenten Übens" zugrunde.

Dies richtet sich in erster Linie gegen eine einseitige Ausrichtung an schematischem, schablonenhaftem Einüben von Kalkülen und nacktem Begriffswissen zugunsten eines vielfältigen Übens des Verstehens, des Könnens und des Anwendens. Intelligentes Üben bedeutet nicht, dass die Aufgaben überwiegend auf anspruchsvollere Fähigkeiten und komplexere Zusammenhänge zielen. Es sind auch hinreichend viele Aufgaben vorhanden, die einfaches Können stützen und dies auch für den Lernenden erfahrbar machen. Weitere Konstruktionsaspekte beim Aufbau der Aufgaben zum intelligenten Üben:

- Die Übungen sind nicht als vom Lernvorgang isolierte „Drillphasen" abgesetzt, vielmehr sind sie Bestandteil des Lernprozesses.
- Die Übungen sind im Umkreis von einfachen Problemen angesiedelt und durch übergeordnete Aspekte zusammengehalten. Die Probleme erwachsen aus der Interessen- und Erfahrungswelt der Schüler.
- Die Übungen ermöglichen auch häufig kleine Entdeckungen oder vergrößern das über die Mathematik hinausweisende Sachwissen. Auf diese Weise kann Üben dann mit Spaß/Freude bei der Anstrengung verbunden sein.
- Die Übungen sind häufig produktorientiert. In der Analysis geschieht dies durch das Herstellen von aussagekräftigen Grafiken, Berichten zu Lösungsprozessen und Ergebnissen oder Auswertungen von selbst durchgeführten Experimenten und Modellierungen.

3. Stärkere Berücksichtigung von Aufgaben
    - für offene und kooperative Unterrichtsformen
    - mit fächerverbindenden und fächerübergreifenden Aspekten
    - zur gleichmäßigen Förderung von Jungen und Mädchen
    - für die Möglichkeit und den Vergleich unterschiedlicher Lösungswege
    - für den konstruktiven Umgang mit Fehlern
    - für das Bewusstmachen und den Erwerb von Strategien für das eigene Lernen
    - für den sinnvollen und lernfördernden Einsatz neuer Technologien (Tabellenkalkulation, GTR, DGS)

4. Die Fähigkeiten zum Problemlösen werden kontinuierlich herausgefordert und trainiert.

Dies geschieht unter zwei Leitaspekten: Einmal wird in vielfältigen Anwendungssituationen der Prozess des Modellierens verdeutlicht und immer wieder mit allen Stufen eingeübt. Zum anderen werden die Strategien des Begründens und Beweisens und des kreativen Konstruierens behutsam an innermathematischen Problemstellungen entwickelt und bewusst gemacht. Für beide Aspekte werden hilfreiche Methodenkenntnisse und Strategien im übersichtlich gestalteten „Basiswissen" festgehalten.

5. Die Sprache des Buches ist einfach, griffig, alters- und schülerangemessen.

Das Buch unterstützt vom Kontext der Aufgaben und von der Sprache her die Entwicklung und den Ausbau von Begriffen als Prozess. Dazu dient auch die konsequente Visualisierung mit Fotos, Skizzen und Diagrammen, sowohl zur Motivation, zum Strukturieren, zum Darstellen eines Sachverhaltes als auch zum leichteren Merken von Zusammenhängen.

6. Das Buch stützt kumulatives Lernen, d.h. die Lernenden erfahren deutlichen Zuwachs an Kompetenz.

Dies wird durch verschiedene Gestaltungselemente erreicht:

- Zunächst werden Wiederholungsaufgaben in Neuerwerbsaufgaben eingebettet.
- Zusätzlich erscheinen Wiederholungen im sogenannten **„check up"**. Hier gibt es übersichtliche Zusammenfassungen und zusätzliche Trainingsaufgaben, zu denen die Lösungen am Ende des Buches zu finden sind.
- Am Ende jeden Kapitels finden sich komplexere und lernabschnittsübergreifende Aufgaben unter der Überschrift **„Sichern und Vernetzen – Vermischte Aufgaben"**. Diese sind an den prozessorientierten Kompetenzen orientiert und auf jeweils eigenen Seiten unter den Aspekten *„Training"*, *„Verstehen von Begriffen und Verfahren"*, *„Anwenden und Modellieren"* und *„Kommunizieren und Präsentieren"* eingeordnet. Die Lösungen zu diesen Aufgaben finden sich im Internet unter *www.schroedel.de/nw-85581* unter dem Reiter *Downloads*.
- Dem Aufgreifen und Sichern von früheren Fähigkeiten und Wissen dienen zwei weitere Elemente, die in allen Lernabschnitten auftauchen. Unter **„Kurzer Rückblick"** finden sich kleine Aufgaben, die an Wissen und Fertigkeiten aus der SI erinnern. Das **„Grundwissen"** greift Basiswissen und Basisfertigkeiten aus vorher behandelten Lernabschnitten auf und hält diese somit verfügbar.
- Am Ende des Buches finden sich **„Aufgaben zur Vorbereitung auf das Abitur"**. Diese sind auf typische Kenntnisse und Kompetenzen ausgerichtet, wie sie in allen Bundesländern gefordert werden. Auch hierzu findet man die Lösungen im Internet unter *www.schroedel.de/nw-85581* unter dem Reiter *Downloads*.

7. Das Buch wird eingebettet in eine integrierte Lernumgebung.

- In vielen Aufgaben und Projekten des Buches finden sich Aufforderungen und Anregungen zur **Nutzung der „elektronischen Werkzeuge"** Graphischer Taschenrechner (GTR), Tabellenkalkulation (TK) und Dynamischer Geometriesoftware (DGS) und des Internets.

- Dem Buch liegt eine **interaktive CD** bei, die sehr nutzerfreundliche Werkzeuge bereitstellt, die auf die Konzeption der Analysis ausgerichtet sind. Die CD kann generell zur Unterstützung des Lernens herangezogen werden, bei manchen Aufgaben wird durch das CD-Symbol auf die Nutzung eines speziellen Werkzeugs hingewiesen (→ siehe 8).
- Bei vielen Aufgaben und Projekten werden **spezielle Dateien** zur Unterstützung der Anschauung und zur Lösungsstrategie angeboten. Diese sind mit dem Maus-Symbol und dem Dateinamen gekennzeichnet. Auf sie kann über das Internet unter *www.schroedel.de/nw-85581* unter dem Reiter *Downloads* zugegriffen werden.
- Sehr hilfreich für die Nutzung des Buches ist der ausführliche Lösungsband, in dem neben den Lösungen auch ausführliche Kommentare und Anregungen zur Vermittlung wesentlicher Kompetenzen und Basisfähigkeiten in **didaktischen Kommentaren** zu den einzelnen Kapiteln des Buches gegeben werden. Bei Modellierungsaufgaben werden meist mehrere mögliche sinnvolle Lösungen und zugehörige Überlegungen, Interpretationen und Bewertungen mit angegeben, so dass alle Phasen des Modellierens dokumentiert sind.
- Wie bereits bei den Bänden in der Sekundarstufe I werden zusätzliche **Übungsmaterialien** in Kopiervorlagen bereitgestellt. Diese unterstützen und erweitern insbesondere die in dem Lehrwerk bereits konsequent berücksichtigten Anliegen des Aufbaus mathematischer Basisfähigkeiten und des kontinuierlichen Sicherns des dazugehörigen Basiswissens. Sie bieten damit eine weitere effiziente Hilfe für die Realisierung des kumulativen Lernens. Darüber hinaus findet das im Lehrwerk bereits gegebene ausführliche Angebot an kompetenzorientierten Aufgaben eine nützliche Ergänzung. Zusätzlich finden sich hier weitere Aufgabenvorlagen zur Zusammenstellung von Kursarbeiten und Übungen zum Abitur.

8. Didaktische Anmerkungen zum Einsatz der CD.

Die CD beinhaltet 18 Applikationen, die als Werkzeuge die Konzeption der Analysis unterstützen. Es werden also die Begriffsbildungsprozesse visualisiert und interaktiv gefördert, so dass tiefere Einsicht und breiteres Verständnis möglich werden. Damit grenzen sich die Applikationen von erweiterten Formelsammlungen oder Trainingsprogrammen für Algorithmen ab, sie regen durchgängig zur eigentätigen Auseinandersetzung und Interaktion an.

In mehreren Applikationen zur Sekantensteigungsfunktion wird der Weg von mittleren Änderungen (Steigungen) zur momentanen Änderung (Tangentensteigung) unter verschiedenen Blickwinkeln gegangen, sodass der grundlegende infinitesimale Prozess einsichtig wird. Ähnliches gilt für die Integralfunktionen. Hier wird sowohl die Rekonstruktion von Beständen aus der Änderung dynamisch dargestellt, als auch der Integralbegriff durch unterschiedliche Diskretisierungen beim Weg über Unter- und Obersummen erfahrbar.

In der Applikation zu den Tangentenscharen wird deren Hülleigenschaft erlebbar, in „Funktionenscharen" die Entstehung von Ortskurven. Parameterdarstellungen können in der zugehörigen Applikation in vielfältiger Weise exploriert werden, indem ihre Genesis aus bewegten Punkten unmittelbar erfassbar wird.

Die Möglichkeiten und Bedienungen der einzelnen Werkzeuge werden in der jeweils zugehörigen Detailhilfe näher erläutert.

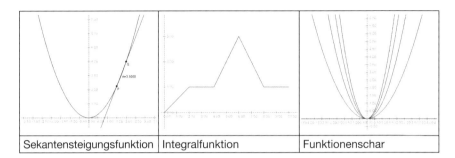

| Sekantensteigungsfunktion | Integralfunktion | Funktionenschar |

9. Zur Leistungsdifferenzierung

Das Buch ist so konzipiert, dass es in Kursen mit unterschiedlichem Leistungsniveau (z. B. Grund- oder Leistungskurs) eingesetzt werden kann.

Zur inhaltlichen Abstimmung auf die entsprechenden Curricula bietet das ausführliche Inhaltsverzeichnis eine erste Orientierung, eine weitere Hilfe ist durch die Zusammenfassungen in den „check ups" gegeben. Zusätzlich werden für die einzelnen Bundesländer im Internet unter *www.schroedel.de/nw-85581* unter dem Reiter *Planungshilfen* sogenannte „Stoffverteilungspläne" angeboten, in denen detaillierte Vorschläge zur Zuordnung der Lernabschnitte des Buches zu den in den Landescurricula geforderten Kompetenzen und Inhalten gemacht werden.

Eine Differenzierung nach Anspruchsniveau erschließt sich aus dem Aufbau der einzelnen Lernabschnitte: Die Entdeckungs- und Hinführungsaufgaben in der ersten grünen Ebene sind in der offenen Anlage für jedes Leistungsniveau geeignet, differenzierende Hilfen sind im Rahmen der meist angestrebten Partner- oder Gruppenarbeit selbstverständlich. Die Übungen in der weißen Ebene sind vom Elementaren zum Komplexen geordnet, z. T. finden sich auch in den einzelnen Aufgaben in den letzten Teilaufgaben deutlich erhöhte Ansprüche. Ansonsten gibt es zu vielen mathematischen Zusammenhängen sehr anschauliche objektorientierte Zugänge, Überprüfungen und Bestätigungen an Beispielen und allgemeine Begründungen und Beweise, sodass auch hier eine Differenzierung nach Anspruch und Abstraktion leicht realisiert werden kann. Auf den letzten Seiten der weißen Ebene und im Schwerpunkt auch in der zweiten grünen Ebene werden häufig komplexere Aufgaben mit höherem Anspruch aufgeführt. Die Vermischten Aufgaben bieten insbesondere zu den Kompetenzen „Anwenden und Modellieren" und „Kommunizieren und Präsentieren" viele Gelegenheiten zur selbständigen Darstellung von Zusammenhängen auf unterschiedlichem Niveau.

10. Einige Bemerkungen zu den Inhalten des Buches

Kapitel 1 – Funktionen und Änderungsraten

Die ersten beiden Kapitel bieten einen ersten Zugang zur Analysis. Im Mittelpunkt von Kapitel 1 stehen die globalen und lokalen Aspekte des Änderungsverhaltens von Funktionen. Dabei geht der Bildung des Begriffs „Ableitung" eine Phase der qualitativen Auseinandersetzung voraus, in der die Möglichkeiten grafischer Veranschaulichungen intensiv genutzt werden.

Kapitel 2 – Funktionen und Ableitungen

Das Kapitel 2 beleuchtet den Zusammenhang „Funktionen und Ableitungen", zunächst eher innermathematisch in den beiden ersten Lernabschnitten. Der dritte Lernabschnitt stellt mit den ganzrationalen Funktionen eine neue, bedeutsame Funktionenklasse heraus, während der letzte Abschnitt den auch außermathematisch relevanten Optimierungsaspekt beleuchtet.

Kapitel 3 – Modellieren mit Funktionen – Kurvenanpassung
Im Mittelpunkt stehen ganzrationale Funktionen, die als Werkzeug zum Modellieren benutzt werden. Der Weg führt dabei von mehr qualitativen Beschreibungen auch mit Regressionsfunktionen, über klassische ‚Steckbriefaufgaben' und einfache und überschaubare Sachsituationen (Biegelinien und Trassierungen) bis zur Modellierung mithilfe von Splines. Gesondert wird das wichtigste Werkzeug, die linearen Gleichungssysteme und ihre Lösung mithilfe des GTR thematisiert.

Kapitel 4 – Folgen – Reihen – Grenzwerte
Die hier behandelten Themen finden in den meisten Curricula zwar keine Berücksichtigung, sind aber natürlich immer noch wichtige Themen der Analysis. Die einzelnen Lernabschnitte sind so aufgebaut, dass sie gut in der hier dargestellten Form auch Grundlage für Ausarbeitungen, Referate oder Facharbeiten sein können. Die ersten beiden Lernabschnitte dienen dem Vertrautwerden mit iterativen Prozessen und der Präzisierung des Grenzwertbegriffs, im dritten werden unter anderem die Begriffe „Stetigkeit" und „Differenzierbarkeit" erfasst und im vierten Lernabschnitt können numerische Verfahren zum Lösen von Gleichungen systematisiert werden.

Kapitel 5 – Integralrechnung
Die Integralrechnung nimmt ihren Ausgang aus dem Problem der Rekonstruktion von Beständen aus bekannter Änderung. Parallel dazu wird die Grundvorstellung „Integral als Fläche" erzeugt. In intellektuell redlicher Weise kann damit der Hauptsatz schnell erschlossen werden, um gehaltvolle Anwendungen durchzuführen. Präzisierungen des Integralbegriffs werden als Erweiterungen angeboten, ebenso wie die dritte Grundvorstellung „Integral als Mittelwert".

Kapitel 6 – Erweiterung der Differenzialrechnung
Die ersten beiden Lernabschnitte führen die Differenzialrechnung fort, es werden die noch übrig gebliebenen Ableitungsregeln behandelt und Funktionenscharen systematisch, auch bezüglich Ortskurven charakteristischer Punkte, untersucht. In den beiden letzten Lernabschnitten werden zwei weitere Funktionsklassen (rationale und trigonometrische Funktionen) mit nun vollständig zur Verfügung stehenden Werkzeugen untersucht, in Teilen klassifiziert und in vielfältigen Sachsituationen angewendet.

Kapitel 7 – Exponentialfunktionen und ihre Anwendungen
Im ersten Lernabschnitt werden die notwendigen Werkzeuge und Begriffe eingeführt, die dann zur e-Funktion und ln-Funktion führen und die Differenzialrechnung zum Abschluss führen. In 7.2 stehen dann inner- und außermathematische Zusammenhänge, die sich mit e-Funktionen beschreiben und untersuchen lassen, im Mittelpunkt. Es gibt einerseits intensive, innermathematisch orientierte Trainingsphasen, aber auch vielfältige Sachsituationen, in denen alle bis hierher behandelten Inhalte auftauchen und so nachhaltiges Üben und unmittelbare Abiturvorbereitung ermöglichen. Wenn Kapitel 8 nicht behandelt wird, können die drei grundlegenden Wachstumsmodelle (exponentiell, begrenzt, logistisch) hier in verkürzter Form behandelt werden.

Kapitel 8 – Wachstum
In diesem Kapitel wird konsequent in neuartiger Weise modelliert. Ausgangspunkt sind postulierte Gesetzmäßigkeiten zwischen Änderungen und Beständen, also Differenzialgleichungen, deren Lösungen dann die Funktionen liefern. Im Großen können alle drei Lernabschnitte als ein wiederholtes Durchlaufen des Modellierungszyklus aufgefasst werden. Dieses Kapitel kann sinnvoll direkt im Anschluss an 7.1 behandelt werden.

Kapitel 1
Funktionen und Änderungsraten

Didaktische Hinweise

In vielen Situationen, auch im täglichen Leben, ist die Frage danach, wie sich etwas verändert, häufig von entscheidender Bedeutung. Hat der Lernfortschritt zugenommen? Nimmt der Anstieg des Hochwassers noch weiter zu? Nimmt die Arbeitslosenzahl stärker ab? Konnte der Umsatz ständig gesteigert werden? Entsprechend dieser Bedeutsamkeit wird in dem einleitenden Kapitel zur Analysis die Ableitung unter der Leitidee „Änderungsrate" entwickelt. Um vielfältige Verständnisebenen zu schaffen, wird gleichzeitig auch die klassische geometrische Interpretation als Steigung behandelt. Für eine verständnisorientierte Begriffsbildung ist dabei eine intensive qualitative Auseinandersetzung mit Änderungen und deren grafischer Darstellung notwendig (1.1). Eine solcher Zugang schafft damit sowohl Anknüpfungspunkte an alltägliche Sprech- und Handlungsweisen als auch einen Ausgangspunkt für die folgende quantifizierende Erfassung von Änderungen über Differenzquotienten und Sekantensteigungen. Für die Ausbildung einer adäquaten Grundvorstellung ist ein breiter, vielfältiger Umgang mit mittleren Änderungsraten notwendig, ehe behutsam das kognitiv schwierige Konzept der Momentanänderung am Beispiel der Momentangeschwindigkeit erarbeitet wird (1.2). Dies wird dann auf vielfältige Kontexte übertragen. Mithilfe von grafikfähigen Taschenrechnern oder der beigefügten Software können mit der Sekantensteigungsfunktion momentane Änderungen sehr effektiv näherungsweise bestimmt, veranschaulicht und untersucht werden, sodass ein mächtiges Werkzeug für schülernahes Explorieren und Experimentieren zur Verfügung steht (1.3). Das Problem des Unendlichen wird deutlich als grundlegendes erfasst, aber schülergerecht auf eine phänomenologisch-anschauliche Propädeutik beschränkt. Viele aus dem vorherigen Unterricht bekannte Funktionen werden wieder aufgenommen und mit den neu erarbeiteten Konzepten untersucht.

Während in 1.1 der globale Aspekt von Änderungen (Steigungsgraphen) qualitativ, beschreibend im Mittelpunkt steht, rückt in 1.2 der lokale Aspekt in den Fokus, ehe in 1.3 die Erkenntnisse aus 1.2 mit den Erfahrungen aus 1.1 verknüpft werden und zu einer mathematisierten Betrachtung des globalen Aspekts den Erstzugang zur Analysis zu einem ersten Abschluss führen.

Zu 1.1

Der Einstieg erfolgt über die vielfältige Auseinandersetzung mit vielleicht schon aus vorherigen Jahrgängen bekannten Füllvorgängen, die ein schülernahes Erfahren und Darstellen von Änderungen ermöglichen. Im Basiswissen wird dann der unmittelbare Zusammenhang zwischen Änderung und Steigung sprachlich fixiert und visualisiert. In den Übungen werden die wichtigen Grundvorstellungen in verschiedenen Sachzusammenhängen erzeugt und gefestigt, indem die Schülerinnen und Schüler aus Texten Graphen und aus Graphen Texte zu Änderungen herstellen und interpretieren. Neben einem sicheren Umgang mit Änderungen wird auch das qualitative Funktionsverständnis intensiv geübt („Wie verhält sich y, wenn x sich so verhält?" (Kovarianzaspekt)). Den Abschluss bildet ein Projekt zum Erlaufen von Graphen unter besonderer Berücksichtigung von unterschiedlichen Geschwindigkeiten. Hier können Änderungen nahezu körperlich erfahren werden.

Zu **1.2**
In diesem Lernabschnitt stehen die quantifizierte Erfassung von Änderungen in Form von mittleren Änderungsraten und der Weg zur momentanen Änderung an einer Stelle im Mittelpunkt – also die lokale Untersuchung von Änderungen.
Die mittleren Änderungsraten bilden dabei einen eigenständigen Gegenstand zur Untersuchung von Änderungen in verschiedenen Sachsituationen, sie sind damit nicht schnell zu durchlaufende Zwischenstation auf dem Weg zur Ableitung. Die Arbeit mit dem Differenzenquotienten und seiner Veranschaulichung erzeugt eine stabile Grundlage für die dann folgende Annäherung an das komplexe Konzept der momentanen Änderung.
Im Einstieg werden zunächst zwei typische Situationen untersucht, die den Zusammenhang zwischen den beiden zentralen Grundvorstellungen, der Änderungsrate und der Steigung, für die Schüler erlebbar machen. In einem ausführlichen Lesetext mit integrierten kleinen Aufgaben wird die grundlegende Vorgehensweise zur momentanen Änderungsrate am Beispiel des freien Falls in einer alternativen methodischen Form angeboten. Im Basiswissen werden wieder ganzheitlich sowohl Änderungsrate und Steigung als auch die Bestimmung eines Näherungswertes für die momentane Änderung thematisiert, sodass hier schon das zentrale Problem des Lernabschnitts eine erste, wenn auch vage, Antwort findet. In den Übungen (4-12) wird zunächst der Umgang mit dem Differenzenquotienten vielfältig gefestigt, ehe sich die Schülerinnen und Schüler in unterschiedlichen Forschungsaufträgen mit der grundlegenden Problematik des Infinitesimalen bei der Annäherung an die Steigung an einer Stelle (Momentanänderung) auseinandersetzen und erste Ergebnisse erzielen (Übungen 13-16). Der GTR wird hier zum ertragreichen Werkzeug bei der Gewinnung von Vermutungen und numerischen Ergebnissen.
Im Zentrum bleibt der verständige Umgang mit Differenzenquotienten und nicht ein vorschnelles algebraisches Kalkül. Im Basiswissen werden die zentralen Begriffe und Schreibweisen eingeführt. Dabei ist darauf Wert gelegt, dass es einerseits inhaltlich bei einem intuitiven Grenzwertbegriff mit entsprechend vorsichtigen Formulierungen bleibt, dass aber andererseits auch die Notwendigkeit einer Präzisierung in den Blick gerät und erste Schritte in dieser Richtung gegangen werden (Übungen 25-27). Natürlich erfahren die Lernenden auch die Vorteile der h-Methode, aber auch deren Grenzen (Übungen 21-22).

Zu **1.3**
Nach der lokalen Untersuchung in 1.2 wendet sich der dritte Lernabschnitt wieder der globalen Untersuchung von Funktionen und ihren Änderungen zu. Dabei wird mit der Sekantensteigungsfunktion als Näherungsfunktion der Ableitungsfunktion ein Werkzeug eingeführt, das in Verbindung mit dem GTR oder der beigefügten Software sehr wirkmächtig ist und die grafisch-numerische Bestimmung von Ableitungsfunktionen in gewünschter Näherung erlaubt, ohne dass weitere algebraische Werkzeuge (Ableitungsregeln etc.) nötig sind. Hier liegt also eine analoge Situation zum Lösen von

Gleichungen vor, wo mit dem GTR auch immer grafisch-numerische Lösungsverfahren (Schnittstellen, Nullstellen, Vorzeichenwechsel in Tabellen) frühzeitig und parallel zu den algebraischen Verfahren den Schülerinnen und Schülern zur Problembearbeitung zur Verfügung stehen. Nachdem im Basiswissen die Sekantensteigungsfunktion erläutert wird, dient sie in der anschließenden Übungsphase als Werkzeug zur näherungsweisen Erzeugung und Untersuchung von Ableitungsfunktionen, aber auch als heuristisches Hilfsmittel, wenn es z. B. um die Ableitung der Sinusfunktion geht (Übung 11). Dabei sind die Steigungsgraphen nun – in Wiederaufnahme und Abgrenzung zu den Untersuchungen in 1.1 – ‚errechnete', mathematisierte Graphen (Übungen 3-8). Ähnlich wie in 1.2 führt eine genauere Untersuchung der Sekantensteigungsfunktionen dann zur begrifflichen Festlegung der Ableitungsfunktion im zweiten Basiswissen (Übung 9). Wenn die Schülerinnen und Schüler dann die manchmal mögliche Vereinfachung mithilfe von Algebra erfahren haben (h-Methode, Aufgabe 12), stehen ihnen für zukünftige Untersuchungen zwei leistungsstarke Werkzeuge zur Verfügung:

(1) Die Sekantensteigungsfunktion, die in der universellen Einsetzbarkeit ihren Vorteil hat, aber immer Näherungslösung bleibt, und

(2) die h-Methode, die zwar exakte Ergebnisse liefert, aber dafür nicht immer möglich ist.

Lösungen

1.1 Änderungsraten – grafisch erfasst

1. a) Entscheidend wirken folgende Kriterien:
   - Hohe Strichdichte bei den stroboskopischen Bildern bedeutet langsamer Anstieg des Flüssigkeitspegels, entsprechend entsteht ein größerer Abstand zwischen den Strichen, wenn der Flüssigkeitspegel relativ rasch steigt.
   - Ein steiler Anstieg des Füllgraphen ist die Folge einer kleinen Querschnittsfläche des Gefäßes, entsprechend bewirkt eine Vergrößerung der Querschnittsfläche einen flacheren Anstieg des Füllgraphen.

Gefäß	Füllgraph	Strob. Bild	Begründung
I	2	E	Einer kurzen schnellen Anfangsphase folgt eine stetige nichtlineare Füllung, bis ein rascher linearer Anstieg, bedingt durch ein engeres Rohrvolumen, die Füllung beendet.
II	1	C	Gleichförmiger Anstieg des Flüssigkeitspegels, der Füllgraph ist eine zur Zeit t proportionale Funktion.
III	5	F	Zuerst schneller, dann langsamer werdender Anstieg des Flüssigkeitspegels, der Füllgraph ist nach rechts gekrümmt.
IV	4	A	Fast linearer Anstieg des Füllgraphen, aber oben und – vermutlich – unten durch kugelige Enden schnelleres Füllen des Gefäßes.
V	6	B	Symmetrischer Doppelkegel, der sich erst langsam, dann schneller und dann wieder langsamer füllt.
VI	3	D	Der Gefäßquerschnitt nimmt von unten nach oben ab, der Füllpegel steigt immer schneller. Die Steigung des Graphen nimmt zu.

   b) Gute Beispiele liefern aneinandergefügte Raumkörper (z. B. Kegel und Würfel).

2. Der Graph A beschreibt die Wasserstandsänderungen am besten. Nach seinem tiefsten Pegelstand steigt das Wasser kontinuierlich mit positiver Änderungsrate bis zum höchsten Pegelstand. Danach fällt der Pegelstand kontinuierlich mit negativer Änderungsrate. Die Änderungsrate ist betragsmäßig am größten, wenn sich der Wasserstand zwischen Niedrigwasser und Hochwasser befindet. Die beiden anderen Graphen kommen auch deshalb nicht infrage, weil der Wechsel zwischen NW und HW harmonisch verläuft und nicht sägezahnmäßig (B) und weil ausschließlich positive Änderungsraten (C) nicht möglich sind.

13

3. **Entwicklung des Hochwassers:**
Am 21. 5. steigt der Pegel langsam und erreicht gegen Abend die Meldestufe 1. Am 22. 5. steigt der Pegel schneller und die Meldestufe 2 wird schon gegen 6 Uhr erreicht. Gegen Mittag erreicht der Pegel die Meldestufe 3. Der Pegel steigt nun etwas langsamer und erreicht gegen 18 Uhr die Meldestufe 4. Bis zum 24. 5. gegen Mittag steigt der Pegel mit nahezu konstanter Geschwindigkeit. Danach sinkt er etwas und ändert sich bis zum 25. 5. gegen 18 Uhr kaum. Ab 18 Uhr fällt der Pegel mit gleich bleibender Geschwindigkeit.

Graph der Änderungsrate:
Charakteristische Merkmale der qualitativen Kurve:
- positive Änderungsrate bei Meldestufe 1 ist kleiner als die bei Meldestufe 2
- positive Änderungsrate bei Meldestufe 2 ist kleiner als die bei Meldestufe 3
- größte positive Änderungsrate bei Meldestufe 3
- nahezu konstante Änderungsrate ab Meldestufe 4
- verschwindende Änderungsrate am 24. 5. vormittags
- größte negative Änderungsrate am 24. 5. mittags
- negative Änderungsrate am 24. 5. bis abends
- geringe positive Änderungsrate bis 25. 5. mittags
- ab 25. 5. nachmittags negative Änderungsrate

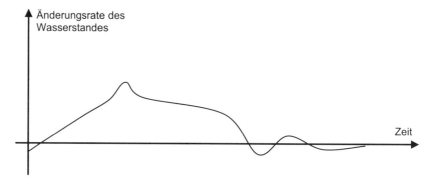

4. a) Anfangs, wenn für wenige Fliegen genügend Nahrung vorhanden ist, können sie sich ungestört vermehren. Solange die Lebensdauer größer als der Vermehrungszyklus ist, wird die Population anwachsen. Mit der Verknappung der Nahrung wird die Lebensdauer sinken, und es kommt zu einem Schrumpfen der Population. Das Schrumpfen erfolgt schneller als das anfängliche Wachsen.

4. b) Bestand und Änderungsrate des Bestandes für die Fruchtfliegen:

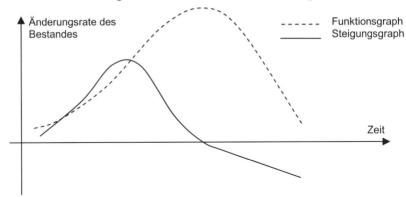

5. a) Die Steigung des Graphen gibt die momentane Änderungsrate der Niederschlagsmenge wieder.
b) Niederschlagsmenge und zugehöriger Änderungsgraph
- an einem wechselhaften Sommertag:

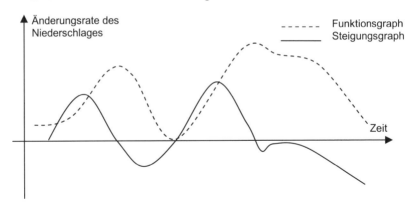

- an einem stürmischen Gewittertag:

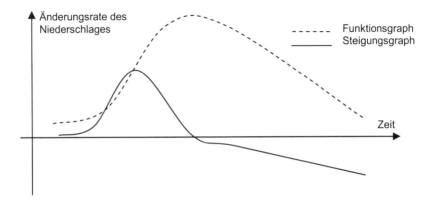

6. a) Siehe Graph C in Aufgabe 7.
   b) Die Verschuldung nimmt zwar immer noch zu, aber bereits schon mit kleiner werdender Änderungsrate.

7. Aussagen über Änderungen

Thema	Graph	Begründung
Arbeitslosenzahl	A	Der Rückgang der Arbeitslosenzahlen erfolgt nach einem relativen Maximum immer schneller, also ein nach unten gekrümmter Graph. y-Achse: 3,9 bis 3,3 Millionen x-Achse: Zeitraum 2000 bis 2008 (Quelle: Statistisches Bundesamt)
Schülerzahl	B	Die Schülerzahlen nehmen seit Jahren ab, aber nicht linear, sondern immer schneller, also ein nach unten gekrümmter Graph. y-Achse: 10,2 bis 9,2 Millionen x-Achse: Zeitraum 1997 bis 2007 (Quelle: Statistisches Bundesamt)
Durchschnittstemperatur	D	Die Änderungsrate des Durchschnittstemperaturanstieges nimmt zu, deshalb ist der Graph für die Durchschnittstemperatur nach oben gekrümmt. y-Achse: 0,0°C bis 0,6°C Erhöhung seit 1975 x-Achse: Zeitraum 1975 bis 2008 (Quelle: Wikipedia)
Verkehrsunfälle	C	Zwar steigt die Zunahme der Verkehrsunfälle immer noch, doch konnte der Zuwachs kontinuierlich verringert werden. y-Achse: Von 2,24 Mio. bis 2,29 Mio. Unfälle x-Achse: Zeitraum 2006 bis 2008 (Quelle: Statistisches Bundesamt)

8. a) Anfangs steigt die Rakete mit einer zur Zeit überproportional zunehmenden Geschwindigkeit. Nach dem Abbrennen der Antriebsrakete würde sich die erreichte Geschwindigkeit konstant fortsetzen, wenn sich nicht die proportional zur Zeit zunehmende Fallgeschwindigkeit überlagern würde. Die Geschwindigkeit der Rakete nimmt nun bis zum Erreichen ihrer maximalen Höhe linear ab. Ab hier wird die Geschwindigkeit negativ, und die Rakete fällt auf einer parabolischen Bahn zur Erde zurück. Nach Erreichen einer bestimmten Fallgeschwindigkeit öffnet sich der Bremsfallschirm, wodurch sich der Fall der Rakete verlangsamt und in eine konstante Sinkgeschwindigkeit übergeht, bis die Rakete auf dem Boden auftrifft.

15

8. b) Der rechte Graph wird vervollständigt, indem man ihn mit einer geraden Linie mit negativer Steigung verlängert, weil die Höhe wegen der konstanten Fallgeschwindigkeit linear abnimmt. Vorher wird noch ein kleines linksgekrümmtes Wegstück zurückgelegt, weil sich die Fallgeschwindigkeit durch die Bremswirkung des Fallschirms verlangsamt.

Die markanten Punkte des Geschwindigkeitsgraphen finden sich folgendermaßen im Weg-Zeit-Diagramm wieder:
1. Bis zum Geschwindigkeitsmaximum nimmt die Steigung des Weg-Zeit-Graphen zu, danach nimmt die Steigung ab, das heißt, die Zunahme des Höhenanstieges verlangsamt sich, bis die Rakete ihren höchsten Punkt erreicht.
2. Der Nullpunkt des Geschwindigkeitsgraphen markiert den höchsten Punkt der Raketenbahn.
3. Die zunehmende negative Geschwindigkeit erzeugt den parabelförmigen Höhenverlust.
4. Das Öffnen des Bremsfallschirmes verlangsamt den Höhenverlust.
5. Der konstanten Sinkgeschwindigkeit würde ein konstanter Höhenabbau bis zum Auftreffen auf dem Erdboden entsprechen.

9. Graph der Änderungsrate für das Vergessen von Lerninhalten:

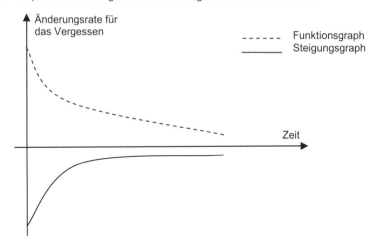

Abgeleitete Ratschläge für das Lernen:
1. Große negative Änderungsrate verkleinern, d. h. steilen Abfall der Vergessenskurve abflachen, d. h.: Frühzeitig wiederholen
2. Große Funktionswerte bei der Vergessenskurve im weiteren zeitlichen Verlauf beibehalten, d. h.: Regelmäßig wiederholen

16

10. a) –

b) Zuordnungen:

Beschreibung	C	A	B	D
Funktion	$y_1 = x^2$	$y_2 = \sqrt{x}$	$y_3 = \frac{1}{x}$	$y_4 = 2^x$
Steigungsgraph	II	III	IV	I

16 c) Steigungsgraphen für

(1) $y_5(x) = 2x$ (2) $y_6(x) = 3x$ (3) $y_7(x) = -2x$ (4) $y_8(x) = 2x + 1$

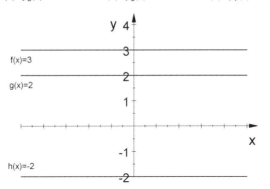

Es fällt auf, dass bei linearen Funktionen
- parallele Graphen gleiche Steigungsgraphen haben.
- ein Minus vor der Funktionsgleichung den Steigungsgraphen an der x-Achse spiegelt.

11.

Funktionsgraph	Änderungsrate
Weg-Zeit-Graph einer Autofahrt	Geschwindigkeit zu einem Zeitpunkt
Höhenprofil einer Wanderstrecke	Anstieg/Gefälle des Weges an einer Stelle
Füllhöhe einer Flüssigkeit in einem Gefäß zu einem bestimmten Zeitpunkt	Steiggeschwindigkeit des Wasserspiegels zu diesem Zeitpunkt
Schuldenhöhe zu einem bestimmten Zeitpunkt	Geschwindigkeit der Verschuldung
Pegelstand eines Flusses zu einem Zeitpunkt	Steig-/Sinkgeschwindigkeit des Wassers
Wasserstand im Regenmesser zu einem Zeitpunkt	Anstiegsrate der Niederschlagsmenge zu einem Zeitpunkt
Höhe des Flugzeuges über Grund zu einem bestimmten Zeitpunkt	Steiggeschwindigkeit des Flugzeuges zu einem bestimmten Zeitpunkt
Bevölkerungsstand an einem bestimmten Stichtag	Bevölkerungswachstum an einem bestimmten Stichtag
Geldentwertung (Inflation) zu einem bestimmten Zeitpunkt	Momentane Inflationsrate zu diesem Zeitpunkt
Intensität der radioaktiven Strahlung eines Elements zu einem Zeitpunkt	Zerfallsrate des radioaktiven Elements zu diesem Zeitpunkt

1.2 Von der durchschnittlichen zur momentanen Änderungsrate

1. a) Herr Mayer hat die Ortschaft mit unterschiedlichen Geschwindigkeiten durchfahren. Das belegt die Ermittlung der in den einzelnen Minutenintervallen gefahrenen mittleren Geschwindigkeiten.

Minuten-intervall	1. Min.	2. Min.	3. Min.	4. Min.	5. Min.	6. Min.
gefahrene Kilometer	0,8	1,0	1,2	0,2	0,4	0,9
mittl. Geschw. (in $\frac{km}{h}$)	48	60	72	12	24	54

b) Zwischen der 2. und der 3. Minute ist Herr Mayer mit einer mittleren Geschwindigkeit von 72 $\frac{km}{h}$ gefahren, im Intervall [2,0; 2,4] sogar 90 $\frac{km}{h}$:

$$\Delta v = \frac{s_2 - s_1}{t_2 - t_1} \frac{km}{min} = \frac{2,4 - 1,8}{2,4 - 2,0} \frac{km}{min} = \frac{0,6}{0,4} \frac{km}{min} = 90 \frac{km}{h}$$

Wenn er hier geblitzt wurde, erhält er nicht nur eine Anzeige, sondern er muss auch mit dem Führerscheinentzug rechnen. Dabei hilft es ihm nicht, wenn er sagt, dass er für die 4,5 km lange Ortsdurchfahrt sechs Minuten benötigt habe, er also nur 45 $\frac{km}{h}$ gefahren sei. Denn das ist die hier nicht in Betracht kommende Durchschnittsgeschwindigkeit in [0; 6] gewesen:

$$\Delta v = \frac{s_2 - s_1}{t_2 - t_1} \frac{km}{min} = \frac{4,5 - 0}{6 - 0} \frac{km}{min} = 45 \frac{km}{h}$$

2. a) Das Höhenprofil gibt dem Radsportler nicht nur über die zu überwindenden Höhen Auskunft, sondern auch über die Steilheiten von Auf- und Abfahrt.

b)

	Berg 1 Bärenwände	Berg 2 Fohra	Berg 3 Wolfsbühel	Berg 4 Weinberg	Berg 5 Jauerling
Aufstieg (m)	400	250	200	200	550
Länge (m)	4500	3500	3500	2500	7000
Steigung (%)	ca. 9	ca. 7	ca. 6	8	ca. 8
Abfahrt (m)	350	200	150	250	650
Länge (m)	3000	2000	1500	3500	5000
Gefälle (%)	ca. 11,5	10	10	ca. 7	13

Die durchschnittliche Steigung der Aufstiege ist etwas größer als 7,5 %, das durchschnittliche Gefälle der Abfahrten ist etwas größer als 10 %. Berg 1 hat mit ca. 9 % den steilsten Aufstieg, Berg 5 hat mit 13 % die steilste Abfahrt.

3. a) Dass der Stein zunehmend schneller fällt, kann man daran erkennen, dass mit jedem Zeitintervall die durchfallende Höhendifferenz immer größer wird.

Zeitintervall	AB	BC	CD	DE	EF	FG
Durchfallende Höhendifferenz (m)	1,2	3,8	6,2	8.8	11,2	13,8

Wenn der Stein mit konstanter Geschwindigkeit fallen würde, dann wären die Abstände zwischen zwei aufeinander folgenden Messpunkten stets gleich. Man müsste eine fallende Gerade im Höhe-Zeit-Diagramm sehen.

b) Berechnung der Durchschnittsgeschwindigkeiten v_d:

Zeitintervall (s)	[0; 0,5]	[0,5; 1,0]	[1,0; 1,5]	[1,5; 2,0]	[2; 2,5]	[2,5; 3]
Höhendiff. (m)	1,2	3,8	6,2	8,8	11,2	13,8
$v_d \left(\frac{m}{s}\right)$	2,4	7,6	12,4	17,6	22,4	27,6

c) Berechnung der Höhen mit $h(t) = 45 - 5t^2$:

Zeit (s)	0,5	1,0	1,5	2,0	2,5	3,0
Höhe mit h(t)	43,75	40,00	33,75	26,00	13,75	0,00
Gemessene Höhe	43,8	40	33,8	25	13,8	0

Der Vergleich mit den gemessenen Werten bestätigt, dass h(t) sehr gut passt.

4. a)

Stundenintervall	1.	2.	3.	4.	5.	6.	7.
gefahrene km	8	18	10	1	15	17	16
Durchschnittsgeschwindigkeit $\left(\frac{km}{h}\right)$	8	18	10	1	15	17	16

Für die 85 km lange Tour wurden 7 Stunden benötigt, was einer Durchschnittsgeschwindigkeit von ca. 12 $\frac{km}{h}$ für die gesamte Tour entspricht.

b) Weg-Zeit-Diagramm auf der Basis der errechneten Durchschnittsgeschwindigkeiten (Weg in km, Zeit in Stunden):

4. c) Folgender Tourbericht als Vorschlag:
„Als wir am Morgen starteten, war es noch ziemlich kühl. So war es uns allen recht, dass es zunächst leicht bergauf ging. Nach einer Stunde hatten wir gerade mal 8 km geschafft. Wir waren froh, in den 2 Stunden richtig touren zu können. Nachdem wir 28 km lang in die Pedale getreten hatten, empfanden wir die kräftige Mahlzeit im Landgasthof „Zum Radler" als eine Wohltat. Nach einer knappen Stunde ging es weiter. Es war ein milder Nachmittag geworden, sodass wir einen kleinen Umweg für die Rückfahrt einplanten. Ein gemütlicher Abend war die Belohnung für 3 Stunden „Streetwork" und fast 50 km durch eine herrliche Landschaft. Was für ein schöner Tag!"

Realistisches Weg-Zeit-Diagramm:

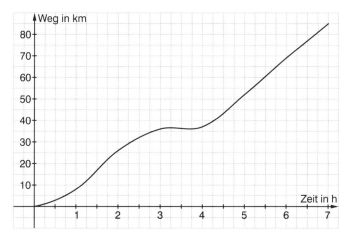

d) Man kann sich vorstellen, dass in der ersten und dritten Stunde bergauf gefahren wurde, was auch die relativ niedrigen Durchschnittsgeschwindigkeiten erklären würde. Deshalb ist es gut denkbar, dass in der zweiten Stunde bergab gefahren wurde und dabei Spitzengeschwindigkeiten erzielt wurden, die über der Etappendurchschnittsgeschwindigkeit von 18 $\frac{km}{h}$ lagen.

5. a) In [–3; 0]: $\frac{\Delta y}{\Delta x} = \frac{f(0) - f(-3)}{0 - (-3)} > 0$, in [0; 3]: $\frac{\Delta y}{\Delta x} = \frac{f(3) - f(0)}{3 - 0} < 0$
und in [3; 6]: $\frac{\Delta y}{\Delta x} = \frac{f(6) - f(3)}{6 - 3} > 0$

b) Wird das Intervall zur Berechnung der durchschnittlichen Änderungsraten zu groß gewählt, so entstehen ungenaue oder gar falsche Aussagen. Als Beispiel ermittelt man die Steigung für f(x) zwischen den Punkten P(–3 | f(–3)) und Q(4 | f(4)) mit 0, doch bleiben dabei die dazwischen vorhandenen negativen und positiven Steigungen verborgen.

c) Aussagekräftige Daten erhält man mit Teilintervallen, die kleiner als Δx = 0,5 sind.

6. a) Mittlere Änderungsrate des Pegelstandes:

Tag	10.06.	11.06.	12.06.	13.06.	14.06.	15.06.
Δh (cm)	–25	45	185	–120	–65	–20
$\frac{\Delta h}{\Delta t}\left(\frac{cm}{h}\right)$	≈ –1	≈ 1,9	7,7	–5	–2,7	≈ –0,8

b) Mittlere Änderungsrate des Pegelstandes am 12.06.:

Uhrzeit	0 - 3	3 - 6	6 - 9	9 - 12	12 - 15	15 - 18	18 - 21	21 - 24
Δh (cm)	5	130	90	85	25	0	–120	–25
$\frac{\Delta h}{\Delta t}\left(\frac{cm}{h}\right)$	≈ 1,7	≈ 43	30	≈ 28	≈ 8	0	–40	≈ –8

Mit dem Zeitintervall 3 Stunden ergeben sich für den 12.06. realistischere Änderungsraten.

c) Auf den Anstieg pro Stunde umgerechnet, wurde die höchste mittlere Änderungsrate mit ca. 43 $\frac{cm}{h}$ am 12.06. von 03:00 Uhr bis 06:00 Uhr gemessen.

7. Es gibt zwei Intervalle, in denen der Kurvenverlauf durch eine durchschnittliche Änderungsrate angemessen charakterisiert wird:

In [0,5; 2,5] mit $\frac{\Delta y}{\Delta x} = \frac{3,5 - 0,7}{2,5 - 0,5} = 1,4$ und in [4; 6] mit $\frac{\Delta y}{\Delta x} = \frac{2 - 3,8}{6 - 4} = -0,9$

8. (1) Die Aussage ist falsch. Als Gegenbeispiel verwenden wir die Funktion $f(x) = x^2$ und ermitteln die Steigung für f(x) zwischen P(–1 | f(–1)) und Q(2 | f(2)) mit m = 1, doch bleiben dabei die dazwischen vorhandenen negativen Steigungen verborgen.

(2) Die Aussage ist richtig. Zum Beweis nehmen wir eine beliebige lineare Funktion f(x) = mx + n und ein beliebiges Intervall [a; b]. Damit bilden wir den Differenzenquotienten: $\frac{f(b) - f(a)}{b - a} = \frac{mb + n - (ma + n)}{b - a} = \frac{m(b - a)}{b - a} = m$

(3) Die Aussage ist richtig. Denn $\frac{\Delta y}{\Delta x} = \frac{(a + 0,1)^2 - a^2}{a + 0,1 - a} = 2a + 0,1$ wird auch größer, wenn a größer wird.

(4) Die Aussage ist falsch. Als Gegenbeispiel verwenden wir $f(x) = -\frac{1}{x}$ in [1; 2]. In diesem Intervall beträgt der Differenzenquotient $m = \frac{-0,5 - (-1)}{2 - 1} = 0,5$. Macht man nun das Intervall dadurch größer, dass man mit seiner rechten Grenze gegen ∞ geht, so geht m gegen Null.

9. Linkes Schaubild: Der Näherungswert für die Steigung in b ist größer als derjenige für die Steigung in a. Grund: Der Graph wird in [a; b] steiler, also nehmen die mittleren Steigungen dort zu.
Beispiel für f(x): mittlere Steigung in [1; 1,5] ist 2,5 und in [1,5; 2] ist sie 3,5.

Rechtes Schaubild: Der Näherungswert für die Steigung in b ist kleiner als derjenige für die Steigung in a. Grund: Der Graph wird in [a; b] flacher, also nehmen die mittleren Steigungen dort ab.
Beispiel für g(x): mittlere Steigung in [1; 1,5] ist 0,45 und in [1,5; 2] ist sie 0,38.

10. a) $\frac{\Delta y}{\Delta x} = \frac{f(a+h) - f(a)}{h}$; h = 0,001 liefert schon einen guten Näherungswert.

Steigung in P_0: $\frac{f(0 + 0,001) - f(0)}{0,001} \approx 0,999$

Steigung in P_1: $\frac{f(0,5 + 0,001) - f(0,5)}{0,001} \approx 0,875$

Steigung in P_2: $\frac{f(1 + 0,001) - f(1)}{0,001} \approx 0,499$

Steigung in P_3: $\frac{f(1,5 + 0,001) - f(1,5)}{0,001} \approx -0,125$

Steigung in P_4: $\frac{f(2 + 0,001) - f(2)}{0,001} \approx -1,001$

b) Da bei P_3 die kleinste Steigung vorliegt, befindet sich der höchste Punkt mit der Steigung Null vermutlich in der Umgebung von x = 1,5.
Beispiel: Steigung in x = 1,4 ist $\frac{f(1,4 + 0,001) - f(1,4)}{0,001} \approx 0,019$

c) Vermutlich liegt das größte Gefälle und die größte Steigung in den Nullstellen.

11. a) Wir ermitteln die Sekantensteigungen in den Teilintervallen von [0; 1].

Teilintervall (km)	[0; 0,2]	[0,2; 0,4]	[0,4; 0,6]	[0,6; 0,8}	[0,8; 1,0]
Δh (km)	0,032	0,05	0,06	0,05	0,03
Steigung (%)	16	25	30	25	15

Die größte Steigung besteht mit 30 % im Intervall [0,4; 0,6]. Vermutlich kann das Auto die Steigung bewältigen, weil bei technischen Angaben meistens auch noch eine Sicherheitstoleranz gegeben ist (bspw. 30 % + 2 % bis 3 %).

b) Die Funktion modelliert das Bergprofil sehr gut.

c) Man kann jetzt genauer erkennen, dass bei x = 0,5 km die größte Steigung mit 30 % besteht. Grund: In [4,5; 5,5] hat die mittlere Steigung den Wert 0,299. Somit kann man sicher sein, dass das Auto sie schafft.

12. Angenäherte Momentangeschwindigkeit im Moment des Auftreffens
(aus h(t) = 0 = 28 − 5t²) auf dem Wasser:
$v = \frac{h(2,36 + 0,001) - h(2,36)}{0,001} \frac{m}{s} \approx -23,6 \frac{m}{s} \approx -85 \frac{km}{h}$

Ja, die Angaben im Zeitungsartikel stimmen. Gründe:
- Aufgrund der Formulierung: „… von bis zu 90 $\frac{km}{h}$ …"
- h(t) ist ein Modell für die Flugkurve. Z. B. kann der Springer in der Realität auch von 28,5 m Höhe abspringen.

Alternativ kann man v auch mit v = −gt berechnen:
$v = -9{,}81 \frac{m}{s^2} \cdot 2{,}36 \text{ s} = -23{,}15 \frac{m}{s}$

13. a) Die angegebene Funktion entspricht dem abgebildeten Graphen.

b) Im ersten und dritten markierten Punkt verschwindet die Steigung, im zweiten Punkt hat der Graph vermutlich die größte negative Steigung.

c) Der erste Punkt soll H, der zweite W und der dritte T heißen. Zur Berechnung des Näherungswertes der Steigung in den Punkten wendet man wieder die „h-Methode" an mit h = 0,001:

13. c) Fortsetzung

$$m_H = \frac{f(x_H + h) - f(x_H)}{(x_H + h) - x_H} = \frac{f(0 + 0{,}001) - f(0)}{(0 + 0{,}001) - 0} = \frac{2{,}999997 - 3}{0{,}001} = -0{,}003 \approx 0$$

$$m_W = \frac{f(x_W + h) - f(x_W)}{(x_W + h) - x_W} = \frac{f(1 + 0{,}001) - f(1)}{(1 + 0{,}001) - 1} = \frac{0{,}997 - 1}{0{,}001} = -3$$

$$m_T = \frac{f(x_T + h) - f(x_T)}{(x_T + h) - x_T} = \frac{f(2 + 0{,}001) - f(2)}{(2 + 0{,}001) - 2} = \frac{-0{,}999997 - (-1)}{0{,}001} = 0{,}003 \approx 0$$

14. (1) $m(1) = \frac{f(x+h) - f(x)}{(x+h) - x} = \frac{(1 + 0{,}0001)^4 - 1^4}{0{,}0001} = \frac{1{,}00040006 - 1}{0{,}0001} = 4{,}00060$

$m(2) = \frac{(2 + 0{,}0001)^4 - 2^4}{0{,}0001} = \frac{16{,}00320024 - 16}{0{,}0001} = 32{,}0024$

(2) $m(1) = \frac{f(x+h) - f(x)}{(x+h) - x} = \frac{\sqrt{1 + 0{,}0001} - \sqrt{1}}{0{,}0001} = \frac{0{,}000049999}{0{,}0001} = 0{,}49999$

$m(2) = \frac{\sqrt{2 + 0{,}0001} - \sqrt{2}}{0{,}0001} = \frac{0{,}00003535}{0{,}0001} = 0{,}3535$

(3) $m(1) = \frac{f(x+h) - f(x)}{(x+h) - x} = \frac{(2 \cdot 1{,}0001 - 1{,}0001^2) - (2 \cdot 1 - 1^2)}{0{,}0001} = -0{,}0001$

$m(2) = \frac{(2 \cdot 2{,}0001 - 2{,}0001^2) - (2 \cdot 2 - 2^2)}{0{,}0001} = -2{,}0001$

(4) $m(1) = \frac{f(x+h) - f(x)}{(x+h) - x} = \frac{2^{1{,}0001} - 2^1}{0{,}0001} = 1{,}38634$

$m(2) = \frac{2^{2{,}0001} - 2^2}{0{,}0001} = 2{,}77268$

15. A Wir wählen als Beispiel $f(x) = 2^x$ und $a = 2$:

h	f(x)
0,1	2,8709385
0,01	2,78222002
0,001	2,77354985
0,0001	2,77268482
0,00001	2,77259833
0,000001	2,77258968
0,0000001	2,77258882
0,00000001	2,77258874

B Das Vorzeichen von h spielt keine Rolle:

h	f(x)
−0,1	2,67868034
−0,01	2,76300183
−0,001	2,77162804
−0,0001	2,77249263
−0,00001	2,77257911
−0,000001	2,77258776
−0,0000001	2,77258863
−0,00000001	2,77258874

Abweichungen treten nur bei betragsmäßig größeren Werten von h auf.

16. a) Für h → 0 ⇒ Q → P

b) Für h → 0 nähert sich die Sekante durch P und Q der Tangente an den Graphen in P. P ist im Grenzfall der Berührpunkt der Tangente.

17.

h	$f(x) = x^2 - 2x + 1$ $a = 1$ $\frac{f(x+h) - f(x)}{h}$	$f(x) = x^3 + 2$ $a = 1$ $\frac{f(x+h) - f(x)}{h}$	$f(x) = \sqrt{x}$ $a = 3$ $\frac{f(x+h) - f(x)}{h}$	$f(x) = 2^x$ $a = 0$ $\frac{f(x+h)\,f(x)}{h}$	$f(x) = x^4 - 2x^3$ $a = 1$ $\frac{f(x+h) - f(x)}{h}$
0,1	0,100000	3,310000	0,286309	0,717735	−1,979000
0,01	0,010000	3,030100	0,288435	0,695555	−1,999799
0,001	0,001000	3,003001	0,288651	0,693387	−1,999998
0,0001	0,000100	3,000300	0,288673	0,693171	−2,000000
0,00001	0,000010	3,000030	0,288675	0,693150	−2,000000
0,000001	0,000001	3,000003	0,288675	0,693147	−2,000000
0,0000001	0,000000	3,000000	0,288675	0,693147	−2,000000
bester Näherungswert	0	3			−2

18. Wir bilden zuerst den Grenzwert des Differenzenquotienten:

$$\lim_{h \to 0} \frac{f(x+h) - f(x)}{h} = \lim_{h \to 0} \frac{(x+h)^3 - x^3}{h} = 3x^2 \Rightarrow m(1) = 3 \text{ und } m(-1) = 3$$

Die Funktion $f(x) = x^3$ hat an beiden Stellen die gleiche Steigung, die beiden Tangenten an den Graphen sind also parallel. Das erklärt sich auch mit der Punktsymmetrie des Graphen zum Ursprungspunkt.

19.

Funktion	$f_1(x) = x^2$	$f_2(x) = x^3$	$f_3(x) = x^4$
	$f_1\left(\frac{1}{2}\right) = \frac{1}{4}$	$f_2\left(\frac{1}{2}\right) = \frac{1}{8}$	$f_3\left(\frac{1}{2}\right) = \frac{1}{16}$
Differenzenquotient $m\left(\frac{1}{2}\right)$	$\frac{\left(\frac{1}{2}+h\right)^2 - \left(\frac{1}{2}\right)^2}{h}$	$\frac{\left(\frac{1}{2}+h\right)^3 - \left(\frac{1}{2}\right)^3}{h}$	$\frac{\left(\frac{1}{2}+h\right)^4 - \left(\frac{1}{2}\right)^4}{h}$
$\lim_{h \to 0} m\left(\frac{1}{2}\right)$	1	$\frac{3}{4}$	$\frac{1}{2}$
	$f_1(1) = 1$	$f_2(1) = 1$	$f_3(1) = 1$
Differenzenquotient $m(1)$	$\frac{(1+h)^2 - 1^2}{h}$	$\frac{(1+h)^3 - 1^3}{h}$	$\frac{(1+h)^4 - 1^4}{h}$
$\lim_{h \to 0} m(1)$	2	3	4

Für $a = \frac{1}{2}$ nehmen die momentanen Änderungsraten mit wachsendem Exponenten ab. Das liegt daran, dass für $|a| < 1$ der Wert der Potenzzahl mit wachsendem Exponenten kleiner wird. Oder: Mit wachsendem Exponenten wächst die Potenzfunktion mit $a = \frac{1}{2}$ langsamer.

Für $a = 1$ nehmen die momentanen Änderungsraten mit wachsendem Exponenten zu. Das heißt: Mit wachsendem Exponenten wächst die Potenzfunktion mit $a = 1$ schneller.

20. a) Anzahl der Füchse: f(t) = 300 + 200 · sin(t), t: Zeit (in Jahren)

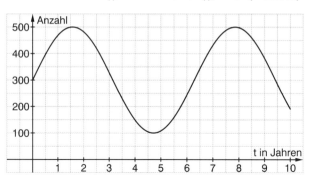

Die Fuchspopulation wächst besonders stark im 7. Jahr und fällt besonders stark im 4. Jahr und im 10. Jahr. Sie ändert sich nur wenig in den Zwischenräumen. Man kann erkennen, dass sich die Population periodisch mit einer Periodendauer von sechs Jahren verändert.

b) $d(t) = \frac{f(t) - f(1)}{t - 1}$ (d(t) auf ganze Zahl gerundet)

t (Jahr)	0,90	0,91	0,92	0,93	0,94	0,95	0,96	0,97
d(t)	116	115	115	114	113	112	111	111

t (Jahr)	0,98	0,99	1,00	1,01	1,02	1,03	1,04	1,05
d(t)	110	109	-	107	106	106	105	104

t (Jahr)	1,06	1,07	1,08	1,09	1,10
d(t)	103	102	101	100	99

c) Der Rechner zeigt bei d(1) eine Fehlermeldung an, weil die Division durch Null nicht zulässig ist. Berechnung der momentanen Änderungsrate für t = 1:

h	$\frac{f(1 + h) - f(1)}{h}$
0,1	99,472751
0,01	107,217196
0,001	107,976296
0,0001	108,052046
0,00001	108,059620
0,000001	108,060377
0,0000001	108,060453
0,00000001	108,060459

$\lim_{h \to 0} \frac{f(1 + h) - f(1)}{h} = 108{,}06046$

(letzte Ziffer gerundet)

Die momentane Änderungsrate der Fuchspopulation beträgt im ersten Jahr 108 Füchse pro Jahr.

21. a) $f(x) = x^2$; $a = 3$

$$\frac{\Delta y}{\Delta x} = \frac{f(3+h) - f(3)}{3+h-3} = \frac{9 + 6h + h^2 - 9}{h} = 6 + h \Rightarrow \lim_{h \to 0} \frac{\Delta y}{\Delta x} = 6$$

Wert des Differenzquotienten für $h = 0{,}000001$: $\frac{\Delta y}{\Delta x} = 6{,}000001$

b) $f(x) = x^2 + 4x$; $a = 2$

$$\frac{\Delta y}{\Delta x} = \frac{f(2+h) - f(2)}{2+h-2} = \frac{(2+h)^2 + 4(2+h) - (2^2 + 4 \cdot 2)}{h} = \frac{8h + h^2}{h} = 8 + h \Rightarrow \lim_{h \to 0} \frac{\Delta y}{\Delta x} = 8$$

Wert des Differenzquotienten für $h = 0{,}000001$: $\frac{\Delta y}{\Delta x} = 8{,}000001$

c) $f(x) = x^2$; $a = \sqrt{3}$

$$\frac{\Delta y}{\Delta x} = \frac{f(\sqrt{3}+h) - f(\sqrt{3})}{\sqrt{3}+h-\sqrt{3}} = \frac{(\sqrt{3}+h)^2 - (\sqrt{3})^2}{h} = \frac{h \cdot (2\sqrt{3}+h)}{h} = 2\sqrt{3} + h$$

$$\Rightarrow \lim_{h \to 0} \frac{\Delta y}{\Delta x} = 2\sqrt{3} \approx 3{,}464102$$

Wert des Differenzquotienten für $h = 0{,}000001$: $\frac{\Delta y}{\Delta x} = 3{,}464103$

d) $f(x) = 3x^2$; $a = 1$

$$\frac{\Delta y}{\Delta x} = \frac{f(1+h) - f(1)}{1+h-1} = \frac{3(1+h)^2 - 3 \cdot 1^2}{h} = \frac{3 \cdot h \cdot (2 \cdot 1 + h)}{h} = 3(2 + h) \Rightarrow \lim_{h \to 0} \frac{\Delta y}{\Delta x} = 6$$

Wert des Differenzquotienten für $h = 0{,}000001$: $\frac{\Delta y}{\Delta x} = 6{,}000003$

e) $f(x) = x^2 - 2x + 1$; $a = 1$

$$\frac{\Delta y}{\Delta x} = \frac{f(1+h) - f(1)}{1+h-1} = \frac{((1+h)^2 - 2(1+h) + 1) - (1^2 - 2 \cdot 1 + 1)}{h} = \frac{0 \cdot h + h^2}{h} = h$$

$$\Rightarrow \lim_{h \to 0} \frac{\Delta y}{\Delta x} = \lim_{h \to 0} h = 0$$

Wert des Differenzquotienten für $h = 0{,}000001$: $\frac{\Delta y}{\Delta x} = 0{,}000001$

f) $f(x) = x^3$; $a = 1$

$$\frac{\Delta y}{\Delta x} = \frac{f(1+h) - f(1)}{1+h-1} = \frac{(1^3 + 3 \cdot 1^2 \cdot h + 3 \cdot 1 \cdot h^2 + h^3) - 1^3}{h} = \frac{h(3 + 3 \cdot h + h^2)}{h} = 3 + 3 \cdot h + h^2$$

$$\Rightarrow \lim_{h \to 0} \frac{\Delta y}{\Delta x} = 3$$

Wert des Differenzquotienten für $h = 0{,}000001$: $\frac{\Delta y}{\Delta x} = 3{,}000003$

22. a) $f(x) = 3^x$; $a = 1$

Differenzquotient für $h = 0{,}000001$: $\frac{\Delta y}{h} = \frac{3^{1+0{,}000001} - 3}{0{,}000001} = 3{,}29583$

Für die Limesbildung des Differenzquotienten müsste man eine Möglichkeit finden, h im Nenner zu eliminieren.

$$\frac{\Delta y}{\Delta x} = \frac{f(1+h) - f(1)}{1+h-1} = \frac{3^{1+h} - 3^1}{h} = \frac{3(3^h - 1)}{h} = 3 \cdot \frac{3^h - 1}{h}$$

Es bleibt hier nur noch, den Wert des Differentialquotienten über die Limesbildung mit sukzessiv kleiner werdendem h zu finden (vgl. 20.c)).

b) $f(x) = \sin(x)$; $a = \frac{\pi}{4}$

Differenzquotient für $h = 0{,}000001$:

$$\frac{\Delta y}{h} = \frac{\sin(1 + 0{,}000001) - \sin(1)}{0{,}000001} = 0{,}54030$$

Sinngemäß gilt hier das gleiche wie bei Teilaufgabe a). Für die Limesbildung des Differenzquotienten müsste man eine Möglichkeit finden, h im Nenner zu eliminieren.

23. a)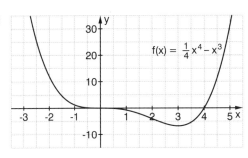

b) Wertetabelle für a und (aufgerundete) Näherungswerte für die Steigung m(a):

a	−2	−1	0	1	2
m(a)	−20	−4	0	−2	−4

24. a) Graph von sin(x):

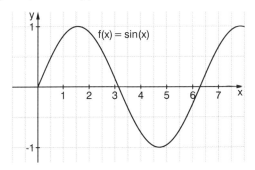

b) Besondere Punkte sind die Nullstellen von sin(x), denn hier hat die Funktion maximale positive Steigung (m = 1 berechnet mit $\frac{\sin(a+h) - \sin(a)}{h}$ für $a = \pi$ und h = 0,001) bzw. maximale negative Steigung (m = −1).

In den Extrempunkten hat die Funktion die Steigung Null (berechnet mit $\frac{\sin(a+h) - \sin(a)}{h}$ für $a = \frac{\pi}{2}; \frac{3\pi}{2}$ und h = 0,001), deswegen liegen hier auch die Nullstellen der Steigungsfunktion.

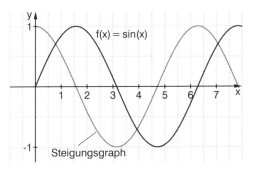

25. a) Die Tangente durch einen Punkt P auf dem Rand des einen Kreises mit dem Mittelpunkt A und dem Radius r = $\overline{AP}$ steht senkrecht auf $\overline{AP}$. Sie ist mit Zirkel und Lineal konstruierbar, gemäß einer Grundaufgabe für Konstruktionen, nämlich der Errichtung einer Senkrechten in einem Punkt auf einer Geraden.
Definition „Tangente am Kreis": Eine Tangente am Kreis in einem Berührpunkt P ist also die Gerade, die senkrecht auf dem Radius steht, der P mit dem Kreismittelpunkt verbindet.

b) Die Tangente durch einen Punkt P eines beliebigen Graphen ist deshalb nicht auf ähnliche Weise leicht konstruierbar, weil der Graph durch P in der Regel nicht Teil eines Kreisbogens ist. Man müsste zuerst den Radius eines Kreises finden, der dem Graphen in der unmittelbaren Umgebung von P gleicht.

c) Zuerst wird der Grenzwert des Differenzenquotienten für f(x) = x^2 an der Stelle x = 2 ermittelt:

$$\lim_{h \to 0} \frac{f(x+h) - f(x)}{h} = \lim_{h \to 0} \frac{(2+h)^2 - 2^2}{h} = \lim_{h \to 0} \frac{h(4+h)}{h} = 4$$

Das heißt, die Tangentensteigung ist m = 4. Die Koordinaten des Punktes P(2 | 4) und m = 4 setzen wir ein in die allgemeine Geradengleichung y = mx + b, um b zu bestimmen. Man erhält b = –4 und für die Tangentengleichung y = 4x – 4.

d) Mögliche Definition für die „Tangente an den Graphen von f im Punkt P":
Sie ist die einzige Gerade durch P mit der gleichen Steigung wie die Steigung des Graphen in P.

26. a) Es ist offensichtlich nicht möglich, genau eine Tangente zu finden. Je nachdem, von welcher Seite man sich dem Punkt P(2 | 0) nähert, ergeben sich verschiedene Lösungen.

b) Grenzwert des Differenzenquotienten bei Annäherung an (2 | 0) von links:

$$\lim_{h \to 0} \frac{|4 - 2^2| - |4 - (2-h)^2|}{2 - (2-h)} = \lim_{h \to 0} \frac{0 - |4 - (4 - 4h + h^2)|}{h} = \lim_{h \to 0} \frac{-h(4-h)}{h}$$
$$= \lim_{h \to 0} -4 + h \Rightarrow m_l = -4$$

Grenzwert des Differenzenquotienten bei Annäherung an (2 | 0) von rechts:

$$\lim_{h \to 0} \frac{|4 - (2+h)^2| - |4 - 2^2|}{(2+h) - 2} = \lim_{h \to 0} \frac{|-(4h + h^2)|}{h} = \lim_{h \to 0} \frac{4h + h^2}{h} = \lim_{h \to 0} 4 + h \Rightarrow m_r = 4$$

Wenn Graphen in einem Punkt einen Knick haben, gibt es in diesem Punkt mehr als eine Tangente. Genau eine Tangente in einem Punkt zu haben, setzt voraus, dass der Graph hier „glatt" ist.

27. a) Differenzenquotient an der Stelle x = 1,5: $\frac{f(1,5 + h) - f(1,5)}{h} = m(1,5)$
Berechnung für $h = 10^{-2}$ bis 10^{-20}:

h	$\frac{f(1,5 + h) - f(1,5)}{h}$
0,01	3,010000000000000000
0,001	3,000999999999981000000
0,0001	3,000100000000128000000
0,00001	3,000010000002048000000
0,000001	3,000000999962006000000
0,0000001	3,000000101671670000000
0,00000001	2,999999981767590000000
0,000000001	3,000000248221110000000
1E-10	3,000000248221110000000
1E-11	3,000000248221110000000
1E-12	3,000266701747020000000
1E-13	2,997602166487920000000
1E-14	3,019806626980420000000
1E-15	3,552713678800500000000
1E-16	0,000000000000000000
1E-17	0,000000000000000000
1E-18	0,000000000000000000
1E-19	0,000000000000000000
1E-20	0,000000000000000000

Der Rechner ist hier nur bis h = 0,0000001 benutzbar.

27. b) Differenzenquotient an der Stelle $x = \sqrt{2}$: $\frac{f(\sqrt{2}+h) - f(\sqrt{2})}{h} = m(\sqrt{2})$

h	$\frac{f(\sqrt{2}+h) - f(\sqrt{2})}{h}$
0,01	2,83842000000001000000
0,001	2,82941999999986000000
0,0001	2,82852000000222000000
0,00001	2,82843000003474000000
0,000001	2,82842099985636000000
0,0000001	2,82842010257411000000
0,00000001	2,82841998711092000000
0,000000001	2,82842016474660000000
1E-10	2,82841972065739000000
1E-11	2,82842638199554000000
1E-12	2,82862622213997000000
1E-13	2,82662782069565000000
1E-14	2,81996648254790000000
1E-15	3,10862446895044000000
1E-16	0,00000000000000000000
1E-17	0,00000000000000000000
1E-18	0,00000000000000000000
1E-19	0,00000000000000000000
1E-20	0,00000000000000000000

Der Rechner ist hier nur bis h = 0,00001 benutzbar.

c) $\lim_{h \to 0} m(1,5) = 3$ und $\lim_{h \to 0} m(\sqrt{2}) = 2{,}82843 = 2\sqrt{2}$

1.3 Von der Sekantensteigungsfunktion zur Ableitungsfunktion

1. a) Man kann die Steigungen an den steilsten Stellen abschätzen, indem man sie mit der mittleren Steigung in einem geeigneten Intervall berechnet:
größte Steigung von der Mulde bis zur Aspitze vermutlich in [–1; –0,5]:
$$\frac{\Delta y}{\Delta x} = \frac{1 - 1{,}25}{-0{,}5 - (-1)} = \frac{-0{,}25}{0{,}5} = -0{,}5 \cong -50\ \%$$
größte Steigung von der Mulde bis zum Bhorn vermutlich in [0,5; 1,5]:
$$\frac{\Delta y}{\Delta x} = \frac{2{,}1 - 1{,}25}{1{,}5 - 0{,}5} = \frac{0{,}85}{1} = 0{,}85 \cong 85\ \%$$
Vermutlich schafft nur Pistenraupe A alle Steigungen. Pistenraupe B kann vermutlich bis zur Aspitze hochfahren, aber bis zum Bhorn schafft sie es nicht. Sie kann nur bis zu einer Höhe von ca. 300 m hochfahren (gerechnet von der Mulde). Pistenraupe C schafft weder die Aspitze noch das Bhorn. Fährt sie zur Aspitze, muss sie bei ca. 300 m Höhe umkehren.

b) Vermutlich größte Steigungen an den Stellen x = –1 und x = 1:
$$\frac{f(-1 - 0{,}001) - f(-1)}{-0{,}001} \approx -0{,}52 \cong -52\ \% \quad \text{und} \quad \frac{f(1 + 0{,}001) - f(1)}{0{,}001} \approx 0{,}92 \cong 92\ \%$$
Die gewonnenen Werte der Steigungen bestätigen die obigen Vermutungen.

c)

Abstand vom Tal	–2,0	–1,8	–1,6	–1,4	–1,2	–1,0
Steigung (in %)	32,7	–4,8	–30,6	–46	–52,3	–50,9

Abstand vom Tal	–0,8	–0,6	–0,4	–0,2	0,0	0,2
Steigung (in %)	–43,1	–30,3	–13,7	5,1	25	44,5

Abstand vom Tal	0,4	0,6	0,8	1,0	1,2	1,4
Steigung (in %)	62,4	77,3	87,7	92,5	90,2	79,5

Abstand vom Tal	1,6	1,8	2,0
Steigung (in %)	59,1	27,6	–16,4

2. a) Der Füllgraph B beschreibt gut den Anstieg der Flüssigkeitshöhe, die zuerst schneller ansteigt und allmählich langsamer. Der Geschwindigkeitsgraph C passt zu dem anfänglich schnelleren Anstieg der Flüssigkeitshöhe, welcher sich dann stetig verlangsamt.

b) Modellfunktion $h(t) = 6{,}5 \cdot \sqrt[3]{t}$

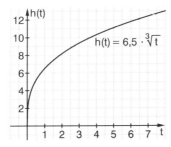

2. b) Fortsetzung

t (s)	0	1	2	3	4	5	6
h (cm) gemessen	0	6,5	8,2	9,4	10,3	11,1	11,8
h (cm) berechnet	0	6,5	8,2	9,4	10,3	11,1	11,8

(Die berechneten Werte sind auf eine Nachkommastelle gerundet.)

c) –

d)

h	0,5	1	1,5	2	2,5	3
0,1	3,233	2,098	1,618	1,343	1,161	1,030
0,01	3,417	2,159	1,650	1,363	1,175	1,040
0,001	3,437	2,166	1,653	1,365	1,176	1,042
0,00000001	3,439	2,167	1,653	1,365	1,176	1,042

h	3,5	4	4,5	5	5,5	6
0,1	0,931	0,853	0,789	0,736	0,691	0,653
0,01	0,939	0,859	0,794	0,740	0,695	0,656
0,001	0,940	0,860	0,795	0,741	0,695	0,656
0,00000001	0,940	0,860	0,795	0,741	0,695	0,656

Mit kleiner werdendem h liegen die nachfolgenden Graphen jeweils über den vorhergehenden Graphen. Aber offensichtlich gibt es einen Grenzgraphen, was man an den Werten für h = 0,00000001 erkennen kann.

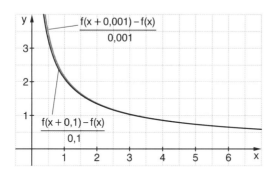

3. a)

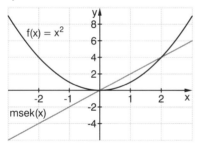

b)

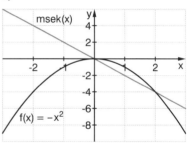

c)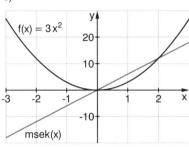

d)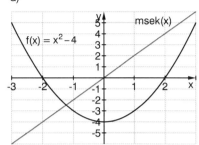

e)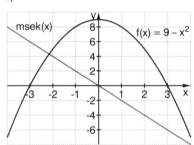

f)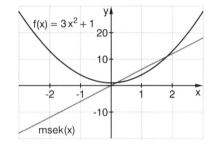

g)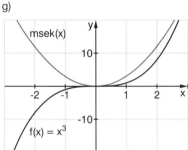

h)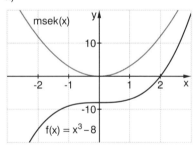

Man erkennt anhand der Diagramme, dass der Grad der Sekantensteigungsfunktion jeweils um 1 niedriger ist als der Grad der quadratischen bzw. kubischen Funktion. Dieser Zusammenhang wird verständlich, wenn man sich die Herleitung der Sekantensteigungsfunktionen mit der h-Methode vergegenwärtigt.
Alle quadratischen Funktionen haben also gleiche oder ähnliche Graphen für ihre Sekantensteigungsfunktionen, nämlich Geraden. Ihre Steigung wird von der Vorzahl des x^2-Terms der Funktion bestimmt. Kubische Funktionen haben eine Parabel als Sekantensteigungsfunktion. Absolute Zahlen in der Funktionsgleichung haben keinen Einfluss auf die Sekantensteigungsfunktion.

4. a) $y(x) = 2^x$ b) $y(x) = x^2$ für $x \in [0, \infty[$
   c) $y(x) = \sqrt{x}$ d) $y(x) = \frac{1}{x}$ für $x \in]0, \infty[$

5. a) Wir berechnen f(1) = cos(1) ≈ 0,54 und g(1) = $-\frac{4}{\pi^2} \cdot 1^2 + 1$ ≈ 0,59.
Für x = 1 ist f(x) < g(x), der blaue Graph gehört zu f(x), der rote Graph zu g(x).
b) Beide Funktionen sind achsensymmetrisch zur y-Achse, deswegen müssen die zugehörigen Sekantensteigungsfunktionen punktsymmetrisch zum Ursprung sein.

6. a) Zuerst werden das Weg-Zeit-Diagramm und das Geschwindigkeits-Zeit-Diagramm mit den Daten der gegebenen Tabelle ermittelt.
Die Geschwindigkeit wird als mittlere Geschwindigkeit pro Zeitintervall berechnet.
Achtung: Die Zeitintervalle sind unterschiedlich lang.

Zeit t (s)	1,0	1,5	2,6	3,5	4,3	5,4	6,0	7,1	8,0
Weg s (m)	1	2	5	10	20	30	40	60	80
$v = \frac{\Delta s}{\Delta t} \left(\frac{m}{s}\right)$		1,0	2,0	2,7	5,6	12,5	9,1	16,7	18,2	22,2
$v \left(\frac{km}{h}\right)$		3,6	7,2	9,8	20	45	32,7	60	65	80

Beschreibung des Geschwindigkeitsverlaufs:
Bis zum 4. Intervall wächst die Geschwindigkeit: anfangs langsam, zum Ende hin schneller. Im 5. Intervall verringert sich die Geschwindigkeit etwas, ab dem 6. Intervall wächst sie wieder.
Insgesamt scheinen die Geschwindigkeits-Zeit-Punkte auf einer Geraden zu liegen.

b) Wir erstellen je eine Tabelle für die beiden Weg-Zeit-Modelle.

Zeit (s)	0	1	2	3	4	5	6	7	8	9
(1) s(t) = 1,1 · t²	0,0	1,1	4,4	9,9	17,6	27,5	39,6	53,9	70,4	89,1
msek(t) (m/s)	0,1	2,3	4,5	6,7	8,9	11,1	13,3	15,5	17,7	19,9

Zeit (s)	0	1	2	3	4	5	6	7	8	9
(2) s(t) = 0,17 · t³	0,0	0,2	1,4	4,6	10,9	21,3	36,7	58,3	87,0	123,9
msek(t) (m/s)	0,0	0,6	2,1	4,7	8,4	13,0	18,7	25,3	33,0	41,8

Das erste Modell scheint sinnvoller zu sein, weil auch hier die Geschwindigkeits-Zeit-Punkte auf einer Geraden liegen.

c) Vergleich der beiden Weg-Zeit-Modelle mit h = 0,1:
Modell 1:

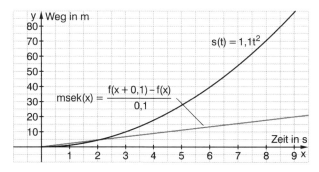

6. c) Fortsetzung
Die Sekantensteigungsfunktion ist erkennbar eine Gerade, was zu erwarten war, weil die Weg-Zeit-Funktion eine Parabel ist.
Modell 2:

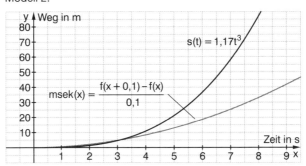

Die Sekantensteigungsfunktion ist eine Parabel, im Einklang damit, dass die zweite Modellfunktion eine Potenzfunktion dritten Grades ist.

7. a) Die Bakterienzahl wächst anfangs offensichtlich exponentiell. Nach ca. 1,5 Minuten fängt sie an, langsamer zu wachsen, um dann nach ca. 3 Minuten bei einer Bakterienzahl von 10000 pro ml ganz mit dem Wachstum aufzuhören.

b)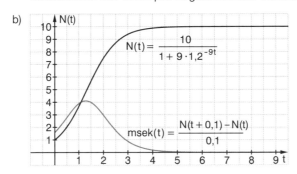

8. a) Die Funktionsgleichung beschreibt im IV. Quadranten den Bogen eines Viertelkreises mit dem Radius r = 4 und dem Mittelpunkt M(0 | 0).
Herleitung der Funktionsgleichung:
Wir wählen einen Punkt P(x | y) auf dem Graphen. Die Strecke, die P mit dem Mittelpunkt des Kreises verbindet, ist der Kreisradius r = 4 m. Diese Strecke ist die Hypotenuse in dem rechtwinkligen Dreieck, dessen Katheten die Koordinaten von P sind.
Nach dem Satz des Pythagoras gilt $r^2 = x^2 + y^2$. Mit r = 4 ergibt die Auflösung nach y dann $y = -\sqrt{16 - x^2} = H_p(x)$, $x \in [0; 4]$. Das Minuszeichen ist erforderlich, weil der Graph von y im IV. Quadranten verläuft.
Berechnung der Sekantensteigungsfunktion mit der h-Methode:
Wir bilden den Differenzenquotient

$$m_s = \frac{f(x+h) - f(x)}{h} = \frac{-\sqrt{16 - (x+h)^2} - \left(-\sqrt{16 - x^2}\right)}{h}.$$

8. a) Fortsetzung

Der Bruch wird erweitert mit $+\sqrt{16-(x+h)^2}+\sqrt{16-x^2}$, sodass im Zähler die 3. binomische Formel angewendet werden kann:

$$m_s = \frac{-\left(\sqrt{16-(x+h)^2}\right)^2 + \left(\sqrt{16-x^2}\right)^2}{h\left(\sqrt{16-(x+h)^2}+\sqrt{16-x^2}\right)} = \frac{2xh + h^2}{h\left(\sqrt{16-(x+h)^2}+\sqrt{16-x^2}\right)}$$

$$= \frac{2x}{\sqrt{16-(x+h)^2}+\sqrt{16-x^2}}$$

Mit $h \to 0$ erhalten wir $\text{msek}(x) = \frac{x}{\sqrt{16-x^2}}$.

Im nachfolgenden Diagramm sind die Halfpipe-Funktion Hp(x) und ihre Sekantensteigungsfunktion msek(x) für den Viertelkreis auf der rechten Seite der Bahn ($x \in [0; 4]$) eingezeichnet. Die anfängliche Steigung vom Wert Null wächst im Flat- und Transition-Bereich langsam an. Im Vert-Bereich nimmt sie rapide zu und ist an dessen Ende nicht mehr definiert.

b) Das zur Halfpipe Hp(x) alternative Rampenprofil (1) Ra1(x) = $\frac{1}{4}x^2 - 4$ und die zugehörige Sekantensteigungsfunktion msek1(x):

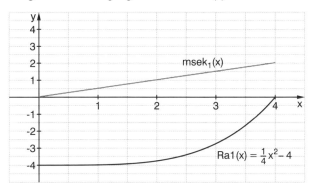

Fahrgefühl: Wenig Spaß wegen konstanter Steigung

Das zur Halfpipe Hp(x) alternative Rampenprofil (2) Ra2(x) = $\frac{1}{64}x^4 - 4$ und die zugehörige Sekantensteigungsfunktion msek2(x):

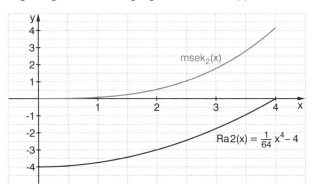

Fahrgefühl: Skater fällt beinahe in den „Flat" hinein. Dann gibt es fast keinen Übergangsbereich (= „Transition").

35

9. a) $f(x) = 3x^2$

x	$msek_h(x)$ h = 0,1	$msek_h(x)$ h = 0,001	$msek_h(x)$ h = 0,00001	Grenzwert h → 0
−3	−17,7	−17,997	−17,99997	−18
−2	−11,7	−11,997	−11,99997	−12
−1	−5,7	−5,997	−5,99997	−6
0	0,3	0,003	0,00003	0
1	6,3	6,003	6,00003	6
2	12,3	12,003	12,00003	12
3	18,3	18,003	18,00003	18

Für h → 0 gilt: $msek_h(x)$ → $msek(x) = 6x$

b) Beobachtungen: Die $msek_h$ verlaufen parallel und gehen über in eine Grenzgerade, die die Steigung der Tangente an f in $x = x_0$ angibt.

c) $g(x) = \frac{1}{3}x^3$

x	$msek_h(x)$ h = 0,1	$msek_h(x)$ h = 0,001	$msek_h(x)$ h = 0,00001	Grenzwert h → 0
−3	8,7	8,997	8,99997	9
−2	3,8	3,998	3,99998	4
−1	0,9	0,999	0,99999	1
0	0,0	0,000	−0,00000	0
1	1,1	1,001	1,00001	1
2	4,2	4,002	4,00002	4
3	9,3	9,003	9,00003	9

Für h → 0 gilt: $msek_h(x)$ → $msek(x) = x^2$

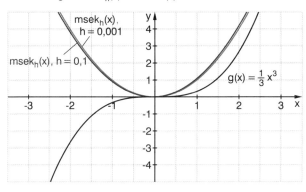

37

10. a) $f'(x) = x$ b) $f'(x) = -2x$ c) $f'(x) = 2x + 2$
    d) $f'(x) = 18x^2$ e) $f'(x) = 3x^2 - 2$

11. a) Wir legen zuerst eine Tabelle gemäß Beispiel C auf Seite 36 an, aber wir beschränken uns dabei auf das Intervall [0; π].

11. a) Fortsetzung

Markante Punkte P(x | sin(x))	msek(x) mit h = 0,01	msek(x) mit h = 0,001	f'(x) = Grenzwert msek(x) für h → 0	cos(x)
(0 | 0)	1,000	1,000	1,000	1
$\left(\frac{\pi}{4} \mid 0{,}7\right)$	0,704	0,707	0,707	0,707
$\left(\frac{\pi}{2} \mid 1\right)$	−0,004	0,000	0,000	0
$\left(\frac{3\pi}{4} \mid 0{,}7\right)$	−0,710	−0,707	−0,707	−0,707
(π | 0)	−1,000	−1,000	−1,000	−1

Man kann jetzt sehen, dass die f'(x)-Werte exakt von der Funktion cos(x) geliefert werden. Der Steigungsgraph zur Funktion f(x) = sin(x) wird durch f'(x) = cos(x) beschrieben.

b) Man kann vermuten, dass die Ableitungsfunktion von f(x) = cos (x) die Funktion f'(x) = –sin(x) ist. Um das zu bestätigen, berechnen wir die Tabelle aus Teilaufgabe a) noch einmal neu für f(x) = cos(x):

Markante Punkte P(x | cos(x))	msek(x) mit h = 0,01	msek(x) mit h = 0,001	f'(x) = Grenzwert msek(x) für h → 0	−sin(x)
(0 | 0)	−0,001	−0,001	−0,000	0
$\left(\frac{\pi}{4} \mid 0{,}7\right)$	−0,704	−0,707	−0,707	−0,707
$\left(\frac{\pi}{2} \mid 1\right)$	−0,999	−0,999	−1,000	−1
$\left(\frac{3\pi}{4} \mid 0{,}7\right)$	−0,710	−0,706	−0,707	−0,707
(π | 0)	0,001	0,000	0,000	0

12. a) –

b) Ermittlung der Ableitungsfunktion mit der h-Methode:

(1) $\text{msek}(x) = \dfrac{f_1(x+h) - f_1(x)}{h} = \dfrac{(x+h)^2 + 4 - (x^2 + 4)}{h} = \dfrac{2xh + h^2}{h} = 2x + h$

$\Rightarrow f_1'(x) = \lim\limits_{h \to 0} (2x + h) = 2x$

(2) $\text{msek}(x) = \dfrac{(x+h)^2 + 4(x+h) - (x^2 + 4x)}{h} = \dfrac{2xh + h^2 + 4h}{h} = 2x + h + 4$

$\Rightarrow f_2'(x) = \lim\limits_{h \to 0} (2x + h + 4) = 2x + 4$

(3) $\text{msek}(x) = \dfrac{3(x+h)^2 - 3x^2}{h} = \dfrac{6xh + h^2}{h} = 6x + h$

$\Rightarrow f_3'(x) = \lim\limits_{h \to 0} (6x + h) = 6x$

(4) $\text{msek}(x) = \dfrac{(x+h)^2 - 2(x+h) + 1 - (x^2 - 2x + 1)}{h} = \dfrac{2xh + h^2 - 2h}{h} = 2x + h - 2$

$\Rightarrow f_4'(x) = \lim\limits_{h \to 0} (2x + h - 2) = 2x - 2$

12. b) Fortsetzung

(5) $\text{msek}(x) = \dfrac{(x+h)^3 - x^3}{h} = \dfrac{3x^2 h + 3xh^2 + h^3}{h} = 3x^2 + 3xh + h^2$

$\Rightarrow f_5'(x) = \lim\limits_{h \to 0} (3x^2 + 3xh + h^2) = 3x^2$

(6) $\text{msek}(x) = \dfrac{3^{x+h} - 3^x}{h} = \dfrac{3^x(3^h - 1)}{h}$

Hier lässt sich $\lim\limits_{h \to 0} \dfrac{3^h - 1}{h}$ algebraisch nicht weiter vereinfachen bzw. berechnen, Zähler und Nenner streben beide gegen 0.

13. a) Die linksseitige Ableitungsfunktion von $f(x) = |x|$ ist $f'(x) = -1$ für $x \leq 0$, die rechtsseitige ist $f'(x) = 1$ für $x \geq 0$. Das heißt, für $\lim\limits_{x \to 0} f'(x)$ ergeben sich für die beiden Funktionszweige verschiedene Werte, nämlich -1 links und $+1$ rechts.

b) Man kann für $f(x) = |4 - x^2|$ schreiben:

$$f(x) = \begin{cases} -(4 - x^2) & \text{für } x < -2 \\ 4 - x^2 & \text{für } -2 \leq x \leq 2 \\ -(4 - x^2) & \text{für } x > 2 \end{cases}$$

Auch die Ableitungsfunktion setzt sich aus drei Teilen zusammen:

$$f'(x) = \begin{cases} 2x & \text{für } x < -2 \\ -2x & \text{für } -2 < x < 2 \\ 2x & \text{für } x > 2 \end{cases}$$

Die Definitionslücken der Ableitungsfunktion liegen bei $x = -2$ und $x = 2$.

Kapitel 2
Funktionen und Ableitungen

Didaktische Hinweise

Nachdem in Kapitel 1 mit der Ableitung ein mächtiges mathematisches Werkzeug zur Bearbeitung von Änderungen bereitgestellt und bei der Beschreibung und Modellierung vielfältiger Sachsituationen angewendet wurde, werden in den ersten beiden Lernabschnitten dieses Kapitels überwiegend die innermathematischen Zusammenhänge zwischen Funktionen und ihren Ableitungen erarbeitet.

Zunächst bilden die Ableitungsregeln einen algebraischen Schwerpunkt, anschließend werden die klassischen Kriterien zur Untersuchung von Funktionen anschaulich hergeleitet und systematisiert. Dabei stehen durchweg die inhaltlichen Aspekte im Mittelpunkt, also der verständige Umgang mit Funktionen, Ableitungen und deren Zusammenhängen, weniger die algebraisch-algorithmischen Kalküle des Katalogs klassischer „Kurvendiskussionen". Dies wird durch vielfältige Visualisierungen ebenso gefördert wie durch die Bereitstellung sinnstiftender Kontexte. Dementsprechend sind der GTR oder die beigefügte Software integraler Bestandteil und kein zusätzliches optionales Hilfsmittel. Um Nachhaltigkeit zu erreichen, werden immer wieder durch konkrete Arbeitsaufträge alte Unterrichtsinhalte wiederholt, sodass diese zunehmend mehr zum aktiven Wissensbestand der Schülerinnen und Schüler werden (2.1 Aufgaben 1, 2; 2.3 Aufgabe 1). In den beiden letzten Lernabschnitten wird das bisher Erarbeitete innermathematisch bei der Klassifikation ganzrationaler Funktionen vom Grad 3 angewendet und mit außermathematischen Schwerpunkten bei Optimierungsproblemen erweitert.

Zu 2.1

In diesem Lernabschnitt werden zunächst die Ableitungen der Grundfunktionen tabellarisch zusammengestellt und die grundlegenden Ableitungsregeln erarbeitet, sodass Ableitungen mit wesentlich weniger Aufwand algebraisch bestimmt werden können als unter Verwendung des Differenzenquotienten.

Bei den Herleitungen haben Strategien wie systematisches Probieren, Experimentieren mit Graphen und induktives Erschließen von Mustern zum Finden von Regeln Vorrang vor algebraisch-formalen Beweisen. Diese lernen Schüler zunächst in Beispielen kennen (B, I), ehe ein solches Beweisen auch geübt wird (Übungen 10, 16, 25, 26). Inhaltliches Verständnis und beziehungsreiches Üben werden durch entsprechende Aufgaben gefördert (Übungen 8, 15, 17, Bsp. H, 28, 37). Die Kalküle werden in variierenden Aufgabenstellungen geübt (Übungen 18-22, 32, 33) und immer wieder verständnisfördernd durch die Einbettung in bedeutungshaltige Kontexte ergänzt (Übung 7, 9, 12, 13, 14, 22, 25). Ganzrationale Funktionen werden als Funktionsklasse exemplarisch eingeführt und erste Klassifikationen vorgenommen (Übungen 29-36). In Ergänzung zu diesem überwiegend algebraischen Schwerpunkt wird mit der Tangentengleichung ein eher geometrischer Aspekt behandelt. Auch hier geht die visuelle Erfahrung zur Bildung einer adäquaten Grundvorstellung der algebraischen Durchdringung voran (Übung 5).

Die optisch ansprechenden Bilder von Tangentenscharen als Hüllkurven werden genutzt, um Scharen exemplarisch in einem sinnvollen Kontext einzuführen und mit dem GTR zu skizzieren. Die zweite grüne Ebene schafft vielfältige Vernetzungen. Durch eine funktionale Sicht auf Umfänge, Flächen und Volumina werden nicht unmittelbar erschließbare Zusammenhänge mit Ableitungen thematisiert, Tangenten werden geometrisch konstruiert und Nullstellen näherungsweise mit dem Newton-Verfahren iterativ bestimmt. Dieses Verfahren setzt die Tradition grafisch-numerischer Verfahren zum Lösen von Gleichungen fort.

Zu **2.2**
Im Mittelpunkt dieses Lernabschnitts stehen besondere Eigenschaften von Funktionen und die Charakterisierungen spezieller Punkte eines Graphen mithilfe der Ableitungen. Dazu wird zunächst die zweite Ableitung in ihren beiden Grundbedeutungen eingeführt: Als Maß zur Beschreibung der Wachstumsgeschwindigkeit („Änderung der Änderung") und als qualitatives Krümmungsmaß (Links-Rechtskurve, Aufgaben 2, 3).
Es werden drei Angebote mit unterschiedlichen Schwerpunktsetzungen für die Einführung besonderer Punkte und der damit einhergehenden Beziehungen zwischen Funktion und Ableitung gemacht. Aufgabe 1 orientiert sich in wiederholender und sammelnder Weise an Begriffen und Definitionen, in Aufgabe 4 dienen unterschiedliche Sachsituationen und ihre Interpretation als Grundlage für ein Erforschen der Zusammenhänge, in Aufgabe 5 werden unterschiedliche Funktionen mit methodischem Fokus auf Gruppenarbeit und Präsentationen innermathematisch erforscht. Das Basiswissen fasst überblicksartig und mit grafischem Schwerpunkt die Ergebnisse zusammen. Eine Präzisierung vor dem Hintergrund „notwendig" und „hinreichend" bleibt später erfolgender Reflexion vorbehalten. Dort werden die aussagenlogischen Hintergründe zunächst an alltagsbezogenen Beispielen erarbeitet und dann auch inhaltlich dokumentiert (Übungen 18-28).
Insgesamt können damit alle Kriterien im Zusammenhang formuliert und kompakt und übersichtlich in schülernaher Sprache dargestellt werden, eine lange Erarbeitungsphase mit jeweiligen Exaktifizierungen hin zu den Kriterien mit entsprechenden Sicherungen über viele Buchseiten hinweg entfällt. In den Übungen wird der Umgang mit den Kriterien in variablen Einbettungen trainiert, inhaltliches Verständnis hat Vorrang vor dem bloßen Ausführen von Algorithmen der „Kurvendiskussion". Verständnisfördernd sind auch die Aufgaben 30-33, wo, in Umkehrung der Standardfragen, die Ableitungen Ausgangspunkt für Fragen zu den Funktionen sind.
Obwohl der Lernabschnitt überwiegend innermathematisch orientiert ist, werden in abschließenden Übungen reichhaltige verschiedenartige Kontexte für Interpretationen bereitgestellt (Übungen 34-36). In der 2. grünen Ebene stehen in binnendifferenzierender Weise anspruchsvollere Begründungen und erste Untersuchungen von Funktionenscharen im Mittelpunkt.

Zu **2.3**
Die Klassifikation von Funktionstypen durchzieht die Auseinandersetzung mit Funktionen in den Klassen 7-9. Schülerorientiertes Explorieren ist dabei immer wieder in den „Funktionenlabors" ermöglicht worden. Dieser Tradition folgend wird in diesem Lernabschnitt mit den Polynomfunktionen vom Grad 3 eine Funktionsklasse neuer

Qualität klassifiziert. Dabei kommen alle vorher erarbeiteten Werkzeuge zur intensiven Anwendung und es werden darüber hinaus die globalen Eigenschaften „Verhalten im Unendlichen" und „Besondere Symmetrien" erarbeitet. Die Untersuchung von Funktionenscharen wird exemplarisch fortgeführt. Im Sinne einer abschließenden Zusammenfassung werden die immer wieder verwendeten verschiedenen Möglichkeiten, Nullstellen zu bestimmen, also Gleichungen zu lösen, tabellarisch als Werkzeugkasten zusammengestellt. Infolge der Verfügbarkeit eines GTR oder entsprechender Software haben Schülerinnen und Schüler sehr unterschiedliche Methoden mit je spezifischen Vor- und Nachteilen kennengelernt. So wie hier das produktive Potenzial des GTR deutlich wird, so soll auf der anderen Seite auch das heuristische Potenzial einer Erschließung des Funktionsgraphen durch eine Bestimmung der charakteristischen Punkte „per Hand" im Sinne einer klassischen Funktionsuntersuchung aufgezeigt werden (Übung 30). Die 2. grüne Ebene bietet eine Forschungsaufgabe zur Klassifikation von Polynomfunktionen vom Grad 4 (Aufgabe 32) und kritische Auseinandersetzungen mit grafischen Täuschungen des GTR (Aufgaben 33-35) an. Schüler erleben somit in produktiver Weise immer wieder Möglichkeiten und Grenzen der benutzten Technologien.

Zu **2.4**
Mit Problemen der Optimierung rücken wieder außermathematische Sachsituationen in den Mittelpunkt. Unterschiedliche Ausgangsprobleme bieten vielfältige Zugänge. Das klassische Problem der optimalen Schachtel führt ebenso auf eine funktionale Betrachtung wie das Anwendungsproblem der „Lagerhaltung". „Quadrate im Quadrat" (Aufgabe 2) bietet einen eher geometrisch motivierten Einstieg. Grundsätzlich, und so auch im Basiswissen, werden konkrete Probleme in der Tradition von „Neue Wege" bei Aufgaben zur Modellierung und Anwendung grafisch-numerisch gelöst, erst die Verallgemeinerung mit Benutzung von Parametern macht eine algebraische Bearbeitung notwendig und sinnvoll. Weil Optimieren recht komplex ist, wird im Basiswissen parallel zu den allgemeinen Formulierungen des Lösungsweges ein ausführliches Beispiel dargestellt. In den Übungen werden die klassischen Probleme behandelt und variiert (Isoperimetrisches Problem, Verpackungsprobleme). Auch eigene Experimente treten wieder auf (Übungen 12, 13). Fragestellungen aus der Ökonomie bilden einen möglichen roten Faden von elementaren Übungen zu Erweiterungen in auch binnendifferenzierender Sicht (Aufgabe 1, Bsp. B, Übungen 16-19). So wie es wichtig ist, dass Schülerinnen und Schüler am Beispiel des Optimierens die Kraft der Analysis erleben, also das Lösen von Problemen durch Extremwertbildung von Funktionen, so wichtig ist es auch, dass sie, zumindest exemplarisch oder in binnendifferenzierendem Zugriff erfahren, dass man mit ganz anderen, historisch viel älteren Methoden manchmal eleganter und immer elementarer zum Ziel kommen kann (Übungen 20, 21).

Lösungen

2.1 Ableitungsregeln

1. a)

a	b	c	d
$y_2 = x^2$	$y_4 = x^4$	$y_1 = x$	$y_3 = x^3$

e	f	g	h
$y_6 = \frac{1}{x^2}$	$y_7 = \sqrt{x}$	$y_8 = \frac{1}{\sqrt{x}}$	$y_5 = \frac{1}{x}$

b)

Graph a	Normalparabel, spiegelsymmetrisch zur y-Achse, im II. Quadranten nur negative und im I. Quadranten nur positive Steigung, Steigung wird beschrieben durch eine Ursprungsgerade
Graph b	Potenzfunktion, parabelähnlicher Graph, spiegelsymmetrisch zur y-Achse, im II. Quadranten nur negative und im I. Quadranten nur positive Steigung, im Scheitel flacher als Graph a
Graph c	Gerade durch den Ursprung, proportionale Funktion, Steigung m = 1
Graph d	Potenzfunktion, punktsymmetrisch zum Ursprung, nur positive Steigung
Graph e	Quadratische Hyperbel, achsensymmetrisch zur y-Achse, im II. Quadranten nur positive und im I. Quadranten nur negative Steigung
Graph f	Wurzelfunktion, definiert nur für x ≥ 0, nur positive Steigung
Graph g	reziprok zu Graph f, definiert nur für x > 0, nur negative Steigung
Graph h	Normale Hyperbel, punktsymmetrisch zum Ursprung, im III. und im I. Quadranten, nur negative Steigung

c) Die Graphen mit ähnlichen Exponenten haben jeweils ähnliche charakteristische Merkmale:
- Potenzfunktionen mit geraden Exponenten haben parabelförmige Graphen
- Potenzfunktionen mit ungeraden Exponenten haben einen Graphen, der vom III. Quadranten zum I. Quadranten verläuft
- Potenzfunktionen mit negativen Exponenten haben Hyperbeln als Graphen
- Potenzfunktionen mit gebrochenen Exponenten und einer geraden Zahl im Nenner sind nur für positive x-Werte definiert

2. a) –

b) Wir suchen den Grenzwert des Differenzenquotienten mit der h-Methode.

(1) $\lim\limits_{h\to 0} \frac{f_1(x+h) - f_1(x)}{h} = \lim\limits_{h\to 0} \frac{(x+h)^4 - x^4}{h} = \lim\limits_{h\to 0} \frac{x^4 + 4x^3h + 6x^2h^2 + 4xh^3 + h^4 - x^4}{h}$

$= \lim\limits_{h\to 0} \frac{h(4x^3 + 6x^2h + 4xh^2 + h^3)}{h} = \lim\limits_{h\to 0} (4x^3 + 6x^2h + 4xh^2 + h^3) = 4x^3$

(2) $\lim\limits_{h\to 0} \frac{f_2(x+h) - f_2(x)}{h} = \lim\limits_{h\to 0} \frac{\frac{1}{x+h} - \frac{1}{x}}{h} = \lim\limits_{h\to 0} \frac{\frac{x}{(x+h)x} - \frac{x+h}{(x+h)x}}{h}$

$= \lim\limits_{h\to 0} \frac{-h}{h(x+h)x} = \lim\limits_{h\to 0} \left(-\frac{1}{x^2 + xh}\right) = -\frac{1}{x^2}$

47   **2.** b) Fortsetzung

(3) $\lim\limits_{h \to 0} \dfrac{f_3(x+h) - f_3(x)}{h} = \lim\limits_{h \to 0} \dfrac{\sqrt{x+h} - \sqrt{x}}{h} = \lim\limits_{h \to 0} \dfrac{(\sqrt{x+h} - \sqrt{x}) \cdot (\sqrt{x+h} + \sqrt{x})}{h}$

$= \lim\limits_{h \to 0} \dfrac{x+h-x}{h(\sqrt{x+h} + \sqrt{x})} = \lim\limits_{h \to 0} \dfrac{1}{\sqrt{x+h} + \sqrt{x}} = \dfrac{1}{2\sqrt{x}}$

(4) Die Ableitungsfunktion für $f_4(x) = \sin(x)$ gewinnen wir über die Sekantensteigungsfunktion mit kleinem h. Wir übernehmen dazu die Ergebnisse von Aufgabe 11 auf Seite 37 des Schülerbandes. Es ist $f_4'(x) = \cos(x)$.

Graphen von den vier Funktionen und ihren Ableitungen:

(1) $f_1(x) = x^4$ und $f_1'(x) = 4x^3$

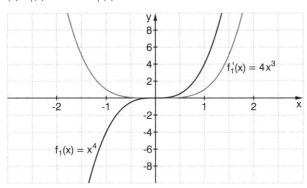

(2) $f_2(x) = \dfrac{1}{x}$ und $f_2'(x) = -\dfrac{1}{x^2}$

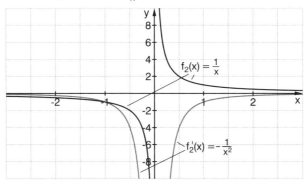

2. b) Fortsetzung
(3) $f_3(x) = \sqrt{x}$ und $f_3'(x) = \frac{1}{2\sqrt{x}}$

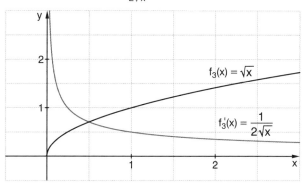

(4) $f_4(x) = \sin(x)$ und $f_4'(x) = \cos(x)$

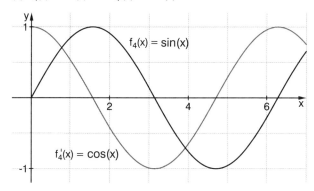

3. a) Man kann als Muster erkennen, dass beim Ableiten einer Potenzfunktion der Exponent als Faktor erscheint und an seiner Stelle der neue, um eins verminderte Exponent steht. Dementsprechend wird in der kleinen Tabelle die mittlere Zeile in der rechten Spalte ergänzt mit $4x^3$ und die letzte Zeile wird ergänzt mit nx^{n-1}.
   b) $f(x) = x^n \Rightarrow f'(x) = nx^{n-1}$
   c) Diese Regel gilt auch noch für die Funktion $f(x) = x^1$ und formal auch für die Funktion $f(x) = x^0 = 1$, aber man muss $x = 0$ ausschließen.

4. a) A: Die neue Funktion hat gegenüber dem Graphen der alten Funktion einen um zwei Einheiten in positive y-Richtung verschobenen Graphen.
   B: Die neue Funktion hat einen Graphen, der aus dem Graphen der alten Funktion durch Streckung um den Faktor zwei hervorgeht.
   C: Die neue Funktion ist die Summe der Funktionen f_1 und f_2.
   b) A: Die neue Funktion hat die gleiche Steigung wie die Ausgangsfunktion an der gleichen Stelle.
   B: Mit dem gleichen Faktor verändern sich die Steigungen der Tangenten an den gleichen Stellen.

4. b) Fortsetzung
   C: Bei der Addition von Potenzfunktionen addieren sich auch die Ableitungsfunktionen.
   Man kann folgende Regeln aufstellen:
   Regel A: Potenzfunktionen, die sich nur durch ein absolutes Glied unterscheiden, haben die gleiche Ableitung.
   Regel B: Eine mit einem Faktor k gestreckte Funktion hat die mit dem gleichen Faktor gestreckte Ableitungsfunktion.
   Formelmäßig zusammengefasste Regel:
   $f(x) = a_n x^n + a_{n-1} x^{n-1} + \ldots + a_1 x + a_0$
   $\Rightarrow f'(x) = a_n n x^{n-1} + a_{n-1}(n-1) x^{n-2} + \ldots + a_1$

5. a) Bild 1 zeigt eine Geradenschar durch den Punkt P(0,5 | 0,25). In der Geradenschar ist die Tangente (rote Linie) im Punkt P an den Graphen der Funktion $f(x) = x^2$ enthalten.
   Bild 2 zeigt die Tangentenschar für $f(x) = x^2$.
   b) Die Steigung der Tangenten im Punkt P ist m = 1. Hiermit und mit den Koordinaten von P benutzen wir in die allgemeine Geradengleichung
   $y = mx + b$: $0{,}25 = 1 \cdot 0{,}5 + b \Rightarrow f(x) = x - 0{,}25$ als Tangentengleichung.
   c) Die Tangentengleichungen für die fünf Punkte werden nach dem gleichen Verfahren aufgestellt.

x = −2	f(x) = −4x − 4		x = −1	f(x) = −2x − 1
x = 1	f(x) = 2x − 1		x = 2	f(x) = 4x − 4
x = 3	f(x) = 6x − 9			

   Die Tangentengleichung für x = −3 ist $f(x) = -6x - 9$ und die für $x = -\frac{1}{2}$ ist $f(x) = -x - 0{,}25$. Sie entstehen durch Spiegelung der Gleichungen für x = 3 bzw. für $x = \frac{1}{2}$ an der y-Achse. Die Tangente durch (0 | 0) ist $f(x) = 0$.
   d) Es ist $f'(a) = 2a = m$. Mit m und den Punktkoordinaten (a | f(a)) gehen wir in die allgemeine Geradengleichung $y = mx + b$. Daraus ergibt die zu zeigende Tangentengleichung: $f(a) = a^2 = 2a \cdot a + b \Rightarrow b = -a^2$
   $\Rightarrow y(x) = 2ax - a^2$

6. a) Vergleich der Steigungen für a = 4:

$f_1'(x) = 2x$	$f_2'(x) = 3x^2$	$f_3'(x) = 4x^3$
$f_1'(4) = 8$	$f_2'(4) = 48$	$f_3'(4) = 256$

$f_4'(x) = \frac{1}{2\sqrt{x}}$	$f_5'(x) = -\frac{1}{x^2}$	$f_6'(x) = \cos(x)$
$f_4'(4) = 4$	$f_5'(4) = -0{,}25$	$f_6'(4) = -0{,}15$

6. b) An welchen Stellen gilt f'(a) = 4?

$f_1'(a) = 4$	$f_2'(a) = 4$	$f_3'(a) = 4$
a = 2	$a_{1,2} = \dfrac{2}{\pm\sqrt{3}}$	a = 1

$f_4'(a) = 4$	$f_5'(a) = 4$	$f_6'(a) = 4$
$a = \dfrac{1}{64}$	keine Lösung	keine Lösung

7. Der Graph von sin(x) hat im Intervall [0; 2π] drei Nullstellen, nämlich $x_1 = 0$, $x_2 = \pi$ und $x_3 = 2\pi$. Die Ableitung von f(x) = sin(x) ist f'(x) = cos(x). Es ist cos(0) = 1 und cos(2π) = 1 sowie cos(π) = –1.
   Wegen |cos(x) ≤ 1| gibt es für den Graphen von sin(x) keine steileren Tangenten.

8. a) Die Funktionen $f_1(x) = x^2$ und $f_2(x) = x^4$ sind symmetrisch zur y-Achse.
      Denn es ist $f_1(-x) = (-x)^2 = x^2 = f_1(x)$ und $f_2(-x) = (-x)^4 = x^4 = f_2(x)$.
   b) Für die Ableitungen dieser Funktionen gilt:
      $f_1'(-x) = 2(-x) = -2x = -f_1'(x)$ und $f_2'(-x) = 4(-x)^3 = -4x^3 = -f_2'(x)$,
      womit jeweils das Kriterium für Punktsymmetrie zum Ursprung erfüllt ist.
   c) Hier gilt der umgekehrte Zusammenhang wie in b).

9. Oskar hat nicht Recht, denn die Ableitung der cos-Funktion ist die Funktion –sin(x).
   Man kann das leicht erkennen, wenn man die Steigung der cos-Funktion verfolgt.

10. $\dfrac{\frac{1}{x+h} - \frac{1}{x}}{h} = \dfrac{\frac{x}{(x+h)x} - \frac{x+h}{(x+h)x}}{h} = \dfrac{\frac{x-(x+h)}{(x+h)x}}{h} = \dfrac{-h}{h(x+h)x} = -\dfrac{1}{(x+h)x} \Rightarrow \lim_{h\to 0}\left(\dfrac{\frac{1}{x+h} - \frac{1}{x}}{h}\right) = -\dfrac{1}{x^2}$

11. a)

Funktion f(x)	x	x^2	x^3	x^4	x^5	x^6
Ableitung f'(x)	1	2x	$3x^2$	$4x^3$	$5x^4$	$6x^5$
f'(2)	1	4	12	32	80	192
f'(–2)	1	–4	12	–32	80	–192

b)

Ableitung f'(x)	1	2x	$3x^2$	$4x^3$	$5x^4$	$6x^5$
x mit f'(x) = 2	kein x	x = 1	x = ±0,82	x = 0,79	x = ±0,795	x = 0,803

12. a) Aus der Grafik kann man ablesen, dass mit wachsendem n auch der Wert von f'(1) wächst.
      Rechnerischer Beweis:
      Aus $f(x) = x^n$ folgt $f'(x) = nx^{n-1}$, also f'(1) = n, das heißt, mit wachsendem n wächst auch die Steigung der Funktion für x = 1.
   b) An der Stelle x = 0,5 vermindert sich mit wachsendem n der Wert von f'(0,5). Das kann man sowohl der Grafik entnehmen als auch rechnerisch zeigen:

f(x)	x^2	x^3	x^4	x^5
f'(x)	2x	$3x^2$	$4x^3$	$5x^4$
f'(0,5)	1	0,75	0,5	0,3

13. (I) Es gibt drei Möglichkeiten:
1. $f(x) = c$ 2. $f(x) = dx + c$ 3. $f(x) = dx^2 + c$; $c, d \in \mathbb{R}$

Alle drei Funktionen haben Geraden als Graphen ihrer Ableitungsfunktion.

(II) Die Zerlegung der Steigung m in Primfaktoren liefert den Schlüssel zur Lösung:
$108 = 2 \cdot 2 \cdot 3 \cdot 3 \cdot 3 = 4 \cdot 3^3$

Die Funktionen mit $f'(3) = 108 = m$ sind:
1. $f(x) = x^4 + c \Rightarrow f'(x) = 4x^3 \Rightarrow f'(3) = 108$
2. $f(x) = 4x^3 + c \Rightarrow f'(x) = 12x^2 \Rightarrow f'(3) = 108$
3. $f(x) = 18x^2 + c \Rightarrow f'(x) = 36x \Rightarrow f'(3) = 108$
4. $f(x) = 108x + c \Rightarrow f'(x) = 108 \Rightarrow f'(3) = 108$

Hier ist formal auch die Bedingung für die Steigung erfüllt und auch, dass die Funktion im Punkt $P(3 \mid f(3)) = P(3 \mid 324)$ eine Gerade mit der Steigung $m = 108$ besitzt, doch sind beide Geraden (also Tangente und Gerade) identisch und man sieht hier f(x) nicht als eigenständige Lösung an.

(III) Es gibt unendlich viele Lösungen für f(x) in der Form $f(x) = a \cdot x^n + b$ mit $a \neq 0$, $n \neq 0$ und $a, b \in \mathbb{R}$. Man muss nun zwischen geradem und ungeradem n unterscheiden.

Es ist $f'(x) = a\,n\,x^{n-1}$. Mit $f'(-1) = 5$ ist $5 = a\,n\,(-1)^{n-1}$
$\Rightarrow a = -\frac{5}{n}$ für gerades n und $a = \frac{5}{n}$ für ungerades n.

Als gesuchte Funktionen erhalten wir:
$$f(x) = \begin{cases} -\frac{a}{n}x^n + b, & n \text{ gerade} \\ \frac{a}{n}x^n + b, & n \text{ ungerade} \end{cases}$$

(IV) Auch hier gibt es unendlich viele Lösungen für f(x). Wir machen den Ansatz
$f(x) = a \cdot x^n + b$, mit $a \neq 0$, $n \neq 0$ und $a, b \in \mathbb{R}$. Es ist $f'(x) = a\,n\,x^{n-1}$. Es soll $f'(1) = 20$ sein: $20 = a\,n \cdot 1^{n-1} \Rightarrow a = \frac{20}{n}$

Bestimmung von b mit $f(-1) = 1 \Rightarrow 1 = \frac{20}{n}(-1)^n + b \Rightarrow b = 1 - \frac{20}{n}$

Als gesuchte Funktionen erhalten wir:
$$f(x) = \begin{cases} \frac{20}{n}x^n + 1 - \frac{20}{n}, & n \text{ gerade} \\ \frac{20}{n}x^n + 1 + \frac{20}{n}, & n \text{ ungerade} \end{cases}$$

14. a) Eine Potenzfunktion mit ungeradem Exponenten hat als Ableitung eine Funktion mit geradem Exponenten. Deren Werte sind immer ≥ 0, deswegen hat der Graph der Potenzfunktion mit ungeradem Exponenten an keiner Stelle eine negative Steigung.

b) Eine Potenzfunktion mit geradem Exponenten hat als Ableitung eine Funktion mit ungeradem Exponenten. Deren Graph hat immer eine Nullstelle, die den negativen Wertebereich vom positiven Wertebereich trennt. Dementsprechend markiert die Nullstelle der Ableitung ein Extremum (Maximum oder Minimum) der Potenzfunktion, das den Zweig ihres Graphen mit positiver Steigung von dem mit negativer Steigung trennt.

15. Die Potenzregel $f(x) = x^n \Rightarrow f'(x) = n \cdot x^{n-1}$ gilt auch für n = 1.
$f(x) = x^1 = x \Rightarrow f'(x) = 1 \cdot x^{1-1} = x^0 = 1$ und formal auch für n = 0.
$g(x) = x^0 = 1 \Rightarrow g'(x) = 0 \cdot x^{-1} = 0$, $x \neq 0$
Im Diagramm: $f(x) = x$ und $f'(x) = 1$

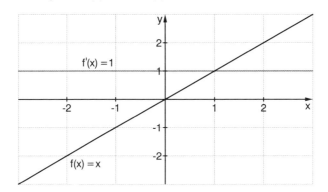

Im Diagramm: $g(x) = 1$ und $g'(x) = 0$

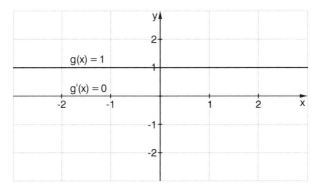

16. a) Bei der Bildung des Differenzenquotienten von $f(x) = x^5$ gemäß der h-Methode kann man im Zähler, nachdem die beiden x^5-Terme sich aufgehoben haben, aus dem Restpolynom den Faktor h ausklammern und gegen das h im Nenner kürzen. Dadurch ist im Zähler der zweite Term $5x^4$ dann als einziger frei von h-Faktoren und somit bei der Limesbildung mit $h \to 0$ maßgebend.

b) Bildung des Differenzenquotienten für $f(x) = x^6$ gemäß der h-Methode:

$$\frac{f(x+h) - f(x)}{h} = \frac{(x+h)^6 - x^6}{h} = \frac{x^6 + 6x^5h + 15x^4h^2 + 20x^3h^3 + 15x^2h^4 + 6xh^5 + h^6 - x^6}{h}$$
$$= \frac{h(6x^5 + 15x^4h + 20x^3h^2 + 15x^2h^3 + 6xh^4 + h^5)}{h}$$

Kürzen mit h und dann $\lim_{h \to 0}$ bilden:

$\lim_{h \to 0} (6x^5 + 15x^4h + 20x^3h^2 + 15x^2h^3 + 6xh^4 + h^5) = 6x^5$

Auch hier ist der zweite Summand aus dem Zähler des Differenzenquotienten für die Limesberechnung maßgebend.

16. c) Bildung des Differenzenquotienten für f(x) = x^n gemäß der h-Methode

$$\frac{(x+h)^n - x^n}{h} = \frac{\binom{n}{0}x^n h^0 + \binom{n}{1}x^{n-1}h^1 + \binom{n}{2}x^{n-2}h^2 + \ldots + \binom{n}{n-1}x^1 h^{n-1} + \binom{n}{n}x^0 h^n - x^n}{h}$$

$$= \frac{nx^{n-1}h^1 + \binom{n}{2}x^{n-2}h^2 + \ldots + nx^1 h^{n-1} + h^n}{h} = \frac{h(nx^{n-1} + \ldots + nx^1 h^{n-2} + h^{n-1})}{h}$$

$$\Rightarrow \lim_{h \to 0}\left(nx^{n-1} + \binom{n}{2}x^{n-2}h^1 + \ldots + nx^1 h^{n-2} + h^{n-1}\right) = nx^{n-1}$$

Also ist f′(x) = nx^{n-1} die Ableitung von f(x) = x^n.

17. a) Zuerst werden die Ableitungsfunktionen der beiden Funktionen
(1) f(x) = $\frac{1}{x}$ und (2) f(x) = $\sqrt{x}$ mit der h-Methode ermittelt:

(1) $\frac{\frac{1}{x+h} - \frac{1}{x}}{h} = \frac{\frac{x}{(x+h)x} - \frac{x+h}{(x+h)x}}{h} = \frac{\frac{x-(x+h)}{(x+h)x}}{h} = \frac{-h}{h(x+h)x} = -\frac{1}{(x+h)x}$

$\Rightarrow \lim_{h \to 0}\left(-\frac{1}{(x+h)x}\right) = -\frac{1}{x^2} = f'(x)$

(2) $\frac{\sqrt{x+h} - \sqrt{x}}{h} = \frac{(\sqrt{x+h} - \sqrt{x}) \cdot (\sqrt{x+h} + \sqrt{x})}{h \cdot (\sqrt{x+h} + \sqrt{x})} = \frac{x+h-x}{h \cdot (\sqrt{x+h} + \sqrt{x})} = \frac{h}{h \cdot (\sqrt{x+h} + \sqrt{x})}$

$\Rightarrow \lim_{h \to 0} \frac{1}{\sqrt{x+h} + \sqrt{x}} = \frac{1}{2\sqrt{x}} = f'(x)$

Nun wird die Potenzregel verwendet:

(1) f(x) = $\frac{1}{x}$ = x^{-1} $\Rightarrow$ f′(x) = $(-1) \cdot x^{-1-1} = -x^{-2} = -\frac{1}{x^2}$

(2) f(x) = $\sqrt{x}$ = $x^{\frac{1}{2}}$ $\Rightarrow$ f′(x) = $\frac{1}{2} \cdot x^{\frac{1}{2}-1} = \frac{1}{2}x^{-\frac{1}{2}} = \frac{1}{2} \cdot \frac{1}{x^{\frac{1}{2}}} = \frac{1}{2\sqrt{x}}$

In beiden Fällen gilt also auch die Ableitungsregel.

b) Ableitung nach der Potenzregel für (1) f(x) = $x^{\frac{2}{3}}$ und (2) g(x) = x^{-3}:

(1) $\Rightarrow$ f′(x) = $\frac{2}{3}x^{\frac{2}{3}-1} = \frac{2}{3}x^{-\frac{1}{3}}$

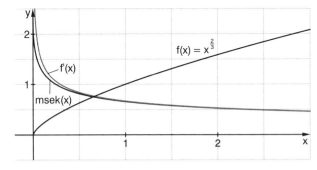

17. b) Fortsetzung

(2) $\Rightarrow g'(x) = (-3) x^{-3-1} = (-3)x^{-4}$

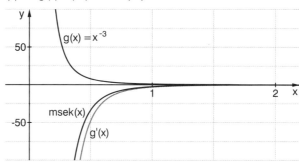

Ableitungsgraph und Graph von msek (h = 0,1) sind fast identisch.

18. $f'(x) = 15x^2 + 6x$. Es wurden folgende Ableitungsregeln benutzt: Potenzregel, Summenregel, Faktorregel, konstanter Summand

19. a) $f'(x) = 6x^5$ b) $f'(x) = x^4$ c) $f'(x) = 7$
d) $f'(x) = 1$ e) $f'(x) = -\frac{8}{3}x^3 + 1$ f) $f'(x) = 0$
g) $f'(x) = 10x^4 - 3x^2 - 1$ h) $f'(x) = x^3 - 3x^2 + 1$ i) $f'(x) = 0$
j) $f'(x) = 0{,}5$ k) $f'(x) = \sqrt{3}$ l) $f'(x) = 2x + \frac{1}{2\sqrt{x}}$

20. a) $f'(x) = -\frac{1}{x^2} + 5$ b) $g'(x) = 2x$ c) $f'(x) = 4x + 5$
d) $f'(x) = \cos(x) + 2$ e) $f'(x) = 4(n + 1)x^n$ f) $f'(x) = -\frac{1}{x^2}$
g) $f'(x) = 2\cos(x) - 10x - \frac{1}{x^2}$ h) $f'(x) = -\frac{2}{x^2} - \frac{3}{2\sqrt{x}}$ i) $f(x) = 18x - 6$

21. Man kann zu jeder Funktion f(x), die eine Lösung ist, eine Zahl c ∈ ℝ addieren. Dieser Summand c entfällt wieder beim Ableiten von f(x):
a) $f(x) = x^3 + c$ b) $f(x) = -3x^2 + 4x + c$
c) $f(x) = \frac{1}{4}x^4 + c$ d) $f(x) = \frac{1}{3}x^3 + \frac{1}{x} + c$
e) $f(x) = \frac{2}{3}x^3 - 2c + x$ f) $f(x) = \sin(x) + x + c$
g) $f(x) = -\frac{1}{6}x^3 + x^2 + 4x + c$

22. a) $f'(a) = -4a^3 + 7$
b) $g'(m) = 2am + b$
c) $h'(t) = -10t$; h(t) beschreibt für den freien Fall die Fallstrecke aus 45 m, Höhe in Abhängigkeit von der Fallzeit t, h'(t) beschreibt die Fallgeschwindigkeit in Abhängigkeit von der Fallzeit t.
d) $s'(t) = at$; s(t) beschreibt bei gleichmäßig beschleunigten Bewegungen die bei einer konstanten Beschleunigung a in der Zeit t zurückgelegte Strecke s.
s'(t) = at = v(t) beschreibt dabei die Geschwindigkeit als Funktion der Zeit t.
e) $v'(t) = a$; bei gleichmäßig beschleunigten Bewegungen ist a die konstante Beschleunigung.
f) $V'(r) = 4\pi r^2$ ist die Oberfläche einer Kugel mit dem Radius r und dem Volumen V.
g) $A'(r) = 8\pi r = 4(2\pi r)$ ist der 4-fache Umfang eines Kreises mit dem Radius r und der Fläche A.

23. a) Bei der Ableitung von f verschwinden konstante Zahlen.
b) Exponentialfunktionen werden nicht nach der Potenzregel abgeleitet.
c) Die Ableitung von f nach t ergibt f´(t) = –10. Der Fehler lautet: Nach x abgeleitet.
d) Der Bruchterm muss zuerst aufgespalten werden: $f(x) = \frac{x^2+4}{4x} = \frac{1}{4}x + \frac{1}{x}$
Nun ergibt die Ableitung $f´(x) = \frac{1}{4} - \frac{1}{x^2}$. Der Fehler lautet: Zähler und Nenner getrennt abgeleitet.

24. Graph von $f(x) = x^2 - 4x$:

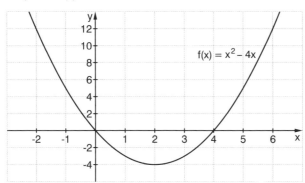

a) Die Schnittpunkte mit der x-Achse sind $N_1(0 | 0)$ und $N_2(4 | 0)$, der Schnittpunkt mit der y-Achse ist $S_y(0 | 0)$. Die Ableitung von f ist $f´(x) = 2x - 4$.
Steigung in $N_1(0 | 0)$: $f´(0) = -4$
Steigung in $N_2(4 | 0)$: $f´(4) = 4$
Steigung in $S_y(0 | 0)$: $f´(0) = -4$
b) Der Graph hat die Steigung 6 im Punkt (5 | 5) bzw. die Steigung –2 im Punkt (1 | –2) bzw. die Steigung 3 im Punkt (3,5 | –1,75).
c) Im Punkt (2 | –4) ist $f´(x) = 0$, d. h. in diesem Punkt hat die Funktion eine waagerechte Tangente.

25. a) Gleichsetzen der Ableitungen $f´(x) = 2x$ und $g´(x) = 3x^2$:
$2x = 3x^2 \Rightarrow x(3x - 2) = 0$. Mit der „Produkt = Null"-Regel erhalten wir die beiden Stellen $x_1 = 0$ und $x_2 = \frac{2}{3}$, an denen die Graphen parallele Tangenten haben.
b) Gleichsetzen der Funktionsterme liefert die Schnittpunkte:
$x^2 = x^3 \Rightarrow x^2(x - 1) = 0 \Rightarrow x_1 = 0$ und $x_2 = 1$. Die y-Koordinaten sind $y_1 = 0$ und $y_2 = 1$.
Die Steigungen in dem jeweiligen Schnittpunkt lauten $f´(0) = g´(0) = 0$ und $f´(1) = 2$ sowie $g´(1) = 3$.

26. Anschauliche Begründung: Wird der Graph einer Funktion nach oben (+c) oder unten (–c) verschoben, so ändert sich seine Steigung dabei nicht.
$f(x) = g(x) + c = g(x) + cx^0$
Dann ist $f´(x) = (g(x) + cx^0)´ = g´(x) + 0cx^{0-1} = g´(x)$.

54

55

27. Anschauliche Begründung: Werden zwei Funktionen addiert, so addieren sich an jeder Stelle nicht nur die Funktionswerte, sondern auch die Steigungen.
Formelmäßiger Beweis mit dem Differenzenquotienten für die Summenfunktion:
$$m_s(f+g) = \frac{(f(x+h)+g(x+h))-(f(x)+g(x))}{h} = \frac{f(x+h)-f(x)}{h} + \frac{g(x+h)-g(x)}{h}$$
$$= m_s(f) + m_s(g)$$
und man erhält die Summe der Differenzenquotienten.

28. a) Die Aussage ist richtig. Grafisch begründet: ein Minus vor dem Funktionsterm spiegelt den Graphen an der x-Achse, wobei auch die Steigungen ihr Vorzeichen wechseln.
Formelmäßiger Beweis mit dem Differenzenquotienten:
$$m_s(-f) = \frac{-f(x+h)-(-f(x))}{h} = -\frac{f(x+h)-f(x)}{h} = -m_s(f)$$

b) Die Aussage ist richtig. Grafisch begründet: Wird der Graph einer Funktion mit einem Faktor gestreckt (oder gestaucht), so wird auch die Steigung mit dem Faktor verändert.
Formelmäßiger Beweis mit dem Differenzenquotienten:
$$m_s(3f) = \frac{3 \cdot f(x+h) - 3 \cdot f(x)}{h} = 3 \cdot \frac{f(x+h)-f(x)}{h} = 3 \cdot m_s(f)$$

29. a) Allgemeine Form einer ganzrationalen Funktion zweiten Grades:
$f(x) = ax^2 + bx + c$; $a, b, c \in \mathbb{R}$, $a \neq 0$ oder $f(x) = a_2x^2 + a_1x + a_0$; $a_2, a_1, a_0 \in \mathbb{R}$, $a_2 \neq 0$

b) Allgemeine Form einer ganzrationalen Funktion vierten Grades:
$f(x) = ax^4 + bx^3 + cx^2 + dx + e$; $a, b, c, d \in \mathbb{R}$, $a \neq 0$
Beispiel: $f(x) = \frac{1}{4}x^4 - 0{,}3x^3 + \sqrt{2}x^2 - x + \pi$

c) Der Funktionsgraph einer ganzrationalen Funktion ersten Grades ist eine Gerade. Eine ganzrationale Funktion nullten Grades ist eine konstante Funktion $f(x) = a_0$.

30. a) Weil man so beliebig viele Koeffizienten bezeichnen kann, während das Alphabet nur eine begrenzte Zahl von Buchstaben hat. Außerdem ist durch das „i" in a_i deutlich, zu welcher Potenz von x der Koeffizient gehört.

b) Die Punkte bedeuten, dass zwischen $a_{n-2}x^{n-2}$ und a_2x^2 die Summanden der Form a_jx^j, $2 < j < n-2$ stehen. Der Nachfolgesummand zu $a_{n-2}x^{n-2}$ ist $a_{n-3}x^{n-3}$, der Vorgängersummand zu a_2x^2 ist a_3x^3.

c) Ist $a_n = 0$, so ist $a_nx^n + a_{n-1}x^{n-1} + \ldots + a_1x + a_0 = a_{n-1}x^{n-1} + \ldots + a_1x + a_0$, und das Polynom hätte den Grad $n-1$.
Für $i < n$ dürfen ein oder mehrere a_i null sein, sogar alle: a_nx^n ist eine Potenzfunktion vom Grad n.

31. In Aufgabe 19 sind außer l) alle Funktionen ganzrational. Dabei hat a) den Grad 6, b) Grad 5, c) Grad 1, d) Grad 1, e) Grad 4, f) Grad 0, g) Grad 5, h) Grad 4, i) Grad 0 und j) und k) haben Grad 1.
In Aufgabe 20 sind nur b) (Grad 2), c) (Grad 2), e) (Grad n + 1) und i) (Grad 2) ganzrationale Funktionen.

32. a) $f_1'(x) = 6x^2 - 0{,}5x + 4$
$f_2'(x) = 0{,}08x^3 - 6x$
$f_3'(x) = 0{,}08x^3 - 6x$
$f_4'(x) = 0{,}05x^4 + 6x^2 - 8x$
$f_5'(x) = 0{,}05x^4 + 6x^2 - 4$
$f_6'(x) = 6x - 12$

b) Ersten Grades: $f(x) = ax + b$, $f'(x) = a$
Zweiten Grades: $f(x) = ax^2 + bx + c$, $f'(x) = 2ax + b$
Dritten Grades: $f(x) = ax^3 + bx^2 + cx + d$, $f'(x) = 3ax^2 + 2bx + c$
Vierten Grades: $f(x) = ax^4 + bx^3 + cx^2 + dx + e$, $f'(x) = 4ax^3 + 3bx^2 + 2cx + d$

c) Die Ableitung einer ganzrationalen Funktion
$a_n x^n + a_{n-1} x^{n-1} + \ldots + a_2 x^2 + a_1 x + a_0$ ist
$n a_n x^{n-1} + (n-1) a_{n-1} x^{n-2} + \ldots + 2 a_2 x + a_1$.

33. Wegen $f_2'(x) = f_3'(x) = 0{,}3x^2 - 2 = f_1(x)$, und da $f_1(x)$ den roten Graphen beschreibt, sind f_2 und f_3 mögliche Kandidaten. Sie sind in der Abbildung blau (f_2) und grün (f_3) gezeichnet. Die Entscheidung ist also nicht eindeutig.

34. a) Die Ableitung einer ganzrationalen Funktion dritten Grades ist eine ganzrationale Funktion zweiten Grades, weil bei der Ermittlung der Ableitungsfunktion mit dem Differenzenquotienten bzw. mit der Sekantensteigungsfunktion sich die Terme mit der höchsten x-Potenz (x^3-Term) im Zähler aufheben.

b) Das Gleiche gilt für ganzrationale Funktionen ersten, zweiten und vierten Grades. Der Grad der Ableitungsfunktion ist jeweils um eins niedriger als der der ursprünglichen Funktion.

35. a)

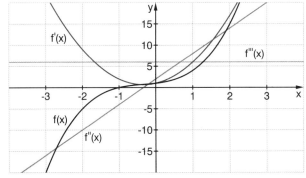

Es fällt auf, dass der Grad der höchsten Potenz bei jeder weiteren Ableitung sich um 1 reduziert.

b) Die Aussage ist falsch, denn die zweite Ableitung einer ganzrationalen Funktion vierten Grades liefert uns eine ganzrationale Funktion zweiten Grades, also eine Parabel.

36. Jede ganzrationale Funktion ist eine Summe von Potenzfunktionen, die wiederum aus x-Potenzen (Potenzregel) mit Faktoren (Faktorregel) bestehen.

37. a) Es ist $f(x) = x^2 \cdot x^2 = x^4 \Rightarrow f'(x) = 4x^3$ und nicht $f'(x) = 2x \cdot 2x = 4x^2$.
b) Wir wählen das Gegenbeispiel $f(x) = \frac{x^2}{x}$. Würde die Ableitungsregel stimmen, dann wäre $f'(x) = \frac{2x}{1} = 2x$, richtig ist aber $f(x) = \frac{x^2}{x} = x \Rightarrow f'(x) = 1$.

38. $f(x) = (x-1)(x+1) = x^2 - 1 \Rightarrow f'(x) = 2x$
$g(x) = x(x+2)^2 = x^3 + 2x^2 + 4x \Rightarrow g'(x) = 3x^2 + 4x + 4$
$h(x) = \frac{x^2 + x}{x} = x + 1, x \neq 0 \Rightarrow h'(x) = 1$
$k(x) = \sqrt{x} \cdot \sqrt{x} = x, x \geq 0 \Rightarrow k'(x) = 1$

39. Mit $f(2) = 2 \cdot 2^2 - 2 = 6$ und $y(2) = 7 \cdot 2 - 8 = 6$ liegt der Punkt $P(2 \mid 6)$ sowohl auf der Parabel als auch auf der Geraden. In diesem Punkt hat f(x) die Steigung $f'(2) = 7$, weil $f'(x) = 4x - 1$ ist. Die Steigung der Geraden ist auch 7, deshalb ist die Gerade die Tangente an f(x) im Punkt P.

40. a) Mit $f(1) = 3$ hat der Punkt P die Koordinaten $P(1 \mid 3)$. Die Ableitung von f(x) ist $f'(x) = 6x$. Die Tangentensteigung ist $m_t = f'(1) = 6$. Eingesetzt mit den Koordinaten von P in die allgemeine Geradengleichung $y(x) = m_t x + b$, führt zur Berechnung von $b = -3$. Die gesuchte Tangentengleichung ist $y(x) = 6x - 3$.

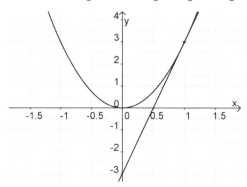

Die Teilaufgaben b) bis g) werden nach dem gleichen Muster bearbeitet. Deshalb werden nachfolgend nur die Tangentengleichungen angegeben.
b) $y = 12x - 16$ c) $y = \frac{1}{9}x + \frac{5}{9}$ d) $y = -x + \pi$
e) $y = 9x - 4$ f) $y = 7x$ g) $y = -4x$

41. a) Die Lösungen der Gleichung $x^2 - 2 = 0$ sind die Nullstellen der Funktion f(x): $C(-\sqrt{2} \mid 0)$ und $B(\sqrt{2} \mid 0)$. Der Punkt A hat die Koordinaten $A(0 \mid -2)$.
Die Steigung der Sekanten AB ist $m_{AB} = \frac{\Delta y}{\Delta x} = \frac{0 - (-2)}{\sqrt{2} - 0} = \sqrt{2}$, die von AC ist $m_{AC} = \frac{\Delta y}{\Delta x} = \frac{(-2) - 0}{\sqrt{2} - 0} = -\sqrt{2}$. Wir bilden nun f'(x) und bestimmen die Stellen, in denen der Graph von f(x) die gleiche Steigung wie die Sehnen hat.
$f'(x) = 2x, \pm\sqrt{2} = 2x \Rightarrow x_1 = -\frac{1}{\sqrt{2}} \approx -0{,}71$ und $x_2 = \frac{1}{\sqrt{2}} \approx 0{,}71$

41. a) Fortsetzung

Da es keine weiteren Lösungen für x gibt, gibt es zu jeder Sekante genau eine Tangente mit gleicher Steigung.

Für die Aufstellung der Sekantengleichungen verwenden wir die berechneten m-Werte und in beiden Fällen b = –2.
Die beiden Sekantengleichungen lauten:

$y_{Sr}(x) = \sqrt{2}x - 2$ (durch A und B)

$y_{St}(x) = -\sqrt{2}x - 2$ (durch A und C)

Für die Aufstellung der Tangentengleichungen verwenden wir die m-Werte der parallelen Sekanten sowie rechts den Berührpunkt
$B\left(\frac{1}{\sqrt{2}} \mid f\left(\frac{1}{\sqrt{2}}\right)\right) = B\left(\frac{1}{\sqrt{2}} \mid -1{,}5\right)$ bzw. links den Berührpunkt $B\left(-\frac{1}{\sqrt{2}} \mid -1{,}5\right)$, um jeweils b zu berechnen.

b) Die beiden Tangentengleichungen sind $y_{T_1}(x) = \sqrt{2}x - 2{,}5$ und $y_{T_2}(x) = -\sqrt{2}x - 2{,}5$.

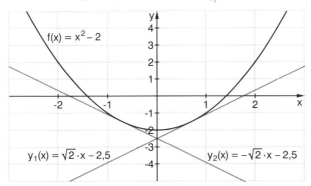

42. a) (1) $f(x) = -x^2 + 4 \Rightarrow f(1) = 3 \Rightarrow P(1 \mid 3)$
$f'(x) = -2x \Rightarrow f'(1) = -2 = m$
Hiermit und mit den Koordinaten von P wird mittels der allgemeinen Geradengleichung y = mx + b jetzt b berechnet: Es folgt b = 5.
Gleichung der Tangente im Punkt P: y = –2x + 5

(2) $f(x) = (x-2)^2 + 1 \Rightarrow f(x) = x^2 - 4x + 5 \Rightarrow f(1) = 2 \Rightarrow P(1 \mid 2)$
$f'(x) = -2x \Rightarrow f'(1) = -2 = m$
Hiermit und mit den Koordinaten von P wird mittels der allgemeinen Geradengleichung y = mx + b jetzt b berechnet: Es folgt b = 4.
Gleichung der Tangente im Punkt P: y = –2x + 4

(3) $f(x) = \sqrt{x} \Rightarrow f(1) = 1 \Rightarrow P(1 \mid 1)$
$f'(x) = \frac{1}{2\sqrt{x}} \Rightarrow f'(1) = \frac{1}{2} = m$
Hiermit und mit den Koordinaten von P wird mittels der allgemeinen Geradengleichung y = mx + b jetzt b berechnet: Es folgt $b = \frac{1}{2}$.
Gleichung der Tangente im Punkt P: $y = \frac{1}{2}x + \frac{1}{2}$

b) –

43. a) Für die Tangentensteigung gilt einerseits $m = \frac{f(a) - 0}{a - 1} = \frac{a^2}{a - 1}$, andererseits ist
$m = f'(a) = 2a$. Gleichsetzen ergibt $2a = \frac{a^2}{1 - a} \Rightarrow 2a - 2a^2 = a^2 \Rightarrow a(2 - a) = 0$.
Gemäß der „Produkt = Null"-Regel erhalten wir zwei Lösungen $a_1 = 0$ und $a_2 = 2$.
$a_1 = 0$ muss man ausschließen, denn die Tangente in $P(0 \mid f(0))$ an f ist identisch mit der x-Achse. Diese Tangente „schneidet die x-Achse in ganz $\mathbb{R}$".
b) Mit dem gleichen Verfahren wie bei Teilaufgabe a) erhält man wieder zwei Lösungen $a_1 = 0$ und $a_2 = 2$.
$a_1 = 0$ muss man wieder ausschließen wegen desselben Grundes wie in a).

44. a) Beobachtungen: Der Graph setzt sich aus Geradenabschnitten zusammen.
Beziehung zu Tangenten an den Graphen: Die Geradenabschnitte repräsentieren die Tangenten an den Graphen.
b) Man kann beide Aussagen durch die Beobachtungen bestätigen.

45. Die Potenzfunktion $f(x) = x^{10} - 1$ ist überall differenzierbar und man sieht bei hinreichend starkem Zoomen, dass der Graph im ganzen Intervall $[-1 \leq x \leq 1]$ „glatt" ist.
Die Funktion $g(x) = \sqrt{x^2 - 2x + 1} + 1$ ist dagegen bei $x = 1$ nicht differenzierbar, weil der rechtsseitige und der linksseitige Grenzwert des Differenzenquotienten für $h \to 0$ verschiedene Lösungen ergeben. Man kann zwar die Ableitung für g(x) bilden:
$g'(x) = \frac{2x - 2}{2\sqrt{x^2 - 2x + 1}} = \frac{2(x - 1)}{2\sqrt{(x - 1)^2}} = \frac{x - 1}{x - 1}, x \neq 1$
Doch diese Funktion hat bei $x = 1$ eine hebbare Definitionslücke.

46. a) Wenn ein Radius r um die Strecke h vergrößert wird, so nimmt die Kreisfläche um den Flächeninhalt des Kreisringes zu.
b) Die durchschnittliche Änderungsrate (s. Lehrbuch S. 21) ist $\frac{\Delta y}{\Delta x}$, hier $\frac{\Delta A}{\Delta r}$.
Für $r = 5$ ist $\frac{\Delta A}{\Delta r} = \frac{81{,}71 - 78{,}54}{0{,}1} = \frac{3{,}17}{0{,}1} = 31{,}7$.
Für $r = 3$ ist $\frac{\Delta A}{\Delta r} = \frac{30{,}19 - 28{,}27}{0{,}1} = \frac{1{,}92}{0{,}1} = 19{,}2$.
c) Die momentane Änderungsrate der Kreisfläche A ist $A'(r) = 2\pi r$, das ist die Formel für den Kreisumfang ($u = 2\pi r$). Es ist $A'(5) = 2\pi 5 = 31{,}42$ und $A'(3) = 2\pi 3 = 18{,}85$.
Geometrische Deutung: Die momentane Änderungsrate des Flächeninhaltes eines Kreises ist so groß wie dessen Umfang.

47. Das Kugelvolumen ist $V(r) = \frac{4}{3}\pi r^3$. Gemäß der Potenzregel ist die Ableitung $V'(r) = 4\pi r^2$.
Das ist die Formel für den Flächeninhalt der Oberfläche der Kugel.

48. Änderungsverhalten des Zylindervolumens $V(r, h) = \pi r^2 h$
a) Ableitung von V nach der Höhe h: $V'(h) = \pi r^2$
Das ist die Formel für den Flächeninhalt des Kreises mit dem Radius r.
b) Ableitung von V nach dem Radius r: $V'(r) = 2\pi rh$
Das ist die Formel für den Inhalt der Mantelfläche des Zylinders.
Wie bei Aufgabe 46) und 47) ist die momentane Änderungsrate eine Dimension kleiner und spiegelt eine „Flächenformel" wider.

49. a) In der Tabelle wurde die Tangentengleichung f(x) gemäß der Punktsteigungsform mit P(x | f(x) = x²) und m = f′(x) = 2x ermittelt. Die Schnittstellen des Graphen von f(x) mit der y-Achse erhält man mit f(0) und die Nullstellen werden berechnet, indem man die Gleichung 0 = f(x) löst.

x	f(x)	Tangentengleichung	Schnittstelle mit y-Achse	Nullstelle
1	1	y(x) = 2x − 1	−1	$\frac{1}{2}$
2	4	y(x) = 4x − 4	−4	1
4	16	y(x) = 8x − 16	−16	2
5	25	y(x) = 10x − 25	−25	2,5
10	100	y(x) = 20x − 100	−100	5
20	400	y(x) = 40x − 400	−400	10

Es fällt auf, dass eine Tangente die x-Achse bei der halben x-Koordinate des Berührungspunktes schneidet und dass der y-Achsenabschnitt gleich der negativen y-Koordinate des Berührungspunktes ist.
Für negative x-Koordinaten eines Berührungspunktes gilt genau das Gleiche.
Beispiel:

x	f(x)	Tangentengleichung	Schnittstelle mit y-Achse	Nullstelle
−20	400	y(x) = −40x − 400	−400	−10

b) (1) Man zieht eine Gerade durch den Berührungspunkt B(x_B | f(x_B)) und die Nullstelle x_N = 0,5x_B.
(2) Man zieht eine Gerade durch den Berührungspunkt B(x_B | f(x_B)) und den Schnittpunkt S(0 | −f(x_B)) mit der y-Achse.

c) Als Beispiel wird die Konstruktion der Tangente für den Punkt P(2 | 4) beschrieben: Wir zeichnen in ein Koordinatenkreuz die Normalparabel und markieren auf ihr den Punkt P. Dann markieren wir den Punkt (1 | 0) auf der x-Achse und auf der y-Achse den Punkt (0 | −4). Die Gerade, die alle drei Punkte verbindet, ist die gesuchte Tangente.
Rechnerische Lösung ist y(x) = 4x − 4.

d) Diese Konstruktion gilt auch für gestreckte Parabeln der Form y(x) = ax². Man kann es für verschiedene Werte von a ausprobieren. Aber es ist auch direkt beweisbar: Wir nehmen einen beliebigen Punkt auf dem Graphen von y(x) = ax². Er habe die Koordinaten P(p | ap²). Die Steigung der Tangenten in P ist m_t = y′(p) = 2ap. Zusammen mit den Punktkoordinaten eingesetzt in die allgemeine Geradengleichung y = mx + b, um b zu bestimmen:
ap² = 2ap · p + b ⇒ b = −ap², also die negative y-Koordinate von P.
Die Tangentengleichung ist nun y(x) = 2ap · x − ap².
Aus 0 = 2ap · x − ap² ergibt sich für die Nullstelle x_N = 0,5a und die Schnittstelle mit der y-Achse y_S = −ap² = −f(p).

50. –

2.2 Zusammenhänge zwischen Funktion und Ableitung

1. Zuordnungen

Nullstelle	f(a) = 0
Globales Maximum	Für alle x ≠ a im Definitionsbereich von f gilt f(x) < f(a).
Globales Minimum	Für alle x ≠ a im Definitionsbereich von f gilt f(x) > f(a).
Lokales Maximum (Hochpunkt)	Für alle x ≠ a in einer Umgebung der Stelle a ist f(x) < f(a).
Lokales Minimum (Tiefpunkt)	Für alle x ≠ a in einer Umgebung der Stelle a ist f(x) > f(a).
Wendepunkt	Der Graph wechselt von einer Linkskurve in eine Rechtskurve.
f ist streng monoton steigend im Intervall I.	Für alle x_1, x_2 aus dem Intervall I gilt: mit $x_2 > x_1$ ist auch $f(x_2) > f(x_1)$.
f ist streng monoton fallend im Intervall I.	Für alle x_1, x_2 aus dem Intervall I gilt: mit $x_2 > x_1$ ist $f(x_2) < f(x_1)$.

Eine Funktion f heißt streng monoton steigend im Intervall I, wenn für alle x_1, x_2 aus dem Intervall I gilt: mit $x_2 > x_1$ ist auch $f(x_2) > f(x_1)$.
Eine Funktion f hat im Punkt P(a | f(a)) ein lokales Minimum, wenn für alle x in einer Umgebung der Stelle a gilt: f(x) > f(a).
Eine Funktion f hat im Intervall I ein absolutes Maximum, wenn für alle $x \in I$ gilt: f(x) > f(a).

2. a) Die Kurve B passt am besten zu dem Textauszug aus dem Jahresbericht. Sie gibt sowohl die anfänglich zunehmende Umsatzsteigerung wieder als auch die sich anschließende Phase mit abnehmendem Umsatzzuwachs.
b) Umsatzverlauf A: „Zwar konnten wir zu Beginn des Jahres einen erfreulichen Umsatzanstieg verbuchen, doch der verlangsamte sich so rasant, dass bereits zur Jahresmitte der Umsatzzuwachs stagnierte. Danach schloss sich eine stetige Zunahme des Umsatzrückganges an."
Umsatzverlauf C: „Wir können über eine stetig wachsende Umsatzzunahme berichten, die sich zwar in der Jahresmitte etwas abflachte, jedoch fing danach erfreulicherweise die Umsatzzunahme wieder an zu wachsen."

3. Der gezeigte Parcourabschnitt verläuft (von links nach rechts) anfänglich nahezu geradeaus, um dann in eine enge Linkskurve überzugehen. Das Lenkrad wird entsprechend nach links gestellt. Danach geht der Parcour in eine nicht ganz so enge Rechtskurve über, wobei das Lenkrad jetzt nach rechts gestellt wird. Nach Verlassen dieser Kurve geht es ein Stück geradeaus, dem sich dann erneut eine enge Linkskurve anschließt. Das Lenkrad wird wieder entsprechend nach links gestellt. Der Parcour ist besonders schwierig in den Kurven zu durchfahren, am schnellsten ist man auf den annähernd geraden Strecken zwischen den Kurven.

3. Fortsetzung
Graphen von f und f″:

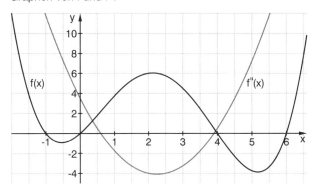

Man kann folgendes erkennen: Beim Durchfahren einer Linkskurve mit Lenkradstellung nach links hat die zweite Ableitung der Kurve positive Werte, und umgekehrt: Beim Durchfahren einer Rechtskurve mit Lenkradstellung nach rechts hat die zweite Ableitung der Kurve negative Werte.

Intervall	Lenkradstellung	f″(x)
[–2; 0,6[	links	> 0
[0,6; 3,9[	rechts	< 0
[3,9; 6,6[	links	> 0

Wo der Parcour seine Krümmung ändert, also an einem Wendepunkt, da hat die 2. Ableitung eine Nullstelle bzw. einen Vorzeichenwechsel.

4. a)

Punkt A	höchster Pegelstand – höchster Pass – größter Umsatz
Punkt B	größte Abnahme des Pegelstandes – stärkstes Gefälle – stärkste Abnahme des Umsatzes
Punkt C	niedrigster Pegelstand – Talsohle – kleinster Umsatz
Punkt D	größte Zunahme des Pegelstandes während Tag X – größte Steigung zwischen km X und km Y – stärkste Zunahme des Umsatzes während Monat X
Punkt E	höchster Pegelstand zum Zeitpunkt X – kurzer Streckenabschnitt ohne Steigung bei km X – größter Umsatz während Tag X

b) Die untere Kurve ist der Graph der Ableitung der Funktion nach der Zeit. Dort, wo der Pegelstand (der Tourweg; der Umsatz) sein Maximum erreicht, hat die Ableitungsfunktion, die die zeitlichen Änderungsraten angibt, den Wert Null (Punkt A). Anschließend wird die Änderungsrate negativ und hat ihr Maximum im Wendepunkt der Funktion (Punkt B) erreicht. Hier ist folglich der Tiefpunkt der Ableitung. Dann werden die negativen Änderungsraten wieder kleiner, bis im Punkt C der Wert Null erreicht ist. Das Maximum des Wiederanstiegs der Änderungsrate der Pegelstandzunahme (der Steigung des Tourweges, des Umsatzzuwachses) markiert der Punkt D. Im Punkt E ist zwar die Änderungsrate Null erreicht, doch steigt sie anschließend wieder, ohne negativ geworden zu sein.

5. Diagramm A:

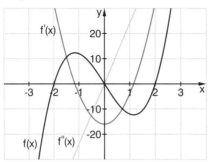

Diagramm B:

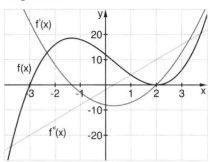

Diagramm C:

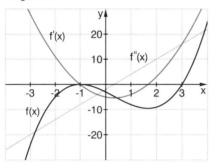

Diagramm D:

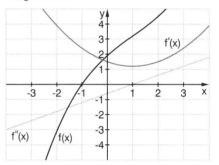

Diagramm E:

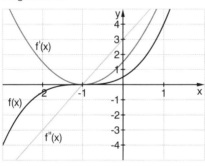

Diagramm F:

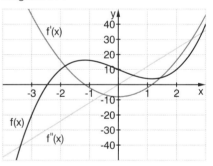

Diagramm G:

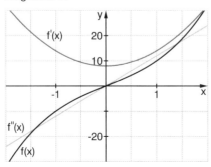

6. a) Anfangs wird der Motorradfahrer sich ziemlich flach nach links legen müssen, denn die Linkskurve ist sehr eng. Danach muss er sich wieder schnell aufrichten, um in rechter Schräglage eine nicht ganz so enge Rechtskurve zu durchfahren. Anschließend kann der Fahrer in aufrechter Haltung auf einem kleinen Stück geradeaus rascher fahren, bevor er schließlich in sehr starker Linksschräglage eine sehr enge Linkskurve durchfahren muss.

   b) Die gesuchten Stellen sind die Wendepunkte des Funktionsgraphen. Wir finden sie als Nullstellen der 2. Ableitung von:
   $f(x) = 0{,}125x^4 - 0{,}25x^3 - 1{,}5x^2$
   $f'(x) = 0{,}5x^3 - 0{,}75x^2 - 3x \Rightarrow f''(x) = 1{,}5x^2 - 1{,}5x - 3$
   Teilen der quadratischen Gleichung $1{,}5x^2 - 1{,}5x - 3 = 0$ durch $1{,}5$ und Anwenden der pq-Formel ergibt die beiden Lösungen. Einsetzen in die Funktionsgleichung liefert die zugehörigen y-Koordinaten, sodass wir als Wendepunkte $W_1(-1 \mid f(-1))$ und $W_2(2 \mid f(2))$ erhalten.

7. (1) → (C); (2) → (B); (3) → (D); (4) → (A)

8. a) Lineare Funktionen f haben keine Krümmung. Die Tangentensteigung f´ bleibt konstant, also $(f')' = c' = 0$.

   b) In $]0; \pi[$: Tangentensteigung nimmt ab $\Rightarrow (\sin'(x))' = \sin''(x) = -\sin(x) < 0$,
   in $]\pi; 2\pi[$: Tangentensteigung nimmt zu $\Rightarrow (\sin'(x))' = \sin''(x) = -\sin(x) > 0$

   c) In $]-\infty; 0[$: Tangentensteigung nimmt ab $\Rightarrow \left(\frac{1}{x}\right)'' = \frac{2}{x^3} < 0$,
   in $]0; \infty[$: Tangentensteigung nimmt zu $\Rightarrow \left(\frac{1}{x}\right)'' = \frac{2}{x^3} > 0$

9. a) Wir konnten unseren Gewinn jährlich steigern. In 2004 war die Zunahme am größten, danach flachte sie leider bis 2008 ab.

   b) Der Chef muss Begriffe verwenden, die eine negative Bedeutung haben, bspw. „verschlechtern" oder „sinken" etc.
   Bsp. für eine negative Prognose: Seit 2004 schrumpft die Zunahme der Gewinne.

10. Grafische Darstellung von Veränderungen von Tierpopulationen:

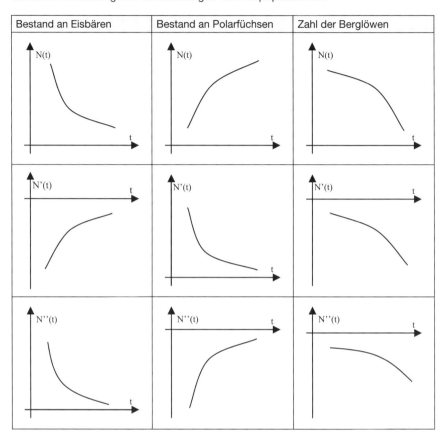

11. Die Punkte P, Q und R liegen zwar auf einer Geraden, allerdings folgt aus den Bedingungen B und C, dass P ein relatives Minimum und R ein relatives Maximum ist. Also ist grad(f) ≥ 3.

Skizze:

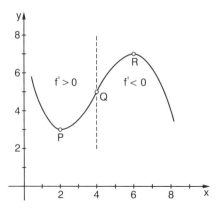

12.
- f′(a) = 0 trifft auf a) und d) zu, denn beide Funktionen haben im Punkt (a | f(a)) eine waagerechte Tangente.
- f″(x) < 0 für alle x bedeutet, dass f rechtsgekrümmt ist, was auf b) und d) zutrifft.
- f′(x) < 0 bedeutet, dass f für alle x eine negative Steigung hat; f″(x) > 0 bedeutet, dass f für alle x linksgekrümmt ist. Beides trifft auf die Funktion c) zu.

13. (A) passt zu k′(x), weil wegen des Maximums von y bei x = 4 die Ableitungsfunktion k′ an der Stelle x = 4 eine Nullstelle haben muss und weil k′(x) > 0 für x < 4 und k′(x) < 0 für x > 4 gelten muss.
(B) passt zu f′(x), weil wegen des Minimums von y bei x = 2 die Ableitungsfunktion f′ an der Stelle x = 2 eine Nullstelle haben muss und weil f′(x) < 0 für x < 2 und f′(x) > 0 für x > 2 gelten muss.
(C) passt zu g′(x), weil wegen der Extremwerte von y bei x = 0 und x = 2 die Ableitungsfunktion g′(x) an den Stellen x = 0 und x = 2 Nullstellen haben muss.
(D) passt zu h′(x) = $x^2 - 2x + 1 = (x - 1)^2$, weil wegen des Wendepunktes mit waagerechter Tangente von y bei x = 1 die Ableitungsfunktion h′(x) an der Stelle x = 1 eine Nullstelle haben muss und weil wegen h′(x) = $(x - 1)^2 \geq 0$ die Funktion y monoton steigend für alle x sein muss, was hier zutrifft.

14.

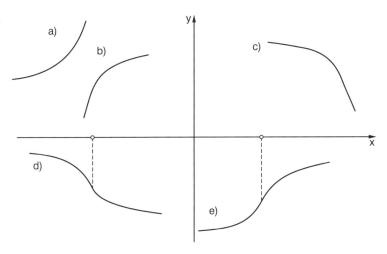

15.

$f(x) = \frac{1}{3}x^3 - 4x$	$g(x) = \frac{1}{3}x^3 - 2x^2 + 4x - \frac{1}{2}$	$h(x) = -\frac{f(x)}{4} = -\frac{x^3}{12} + x$
$f'(x) = x^2 - 4$	$g'(x) = x^2 - 4x + 4$	$h'(x) = -\frac{x^2}{4} + 1$
$f''(x) = 2x$	$g''(x) = 2x - 4$	$h''(x) = -\frac{x}{2}$
$f'''(x) = 2$	$g'''(x) = 2$	$h'''(x) = -\frac{1}{2}$
f′(2) = 0; f″(2) > 0	g′(2) = 0; g″(2) = 0 kein Minimum	h′(2) = 0; h″(2) < 0 kein Minimum
f″(0) = 0; f‴(0) ≠ 0	g″(0) = −4 kein Wendepunkt	h″(0) = 0; h‴(0) ≠ 0
f″(x < 0) < 0 rechtsgekrümmt	g″(x < 0) < 0 rechtsgekrümmt	h″(x < 0) < 0 rechtsgekrümmt

15. Fortsetzung

Wie man sieht, ist f(x) die einzige Funktion, die alle drei Bedingungen erfüllt, auch die hinreichende Bedingung für das Minimum bei x = 2 und die hinreichende Bedingung für den Wendepunkt bei x = 0.

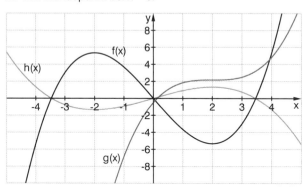

16. a)

$f(x) = \frac{1}{3}x^3 - 4x$
$f'(x) = x^2 - 4$
$f''(x) = 2x$
$f'''(x) = 2$
$f'(x) = 0 \Rightarrow x_{E1} = -2;\ x_{E2} = 6$
$f''(-2) = -4 < 0 \Rightarrow$ Hochpunkt HP $f''(2) = 4 > 0 \Rightarrow$ Tiefpunkt TP
HP($-2\mid 5,\bar{3}$); TP($2\mid -5,\bar{3}$)
$f''(x_W) = 0 \Rightarrow x_W = 0$ $f'''(0) = 2 \neq 0 \Rightarrow$ Wendepunkt WP $f(0) = 0$ WP($0\mid 0$)

b)

$f(x) = \frac{1}{4}x^3 - 3x^2 + 9x$
$f'(x) = \frac{3}{4}x^2 - 6x + 9$
$f''(x) = \frac{3}{2}x - 6$
$f'''(x) = \frac{3}{2}$
$f'(x) = 0 \Rightarrow x_{E1} = 2;\ x_{E2} = 6$
$f''(-2) = -2 < 0 \Rightarrow$ Hochpunkt HP $f''(6) = 2 > 0 \Rightarrow$ Tiefpunkt TP
HP($2\mid 8$); TP($6\mid 0$)
$f''(x_W) = 0 \Rightarrow x_W = 4$ $f'''(4) = 1,5 \neq 0 \Rightarrow$ Wendepunkt WP $f(4) = 4$ WP($4\mid 4$)

c)

$f(x) = 0{,}5x^4 - 3x^2$
$f'(x) = 2x^3 - 6x$
$f''(x) = 6x^2 - 6$
$f'''(x) = 12x$
$f'(x) = 0 \Rightarrow x_{E1} = 0;\ x_{E2} = \pm\sqrt{3}$
$f''(0) = -6 < 0 \Rightarrow$ Hochpunkt HP $f''(\pm\sqrt{3}) = 12 > 0 \Rightarrow$ Tiefpunkt TP
HP($0\mid 0$); TP($\pm\sqrt{3}\mid -4,5$)
$f''(x_W) = 0 \Rightarrow x_{W1} = -1;\ x_{W2} = 1$ $f'''(-1) = 2 \neq 0;\ f'''(1) = 2 \neq 0$ $\Rightarrow$ Wendepunkt WP$_{1,2}$ $f(-1) = -2{,}5;\ f(1) = -2{,}5$ WP$_1(-1\mid -2{,}5)$; WP$_2(1\mid -2{,}5)$

d)

$f(x) = \frac{1}{4}x^4 - \frac{3}{2}x^3 + 2$
$f'(x) = x^3 - \frac{9}{2}x^2$
$f''(x) = 3x^2 - 9x$
$f'''(x) = 6x - 9$
$f'(x) = 0 \Rightarrow x_{E1} = 0;\ x_{E2} = 4,5$
$f''(0) = 0 \Rightarrow$ Sattelpunkt SP $f''(4{,}5) = 20{,}25 > 0 \Rightarrow$ Tiefpunkt TP
SP($0\mid 2$); TP($4{,}5\mid -32{,}2$)
$f''(x_W) = 0 \Rightarrow x_{W1} = 0;\ x_{W2} = 3$ $f'''(0) = -9 \neq 0;\ f'''(3) = 9 \neq 0$ $\Rightarrow$ Wendepunkt WP$_{1,2}$ $f(0) = 2;\ f(3) = -18{,}25$ WP$_1(0\mid 2)$; WP$_2(3\mid -18{,}5)$

17. a) Die Funktion $f(x) = \frac{1}{4}x^4 - \frac{3}{2}x^3 + 2$ in Aufgabe 16 d) hat in $x = 0$ einen Sattelpunkt.
b) Da ein Sattelpunkt an der Stelle x ein Wendepunkt mit waagerechter Tangente ist, muss gelten: $f'(x) = 0$, $f''(x) = 0$ und $f'''(x) \neq 0$

$f(x) = (x - 1)^3$	$g(x) = x^2(x - 2)$	$h(x) = x^3 + x$	$k(x) = 0{,}5x^4 - 3x^2 - 4x$
$f'(x) = 3x^2 - 6x + 3$	$g'(x) = 3x^2 - 4x$	$h'(x) = 3x^2 + 1$	$k'(x) = 2x^3 - 6x - 4$
$f''(x) = 6x - 6$	$g''(x) = 6x - 4$	$h''(x) = 6x$	$k''(x) = 6x^2 - 6$
$f'''(x) = 6$	$g'''(x) = 6$	$h'''(x) = 6$	$k'''(x) = 12x$
$f'(x) = 0 \Rightarrow x = 1$ wegen $f''(1) = 0$ und $f'''(1) \neq 0$ ist mit $f(1) = 0$ der Punkt $(1 \mid 0)$ ein Sattelpunkt.	$g'(x) = 0 \Rightarrow x_1 = 0$ und $x_2 = \frac{4}{3}$ $g''(0) = -4$ und $g''\left(\frac{4}{3}\right) = 4$, d. h. Punkte mit waagerechter Tangente sind keine Wendepunkte.	$h'(x) = 0$ ist nicht lösbar. Graph hat keine waagerechten Tangenten, also auch keinen Sattelpunkt.	$k'(x) = 0 \Rightarrow x_1 = -1$ und $x_2 = 2$ Wegen $k''(-1) = 0$ und $k'''(-1) \neq 0$ ist mit $k(-1) = 1{,}5$ der Punkt $(-1 \mid 1{,}5)$ ein Sattelpunkt.

18. a) „Wenn f an der Stelle x_0 ein Extremum hat, dann gilt $f'(x_0) = 0$."
b) Die Umkehrung „Wenn $f'(x_0) = 0$ ist, dann hat f an der Stelle x_0 ein Extremum" ist nicht richtig, denn auch bei einem Sattelpunkt von f an der Stelle x_0 gilt $f'(x_0) = 0$.
c) Die Aussage ist wahr, denn in diesem Fall hat f an der Stelle a keine waagerechte Tangente bzw. gemäß dem Satz in a) muss, falls a ein Extremem von f ist, $f'(a) = 0$ sein.

19. a) „Wenn die Straße nass wird, dann regnet es." Diese Umkehrung ist nicht gültig, weil z. B. ein Eimer Wasser auf der Straße verschüttet worden ist.
b) „Wenn jemand Auto fahren darf, dann hat er einen Führerschein."
c) „Wenn X am Tatort war, dann ist er auch der Täter." Diese Umkehrung ist nicht gültig, weil die Anwesenheit am Tatort den Schluss auf die Täterschaft nicht zwingend erlaubt.

20. a) „Wenn ein Viereck vier gleichlange Seiten hat, dann ist es ein Quadrat". Der Satz ist nicht wahr, denn ein Viereck mit vier gleich langen Seiten kann auch eine Raute sein. Die Umkehrung „Wenn ein Viereck ein Quadrat ist, dann hat es vier gleich lange Seiten" ist wahr.
b) „Wenn aus Primzahlen die Wurzeln gezogen werden, dann sind sie irrational". Dieser Satz ist wahr. Die Umkehrung „Wenn die Wurzel irrational ist, dann ist die Zahl eine Primzahl", ist falsch.
Beispiel: $\sqrt{6}$
c) „Wenn ein Dreieck gleichseitig ist, ist jeder Winkel 60° groß". Dieser Satz ist wahr. Die Umkehrung „Wenn in einem Dreieck jeder Winkel 60° groß ist, dann ist es gleichseitig" ist ebenfalls wahr.
d) „Wenn eine Zahl durch 4 teilbar ist, dann ist diese gerade". Dieser Satz ist wahr. Die Umkehrung „Wenn eine Zahl gerade ist, ist sie durch 4 teilbar" ist falsch, z. B. 6.
e) „Wenn ein Dreieck rechtwinklig ist, dann gilt $a^2 + b^2 = c^2$." Dieser Satz ist wahr (Satz des Pythagoras). Die Umkehrung „Wenn für ein Dreieck gilt $a^2 + b^2 = c^2$, dann ist es rechtwinklig" ist ebenfalls wahr. Achtung: Hier setzt man aber voraus, dass die längste Seite mit c bezeichnet wird.

21. Beispiele:
(1) E $\Rightarrow$ A, nicht jedoch A $\Rightarrow$ E, denn auch für Sattelpunkte an der Stelle a gilt f'(a) = 0.
(2) W $\Rightarrow$ B, nicht jedoch B $\Rightarrow$ W, denn z.B. für f(x) = x^4 ist f''(0) = 0, doch ist der Punkt (0 | 0) kein Wendepunkt.
(3) S $\Rightarrow$ C, nicht jedoch C $\Rightarrow$ S, denn z.B. für f(x) = x^4 sind f'(0) = 0 und f''(0) = 0, doch ist der Punkt (0 | 0) kein Sattelpunkt.
(4) V $\Rightarrow$ E, die Umkehrung E $\Rightarrow$ V ist gültig.
(5) D $\Rightarrow$ W, die Umkehrung W $\Rightarrow$ D ist gültig.
(6) D $\Rightarrow$ B, nicht jedoch die Umkehrung, denn für f(x) = x^4 ist f''(0) = 0, aber f'' hat bei x = 0 keinen Vorzeichenwechsel.

22. a)

$f_1(x) = \frac{1}{4}(x^3 - 9x^2 + 15x + 25)$	$f_2(x) = x^3 - 3x^2 + 5$
$f_1'(x) = \frac{1}{4}(3x^2 - 18x + 15)$	$f_2'(x) = 3x^2 - 6x$
$f_1''(x) = \frac{1}{4}(6x - 18)$	$f_2''(x) = 6x - 6$
$f_1'(x) = 0 \Rightarrow 0 = x^2 - 6x + 5$ $\Rightarrow x_1 = 1; x_2 = 5$	$f_2'(x) = 0 \Rightarrow 0 = 3x^2 - 6x$ $\Rightarrow x_1 = 0; x_2 = 2$
$f_1''(1) = -3 < 0$ Hochpunkt $f_1''(5) = 3 > 0$ Tiefpunkt	$f_2''(0) = -6 < 0$ Hochpunkt $f_2''(2) = 6 > 0$ Tiefpunkt
$f_1''(x) = 0 \Rightarrow x_W = 3; f_1'''(x) \neq 0$ Wendepunkt	$f_2''(x) = 0 \Rightarrow x_W = 1; f_2'''(x) \neq 0$ Wendepunkt

In beiden Fällen handelt es sich um eine ganzrationale Funktion vom Grad 3. Deren Graphen haben, sofern sie überhaupt Extrempunkte haben und das Vorzeichen von x^3 ein Plus ist, links ein Maximum und rechts ein Minimum. Die angegebenen Bedingungen bezüglich f' und f'' sind also für beide Funktionen f_1 und f_2 erfüllt.
In den Wendepunkten von f ist die Steigung von f entweder maximal negativ (nach einem Hochpunkt oder Sattelpunkt) oder maximal positiv (nach einem Tiefpunkt oder Sattelpunkt). In diesen Punkten besitzt also f' einen Extrempunkt. Dafür gilt dann f''(x) = 0.

b) Begründung mit den Vorzeichenwechsel-Kriterien von S. 66 aus dem Lehrbuch: Wenn für f an der Stelle a f'(a) = 0 gilt, dann ändert die Steigung von f im Punkt a ihre Richtung: von positiver Steigung zu negativer Steigung im Falle eines Hochpunktes bzw. von negativer Steigung zu positiver Steigung im Falle eines Tiefpunktes, d. h. f' ändert an der Stelle a sein Vorzeichen von + in – bei einem Hochpunkt bzw. f' ändert an der Stelle a sein Vorzeichen von – in + bei einem Tiefpunkt. Die Vorzeichenänderung von f' von + in – (im Falle eins lokalen Hochpunktes) bedeutet negative Steigung von f', also f'' < 0. Und umgekehrt: Die Vorzeichenänderung von f' von – in + (im Falle eines lokalen Tiefpunktes) bedeutet positive Steigung von f', also f'' > 0. Diese Sachverhalte treffen hier jeweils auf die beiden Extremwerte von f_1 und f_2 zu.
Wenn f an der Stelle a einen Wendepunkt hat, dann hat f' an der Stelle a ein lokales Minimum oder ein lokales Maximum und zwar im ersten Fall, wenn die Krümmung von f bei a von einer Rechtskrümmung f'' < 0 in eine Linkskrümmung f'' > 0 wechselt. Bei den beiden gegebenen Funktionen f_1 und f_2 liegt der Wendepunkt zwischen dem Hochpunkt und dem Tiefpunkt, also beim Übergang f'' > 0 zu f'' > 0.

23. „Wenn f bei a einen Tiefpunkt (Hochpunkt) hat, dann ist f′(a) = 0 und f″(a) > 0 (f″(a) < 0)."
Dieser umgekehrte Satz ist wahr.
„Wenn f bei a einen Wendepunkt hat, dann hat f′ bei a einen lokalen Extremwert."
Dieser umgekehrte Satz ist wahr.

24. a) Die ersten beiden Ableitungen von f(x) sind:
$f'(x) = 4x^3 - 24x^2 + 48x - 32$ und $f''(x) = 12x^2 - 48x + 48$
Es sind $f'(2) = 4 \cdot 2^3 - 24 \cdot 2^2 + 48 \cdot 2 - 32 = 0$ und $f''(2) = 12 \cdot 2^2 - 48 \cdot 2 + 48 = 0$.
b) Wegen $f'''(x) = 24x - 48$ ist $f'''(2) = 24 \cdot 2 - 48 = 0$. Das heißt, f hat bei x = 2 keinen Wendepunkt.
Hinweis: Man kann f′(x) darstellen als $f'(x) = 4(x-2)^3$. Man erkennt nun, dass x = 2 eine dreifache Nullstelle von f′ ist.

25. Der Satz „Wenn die Funktion f an der Stelle a einen lokalen Extremwert hat, dann ist f′(a) = 0" gilt hier nicht. Die Funktion f hat zwar bei a = 0 ein (globales) Minimum, aber sie ist hier nicht differenzierbar. Für x > 0 ist f differenzierbar und es ist f′(x) = 1. Für x < 0 ist f ebenfalls differenzierbar und es ist f′(x) = −1. Wäre f auch in x = 0 differenzierbar, so müsste gelten $\lim_{\substack{x \to 0 \\ x>0}} f'(x) = \lim_{\substack{x \to 0 \\ x<0}} f'(x) = f'(0)$, also 1 = −1, was ein Widerspruch ist.

26. $h(x) = f(x) + g(x) = x + \frac{1}{x} = x + x^{-1} \Rightarrow h'(x) = 1 + (-x^{-2}) = 1 - \frac{1}{x^2}$
$h'(x) = 0 \Rightarrow \frac{1}{x^2} = 1 \Rightarrow x^2 = 1$
Wegen der Vorgabe x > 0 gilt von den beiden Lösungen nur $x_E = 1$. Mit h″(1) klären wir die Art des Extrempunktes:
$h''(x) = 2 \cdot x^{-3} \Rightarrow h''(1) = 2 > 0 \Rightarrow$ Tiefpunkt TP(1 | 2), wegen h(1) = 2

27. a) Zutreffende Aussagen sind:
    A, wegen f′(1) = 0 und f″(1) > 0
    B, wegen f(1) = 0
    b) Zutreffende Aussagen sind:
    A, wegen f′(1) = 0
    B, weil der Graph von f aus dem Graphen von $f(x) = x^4$ durch Verschiebung um eine Einheit nach rechts entsteht
    c) Zutreffende Aussagen sind:
    A, weil für x ∈ [1; 2] gilt: f″(x) > 0
    C, weil für $x_1 < x_2$ mit $x_1, x_2 \in [1; 2]$ gilt: $f(x_1) > f(x_2)$
    d) Zutreffende Aussagen sind:
    A, weil für $x_1 < x_2$ mit $x_1, x_2 \in [1; 2]$ gilt: $f(x_1) > f(x_2)$
    D, weil für x ∈ [1; 2] gilt: f″(x) < 0

28. Die Aussage A ist richtig, weil f′(x) genau zwei Lösungen hat, für die dann auch noch gilt: f″(x) ≠ 0
Die Aussage B ist richtig, weil für jede Gerade mit der Gleichung f(x) = cx + b die zugehörige Ableitungsfunktion f′(x) = c ist.
Die Aussage C ist richtig, weil f(x) punktsymmetrisch zum Ursprungspunkt ist.
Die Aussage D ist richtig, weil f(x) achsensymmetrisch zur y-Achse ist.

29. a) Aus f'(x) lassen sich folgende Informationen ableiten:
Die Nullstellen sind $x_1 = -\sqrt{2}$, $x_2 = 0$ und $x_3 = \sqrt{2}$, ihre Extremwerte liegen bei
$x = -0{,}82$ (lokaler Hochpunkt) und $x = 0{,}82$ (lokaler Tiefpunkt). Daraus lassen sich
für f(x) folgende charakteristische Eigenschaften ableiten:

Der Graph von f(x) ist
- streng monoton fallend für $x < -\sqrt{2}$ und für $0 < x < \sqrt{2}$.
- streng monoton steigend für $-\sqrt{2} < x < 0$ und für $\sqrt{2} < x$.
- linksgekrümmt für $x < -0{,}82$ und $0{,}82 < x$.
- rechtsgekrümmt für $-0{,}82 < x < 0{,}82$.

Der Graph von f(x) hat
- ein lokales Maximum an der Stelle $x = 0$.
- lokale Minima bei $x = -\sqrt{2}$ und $x = \sqrt{2}$.
- Wendepunkte an den Stellen $x = -0{,}82$ und $x = 0{,}82$.

b) Der abgebildete Funktionsgraph passt zu der Funktion $f(x) = x^2(x^2 - 4) = x^4 - 4x^2$,
welche als erste Ableitung die gegebene Funktion f'(x) hat.

30. a) Die Funktionsgleichung der abgebildeten Parabel gewinnen wir über die Scheitelpunktform $f'(x) = -(x - 1)^2 + 9 = -x^2 + 2x + 8$.
(1) Tiefpunkt bei $x = -2$ (f'(2) = 0; f''(2) > 0),
Hochpunkt bei $x = 4$ (f'(4) = 0; f''(4) < 0).
(2) f hat einen Wendepunkt bei $x = 1$ (wegen f''(1) = 0 und f'''(1) ≠ 0).
(3) Die Tangente im Wendepunkt hat die Steigung $m = f'(1) = 9$.
(4) In $I = [-2; 4]$ ist f streng monoton wachsend wegen f'(x) > 0 für $x \in I$.

b) Skizze von $f(x) = -\frac{1}{3}x^3 + x^2 + 8x$:

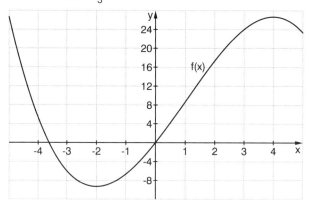

31. a) Die Funktionsgleichung der abgebildeten Parabel gewinnen wir über die Scheitelpunktform $f'(x) = (x - 2)^2 + 1 = x^2 - 4x + 5$.
(1) f hat keine lokalen Extrema, weil f' keine Nullstellen hat.
(2) f hat einen Wendepunkt bei $x = 2$ (wegen f''(2) = 0 und f'''(2) ≠ 0), ein weiterer Wendepunkt ist wegen grad(f) = 3 nicht möglich.
(3) Die Tangente im Wendepunkt hat die Steigung $m = f'(2) = 1$.
(4) Im Definitionsbereich D ist f streng monoton wachsend wegen f'(x) > 0, $x \in D = \mathbb{R}$.

31. b) Skizze von $f(x) = \frac{1}{3}x^3 - 2x^2 + 5x$:

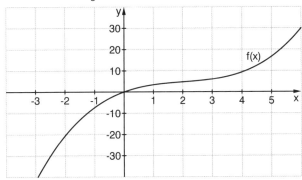

32. a) Die Funktionsgleichung der abgebildeten Parabel gewinnen wir über die Scheitelpunktform $f'(x) = (x + 1)^2 = x^2 + 2x + 1$.
  (1) f' hat zwar einen Punkt mit einer waagerechten Tangenten, nämlich bei $x = -1$, aber es fehlt hier der Vorzeichenwechsel von f'.
  (2) f hat einen Wendepunkt bei $x = -1$ (wegen $f''(-1) = 0$ und $f'''(-1) \neq 0$), und wegen der waagerechten Tangenten an f in $x = -1$ ist $(-1 \mid 0)$ ein Sattelpunkt. Ein weiterer Wendepunkt ist wegen grad(f) = 3 nicht möglich.
  (3) Die Tangente im Wendepunkt hat die Steigung $m = f'(1) = 0$.
  (4) Im ganzen Definitionsbereich D ist f streng monoton wachsend wegen $f'(x) \geq 0$ für $x \in D = \mathbb{R}$.

b) Skizze von $f(x) = \frac{1}{3}x^3 + x^2 + x$:

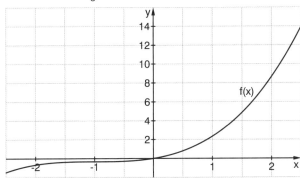

33. a) (1) $f'(x)$ hat an der Stelle $x = -1$ einen Tiefpunkt wegen $f''(-1) = 0$ und $f'''(-1) = 2 > 0$.
  (2) Wenn $f''(x)$ eine lineare Funktion ist, dann ist grad(f) = 3, f hat dann höchstens einen Wendepunkt $W(x_W \mid f(x_W))$. Wir finden x_W als Nullstelle von $f''(x)$: $0 = 2x + 2 \Rightarrow x_W = -1$. Die Bedingung $f'''(-1) \neq 0$ ist auch erfüllt. Wegen der Vorgabe $f'(-1) = 0$ handelt es sich um einen Wendepunkt mit einer waagerechten Tangenten, also liegt ein Sattelpunkt vor.
  (3) Die Tangente im Wendepunkt hat die Steigung $m = 0$.
  (4) Wenn f' bei $x = -1$ einen Tiefpunkt hat und $f'(-1) = 0$, dann hat f keine negative Steigung über ganz $\mathbb{R}$ und ist folglich monoton wachsend.

b) Skizze von $f(x) = \frac{1}{3}x^3 + x^2 + x$, siehe Aufgabe 32

34. a) Von 10 – 12,3 Jahre wächst die Wachstumsgeschwindigkeit. Ihre Zunahme ist bei 11,3 Jahren am größten, danach verlangsamt sie sich. Sie ist bei 12,3 Jahren am größten, danach nimmt sie ab.
Bei 13,7 Jahren ist die Abnahme am größten, danach verlangsamt sie sich. Ab 16 Jahren wächst der Jugendliche nur noch mit sehr geringer Geschwindigkeit.

b)
- Die maximale Wachstumsgeschwindigkeit beträgt 10 cm/Jahr bei ca. t = 12,3 Jahren: Tangente an h mit größter Steigung und Nullstelle bei h″.
- Wachstumsgeschwindigkeit nimmt ab 12,5 Jahren ab.
 Grund: h ist rechtsgekrümmt und h″(x) < 0 für x > 12,5.
- Die Nullstelle von h″ bedeutet für die Wachstumskurve, dass sie an dieser Stelle ihre Krümmungsrichtung ändert und zwar von einer Linkskrümmung in eine Rechtskrümmung.
- Nach dem 16. Lebensjahr verlangsamt sich das Wachstum, die Körpergröße nähert sich einem Grenzwert. Das bedeutet für den Graphen von h(t), dass er in eine waagerechte Gerade übergeht, und für den Graphen von h″(t) bedeutet das, dass er mit wachsendem t gegen Null strebt.
- Negative Beschleunigungswerte bedeuten für die Wachstumskurve eine Rechtskrümmung, also eine Abnahme der Wachstumsgeschwindigkeit.

c) Die angegebene Funktion f(x) beschreibt das Wachstum gut:

Alter (Jahren)	10	11	12	13	14	15	16
Größe berechnet (cm)	136	139	145	152	159	164	165
Größe gemessen (cm)	136	139	146	153	159	163	164

d) Die ersten beiden Ableitungen von f(x) sind:
f′(x) = –0,915x^2 + 23,32x – 141 und f″(x) = –1,83x + 23,32

Alter (Jahren)	10	11	12	13	14	15	16
f′(x)	1	5	7	8	6	3	–2
f′(x) gemessen	1	3	5	9	6	4	1
f″(x)		5	3	1	–1	–2	–4
f″(x) gemessen		2	2	4	–3	–2	–3

Die Funktion f(x) = –0,305x^3 + 11,66x^2 – 141x + 685 beschreibt zwar das Längenwachstum für den Zeitraum von 10 – 16 Jahren noch recht gut. Aber das trifft nicht mehr für die Ableitungen zu. Diese geben allenfalls nur noch die generelle Tendenz erkennbar wieder.
Die Funktion f(x) ist allerdings außerhalb des betrachteten Zeitraumes auch nicht verwendbar. Unterhalb von 10 Jahren müssten die Größen kleiner werden bis zur Größe von ca. 50 cm bei der Geburt, aber hier ist f(0) = 685. Oberhalb von 16 Jahren würde die Kurve kleinere Werte ausweisen, was auch nicht der Realität entspricht. Beispielsweise ist f(20) = 89. Eine Potenzfunktion vom Grad 3 kann also keinesfalls das Längenwachstum für den Zeitraum von 0 bis 20 Jahren beschreiben.

35. a) Die nach dem Informationstext zu skizzierende Hochwasserkurve sollte der in der Aufgabe abgebildeten ähnlich sein.
b) Die Angaben aus dem Text werden mit den berechneten Werten verglichen.

Uhrzeit	02:00	08:00	16:00	24:00
h(t) berechnet	187,88	351,62	547,54	327,7
h(t) gemessen (cm)	190	350	550	340
h´(t) berechnet	−1,33	40,25	−1,19	−40,17
h´(t) gemessen (cm/h)	0	Max	0	Min

Man kann sagen, dass die Modellfunktion in weiten Bereichen und in Spitzenwerten eine ziemlich gute Übereinstimmung mit den gemessenen Werten zeigt.

c) Über den angegebenen Zeitraum hinaus kann die Modellfunktion den Pegelstand nicht beschreiben. Da h(t) eine Potenzfunktion 4. Grades ist, würde der Pegelstand rasch über alle Grenzen wachsen. Vorher würde aber der Pegelstand schon 30 Stunden nach Hochwasserbeginn wegen der hohen negativen h´(t)-Werte praktisch auf Null sinken. Die Funktion h(t) beschreibt nur den Pegelstand der Flutwelle und seine zeitlichen Änderungsraten, dafür aber ziemlich genau.

36. a) Die Kostenfunktion muss eine Potenzfunktion dritten Grades sein. Der Graph schneidet die y-Achse (= Kostenachse) in K_0 (Bedingung (1)). Er ist streng monoton steigend (Bedingung (2)), hat also keine Extrempunkte, aber einen Wendepunkt (Bedingung (3)).

Skizzen der drei geforderten Graphen:

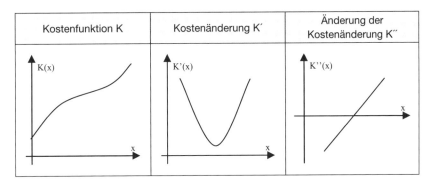

b) Die Ableitungen der Kostenfunktion $K(x) = 2x^3 - 18x^2 + 60x + 32$ sind
$K'(x) = 6x^2 - 36x + 60$, $K''(x) = 12x - 36$ und $K'''(x) = 12$.
Einsetzen von 0 und 8 in K´(x) ergibt K´(0) = 60 (1000 €) und K´(8) = 156 (1000 €).
Minimale momentane Änderungsrate ($\triangleq$ Minimum von K´), also
$K'' = 0 \Rightarrow 0 = x - 3 \Rightarrow x = 3$. Wegen K´´´(3) = 12 > 0 hat K´ bei x = 3 ein lokales Minimum, d. h. bei einer Stückzahl von 3 Millionen pro Tag ist die momentane Änderungsrate der Produktionskosten minimal. Es ist K´(3) = 6 (1000 €).

37. a) Wegen f''(x) = a ≠ 0 kann f(x) keinen Wendepunkt haben.
b) Die allgemeine ganzrationale Funktion dritten Grades hat als zweite Ableitung eine lineare Funktion, die genau eine Nullstelle hat. Diese Nullstelle ist die x-Koordinate des Wendepunktes.
c) Die zweite Ableitung einer ganzrationalen Funktion vierten Grades ist eine quadratische Funktion. Eine solche hat höchstens zwei Nullstellen, deshalb kann eine ganzrationale Funktion vierten Grades höchstens zwei Wendepunkte haben.
d) Die zweite Ableitung von f(x) = ax³ + cx + d ist f''(x) = 6ax. Wegen x = 0 als Nullstelle und f'''(0) = 6a ≠ 0 liegt der Wendepunkt stets auf der y-Achse.

38. a)

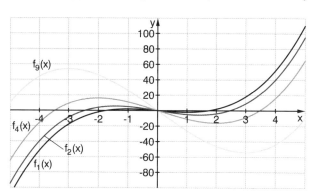

b) Die ersten drei Ableitungen von f(x) = x³ − 3ax sind:
f'(x) = 3x² − 3a, f''(x) = 6x, f'''(x) = 6
(1) f'(x) = 0 ⇒ Extremstellen bei $x_1 = -\sqrt{a}$; $x_2 = \sqrt{a}$ (a > 0 ist vorgegeben)
$f''(-\sqrt{a}) = 6(-\sqrt{a}) < 0$ ⇒ Hochpunkt
$f''(\sqrt{a}) = 6(\sqrt{a}) > 0$ ⇒ Tiefpunkt
(2) Wegen f'(x) = 3x² − 3a ist f'(0) = −3a < 0, also hat f(x) eine negative Steigung im Ursprungspunkt. Man kann an f'(x) = 3x² − 3a erkennen, dass der Graph von f'(x) eine nach oben geöffnete Parabel ist, die für x = 0 ihren negativsten Wert hat. Also hat f(x) in x = 0 die negativste Steigung. (Man kann auch argumentieren, dass f(x) in x = 0 wegen f''(0) = 0 und f'''(0) = 6 ≠ 0 einen Wendepunkt hat, wo der Graph von f(x) von einer Linkskrümmung in eine Rechtskrümmung übergeht.)
(3) Tangente mit der Steigung m = −8 an $f_4(x) = x^3 - 12x$ im Intervall I = [−2; 2]:
Wir benutzen die erste Ableitung $f_4'(x) = 3x^2 - 12$
⇒ $-8 = 3x^2 - 12$ ⇒ $x_{1,2} = \pm\sqrt{\frac{4}{3}} \approx \pm 1{,}15$
Das sind die x-Koordinaten der beiden Berührungspunkte
$B_1(-1{,}15 \mid f_4(-1{,}15))$ und $B_2(1{,}15 \mid f_4(1{,}15))$.
Zur Aufstellung der Tangentengleichungen benötigen wir jeweils noch einen Wert für b. Wir benutzen dazu die allgemeine Geradengleichung, in die wir m = −8 und die Koordinaten von B_1 bzw. B_2 einsetzen:
$y_1 = m_1 x_1 + b_1$ ⇒ $f_4(-1{,}15) = (-8)(-1{,}15) + b_1$
⇒ $b_1 = 3{,}08$; t_1: y(x) = −8x + 3,08
$y_2 = m_2 x_2 + b_2$ ⇒ $f_4(1{,}15) = (-8)(1{,}15) + b_2$
⇒ $b_2 = -3{,}08$; t_1: y(x) = −8x − 3,08

38. b) Fortsetzung
(4) f(x) hat waagerechte Tangenten in den Punkten für $x_1 = -\sqrt{a}$ und $x_1 = \sqrt{a}$. An diesen Stellen ist aber $f''(x) \neq 0$, deshalb hat f(x) für kein a einen Graphen mit einem Sattelpunkt.

39. a) Die erste Ableitung von $f_c(x)$ ist $f_c'(x) = -x^2 + c^2$. Der Graph von $f_c'(x)$ ist eine nach unten geöffnete Parabel mit dem Scheitelpunkt $S(0 \mid c^2)$ auf der y-Achse.
Mit $c^2 = 4$ folgt $c = -2$ und $c = 2$. Das gleiche Ergebnis erhält man mit den Nullstellen von $f_c'(x)$. Sie sind die x-Koordinaten der Extremstellen von f:
$0 = -x^2 + c^2 \Rightarrow x_1 = -c, x_2 = c$

b) Folgende Eigenschaften gelten für alle Funktionen der Schar:
(1) Der Punkt $(0 \mid 2)$ ist Fixpunkt, d. h. er liegt auf allen Graphen.
(2) Die Graphen sind punktsymmetrisch zum Fixpunkt.
(3) Die x-Koordinaten der Extremstellen sind $x = -c$ (Tiefpunkt) und $x = c$ (Hochpunkt).
(4) Alle Graphen haben die gleiche zweite Ableitung $f_c''(x) = -2x$. Daraus folgt, dass der Fixpunkt auch Wendepunkt für alle Graphen ist.

c) Für $c > 1$ oder $c < -1$: Extrema und deren Stellen werden größer bzw. kleiner. Die Kurven streben auseinander.
Für $-1 < c < 1$: Die Kurven rücken zusammen.

40. Die erste Ableitung von $f_k(x)$ ist $f_k'(x) = x^2 - k$. Die Nullstellen von $f_k'(x)$ sind die x-Koordinaten der Extremstellen von f: $0 = x^2 - k$ (hier muss die Einschränkung $k \geq 0$ gemacht werden) $\Rightarrow x_1 = -\sqrt{k}, x_2 = \sqrt{k}$
Für die x-Koordinate setzen wir $\sqrt{k}$ in $f_k(x)$ ein: $y = \frac{1}{3}(\sqrt{k})^3 - k\sqrt{k} = k\sqrt{k}\left(-\frac{2}{3}\right)$
Nun eliminieren wir k und erhalten die gesuchte Funktion: $y(x) = -\frac{2}{3}x^3$
Ihr Graph entspricht dem roten Graphen in der Abbildung, erkennbar z. B. an $y(1) = -\frac{2}{3}$.

2.3 Ganzrationale Funktionen und ihre Graphen – Muster in der Vielfalt

1. a) Gerade:
Aus der Geradengleichung $f(x) = ax + b$ kann man unmittelbar den Schnittpunkt $S_y(0 \mid b)$ mit der y-Achse entnehmen. Der Faktor a gibt die Steigung der Geraden an bzw. den Winkel φ mit der x-Achse, denn es ist $\tan \varphi = a$.
Der Schnittpunkt der Geraden mit der x-Achse ist die Nullstelle x_{N_0} der Funktionsgleichung. Es ist $N_0\left(-\frac{b}{a} \mid 0\right)$.

1. a) Fortsetzung

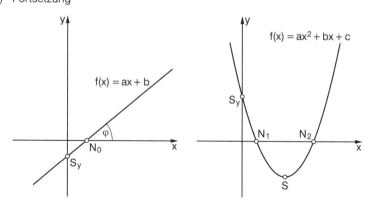

Parabel:
Aus der Normalform $f(x) = ax^2 + bx + c$ der Parabel lassen sich folgende Informationen über den Graphen gewinnen:
(1) Öffnung der Parabel nach oben oder unten: Vorzeichen von a ist + oder −
(2) Streckung/Stauchung gegenüber der Normalparabel längs y-Achse, Streckfaktor $|a| > 1$, Stauchfaktor $|a| < 1$
(3) y-Achsenabschnitt c
(4) Nullstellen: Schnittpunkte mit der x-Achse, über die abc-Formel
$x_{1,2} = \dfrac{-b \pm \sqrt{b^2 - 4ac}}{2a}$ bzw. pq-Formel
$x_{1,2} = -\dfrac{p}{2} \pm \sqrt{\left(\dfrac{p}{2}\right)^2 - q}$, $p = \dfrac{b}{a}$, $q = \dfrac{c}{a}$

b) Aus der Scheitelpunktform $y - y_S = a(x - x_S)^2$ lassen sich folgende Informationen über den Graphen gewinnen:
(1) Öffnung der Parabel nach oben oder nach unten
(2) Streckung/Stauchung längs der y-Achse
(3) Koordinaten des Scheitelpunktes $S(x_S \mid y_S)$
(4) Symmetrieachse

c) Aus den Ableitungen lassen sich folgende Informationen über den Graphen gewinnen:
(1) Steigung der Tangenten in Punkten auf der Parabel
(2) Scheitelpunkt: Hochpunkt oder Tiefpunkt
(3) Krümmung der Parabel

2. a) Der Graph einer ganzrationalen Funktion dritten Grades erstreckt sich bei positivem Koeffizienten von x^3 vom III. Quadranten in den I. Quadranten oder er erstreckt sich bei negativem Koeffizienten von x^3 vom II. Quadranten in den IV. Quadranten.
Es lassen sich drei verschiedene Typen finden, eingeteilt nach der Zahl der Stellen mit waagerechten Tangenten (zwei, eins oder null):
(1) zwei verschiedene Extremstellen, dazwischen ein Wendepunkt
(2) ein Sattelpunkt
(3) nur ein Wendepunkt

2. b) Die drei Parabeln unterscheiden sich im Wesentlichen durch die Anzahl der Nullstellen. Diese Nullstellen sind die Stellen, wo der Graph von f(x) Extremwerte (Maximum und/oder Minimum) oder einen Sattelpunkt besitzt. Zu den Graphen möglicher Funktionen f gehört die jeweilige Ableitungsfunktion f´ (in diesen Fällen Parabeln).

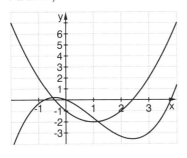
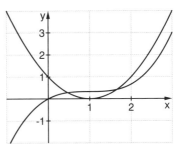
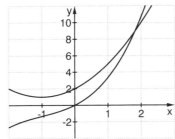

c) Die höchste x-Potenz bestimmt das Verhalten des Graphen für $x \to \infty$ bzw. $x \to -\infty$. In unserem Falle ist es also der Term ax^3.
Für $a > 0$ gilt: Für $x \to \infty \Rightarrow f(x) \to \infty$ bzw. für $x \to -\infty \Rightarrow f(x) \to -\infty$
Für $a < 0$ gilt: Für $x \to \infty \Rightarrow f(x) \to -\infty$ bzw. für $x \to -\infty \Rightarrow f(x) \to \infty$
Man kann feststellen, dass bei $a < 0$ die Ableitungen von f(x) immer nach unten geöffnete Parabeln sind.

3. Der Anzeigebereich des zweiten Bildes ist gegenüber dem ersten Bild längs der y-Achse um den Faktor 20 und längs der x-Achse um der Faktor 2 gestaucht. Der Anzeigebereich des dritten Bildes ist gegenüber dem ersten Bild längs der y-Achse um den Faktor 1000 und längs der x-Achse um der Faktor 5 gestaucht.
Je größer der Wertebereich in der Anzeige ist, desto weniger sind die anfänglichen Unterschiede erkennbar und desto mehr nähern sich die Graphen rein optisch dem Graphen von $f(x) = x^3$.

4. a) $y_1(x) = x^2 - 3x \to B$
$y_2(x) = y_1(-x) = x^2 + 3x \to A$
$y_3(x) = -y_1(x) = -x^2 + 3x \to D$
$y_4(x) = -y_1(-x) = -x^2 - 3x \to C$

4. a) Fortsetzung

Wird in einer Funktionsgleichung x durch −x ersetzt, so wird der Graph an der y-Achse gespiegelt. Das ist hier der Fall: Bild B bzw. Bild C entstehen durch Spiegelung von Bild A bzw. Bild D an der y-Achse und umgekehrt. Wird vor den Funktionsterm ein Minus gesetzt, so wird der Graph an der x-Achse gespiegelt. Das ist hier der Fall: Bild C bzw. Bild D entstehen durch Spiegelung von Bild A bzw. Bild B an der x-Achse und umgekehrt.

b) (1) Im Diagramm:

$y_1 = x^3 - x^2$

$y_2 = y_1(-x) = -x^3 - x^2$

$y_3 = -y_1(x) = -x^3 + x^2$

$y_4 = -y_1(-x) = -x^3 + x^2$

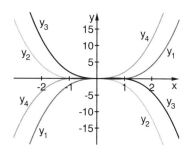

(2) Im Diagramm:

$y_1 = x^3 - x$

$y_2 = y_1(-x) = -x^3 + x$

$y_3 = -y_1(x) = -x^3 + x$

$y_4 = -y_1(-x) = x^3 - x$

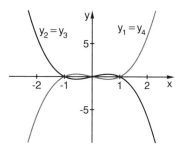

(3) Im Diagramm:

$y_1 = x^4 - x^2 + 1$

$y_2 = y_1(-x) = x^4 - x^2 + 1$

$y_3 = -y_1(x) = -x^4 + x^2 - 1$

$y_4 = -y_1(-x) = -x^4 + x^2 - 1$

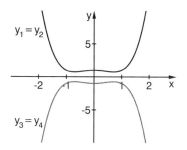

(4) Im Diagramm:

$y_1 = x^4 - x^3 + x^2$

$y_2 = y_1(-x) = x^4 + x^3 + x^2$

$y_3 = -y_1(x) = -x^4 + x^3 + x^2$

$y_4 = -y_1(-x) = -x^4 - x^3 - x^2$

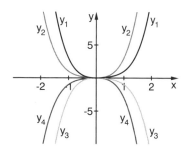

4. b) Fortsetzung
   Man kann erkennen:
   A) Funktionen, für die gilt y(–x) = y(x), sind achsensymmetrisch zur y-Achse und bestehen nur aus Termen mit geraden x-Potenzen.
   B) Funktionen, für die gilt y(–x) = –y(x), sind punktsymmetrisch zum Ursprungspunkt und bestehen nur aus Termen mit ungeraden x-Potenzen.

5. Eine ganzrationale Funktion dritten Grades hat mindestens eine und maximal drei Nullstellen.
   Die Funktion $f(x) = (x - 1)(x - 2)(x - 3) = x^3 - 6x^2 + 11x - 6$ hat die drei Nullstellen $x_1 = 1$, $x_2 = 2$ und $x_3 = 3$.
   f(x) hat den lokalen Hochpunkt H(1,42; 0,45) und den lokalen Tiefpunkt T(2,58; –0,39). Wenn man den Graphen von f(x) um den Betrag der y-Koordinate des Hochpunktes nach unten verschiebt, sodass die x-Achse waagerechte Tangente des Hochpunktes wird, dann hat f(x) nur zwei Nullstellen.
   Wenn man den Graphen von f(x) um den Betrag der y-Koordinate des Tiefpunktes nach oben verschiebt, sodass die x-Achse waagerechte Tangente des Tiefpunktes wird, dann hat f(x) ebenfalls nur zwei Nullstellen. Liegt der Hochpunkt unterhalb der x-Achse bzw. der Tiefpunkt oberhalb der x-Achse, dann hat f(x) nur eine Nullstelle.

6. Typisierung von Graphen ganzrationaler Funktionen dritten Grades II

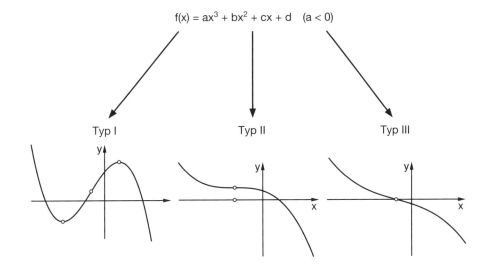

Typ I	Typ II	Typ III
1 Tiefpunkt 1 Wendepunkt 1 Hochpunkt	Kein lokaler Extrempunkt 1 Sattelpunkt	Kein lokaler Extrempunkt 1 Wendepunkt

78

6. Fortsetzung

   1. Ableitung f′

   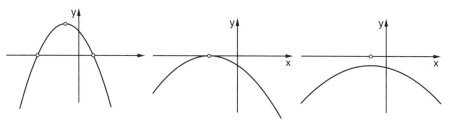

   2. Ableitung f″

   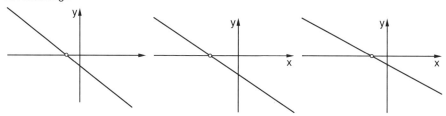

7. a) a > 0

   Präzisierung der Graphen vom Typ II
   - kein lokaler Extrempunkt
   - 1 Wendepunkt
   - Wendetangente mit waagerechter Steigung
   - im Wendepunkt Übergang von Rechtskurve zu Linkskurve

   Präzisierung der Graphen vom Typ III
   - kein lokaler Extrempunkt
   - Wendetangente mit positiver Steigung
   - im Wendepunkt Übergang von Rechtskurve zu Linkskurve

   b) a < 0

   Präzisierung der Graphen vom Typ I
   - 1 Tiefpunkt und 1 Hochpunkt
   - dazwischen 1 Wendepunkt
   - Wendetangente mit positiver Steigung
   - im Wendepunkt Übergang von Linkskurve zu Rechtskurve

   Präzisierung der Graphen vom Typ II
   - kein lokaler Extrempunkt
   - 1 Sattelpunkt
   - Wendetangente mit waagerechter Steigung
   - im Wendepunkt Übergang von Linkskurve zu Rechtskurve

   Präzisierung der Graphen vom Typ III
   - kein lokaler Extrempunkt
   - 1 Wendepunkt
   - Wendetangente mit negativer Steigung
   - im Wendepunkt Übergang von Linkskurve zu Rechtskurve

8. a)/b) Nachweis von Typ I für die Funktionen f, g und h:
   (1) Die ersten beiden Ableitungen von $f(x) = x^3 - 4x$ sind
   $f'(x) = 3x^2 - 4$ und $f''(x) = 6x$. Die lokalen Extrempunkte liegen
   bei $x_{1,2} = \pm\sqrt{\frac{4}{3}} \approx \pm 1{,}15$, der Wendepunkt liegt bei $x = 0$, also
   zwischen den beiden Extrempunkten.
   (2) Die ersten beiden Ableitungen von
   $g(x) = (x - 1)(x + 2)^2 = x^3 + 3x^2 - 8x + 4$ sind
   $g'(x) = 3x^2 + 6x - 8$ und $g''(x) = 6x + 6$. Die lokalen Extrempunkte
   liegen bei $x_{1,2} = -1 \pm \sqrt{\frac{11}{3}} \approx -1 \pm 1{,}9$, der Wendepunkt liegt bei
   $x = -1$, also zwischen den beiden Extrempunkten.
   (3) Die ersten beiden Ableitungen von
   $h(x) = -0{,}5(x - 2)^2(x + 1) + 4 = -0{,}5x^3 + 1{,}5x^2 + 2$ sind
   $h'(x) = -1{,}5x^2 + 3x$ und $h''(x) = -3x + 3$. Die lokalen Extrempunkte
   liegen bei $x_1 = 0$ und $x_2 = 2$, der Wendepunkt liegt bei $x = 1$, also
   genau zwischen den beiden Extrempunkten.

   c) „Bei jeder ganzrationalen Funktion 3. Grades vom Typ I liegt die Wendestelle
   genau in der Mitte zwischen den beiden Extremstellen". Dieser Satz ist wahr.
   Begründung: Die Ableitung f′ der Funktion ist eine Parabel, deren Scheitelpunkt
   genau zwischen deren beiden Nullstellen liegt, welche die x-Koordinaten der Extremstellen der Funktion markieren. Die x-Koordinate des Scheitelpunktes ist die
   x-Koordinate des Wendepunktes der Funktion.

9. Aus der zweiten Ableitung lässt sich der Typ der ganzrationalen Funktion dritten
Grades nicht erkennen. Zum Beweis schauen wir uns die Tafel „Basiswissen" auf
Seite 78 an. Hier sehen wir, dass die zweite Ableitung für alle drei Typen die gleiche
Funktion ist.

10. (1) Falsche Aussage: Bei Extremstellen erfolgt ein Vorzeichenwechsel (VZW) bei f′.
    Wenn aber der Scheitelpunkt auf der x-Achse liegt, ist entweder $f'(x) \geq 0$ oder
    $f'(x) \leq 0$ für alle x aus D_f. Es kann also nie ein VZW stattfinden.
    (2) Falsche Aussage: Die zweite Ableitung $f''(x)$ einer ganzrationalen Funktion 3.
    Grades $f(x) = ax^3 + bx^2 + cx + d$ kann wegen $a \neq 0$ keine zur x-Achse parallele
    Gerade sein. Und umgekehrt: Wenn die zweite Ableitung $f''(x)$ einer ganzrationalen
    Funktion eine zur x-Achse parallele Gerade ist, dann hat f(x) den Grad 2.

11. Man kann den Wert von k als y-Koordinate des Schnittpunktes vom Graphen von $f_k(x)$
mit der y-Achse ablesen, denn es ist $f_k(0) = k$.
    (1) $k = -1$ (2) $k = 2$ (3) $k = 0$

12. –

13. Die Ableitung einer ganzrationalen Funktion dritten Grades ist in jedem Fall eine Parabel. Diese ist entweder nach oben oder nach unten geöffnet. Wir brauchen nur die
Bereiche für $x \to -\infty$ und $x \to +\infty$ zu betrachten.

79 13. Fortsetzung

(1) Parabel nach oben geöffnet: Die Funktion kommt mit großer positiver Steigung aus dem III. Quadranten und geht mit großer positiver Steigung in den I. Quadranten.

(2) Parabel nach unten geöffnet: Die Funktion kommt mit großer negativer Steigung aus dem II. Quadranten und geht mit großer negativer Steigung in den IV. Quadranten.

80 14. a) **A** (1) Rechnerischer Vergleich von $f(x) = 2x^3 - 3x^2 + 1{,}5x + 4$ und $g(x) = 2x^3$:

x	f(x)	g(x)
10^3	1 997 001 504	$2 \cdot 10^9$
10^6	$1{,}999\,997 \cdot 10^{18}$	$2 \cdot 10^{18}$
10^{12}	$1{,}999\,999\,999\,997 \cdot 10^{36}$	$2 \cdot 10^{36}$
-10^3	$-2{,}003\,001\,496$	$-2 \cdot 10^9$
-10^6	$-2{,}000\,003 \cdot 10^{18}$	$-2 \cdot 10^{18}$
-10^{12}	$-2{,}000\,000\,000\,003 \cdot 10^{36}$	$-2 \cdot 10^{36}$

Man erkennt, dass für $x \to \infty \Rightarrow f(x) \to g(x)$, das gilt auch für $x \to -\infty$.

(2) Beim „Outzoomen" nähert sich der Graph von f(x) immer mehr dem Graphen von g(x). Man sagt, der Graph von f(x) verhält sich im Unendlichen wie der Graph von g(x).

(3) $f(x) = 2x^3 - 3x^2 + 1{,}5x + 4 = 2x^3 \cdot \left(1 - \frac{3}{2x} + \frac{1{,}5}{2x^2} + \frac{4}{2x^3}\right)$

Für $x \to \infty \Rightarrow \left(1 - \frac{3}{2x} + \frac{1{,}5}{2x^2} + \frac{4}{2x^3}\right) \to 1$, weil jeder Teilterm in der Klammer mit einem x im Nenner gegen Null geht. Also verhält sich der Graph von f(x) für $x \to \infty$ wie der Graph von $g(x) = 2x^3$. Das gleiche gilt für $x \to -\infty$.

B (1) Rechnerischer Vergleich von $f(x) = -0{,}5x^3 - x^2 + 2x - 10$ und $g(x) = -0{,}5x^3$:

x	f(x)	g(x)
10^3	$-500\,998\,010$	$-0{,}5 \cdot 10^9$
10^6	$-0{,}5 \cdot 10^{18}$	$-0{,}5 \cdot 10^{18}$
10^{12}	$-0{,}5 \cdot 10^{36}$	$-0{,}5 \cdot 10^{36}$
-10^3	$499\,997\,990$	$0{,}5 \cdot 10^9$
-10^6	$0{,}5 \cdot 10^{18}$	$0{,}5 \cdot 10^{18}$
-10^{12}	$0{,}5 \cdot 10^{36}$	$0{,}5 \cdot 10^{36}$

Man erkennt, dass für $x \to \infty \Rightarrow f(x) \to g(x)$, das gilt auch für $x \to -\infty$.

(2) Beim „Outzoomen" nähert sich der Graph von f(x) immer mehr dem Graphen von g(x). Man sagt, der Graph von f(x) verhält sich im Unendlichen wie der Graph von g(x).

(3) $f(x) = -0{,}5x^3 - x^2 + 2x - 10 = -0{,}5x^3 \cdot \left(1 + \frac{2}{x} - \frac{4}{x^2} + \frac{20}{x^3}\right)$

Für $x \to \infty \Rightarrow \left(1 + \frac{2}{x} - \frac{4}{x^2} + \frac{20}{x^3}\right) \to 1$, weil jeder Teilterm in der Klammer mit einem x im Nenner gegen Null geht. Also verhält sich der Graph von f(x) für $x \to \infty$ wie der Graph von $g(x) = -0{,}5x^3$. Das gleiche gilt für $x \to -\infty$.

14. b) $f(x) = ax^3 + bx^2 + cx + d = ax^3 \cdot \left(1 + \frac{b}{ax} + \frac{c}{ax^2} + \frac{d}{ax^3}\right)$

    Für $x \to \infty \Rightarrow \left(1 + \frac{b}{ax} + \frac{c}{ax^2} + \frac{d}{ax^3}\right) \to 1$, weil jeder Teilterm in der Klammer gegen Null geht. Das heißt, dass sich für große (sowohl positive als auch negative) x die Funktionswerte f(x) wie bei $g(x) = ax^3$ verhalten.

15. Es ist $f(x) = ax^4 + bx^3 + cx^2 + dx + e = ax^4 \cdot \left(1 + \frac{b}{ax} + \frac{c}{ax^2} + \frac{d}{ax^3} + \frac{e}{ax^4}\right)$.

    Für $x \to \infty \Rightarrow \left(1 + \frac{b}{ax} + \frac{c}{ax^2} + \frac{d}{ax^3} + \frac{e}{ax^4}\right) \to 1$. Also verhält sich der Graph von f(x) für $x \to \infty$ wie der Graph von $g(x) = ax^4$. Das gleiche gilt für $x \to -\infty$.

16. a) Ist n gerade, so gilt $f(-x) = (-x)^n = x^n = f(x)$, d. h. f(x) ist achsensymmetrisch zur y-Achse.
    Ist n ungerade, so gilt $f(-x) = (-x)^n = -x^n = -f(x)$, d. h. f(x) ist punktsymmetrisch zum Ursprungspunkt.
    b) Kasten Basiswissen:
    (1) Die Funktion $f(x) = ax^3 + cx$ ist eine ganzrationale Funktion dritten Grades mit nur ungeraden x-Potenzen, also ist f(x) punktsymmetrisch zum Ursprungspunkt.
    (2) Die Funktion $f(x) = ax^4 + cx^2 + e$ ist eine ganzrationale Funktion 4. Grades mit nur geraden x-Potenzen, also ist f(x) achsensymmetrisch zur y-Achse.

17. a) (1) Für $f_1(x)$ gilt: $f_1(-x) = (-x)^2 - 4 = x^2 - 4 = f_1(x)$
       $\Rightarrow f_1(x)$ ist achsensymmetrisch zur y-Achse.
    (2) Für $f_2(x)$ gilt: $f_2(-x) = (-x)^3 - 3(-x) = -x^3 + 3x = -f_2(x)$
       $\Rightarrow f_2(x)$ ist punktsymmetrisch zum Ursprungspunkt.
    (3) Für $f_3(x)$ gilt: $f_3(-x) = 2(-x)^3 + 4(-x) = -x^3 - 4x = -f_3(x)$
       $\Rightarrow f_3(x)$ ist punktsymmetrisch zum Ursprungspunkt.
    (4) $f_4(x)$ ist weder achsensymmetrisch zur y-Achse noch punktsymmetrisch zum Ursprungspunkt, da sowohl gerade als auch ungerade Potenzen von x in der Funktionsgleichung vorkommen.
    (5) Für $f_5(x)$ gilt: $f_5(-x) = 2(-x)^4 - 3(-x)^2 + 1 = 2x^4 - 3x^2 + 1 = f_5(x)$
       $\Rightarrow f_5(x)$ ist achsensymmetrisch zur y-Achse.
    (6) $f_6(x)$ ist weder achsensymmetrisch zur y-Achse noch punktsymmetrisch zum Ursprungspunkt, da sowohl gerade als auch ungerade Potenzen von x in der Funktionsgleichung vorkommen.
    (7) Für $f_7(x)$ gilt: $f_7(-x) = 2(-x)^4 - (-x)^2 + 5 = 2x^4 - x^2 + 5 = f_7(x)$
       $\Rightarrow f_7(x)$ ist achsensymmetrisch zur y-Achse.
    (8) Für $f_8(x)$ gilt: $f_8(-x) = -3(-x)^5 + (-x) = 3x^5 - x = -f_8(x)$
       $\Rightarrow f_8(x)$ ist punktsymmetrisch zum Ursprungspunkt.

81 17. b) Diese Ableitungsfunktion ist …

(1) $f_1'(x) = 2x$ … punktsymmetrisch zum Ursprungspunkt
(2) $f_2'(x) = 3x^2 - 3$ … achsensymmetrisch zur y-Achse
(3) $f_3'(x) = 6x^2 + 4$ … achsensymmetrisch zur y-Achse
(4) $f_4'(x) = 4x^3 - 2$ … weder symmetrisch zur y-Achse noch zum Ursprungspunkt
(5) $f_5'(x) = 8x^3 - 6x$ … punktsymmetrisch zum Ursprungspunkt
(6) $f_6'(x) = -3x^2 + 6x$ … weder symmetrisch zur y-Achse noch symmetrisch zum Ursprungspunkt
(7) $f_7'(x) = 8x^3 - 2x$ … punktsymmetrisch zum Ursprungspunkt
(8) $f_8'(x) = -15x^4 + 1$ … achsensymmetrisch zur y-Achse

Offensichtlich besteht bezüglich der Symmetrien ein Zusammenhang zwischen einer ganzrationalen Funktion und ihrer Ableitung. Ist f(x) eine ganzrationale Potenzfunktion und achsensymmetrisch zur y-Achse, dann ist die Ableitung punktsymmetrisch zum Ursprungspunkt – und umgekehrt. Eine Folgerung aus diesem Satz ist: Hat die Funktion f(x) keine dieser beiden besonderen Symmetrien, dann trifft das auch für ihre Ableitung zu.

18. Wir bilden jeweils f(–x):

(1) $f(-x) = \sin(-x) = -\sin(x) = -f(x)$
(2) $g(-x) = \frac{1}{-x} = -\frac{1}{x} = -g(x)$
(3) $h(-x) = |-x| = |x| = h(x)$
(4) $s(-x) = -x + \frac{1}{-x} = -\left(x + \frac{1}{x}\right) = -s(x)$

(1), (2) und (4) sind punktsymmetrisch zum Ursprungspunkt, (3) ist achsensymmetrisch zur y-Achse.

19. a) Wir berechnen $f(-1) = -1 - 2 + 1 + 2 = 0$; $f(1) = 1 - 2 - 1 + 2 = 0$ und $f(2) = 8 - 8 - 2 + 2 = 0$. Zum Ziel führt auch das Ausmultiplizieren der Linearfaktoren mit den Gegenzahlen der Nullstellen:
$(x + 1) \cdot (x - 1) \cdot (x - 2) = (x^2 - 1)(x - 2) = x^3 - 2x^2 - x + 2 = f(x)$

b) $f(x) = x^3 - 2x^2 - x + 2$ hat bei (–0,22 | 2,1) einen Hochpunkt und einen Tiefpunkt bei (1,55 | –0,6). Wir definieren zwei neue Funktionen g und h:
$g(x) = f(x) + 0,6$ und $h(x) = f(x) - 2,1$

19. b) Fortsetzung
Wenn man f(x) zunächst in positive y-Richtung verschiebt, wandert der Tiefpunkt nach oben auf die x-Achse, f(x) hat dann nur noch zwei Nullstellen. Bei einer weiteren Verschiebung nach oben verschwindet die rechte Nullstelle, und es bleibt nur die linke Nullstelle, die auf der x-Achse nach links wandert.
Umgekehrt: Wenn man f(x) in negative y-Richtung verschiebt, wandert der Hochpunkt nach unten auf die x-Achse, f(x) hat dann wieder nur noch zwei Nullstellen. Bei einer weiteren Verschiebung nach unten verschwindet die linke Nullstelle, und es bleibt nur die rechte Nullstelle, die auf der x-Achse nach rechts wandert. Wie groß die Verschiebungen auch sein mögen, eine Nullstelle ist immer vorhanden.

20. Potenzfunktionen dritten Grades vom Typ I können eine, zwei oder drei Nullstellen haben. Sie haben eine Nullstelle, wenn das Maximum unterhalb oder das Minimum oberhalb der x-Achse liegt. Sie haben zwei Nullstellen, wenn ein Extremum auf der x-Achse liegt. Sie haben drei Nullstellen, wenn die x-Achse zwischen den Extremwerten verläuft.
Potenzfunktionen dritten Grades vom Typ II und III haben eine Nullstelle (siehe auch Grafik im Schülerband Seite 82).

21. a) $f_1(x) = 2x^3 - 36x^2 + 36x - 432$
$f_2(x) = \frac{1}{2}x^3 - x^2 - 7{,}5x$
$f_3(x) = x^3 - 2x^2 + x - 2$
$f_4(x) = -x_3 + 2x^2 + x - 2$
$f_5(x) = -x^3 - 10x^2$
$f_6(x) = -x^3 + x^2 + 5x + 3$

b) Die Nullstellen dieser sechs Funktionen sind für:
$f_1(x)$: $x_0 = 6$ (6 ist dreifache Nullstelle)
$f_2(x)$: $x_{01} = -3$, $x_{02} = 5$, $x_{03} = 0$
$f_3(x)$: $x_0 = 2$
$f_4(x)$: $x_{01} = -1$, $x_{02} = 1$, $x_{03} = 2$
$f_5(x)$: $x_{01} = 0$, $x_{02} = -10$ (0 ist doppelte Nullstelle)
$f_6(x)$: $x_{01} = -1$, $x_{02} = 3$ (–1 ist doppelte Nullstelle)

Im Falle von $f_6(x)$ muss man den Term in der zweiten Klammer gleich Null setzen und die quadratische Gleichung entweder mit der pq-Formel lösen oder aber man erkennt die erste binomische Formel für $(x + 1)^2$.

22. (1) $2(x - 6) \cdot (x - 6) \cdot (x - 6) = 2x^3 - 36x^2 + 36x - 432 = f_1(x)$
(2) $\frac{1}{2}(x - 0) \cdot (x - 5) \cdot (x + 3) = \frac{1}{2}x^3 - x^2 - 7{,}5x = f_2(x)$
(3) $(x^2 + 1) \cdot (x - 2) = x^3 - 2x^2 + x - 2 = f_3(x)$
(4) $-(x + 1) \cdot (x - 1) \cdot (x - 2) = -x^3 + 2x^2 + x - 2 = f_4(x)$
(5) $-(x - 0) \cdot (x - 0) \cdot (x - 10) = -x^3 - 10x^2 = f_5(x)$
(6) $-(x - 3) \cdot (x + 1) \cdot (x + 1) = -x^3 + x^2 + 5x + 3 = f_6(x)$

23. a) (1) $2(x-2)(x-1)(x+1) = (2x-4)(x^2-1) = 2x^3 - 4x^2 - 2x + 4$
korrekte Zerlegung
(2) $2(x-1)^2(x+2) = (x^2-2x+1)(2x+4) = 2x^3 - 6x + 4$
korrekte Zerlegung
(3) $x(x^2 - 2x + 4) = x^3 - 2x^2 + 4x$
Der quadratische Term in der Klammer ist nicht weiter zerlegbar, deshalb ist die Zerlegung korrekt.
b) Im Diagramm:
(1) f mit drei Nullstellen, (2) g mit zwei Nullstellen und
(3) h mit einer Nullstelle

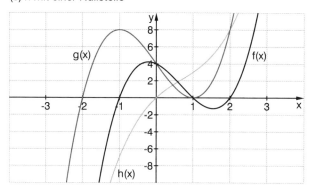

24. Ein Minus vor dem Funktionsterm spiegelt den Graphen an der x-Achse. Dabei bleiben die Nullstellen erhalten. Sie sind Fixpunkte.

25. a) $f(x) = (x-4)(x+2)(x-7) = x^3 - 9x^2 + 6x + 56$ oder
$g(x) = -\frac{1}{4}f(x) = -\frac{1}{4}x^3 + \frac{9}{4}x^2 - \frac{3}{2}x - 14$ jeweils mit den Nullstellen
$x_1 = 4$; $x_2 = -2$; $x_3 = 7$

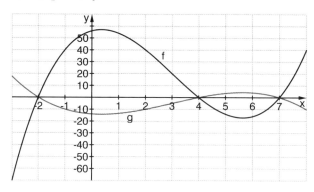

25. b) f(x) = (x − 3)(x − 8)² = x³ − 19x² + 112x − 192 oder
g(x) = (x − 3)² (x − 8) = x³ − 14x² + 57x − 72 jeweils mit den Nullstellen
$x_1 = 3$; $x_2 = 8$

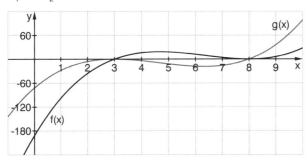

c) f(x) = 6(x + 3)³ oder g(x) = (x + 3) · 2 · (x² + 2x + 2), jeweils mit der Nullstelle $x_1 = -3$

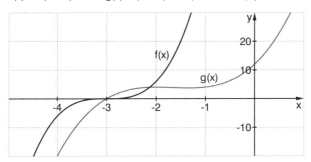

Man kann aus der Anzahl der Nullstellen der Funktion f(x) nicht auf die Anzahl der Extremstellen des Graphen von f(x) schließen.

Beispiel: f(x) = $\frac{1}{3}$x³ − x hat die drei Nullstellen $x_1 = -\sqrt{3}$; $x_2 = 0$ und $x_3 = \sqrt{3}$ und der Graph von f(x) hat ein lokales Maximum bei $\left(-\frac{1}{3} \mid \frac{2}{3}\right)$ und ein lokales Minimum bei $\left(\frac{1}{3} \mid \frac{2}{3}\right)$. Wenn wir nun den Graphen f um 1 nach oben verschieben, dann ist der Hochpunkt unter die x-Achse gerutscht und f(x) = $\frac{1}{3}$x³ − x + 1 hat nur noch eine Nullstelle. Ähnlich ist es, wenn wir den Graphen f um 1 nach unten verschieben, dann ist der Tiefpunkt über die x-Achse gewandert und f(x) = $\frac{1}{3}$x³ − x − 1 hat wiederum nur noch eine Nullstelle.

82   **26.** a) Im Diagramm:
$f(x) = 0{,}5x^3 - x^2 - 2x + 4$ mit 2 Nullstellen
$f'(x) = 1{,}5x^2 - 2x - 2$ ebenfalls mit 2 Nullstellen

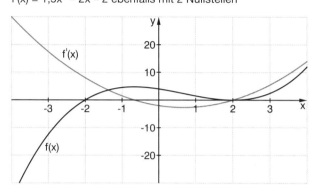

b) $f(x) = 0{,}5x^3 - x^2 - x + 4$ Graph mit zwei Nullstellen
$g_1(x) = f(x) + 3 = 0{,}5x^3 - x^2 - x + 7$ Graph mit einer Nullstelle
$g_2(x) = f(x) - 1 = 0{,}5x^3 - x^2 - x + 3$ Graph mit drei Nullstellen
$g_3(x) = f(x) - 5 = 0{,}5x^3 - x^2 - x - 1$ Graph mit zwei Nullstellen
$f'(x) = g_1'(x) = g_2'(x) = g_3'(x)$ Graph mit zwei Nullstellen

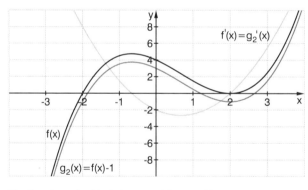

Die Graphen der Funktionen $g_1(x)$ bis $g_3(x)$ entstehen aus dem Graphen der Funktion f(x) durch Verschiebung längs der y-Achse um den hinzugefügten k-Wert. Dabei verändert sich die Anzahl der Nullstellen, wie oben beschrieben.
Die Ableitungsfunktionen $g_1'(x)$, $g_2'(x)$, $g_3'(x)$ unf f'(x) sind identisch, was bedeutet, dass für die vier Funktionen die Hochpunkte, die Tiefpunkte und die Wendepunkte jeweils die gleiche x-Koordinate besitzen. Die Graphen scheinen an den Enden des x-Intervalls zusammenzulaufen, aber das täuscht, denn tatsächlich bleibt der vertikale Abstand der Graphen untereinander stets konstant.
Zusammenfassung: Mit einer additiven Konstante k bei g_1 bis g_3 ändert sich die Lage und die Zahl der Nullstellen, bei g_1' bis g_3' bleibt Lage und Zahl der Nullstellen aber konstant.
(Grund: $g'(x) = (f(x) + k)' = f'(x) + k' = f'(x) + 0 = f'(x)$)

26. b) Fortsetzung

$f(x) = 0{,}5x^3 - x^2 - 2x + 4$ Graph mit 2 Nullstellen
$h_1(x) = 0{,}5 \cdot f(x) = 0{,}25x^3 - 0{,}5x^2 - x + 2$ Graph mit 2 Nullstellen
$h_2(x) = 2 \cdot f(x) = x^3 - 2x^2 - 4x + 8$ Graph mit 2 Nullstellen
$h_3(x) = (-0{,}5) \cdot f(x) = -0{,}25x^3 + 0{,}5x^2 + x - 2$ Graph mit 2 Nullstellen

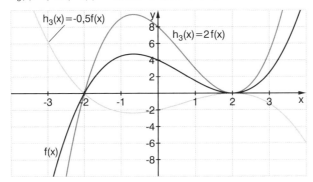

$f'(x) = 1{,}5x^2 - 2x - 1$ Graph mit 2 Nullstellen
$h_1'(x) = 0{,}75x^2 - x - 1$ Graph mit 2 Nullstellen
$h_2'(x) = 3x^2 - 4x - 4$ Graph mit 2 Nullstellen
$h_3'(x) = -0{,}75x^2 + x + 1$ Graph mit 2 Nullstellen

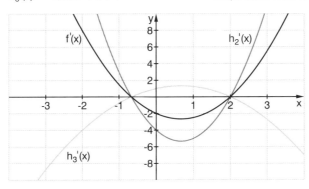

Zusammenfassung: Mit einer multiplikativen Konstante s bei h_1 bis h_3 ändert sich die Anzahl und Lage der Nullstellen nicht, bei h_1' bis h_3' ebenfalls nicht.

27. a) Die Funktionen werden in leicht ableitbare Potenzfunktionen umgewandelt.

Funktionsgleichung:	Ableitung:
$f_1(x) = 2x^3 - 4x^2 - 10x + 12$	$f_1'(x) = 6x^2 - 8x - 10$
$f_2(x) = x^3 - x^2 - 8x + 1$	$f_2'(x) = 3x^2 - 2x - 8$
$f_3(x) = 0{,}5x^3 - 3{,}5x^2 - 8{,}5x - 4{,}5$	$f_3'(x) = 1{,}5x^2 - 7x - 8{,}5$
$f_4(x) = x^3 + 4x^2 + 4x + 3$	$f_4'(x) = 3x^2 + 8x + 4$
$f_5(x) = 0{,}5x^3 + 1{,}5x^2 + 1{,}5x + 0{,}5$	$f_5'(x) = 1{,}5x^2 + 3x + 1{,}5$
$f_6(x) = x^3 - x^2 + 4x - 4$	$f_6'(x) = 3x^2 - 2x + 4$

Bei doppelter und dreifacher Nullstelle x_N ist $f'(x_N) = 0$.

27. b) Eine Darstellung von f(x) in der Produktform liefert uns unmittelbar die Nullstellen von f(x), indem man die einzelnen Faktoren gleich Null setzt und nach x auflöst. Bestehen die Faktoren aus quadratischen Termen der Form $(x - a)^2$, so spricht man von $x_0 = a$ als einer „zweifach belegten" Nullstelle. Ist ein Faktor ein kubischer Term der Form $(x + b)^3$, so spricht man von $x_0 = -b$ als einer „dreifach belegten" Nullstelle.

	Graph	Funktionsterm
doppelte Nullstelle	Extremum hat den Wert 0	quadratischer Term
dreifache Nullstelle	Sattelpunkt	kubischer Term

28. Für jede ganzrationale Funktion dritten Grades $f(x) = ax^3 + bx^2 + cx + d$ gilt:
Falls $a > 0$: Für $x \to \infty \Rightarrow f(x) \to \infty$ bzw. $x \to -\infty \Rightarrow f(x) \to -\infty$
Falls $a < 0$: Für $x \to \infty \Rightarrow f(x) \to -\infty$ bzw. $x \to -\infty \Rightarrow f(x) \to \infty$
In jedem Fall muss der Graph von f(x) mindestens einmal die x-Achse schneiden.

29. a) Mit „Produkt = Null"-Regel: Nullstellen bei $x_1 = 0$; $x_2 = 5$; $x_3 = -1{,}5$
b) Nach Ausklammern von x^3 und mit „Produkt = Null"-Regel:
Nullstellen bei $x_1 = 0$; $x_2 = -0{,}6$ (dreifache Nullstelle bei 0)
c) Nach Ausklammern von x und mit pq-Formel:
Nullstellen bei $x_1 = 0$; $x_2 = \frac{3 + \sqrt{17}}{2}$; $x_3 = \frac{3 - \sqrt{17}}{2}$
d) Mit „Produkt = Null"-Regel: Nullstelle bei $x_1 = 1$ (doppelte Nullstelle)
e) Mit pq-Formel für biquadratische Gleichung: Nullstellen bei $x_1 = -1$; $x_2 = 1$
f) Mit „Produkt = Null"-Regel und mit dritter binomischer Formel:
Nullstellen bei $x_1 = -\sqrt{7}$; $x_2 = \sqrt{7}$ und $x_3 = -0{,}5$
g) Nach Ausklammern von x und mit dritter binomischer Formel:
Nullstellen bei $x_1 = -1{,}5$; $x_2 = 1{,}5$ und $x_3 = 0$
h) Nach Ausklammern von x und mit zweiter binomischer Formel:
Nullstellen bei $x_1 = \frac{1}{3}$ und $x_2 = 0$ (doppelte Nullstelle bei $\frac{1}{3}$)
i) Faktorisieren mit $(x - 1)$ und mit pq-Formel:
Nullstellen bei $x_1 = 1$; $x_2 = \frac{-3 + \sqrt{17}}{4}$; $x_3 = \frac{-3 - \sqrt{17}}{4}$

30. a)/b) Kurvendiskussion gemäß Gliederung im Schülerband auf Seite 84

	a)	b)
Funktion	$f(x) = \frac{1}{4}x^3 - 3x$	$f(x) = -x^3 + 6x^2 - 9x$
1. Ableitung	$f'(x) = \frac{3}{4}x^2 - 3$	$f'(x) = -3x^2 + 12x - 9$
2. Ableitung	$f''(x) = \frac{3}{2}x$	$f''(x) = -6x + 12$
3. Ableitung	$f'''(x) = \frac{3}{2}$	$f'''(x) = -6$
Symmetrie	Wegen $f(-x) = -f(x)$ Punktsymmetrie zum Ursprung	keine Symmetrie
Nullstellen	$0 = x\left(\frac{1}{4}x^2 - 3\right)$ $x_1 = 0$; $x_2 = -\sqrt{12}$; $x_3 = \sqrt{12}$	$0 = -x(x^2 - 6x + 9)$ $x_1 = 0$; $x_2 = 3$ (doppelte Nullstelle bei 3)
Lokale Extrempunkte	Notw. Bed.: $f'(x) = 0$ $\Rightarrow x_1 = -2$; $x_2 = 2$ hinr. Bed. $f''(-2) = -3 < 0$ $\Rightarrow$ Hochpunkt H(−2 | 4) dabei ist $f(-2) = 4$ hinr. Bed. $f''(2) = 3 > 0$ $\Rightarrow$ Tiefpunkt T(2 | −4) dabei ist $f(2) = -4$	Notw. Bed.: $f'(x) = 0$ $\Rightarrow x_1 = 1$; $x_2 = 3$ hinr. Bed. $f''(1) = 6 > 0$ $\Rightarrow$ Tiefpunkt T(1 | −4) dabei ist $f(1) = -4$ hinr. Bed. $f''(3) = -6 < 0$ $\Rightarrow$ Hochpunkt H(3 | 0) dabei ist $f(3) = 0$
Wendepunkte	Notw. Bed.: $f''(x) = 0$ $\Rightarrow x_W = 0$ hinr. Bed. $f'''(0) = \frac{3}{2} \neq 0$ Wendepunkt W(0 | 0) dabei ist $f(0) = 0$	Notw. Bed.: $f''(x) = 0$ $\Rightarrow x_W = 2$ hinr. Bed. $f'''(2) = -6 \neq 0$ Wendepunkt W(2 | −2) dabei ist $f(2) = -2$
Skizze		

84 30. c)/d)

	c)	d)
Funktion	$f(x) = -\frac{1}{4}x^4 + x^3$	$f(x) = \frac{1}{3}x^4 - 2x^2$
1. Ableitung	$f'(x) = -x^3 + 3x^2$	$f'(x) = \frac{4}{3}x^3 - 4x$
2. Ableitung	$f''(x) = -3x^2 + 6x$	$f''(x) = 4x^2 - 4$
3. Ableitung	$f'''(x) = -6x + 6$	$f'''(x) = 8x$
Symmetrie	keine Symmetrie	Wegen $f(-x) = f(x)$ Achsensymmetrie zur y-Achse
Nullstellen	$0 = x^3\left(-\frac{1}{4}x + 1\right)$ $x_1 = 0; x_2 = 4$	$0 = x^2\left(\frac{1}{3}x^2 - 2\right)$ $x_1 = 0; x_2 = -\sqrt{6}; x_3 = \sqrt{6}$
Lokale Extrempunkte	Notw. Bed.: $f'(x) = 0$ $\Rightarrow x_1 = 0; x_2 = 3$ hinr. Bed. $f''(0) = 0$ $\Rightarrow$ Sattelpunkt SP(0 | 0) hinr. Bed. $f''(3) = -9 < 0$ $\Rightarrow$ Hochpunkt H$\left(3 \mid 6\frac{3}{4}\right)$	Notw. Bed.: $f'(x) = 0$ $\Rightarrow x_1 = 1; x_2 = -\sqrt{3}; x_3 = \sqrt{3}$ hinr. Bed. $f''(0) = -4 < 0$ $\Rightarrow$ Hochpunkt H(0 | 0) hinr. Bed. $f''(-\sqrt{3}) = 8 > 0$ $\Rightarrow$ Tiefpunkt T($-\sqrt{3}$ | -3) hinr. Bed. $f''(\sqrt{3}) = 8 > 0$ $\Rightarrow$ Tiefpunkt T($\sqrt{3}$ | -3)
Wendepunkte	Notw. Bed.: $f''(x) = 0$ $\Rightarrow x_{W1} = 0; x_{W2} = 2$ hinr. Bed. $f'''(0) = 6 \neq 0$ Wendepunkt WP$_1$(0 | 0) hinr. Bed. $f'''(2) = -6 \neq 0$ Wendepunkt WP$_2$(2 | 4)	Notw. Bed.: $f''(x) = 0$ $\Rightarrow x_{W1} = -1; x_{W2} = 1$ hinr. Bed. $f'''(-1) = -0,5 \neq 0$ Wendepunkt WP$_1$(−1 | −1,7) hinr. Bed. $f'''(1) = 0,5 \neq 0$ Wendepunkt WP$_2$(1 | −1,7)
Skizze		

84 **30.** e)/f)

	e)	f)
Funktion	$f(x) = x^3 - 3x^2 + 3x$	$f(x) = -\frac{1}{2}x^3 + \frac{3}{2}x^2 - 3x$
1. Ableitung	$f'(x) = 3x^2 - 6x + 3$	$f'(x) = -\frac{3}{2}x^2 + 3x - 3$
2. Ableitung	$f''(x) = 6x - 6$	$f''(x) = -3x + 3$
3. Ableitung	$f'''(x) = 6$	$f'''(x) = -3$
Symmetrie	keine Symmetrie	keine Symmetrie
Nullstellen	$0 = x(x^2 - 3x + 3)$ $x_0 = 0$	$0 = -\frac{1}{2}x(x^2 - 3x + 6)$ $x_0 = 0$
Lokale Extrempunkte	Notw. Bed.: $f'(x) = 0$ $\Rightarrow x_E = 1$ hinr. Bed. $f''(1) = 0$ $\Rightarrow$ Sattelpunkt SP(1 | 1)	Notw. Bed.: $f'(x) = 0$ Keine Lösung für x, d. h. keine lokalen Extremstellen
Wendepunkte	Notw. Bed.: $f''(x) = 0$ $\Rightarrow x_W = 1$ hinr. Bed. $f'''(1) = 6 \neq 0$ Wendepunkt WP(1 | 1)	Notw. Bed.: $f''(x) = 0$ $\Rightarrow x_W = 1$ hinr. Bed. $f'''(1) = -3 \neq 0$ Wendepunkt WP(1 | −2)
Skizze		

31. –

85 **32.** Der Graph einer ganzrationalen Funktion 4. Grades kann haben
- Nullstellen: keine, eine, zwei, drei oder vier
- Extremwerte: einen Tiefpunkt oder einen Hochpunkt oder
  zwei Tiefpunkte und einen Hochpunkt oder
  zwei Hochpunkte und einen Tiefpunkt
- Wendepunkte: keinen oder zwei, auch als Sattelpunkte
- Symmetrie zur y-Achse: wenn nur gerade x-Potenzen vorkommen
- Verhalten im Unendlichen: die Vorzahl a des Terms ax^4 entscheidet:
  Ist $a < 0$, dann $f(x) \to -\infty$ für $x \to \infty$ oder $x \to -\infty$.
  Ist $a > 0$, dann $f(x) \to \infty$ für $x \to \infty$ oder $x \to -\infty$.

32. Fortsetzung
Graphen der Funktionenschar $f_t(x) = \frac{1}{4}x^4 - \frac{2}{3}tx^3 + tx^2$ für t = –2; –1; 1 und 3

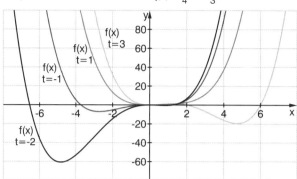

Die Nullstellen der Graphen werden mit $0 = x^2\left(\frac{1}{4}x^2 - \frac{2}{3}tx + t\right)$ berechnet.
Extrema sind mit $0 = x_e(x_e^2 - 2tx_e + 2t)$ zu finden und mit $f_t''(x_e)$ zu qualifizieren:
1 Extremstelle, falls $0 \le t \le 2$; 3 Extremstellen, falls $t < 0$ oder $t > 2$

Wendestellen sind über $0 = 3x_W^2 - 4tx_W + 2t$ zu finden und mit $f_t''(x_W)$ zu verifizieren:
Keine Wendestelle, falls $0 \le t \le 2$; 2 Wendestellen, falls $t < 0$ oder $t > 2$

33. a) Alle drei Schüler haben jeweils einen richtigen Graphen von f(x) gezeichnet. Die Unterschiede kommen durch die unterschiedlichen Maßstäbe auf der x-Achse und auf der y-Achse zustande. In der ersten Grafik kann man die Koordinaten der Extrempunkte und der Wendestellen noch einigermaßen gut ablesen. Die zweite Grafik ist gegenüber der ersten um den Faktor ca. 10 längs der y-Achse und um den Faktor ca. 2 längs der x-Achse gestaucht. Immerhin ist das Vorhandensein von Extrempunkten und von Wendepunkten noch erkennbar, jedoch nicht mehr deren genaue Lage, was aber bezüglich der Nullstellen noch möglich ist. In der dritten Grafik ist der Graph sehr gestaucht (Faktor ca. 3000 längs der y-Achse und Faktor ca. 4 längs der x-Achse). Nun sind Extremstellen, Wendepunkte und Nullstellen nicht mehr erkennbar. Aber man kann noch erkennen, dass der Grad von f(x) gerade und mindestens gleich 4 sein muss und außerdem, dass der Graph nicht achsensymmetrisch zur y-Achse ist.

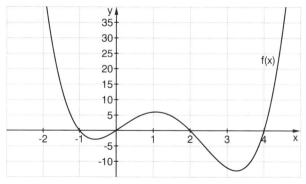

Man sieht, dass der erste Graph aus dem Schülerband diesem berechneten Graphen sehr gut entspricht.

33. b)

Abgebildet ist der Graph von f(x). Die großen Maßstäbe auf den Achsen des Koordinatenkreuzes nivellieren die Besonderheiten des Graphen in der Umgebung des Ursprungspunktes.	
In diesem Ausschnitt sind die Besonderheiten des Graphen nicht zu erkennen; der Graph ähnelt dem einer quadratischen Funktion (g(x) = −2,1x² + 2x).	
In dieser Grafik sind alle Informationen über die besonderen Punkte des Graphen enthalten: Nullstellen, Extrempunkte und Wendepunkt. Insofern ist dieses Bild die aussagekräftigste Grafik zu der Funktion.	

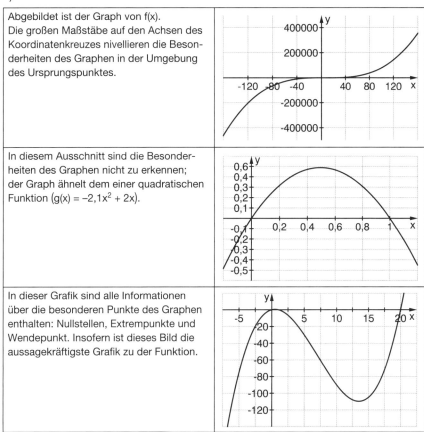

34. Alle drei Bilder zeigen nur Ausschnitte, weil die Skalierung der x-Achse zu klein ist.

    (1) Der Graph unter $f_1(x) = x^3 - 12x^2 + 20x$ könnte irrtümlich als Graph einer nach unten geöffneten Parabel angesehen werden. Tatsächlich sieht der Graph von $f_1(x)$ so aus:

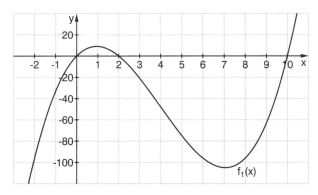

34. Fortsetzung

(2) Der Graph unter $f_2(x) = x^4 - 10x^3 - 7x^2 + 76x - 60$ könnte irrtümlich als Graph einer Funktion 3. Grades angesehen werden. Der Graph von $f_2(x)$ sieht so aus:

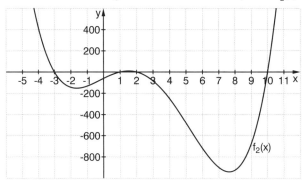

(3) Der Graph unter $f_3(x) = 2x^3 - 6x^2 + 12x$ lässt keine präzisen Aussagen über f_3 zu. Der Graph von $f_3(x)$ sieht so aus:

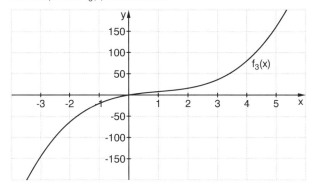

35. A: Die beiden Funktionen $f_1(x)$ und $f_2(x)$ sind biquadratische Funktionen. Sie sind deshalb achsensymmetrisch zur y-Achse. Der Unterschied beider Graphen ist, bedingt durch den Term $-0{,}1x^2$, so gering, dass er in der Grafik kaum erkennbar ist. Der Term $-0{,}1x^2$ staucht im Prinzip den Graphen längs der y-Achse, weshalb man feststellen kann, dass $f_1(x)$ in der Grafik abgebildet ist. Es ist nämlich $f_1(1) = 1{,}9 < 2$.

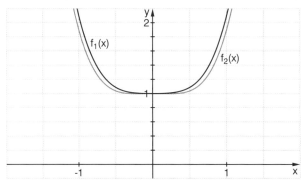

86 35. Fortsetzung

B: Die beiden Funktionen $f_3(x)$ und $f_4(x)$ unterscheiden sich nur im mittleren Term. Im Lehrbuch dargestellt ist $f_3(x)$, denn die Nullstelle liegt links von –1.

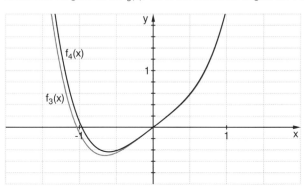

2.4 Optimieren

87 1. a)

Seitenlänge x (cm)	1	2	3	4	5	6
Volumen V (cm³)	324	512	588	576	500	384

Das maximale Volumen der Schachtel sollte bei x = 3 cm liegen.

b) $V(x) = (20 - 2x)(20 - 2x) \cdot x = 400x - 80x^2 + 4x^3$

Zum Auffinden des Maximums bilden wir die erste Ableitung von V:
$V'(x) = 400 - 160x + 12x^2$ und setzen $V'(x) = 0$. Mit der pq-Formel finden wir $x_1 = 3{,}3$ und $x_2 = 10$. Die zweite Lösung ist ohne Sachbezug, also haben wir ein maximales Schachtelvolumen bei x = 3,3 cm, die hinreichende Bedingung ist mit $V''(3{,}3) = -160 + 24 \cdot 3{,}3 < 0$ auch erfüllt.
Es ist $V_{max} = (13{,}4)^2 \cdot 3{,}3 = 592{,}5$ cm³.

c) Wenn die Kantenlänge eines quadratischen Pappbogens gleich a ist, dann ist
$V(x) = (a - 2x)(a - 2x) \cdot x = a^2x - 4ax^2 + 4x^3$.
Mit demselben Verfahren wie bei Teilaufgabe b) findet man, dass die Schachtel ihr maximales Volumen bei $x = \frac{1}{6}a$ hat. An dieser Stelle ist
$V_{max}\left(\frac{1}{6}a\right) = \left(a - 2 \cdot \frac{1}{6}a\right)\left(a - 2 \cdot \frac{1}{6}a\right) \cdot \frac{1}{6}a = \frac{2}{27}a^3$ cm³.

88 2. (A) Mit dem Satz des Pythagoras gilt für die Seitenlänge y des inneren Quadrates:
$y^2 = x^2 + (5 - x^2) = 2x^2 - 10x + 25$
Die nach oben geöffnete Parabel hat ihr Minimum bei $x_{min} = \frac{5}{2}$.
Hier ist $(y^2)' = 0$.

2. (B) Der Flächeninhalt A der vier Dreiecke ist
$A = 4 \cdot D = 4 \cdot \frac{x(5-x)}{2} = 10x - 2x^2$.
Die nach unten geöffnete Parabel hat ihr Maximum bei $x_{max} = \frac{5}{2}$.
Hier ist $A' = 0$.
Für eine beliebige Seitenlänge k ist $y^2 = x^2 + (k-x)^2 \Rightarrow y^2 = 2x^2 - 2kx + k^2$
Das Minimum liegt bei $x_{min} = \frac{k}{2}$.
Hier ist $(y^2)' = 0$.
Für den Flächeninhalt A der vier Dreiecke ergibt sich $A = 4 \cdot \frac{x(k-x)}{2} = 2kx - 2x^2$.
A ist maximal für $x_{max} = \frac{k}{2}$.
Hier ist $A' = 0$.

3. Vervollständigte Tabelle:

Zahl der Bestellungen pro Jahr $\frac{2500}{x}$	Stückzahl einer Bestellung x	Lagerkosten pro Jahr $\frac{x}{2} \cdot 10$	Bestellkosten pro Jahr $(20 + 9x) \cdot \frac{2500}{x}$	Gesamtkosten pro Jahr K(x)
1	2500	12500	22520	35020
2	1250	6250	22540	28790
5	500	2500	22600	25100
10	250	1250	22700	23950
15	167	833	22800	23633
20	125	625	22900	23525
25	100	500	23000	23500
30	83	417	23100	23517
40	63	313	23300	23613
50	50	250	23500	24125

Funktionsterm für die Funktion $x \to K(x)$, die jeder Stückzahl x einer Bestellung die Gesamtkosten pro Jahr K(x) zuordnet:
$K(x) = (20 + 9x) \cdot \frac{2500}{x} + \frac{x}{2} \cdot 10 = \frac{50\,000}{x} + 22\,500 + 5x$

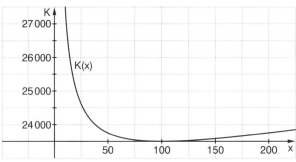

Minimum von K(x) über $K'(x) = -\frac{50\,000}{x^2} + 5$ und $K'(x) = 0 \Rightarrow x = 100$
Für Bestellstückzahlen von 100 Stück sind die Gesamtkosten pro Jahr minimal. Dieses Ergebnis zeigt auch der Graph von K(x).

3. Fortsetzung

Der Manager hat nicht recht, denn die neue Kostenfunktion
$K(x) = (20 + 9x) \cdot \frac{10\,000}{x} + \frac{x}{2} \cdot 10$ hat ihr Minimum bei $x = 200$.
Es muss auch der Erlös pro verkauftem Stück annähernd konstant sein, was aber häufig nicht der Fall ist, wegen der Gewährung von Mengenrabatten bei größeren Stückzahlen und wegen der Einräumung von Skonto-Nachlässen bei schneller Bezahlung.

4. a) $V(x) = (16 - 2x)(8 - 2x)x = 4x^3 - 48x^2 + 128x \Rightarrow V'(x) = 12x^2 - 96x + 128$
Bestimmung von x_{max} mit $V'(x) = 0$ und pq-Formel: $x_{max} = 1{,}69$ cm
Die hinreichende Bedingung ist mit $V''(1{,}69) = 24 \cdot 1{,}69 - 96 < 0$ erfüllt.

b) $V(x) = \left(\frac{16 - 2x}{2}\right)(8 - 2x)x = 2x^3 - 24x^2 + 64x \Rightarrow V'(x) = 6x^2 - 48x + 64$
Bestimmung von x_{max} mit $V'(x) = 0$ und pq-Formel: $x_{max} = 1{,}69$ cm
Die hinreichende Bedingung ist mit $V''(1{,}69) = 12 \cdot 1{,}69 - 48 < 0$ erfüllt.

5. a) Die Oberfläche O besteht aus zwei Grundflächen G jeweils mit $G = a^2$ und einem Mantel M aus vier Rechtecken $M = 4ah$, zusammen also $O = 2a^2 + 4ah$. Hier hängt O von den Variablen a und h ab. Mit $h = \frac{1000}{a^2}$ erhalten wir $O(a) = 2a^2 + \frac{4000}{a}$.
Die erste Ableitung ist $O'(a) = 4a - \frac{4000}{a^2}$.
Über $O'(a) = 0$ finden wir $a_{min} = 10$ cm. Die hinreichende Bedingung $O''(10) = 4 + \frac{8000}{10^3} = 12 > 0$ ist auch erfüllt. Der gesuchte Quader ist also ein Würfel mit der Kantenlänge $a = 10$ cm.

b) Es ergibt sich bei beliebigem Quadervolumen als Lösung in jedem Fall ein Würfel mit der Kantenlänge $a = \sqrt[3]{V}$ cm.

6. a) Für ein Rechteck mit den Seiten a und b ist der Flächeninhalt $A = ab$.
Aus der Bedingung $100 = 2a + 2b$ folgt $b = 50 - a$, eingesetzt in A ergibt sich $A = 50a - a^2$. Über $A' = 50 - 2a$ finden wir $a_{max} = 25$ und dann $b_{max} = 25$. Die maximal einzäunbare Fläche ist in diesem Fall ein Quadrat mit der Seitenlänge $a_{max} = 25$ m.

b) Aus der Bedingung $100 = 2a + b$ folgt $b = 100 - 2a$, eingesetzt in A ergibt sich $A = 100a - 2a^2$. Über $A' = 50 - 2a$ finden wir $a_{max} = 25$ und dann $b_{max} = 50$. Die maximal einzäunbare Fläche ist in diesem Fall ein Rechteck mit den Seitenlängen $a_{max} = 25$ m und $b_{max} = 50$ m.

c) Aus der Bedingung $100 = 2a + b + (b - 20)$ folgt $b = 60 - a$, eingesetzt in A ergibt sich $A = 60a - a^2$. Über $A' = 60 - 2a$ finden wir $a_{max} = 30$ und dann $b_{max} = 30$. Die maximal einzäunbare Fläche ist in diesem Fall ein Quadrat mit der Seitenlänge $a_{max} = 30$ m.

7. a) Für ein Rechteck mit den Seiten a und b ist der Flächeninhalt $A = ab$.
Aus der Bedingung $u = 2a + 2b$ folgt $b = \frac{u}{2} - a$, eingesetzt in A ergibt sich $A = \frac{u}{2}a - a^2$. Über $A' = \frac{u}{2} - 2a$ finden wir $a_{max} = \frac{u}{4}$ und dann $b_{max} = \frac{u}{4}$.
Also hat ein Quadrat den größten Flächeninhalt von allen umfangsgleichen Rechtecken.

7. b) Das Rechteck mit den Seiten $\overline{AT} = a$ und $\overline{TB} = b$ hat den Flächeninhalt $A = ab$. Aus der Bedingung $\overline{AB} = a + b$ folgt $b = \overline{AB} - a$, eingesetzt in A ergibt sich $A = \overline{AB} \cdot a - a^2$. Über $A' = \overline{AB} - 2a$ finden wir $a_{max} = \frac{\overline{AB}}{2}$ und dann $b_{max} = \frac{u}{4}$.
Also hat ein Quadrat mit der Seite $a = 0{,}5 \cdot \overline{AB}$ den größten Flächeninhalt.

c) Wir teilen die Strecke $\overline{AB} = s$ in die Teile x und $s - x$. Das Produkt $P(x)$ der Quadrate über den Teilen ist $P(x) = x^2 \cdot (s-x)^2 = x^2 s^2 - 2sx^3 + x^4$. Die Nullstellen der 1. Ableitung liefern uns die x-Koordinaten der Extremstellen:
$0 = 2s^2 x - 6sx^2 + 4x^3 = 4x(0{,}5s^2 - 1{,}5sx + x^2)$
Mit der „Produkt = Null"-Regel und der pq-Formel erhalten wir die Nullstellen $x_1 = 0$, $x_2 = s$, $x_3 = 0{,}5s$. Die ersten beiden Zahlen teilen die Strecke s nicht. Die dritte Zahl ist die gesuchte Lösung. Das Produkt der Quadrate über den beiden Teilen einer Strecke s ist maximal, wenn die Quadratseiten jeweils gleich der Hälfte der Strecke sind.

d) (1) Die „Summe der Quadrate" $S(x) = x^2 + (s-x)^2 = 2x^2 - 2sx + s^2$ ist ebenfalls maximal, wenn die beiden Teilstrecken jeweils gleich der Hälfte der Strecke s sind. Der Rechenweg ist ähnlich wie in Teilaufgabe c).

(2) Die „Differenz der Quadrate" $D(x) = (s-x)^2 - x^2 = s^2 - 2sx$ ist maximal, wenn $x = 0$ ist.

(3) Der „Quotient der Quadrate" $Q(x) = \frac{(s-x)^2}{x^2} = \frac{s^2}{x^2} - \frac{2s}{x} + 1$ hat kein relatives Maximum für das Definitionsintervall.

8. a) In Aufgabe 7. a) wurde die maximale Rechtecksfläche bei gegebenem Umfang u gesucht. Die Lösung ist ein Quadrat mit der Seitenlänge $a = \frac{u}{4}$. Hier wird nun für einen gegebenen Flächeninhalt eines Rechtecks der minimale Umfang gesucht.

b) Für den Umfang u eines Rechtecks gilt $u(a, b) = 2a + 2b$, für den gegebenen Flächeninhalt gilt $A = ab = 40 \Rightarrow a = \frac{40}{b}$, eingesetzt in u ergibt $u(b) = \frac{80}{b} + 2b$. Das Minimum von u finden wir über $u'(b) = 0$, also $b = a = \sqrt{40}$. Das Rechteck mit einem Flächeninhalt von 40 cm² ist also ein Quadrat, wenn der Umfang minimal sein soll. Hier ist der Umfang $u = 4\sqrt{40}$ cm = 25,3 cm.

c) Für den Umfang u eines Rechtecks gilt $u(a, b) = 2a + 2b$, für den gegebenen Flächeninhalt gilt $A = ab$, also $a = \frac{40}{b}$, eingesetzt in u ergibt sich $u(b) = \frac{2A}{b} + 2b$. Das Minimum von u finden wir über $u'(b) = 0$, also $b = a = \sqrt{A}$. Das Rechteck mit einem Flächeninhalt von A ist ein Quadrat, wenn der Umfang minimal sein soll. Hier ist der Umfang $u = 4\sqrt{A}$.

9. Der Flächeninhalt A des rechteckigen Fußballplatzes wird durch $A = a \cdot 2r$ beschrieben, wobei r der Radius der beiden Halbkreise ist und a die Länge der geraden Strecke (jeweils gemessen in Meter). Aus der Bedingung $400 = 2\pi r + 2a$ ergibt sich $a = 200 - \pi r$. Eingesetzt in A erhalten wir $A = 400r - 2\pi r^2$. Der Graph von A(r) ist eine nach unten geöffnete Parabel, er hat also ein Maximum, das wir über die Ableitung von A(r) bestimmen. $A' = 400 - 4\pi r$. Für $r = \frac{400}{4\pi}$ ist $A' = 0 \Rightarrow r = 31{,}83$ m. Damit errechnen wir $a = 100$ m. Das ist genau die Länge, der in allen Sportstadien der Welt vorhandenen 100-m-Sprintstrecke. Für das maximal mögliche Fußballfeld ergibt sich $A = 2 \cdot 31{,}83 \text{ m} \cdot 100 \text{ m} = 6\,366 \text{ m}^2$.

10. Der Rauminhalt des vom Segeltuch überspannten Unterstandes ist ein Quader. Sein Volumen ist $V = x^2h$. Die Bedingung $2x^2 + 2xh = 8$ liefert $h = \frac{4}{x} - x$ ($x \neq 0$). Eingesetzt in V erhalten wir $V(x) = 4x - x^3$. Über die erste Ableitung und $V'(x) = 0$ bestimmen wir $x = \sqrt{\frac{4}{3}} \approx 1,15$ m. Damit wird $h = 2,33$ m. Eine Probe ergibt für die Segeltuchfläche 8 m².

11. Die Oberfläche O einer Dose setzt sich zusammen aus den flächengleichen Boden und Deckel sowie dem Mantel: $O = 2G + M$
    a) Dose 1: $r = 4,2$ cm und $h = 10,7$ cm $\Rightarrow O = 2\pi r^2 + 2\pi rh = 393,2$ cm²
       Dose 2: $r = 3,6$ cm und $h = 14,3$ cm $\Rightarrow O = 2\pi r^2 + 2\pi rh = 404,9$ cm²
    b) Aus der Volumenformel $V = \pi r^2 h$ für Zylinder und mit $V = 580$ folgt $h = \frac{580}{\pi r^2}$. Eingesetzt in $O = 2\pi r^2 + 2\pi rh$ ergibt sich $O = 2\pi r^2 + \frac{1160}{r}$. So hängt O nur noch von r ab. Über die Ableitung $O'(r)$ finden wir mit $O'(r) = 0$ das Minimum von O.
       $4\pi r - \frac{1160}{r^2} = 0 \Rightarrow r^3 = \frac{1160}{4\pi} \Rightarrow r = 4,52$ cm $\Rightarrow d = 9,04$ cm
       Mit $h = \frac{580}{\pi r^2}$ ist $h = 9,04$ cm. Der minimale Materialverbrauch wird in diesem Fall mit 385 cm² berechnet. Das optimale Verhältnis beträgt $\frac{d}{h} = 1$.
       Für die Dose 1 ist $\frac{d}{h} = \frac{8,4}{10,7} \approx 0,785$; für die Dose 2 ist $\frac{d}{h} = \frac{7,2}{14,3} \approx 0,5$.
       Also kommt die Dose mit den Lychees dem Optimum näher als die andere.
    c) Führt man die Berechnung in Teilaufgabe a) für beliebige V durch, so ist
       $$\frac{d}{h} = \frac{2\left(\sqrt[3]{\frac{V}{2\pi}}\right)}{\frac{V}{\pi\left(\sqrt[3]{\frac{V}{2\pi}}\right)^2}} = \frac{2\frac{V}{2\pi}}{\frac{V}{\pi}} = 1,$$ also ist das Verhältnis von $\frac{d}{h}$ unabhängig von V, sofern die Maße von d und h sich auf die minimale Oberfläche des Zylinders beziehen.
    d) Wir rechnen mit $V = 580$ cm³ aus Teilaufgabe a). Man könnte erwarten, dass der Zylinder etwas günstiger im Materialverbrauch ist, weil die Ecken des Quaders sozusagen glattgebügelt sind.
       Die Oberfläche O im Quader mit quadratischer Grundfläche G und der Höhe h ist $O = 2a^2 + 4ah$. Mit $h = \frac{580}{a^2} \Rightarrow O(a) = 2a^2 + \frac{2320}{a}$, hiervon die 1. Ableitung:
       $O'(a) = 4a - 2320\frac{1}{a^2}$. Mit $O'(a) = 0$ erhalten wir als notwendige Bedingung $a = \sqrt[3]{580}$ cm $= 8,34$ cm. Die hinreichende Bedingung für ein lokales Minimum ist mit $O''(8,34) = 4 - (-2) \cdot 2320 \cdot \frac{1}{(8,34)^3} > 0$ erfüllt. Der minimale Materialverbrauch wird mit 417,29 cm² berechnet. Er ist 8,4 % höher als bei dem vergleichbaren Zylinder. Ferner ist $h = \frac{580}{a^2} = 8,34$ cm, sodass sich für den Quader – analog zum Zylinder – das (von V unabhängige) Verhältnis $\frac{h}{a} = 1$ als Merkregel für den minimalen Materialverbrauch ergibt.

12. Das Kegelvolumen ist $V = \frac{1}{3}\pi r^2 h$. Mit der Nebenbedingung $r^2 + h^2 = 10^2$ (Satz des Pythagoras) ergibt sich $V = \frac{1}{3}\pi(10^2 - h^2)h$.
    Über $V'(h) = \frac{100}{3}\pi - \frac{1}{3}\pi \cdot 3h^2$ ist $h = \frac{10}{\sqrt{3}}$ cm $= 5,77$ cm Nullstelle von $V'(h)$.
    Wegen $V''(h) = -2\pi h$ mit $V''(5,77) < 0$ ist das Kegelvolumen für $h = 5,77$ cm maximal.

13. Der Flächeninhalt des grauen rechtwinkligen Dreiecks ist $A = \frac{1}{2}gh$. Mit dem Satz des Pythagoras: $g^2 + h^2 = (21-g)^2 \Rightarrow h = \sqrt{(21-g)^2 - g^2} = \sqrt{441 - 42g}$
$\Rightarrow A(g) = \frac{1}{2}g\sqrt{441 - 42g} = \frac{1}{2}\sqrt{441g^2 - 42g^3}$
Mit dem Spurmodus des GTR ermittelt man das lokale Maximum bei $x = 7$ mit dem Wert bei ca. 42.

14. a/b)

Funktion	$f(x) = -x + 6$	$f(x) = -\frac{1}{2}x^2 + 6$	$f(x) = \frac{4}{x}$
Rechteck	$A(t; f(t)) = t \cdot (-t + 6)$	$A(t; f(t)) = t \cdot \left(-\frac{1}{2}t^2 + 6\right)$	$A(t; f(t)) = t \cdot \frac{4}{t}$
A(t)	$A(t) = -t^2 + 6t$	$A(t) = -\frac{1}{2}t^3 + 6t$	$A(t) = t \cdot \frac{4}{t} = 4$
1. Ableitung	$A'(t) = -2t + 6$	$A'(t) = -1{,}5t^2 + 6$	$A'(t) = 0$
Für t = ... ist A'(t) = 0	$t = 3$ cm	$t = 2$ cm	$t > 0$
Maximales Rechteck	$A = t \cdot f(t)$ $A = 3 \cdot 3 = 9$ cm²	$A = t \cdot f(t)$ $A = 2 \cdot \left(-\frac{1}{2}4 + 6\right) = 8$ cm²	$A = t \cdot f(t)$ $A = t \cdot \frac{4}{t} = 4$ cm²
Umfang u(t; f(t))	$u = 2t + 2f(t)$	$u = 2t + 2f(t)$	$u = 2t + 2f(t)$
u(t)	$u = 2t + 2(-t + 6)$ $u = 12$ (unabhängig von t)	$u = 2t + 2\left(-\frac{1}{2}t^2 + 6\right)$ $u = 2t - t^2 + 12$	$u = 2t + 2\frac{4}{t}$ $u = 2t + \frac{8}{t}$
1. Ableitung	$u'(t) = 0$	$u'(t) = 2 - 2t$	$u'(t) = 2 - \frac{8}{t^2}$
Für t = ... ist u'(t) = 0	$t > 0$	$t = 1$ cm	$t = 2$ cm
Maximaler Umfang	$u = 2t + 2(-t + 6)$ $u = 12$ cm	$u = 2t + 2\left(-\frac{1}{2}t^2 + 6\right)$ $u = 2 \cdot 1 + 2\left(-\frac{1}{2}1^2 + 6\right)$ $u = 13$ cm	$u = 2t + 2\frac{4}{t}$ $u = 2 \cdot 2 + 2\frac{4}{2}$ $u = 8$ cm

c) Zum Beispiel: Bestimmen Sie jeweils den minimalen Abstand des Ursprungspunktes O(0 | 0) vom Graphen der Funktion.

15. a) $g(x) = 4 - x^2$: Das Rechteck besteht aus den Seiten $3 - x$ und $6 - g(x)$. Die Fläche wird berechnet mit $A = (3 - x)(6 - g(x))$. Mit $g(x) = 4 - x^2$ ergibt sich $A = (3 - x)(2 + x^2) = 6 - 2x + 3x^2 - x^3$, also $A'(x) = -3x^2 + 6x - 2$. Mit der pq-Formel findet man die Nullstellen $x_1 = 1{,}58$ und $x_2 = 0{,}42$. Wegen $A''(x) = -6x + 6$ ist $A''(1{,}58) < 0$ und $A''(0{,}42) > 0$. Die Rechtecksfläche ist also maximal bei $x_1 = 1{,}58$. Die beiden Seiten sind dann 1,42 cm und 4,5 cm lang, der Flächeninhalt beträgt dann 6,34 cm².

15. b) h(x) = 3 − x²: Die Fläche des Rechtecks wird nun berechnet mit A = (3 − x)(6 − h(x)). Mit h(x) = 3 − x² ist A(x) = (3 − x)(3 + x²) = 9 − 3x + 3x² − x³. Die Nullstelle der 1. Ableitung A'(x) = −3x² + 6x − 3 ist x = 1. Allerdings hat A''(x) = 6x − 6 dort auch eine Nullstelle, sodass die Zielfunktion bei x = 1 einen Sattelpunkt besitzt, weitere Hochpunkte sind nicht vorhanden. A(x) ist im Intervall 0 ≤ x ≤ 3 streng monoton fallend. Deshalb kann aus der Glasscheibe nur noch maximal das Rechteck gewonnen werden, das aus der oberen Hälfte der Glasscheibe besteht. Es hat einen Flächeninhalt von A = 3 m · 3 m = 9 m².

16. a) Zur Information an den Abteilungsleiter:

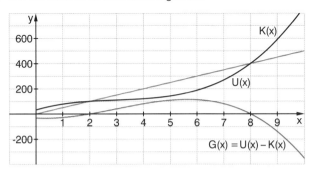

„Im Diagramm sind – jeweils in Euro pro Tag – die Kosten K(x), die Erlöse U(x) und die Gewinne G(x) = U(x) − K(x) über der produzierten Stückzahl x (in Tausend pro Tag) aufgetragen.
Das Unternehmen wird bei Produktionsmengen von 2000 bis 8000 Stiften pro Tag Gewinne erwirtschaften. Unterhalb von x = 2 sind die Anlauf- und Fixkosten noch nicht gedeckt, ab x = 8 wachsen verschiedene Kosten so stark (beispielsweise Lohnkosten), dass sich die Produktion nicht mehr lohnt. Im Wendepunkt von K ist die stärkste Gewinnzunahme, weil hier die Kostenzunahme am kleinsten ist. Das Gewinnmaximum liegt bei x = 6 (entspricht 6000 Stiften pro Tag)."

b) Die Gewinnblase befindet sich in jenem Bereich, für den gilt: U(x) = K(x). Aus der Zeichnung liest man dafür x = 2 und x = 8 ab. Setzt man das in U(x) und K(x) ein, so sind die Werte identisch.
Das genaue Gewinnmaximum bekommt man durch Ableiten von G(x): x_M = 5,646
Das bedeutet: Bei 5646 produzierten Stiften wird das Gewinnmaximum erwirtschaftet.

17. a) Vergleich der Modelle (x = produzierte Menge):
$K_1(x) = 0{,}5x + 1$; $U_1(x) = 0{,}8x$; $G_1(x) = U_1(x) - K_1(x)$

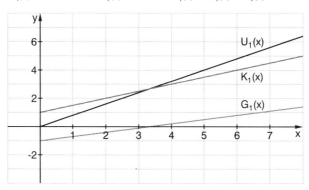

Unrealistische Kostenfunktion, da der Gewinn ab 4 Stück linear wächst. Es gibt kein Gewinnmaximum.

$K_2(x) = 0{,}01x^3 + 1$; $U_2(x) = 1{,}5x$; $G_2(x) = U_2(x) - K_2(x)$

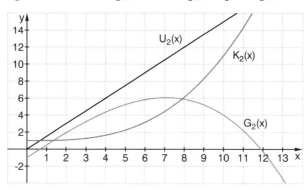

Bei K_2 wächst die Zunahme ab $x = 0$ an ($K_2''(x) > 0$ für $x \geq 0$). Eher erwartet man, dass die Zunahme der Kosten bis zu einem x_0 schrumpft (dort gilt dann $K_2''(x_0) = 0$) und ab dem x_0 wieder wächst.
Die Gewinnblase ist relativ groß: Schon ab einem (!) Stück wird ein Gewinn erwirtschaftet. Das Gewinnmaximum liegt ca. bei 7 Stück.

17. a) Fortsetzung
$K_3(x) = 0{,}2x^3 - 1{,}2x^2 + 2{,}4x + 1;\quad U_3(x) = 1{,}4x;\quad G_3(x) = U_3(x) - K_3(x)$

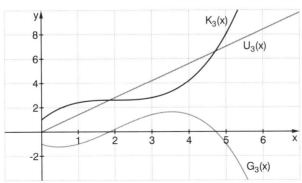

Wenig attraktive Kosten- und Gewinnstruktur, da nur eine kleine Gewinnblase entsteht. Die Kosten steigen ab 4 Stück rasch an. Das Gewinnmaximum wird zwischen drei und vier Einheiten erzielt.

$K_4(x) = 0{,}1x^3 - 0{,}6x^2 + 1{,}7x + 1;\quad U_4(x) = 2x;\quad G_4(x) = U_4(x) - K_4(x)$

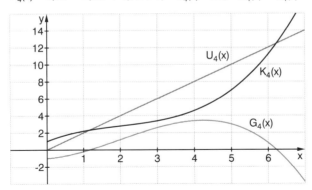

Wenig interessante Kosten- und Gewinnstruktur, Gewinne werden nur zwischen 2 und 6 Stück erwirtschaftet, die Kosten steigen ab $x = 5$ zu rasch. Das Gewinnmaximum liegt bei ca. 4 Stück.

18. a) An allen drei Modellen ist gemeinsam, dass mit wachsendem Verkaufspreis die Anzahl verkaufter Packungen sinkt bzw. mit sinkendem Verkaufspreis die Anzahl verkaufter Packungen steigt.
Zuordnungen: Graph A → P_1; Graph B → P_2; Graph C → P_3
- Modell A: Je niedriger (höher) der Preis, desto mehr (weniger) wird abgesetzt.
- Modell B: Pessimistischeres Kaufverhalten als in Modell A, da die Absatzmengen bei vergleichbarem Preis unter denen des Modells A liegen.
- Modell C: Noch pessimistischeres Kaufverhalten als in Modell B bis zum Preis von 100 €. Ab 100 € werden vermutlich Käuferschichten angesprochen, die mit einem hohen Preis hohe Qualität verbinden; deshalb „stabilisiert" sich der Absatz.

18. b) Beratungen für die Händler:
- Händler H1: Je nach in Betracht kommendem Modell darf er nur 25 €/Stück bei Modell C nehmen bzw. 50 €/Stück bei Modell B oder 80 €/Stück bei Modell A.
- Händler H2: Mit dem Absatzmodell A wäre er gut beraten, denn bei allen Preisen des Preisintervalls [40; 160] könnte er eine genügend große Stückzahl absetzen, um sein Umsatzziel zu erreichen. Modell B wäre nur in einem sehr kleinen Bereich um 80 € geeignet. Modell C wäre erst ab ca. 120 € attraktiv.
- Händler H3: Er muss Gewissheit haben, dass das Modell C funktioniert, sonst bleibt er auf seinem Einkauf sitzen. Die beiden anderen Modelle sagen einen Umsatz von Null bei einem Preis von 200 € voraus.

c) Umsätze:
- Modell P_1: Umsatz U_1 = Stückpreis x · Stückzahl P, also $U_1(x) = -50x^2 + 10000x$. Maximaler Umsatz wird erzielt, wenn $U_1'(x) = 0$, also bei x = 100 €. Damit errechnet sich der maximale Umsatz mit $U_1(100) = 500000$ €.
- Modell P_2: $U_2(x) = 0{,}2x^3 - 90x^2 + 10000x$. Maximaler Umsatz wird erzielt bei $x_1 = 73{,}6$ und $x_2 = 226{,}4$. Somit gilt $U_2(73{,}6) = 328211{,}28$ €.
- Modell P_3: $U_3(x) = 30000 \cdot \sqrt{x}$. Maximaler Umsatz wird erzielt, wenn der Preis unendlich hoch ist. Da das unrealistisch ist, nehmen wir hier den maximalen Preis mit 200 € an. Dann ist der maximale Umsatz $U_3(200) = 424264$ €.

19. a) Entwicklung der Produktionskosten:

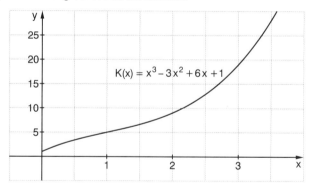

Am Anfang schrumpft die Zunahme der Produktionskosten bis x = 1 (Grund: $K''(x) < 0$ für x < 1). Sie ist bei x = 1 minimal (Grund: $K''(1) = 0$). Ab x = 1 wächst die Zunahme der Produktionskosten (Grund: $K''(x) > 0$ für x > 1). Der Schnittpunkt von K mit der y-Achse gibt die Fixkosten an, die immer anfallen, auch wenn nichts produziert ist: K(0) = 1 (entspricht 10000 €).

b) Die Änderung der Kosten ist dort am geringsten, wo K(x) die kleinste Steigung hat für x > 0, also wo K'(x) ein Minimum hat. Das ist der Fall bei x = 1.

c) p(x) ist der Erlös pro 100 Stück in 100 €, den das Unternehmen verbucht.
Es gilt: Gewinn G(x) = Umsatz $U_p(x)$ – Kosten K(x)
$$G(x) = U_p(x) - K(x) = p \cdot x - (x^3 - 3x^2 + 6x + 1)$$
$$= -x^3 + 3x^2 - (6 - p)x - 1$$

19. c) Fortsetzung

Gewinnentwicklung in Abhängigkeit von p: Erst bei einem Preis von p = 4,3 ($\triangleq$ 430 €) decken sich Umsatz und Kosten. Die Möbelfirma muss einen Stuhl für mindestens 430 € verkaufen, um in die Gewinnzone zu kommen.

Die Berechnungen gelten unter folgenden Voraussetzungen: Stabiler kontinuierlicher Absatz, keine Wettbewerbseffekte, konstante Kosten, insbesondere keine unvorhersehbaren kostenverändernden Ereignisse, keine Konkurrenz (da sonst der Preis auch noch variabel wäre)

d) Für die Expertise für den Betriebschef:

Verkaufserlös (Euro/Stück)	Gewinnzone (Stück/Tag)	maximaler Gewinn Stückerlös/Gewinn (in Euro)	Stärkste Gewinnzunahme bei Stückzahl
300	–	–	–
450	134 – 200	171/2070	105
600	64 – 288	200/30000	105
700	46 – 321	215/50791	105
p	p ≥ 4,3	$\dfrac{1 + \sqrt{\frac{p}{3}} - 1}{G\left(1 + \sqrt{\frac{p}{3}} - 1\right)}$	105

Die Tabelle erlaubt eine Abschätzung sinnvoller Produktionsmengen bei möglichen erzielbaren Verkaufserlösen, welche natürlich nur Durchschnittswerte sein können.

Dass bei allen drei Verkaufserlösannahmen die stärkste Gewinnzunahme jeweils bei 105 Stück liegt, hat als Ursache, dass die Kostenzunahme bei 100 Stück minimal ist und darüber hinaus nicht vom Verkaufserlös abhängt.

20. (A) Der Umfang des gefärbten Rechtecks beträgt

$u_R = 2(a + x) + 2(a - x) = 4a = u_Q$.

Es gilt $A_{weiß} = ax > ax - x^2 = (a - x)x = A_{rot}$. Der Flächeninhalt des oberen weißen Rechtecks ist also immer um x^2 größer als der des rechten rosafarbenen Rechtecks.

Folglich ist das Quadrat mit der Seite a immer größer als der Flächeninhalt A_R des gesamten rosafarbenen Rechtecks. Es ist $A_R = (a + x)(a - x) = a^2 - x^2 < a^2 = A_Q$, das heißt, für jeden Wert von x ist der Flächeninhalt des rosafarbenen Rechtecks um x^2 kleiner als der Flächeninhalt A_Q des Quadrates.

(B) Die waagerechte Diagonale ist die kleinste mit d = 5. Folglich hat auch das zugehörige Quadrat den kleinstmöglichen Flächeninhalt der einbeschreibbaren Quadrate.

Im rechtwinkligen Dreieck gilt der Satz des Pythagoras: „Das Quadrat über der Hypotenuse ist gleich der Summe der Quadrate über den Katheten." Diese Summe ist am kleinsten, wenn die Katheten gleich lang sind.

Auch für beliebige Ausgangsquadrate gilt: Das kleinste einbeschreibbare Quadrat hat als Diagonale die Seite des Ausgangsquadrates. Sein Flächeninhalt ist die Hälfte des Ausgangsquadrates.

20. (C) Wenn man den Thaleskreis über einer Seite des rosafarbenen Ausgangsquadrates errichtet, so ergeben die beiden Eckpunkte der Seite und ein beliebiger Punkt auf dem Thaleskreis ein rechtwinkliges Dreieck. Dazu werden kongruente rechtwinklige Dreiecke über den anderen drei Quadratseiten konstruiert. Diese vier – in dem Schaubild blauen Dreiecke – ergeben mit dem Ausgangsquadrat ein neues blaues Quadrat. Liegen die Punkte auf dem Thaleskreis nur dicht über den Seiten des Ausgangsquadrates, so sind die hinzugefügten Flächen klein. Sie werden maximal, wenn sie gleichschenklige Dreiecke sind. Das blaue Quadrat hat dann den doppelten Flächeninhalt des nun einbeschriebenen Ausgangsquadrates.

(D) Wir wissen aus Teilaufgabe (C), dass das rechtwinklige Dreieck im Thaleskreis am größten ist, wenn es gleichschenklig ist. Das gilt für beide Kreishälften, folglich ist die aus den beiden Dreiecken gebildete maximale Rechtecksfläche ein Quadrat mit dem Durchmesser des Thaleskreises als Diagonale.

21. (A) **Funktionaler Weg:**

Bestimmung der Geraden g(x) = mx + b durch die Punkte $B\left(\frac{a}{2} \mid 0\right)$ auf der x-Achse und $C\left(0 \mid \frac{a}{2}\sqrt{3}\right)$ auf der y-Achse. Die Höhe im gleichseitigen Dreieck ist $\frac{a}{2}\sqrt{3}$, das ist auch b.

$$m = \frac{\frac{a}{2}\sqrt{3} - 0}{0 - \frac{a}{2}} = -\sqrt{3} \Rightarrow g(x) = -\sqrt{3}x + \frac{a}{2}\sqrt{3}$$

Flächeninhalt des Rechtecks A(x, y) = 2x · y $\Rightarrow$ A(x) = 2x · $\left(-\sqrt{3}x + \frac{a}{2}\sqrt{3}\right)$

Vereinfachen ergibt A(x) = $-2\sqrt{3} \cdot x^2 + a\sqrt{3} \cdot x$.

A'(x) = 0 liefert die Lösung $x = \frac{a}{4}$.

Damit werden $y = \frac{a}{4}\sqrt{3}$ und der maximale Flächeninhalt des Rechtecks $A = \frac{a^2}{8}\sqrt{3}$.

(B) **Algebraisch-geometrischer Weg:**

Die Höhe im gleichseitigen Dreieck ist $h = \frac{a}{2}\sqrt{3}$. Der Flächeninhalt des Rechtecks ist A(x, y) = 2x · y. Nach dem 2. Strahlensatz gilt:

$$\frac{y}{\frac{a}{2} - x} = \frac{h}{\frac{a}{2}} \Rightarrow y = \sqrt{3}\left(\frac{a}{2} - x\right)$$

Einsetzen von y ergibt $A(x) = 2x\sqrt{3}\left(\frac{a}{2} - x\right)$. Der Graph von A ist eine nach unten geöffnete Parabel. Ihre Nullstellen sind gemäß der „Produkt = Null"-Regel $x_1 = 0$ und $x_2 = \frac{a}{2}$. Der Scheitelpunkt mit $x_S = \frac{a}{4}$ liegt in der Mitte und ist zugleich das Maximum von A(x).

21. **(C) Geometrischer Weg:**
Beim Betrachten der fünf gleichseitigen Dreiecke fällt auf, dass die Summe der Flächeninhalte eines grünen Dreiecks und des blauen Dreiecks größer ist als die Hälfte des gelben Rechtecks. Im ersten Bild ist allein das blaue Dreieck schon ein Vielfaches des Rechtecks und im letzten Bild ist ein grünes Dreieck allein schon ein Vielfaches des Rechtecks.

Dazwischen existiert offensichtlich ein Fall, in dem das Rechteck gleich der Summe aus dem oberen grünen Dreieck und dem flächengleichen rechten blauen Dreieck ist. Das mittlere Bild dient zur Erläuterung: Wir klappen das blaue Dreieck an der rechten Rechtecksseite in das Rechteck und das obere Dreieck längs der oberen Rechtecksseite ebenfalls in das Rechteck. Dieses ist nun vollständig von den beiden farbigen Dreiecken bedeckt.

Kapitel 3
Modellieren mit Funktionen – Kurvenanpassung

Didaktische Hinweise

Funktionen sind ein zentrales Werkzeug zur Beschreibung von vielfältigen innermathematischen Problemen und außermathematischen Sachverhalten. Im bisherigen Unterricht haben die Schülerinnen und Schüler alle grundlegenden Funktionen und die spezifischen Verläufe ihrer Graphen kennengelernt und untersucht. Mit der Differenzialrechnung stehen auch die Bestimmung charakteristischer Punkte und die Beschreibung des Änderungs- bzw. Steigungsverhaltens der Graphen zur Verfügung. In diesem Kapitel stehen Beschreibungen und Modellierungen vorgegebener bzw. antizipierter Kurvenverläufe im Mittelpunkt, wie sie durch Sachsituationen oder auch innermathematische Kontexte gegeben sind. Als Ausgangsmaterial dienen dabei Messwerte, Bilder oder vorgegebene bzw. erarbeitete Eigenschaften der benötigten Funktionen. Während bisher eher vom globalen Funktionsverlauf auf lokale Eigenschaften und Besonderheiten der Funktionen und ihrer Graphen geschlossen wurde, verläuft der Weg jetzt andersherum, aus lokalen Eigenschaften wird ein Globalverlauf entwickelt.

Das Spektrum reicht dabei von klassischen „Steckbriefaufgaben" (3.3) bis zur Modellierung der Form von Gegenständen, wie es auch im Prinzip im CAS gemacht wird (3.4). Einen innermathematischen Abschluss bildet dabei das Erfahren des Prinzips der Taylorentwicklung (3.3 A28c)/A29), bezüglich des Modellierens fasst die Spline-Interpolation das Bisherige zusammen (3.4).

Es ist ein Leitprinzip von NEUE WEGE und dem Vorrang des Verstehens geschuldet, dass zu zentralen Begriffen und Konzepten zunächst adäquate Grundvorstellungen erzeugt werden, ehe algorithmische Verfahren in den Blick genommen werden. So wie deswegen im ersten Lernabschnitt zum Änderungsverhalten in der Einführung der Analysis (vgl. hier 1.1) zunächst rein grafisch-anschaulich leistungsfähige Grundvorstellungen aufgebaut werden und dies auch später bei der Rekonstruktion von Beständen aus Änderungen geschieht (5.1), so soll auch hier durch ein zunächst meist qualitativ orientiertes Arbeiten mit Funktionen der sichere, verstehensorientierte Umgang mit ihnen erzeugt und gefördert werden (3.1). Dies setzt Verfahren voraus, die nicht durch hohe Algebralastigkeit den Blick auf das Wechselspiel aus Sachzusammenhang und mathematischer Funktion unnötig erschweren. Hier leisten dynamische Funktionenplotter, grafikfähige Taschenrechner und Regressionen wertvolle Dienste, weil sie die Funktionen als ganze Objekte mit einfacher Variation zur Verfügung stellen. Im Mittelpunkt steht also nicht das Erzeugen einer Funktion, sondern der verständige Umgang mit schnell zur Verfügung stehenden Funktionen. Während der mathematische Hintergrund von Parametervariationen bei Funktionenplottern für Schüler unmittelbar erfassbar ist, bleiben die Regressionsfunktionen zunächst eine „black box". Deswegen wird in einem Kasten eine inhaltlich aufklärende Information so gegeben, dass Fehlvorstellungen zu den Regressionen vermieden werden, ohne dass die algebraischen Methoden zu ihrer Ermittlung weiter thematisiert werden.

Auf der mathematisch-algebraischen Seite führt das Bestimmen von Funktionen aus Daten meist zu linearen Gleichungssystemen, die in diesem Kapitel zum universellen mathematischen Werkzeug werden. Aus diesem Grund ist dem systematischen Lösen solcher Systeme ein vorgängiger, eigener Lernabschnitt gewidmet (3.2), der neben einer händischen Einführung des Gauß-Algorithmus, auch die Bearbeitung mit Matrizen und grafikfähigen Taschenrechnern behandelt. Damit wird den Schülern das für die Lernabschnitte 3.3 und 3.4 zentrale Werkzeug zur Verfügung gestellt.

In 3.3 werden sowohl aus innermathematisch gegebenen Eigenschaften geeignete Funktionen entwickelt (,Steckbriefaufgaben') als auch vielfältige Formen beschreibend modelliert. Trassierungsprobleme und Biegelinien sind weitere Anwendungsbereiche und bilden damit einen ersten Abschluss dieses Themenbereichs.

Bei der Spline-Interpolation in 3.4 fließen alle bisher verwendeten Verfahren mit ein und werden durch ein neues sehr leistungsfähiges Verfahren ergänzt. Mit diesem Verfahren lernen Schüler ein auch in der mathematischen Praxis vielfältig verwendetes Verfahren kennen. Dieser Lernabschnitt ist durchgehend von Modellierungsaktivitäten geprägt.

Zu 3.1

In der ersten grünen Ebene werden mit der Beschreibung der Reichstagskuppel und der Auswertung der CO_2-Daten zwei archetypische Grundsituationen mit Funktionen modelliert, eine vorgegebene Gestalt und ein Datensatz. Dabei liegen die Schwerpunkte der geforderten Schüleraktivitäten einmal in der Auswahl unterschiedlicher Strategien (A1), das andere Mal im Vergleich unterschiedlicher Modelle zum gleichen Datensatz (A2). Damit werden in der Einführung grundlegende Prinzipien des Modellierens thematisiert. Im Basiswissen wird dementsprechend konsequent der Prozess des Modellierens systematisch an einem Beispiel dargestellt: Von der Auswahl einer geeigneten Funktion, über die Bestimmung geeigneter Parameter mit unterschiedlichen Strategien, zur Abschätzung der Güte des Modells und Interpretation der Modellierung als Beschreibung und nicht Ergebnis eines gesetzmäßigen Zusammenhangs. In den Übungen werden die Strategien und Verfahren in vielfältigen Sachsituationen trainiert. Zunächst werden Formen von Brücken und Gebäuden beschrieben (A3, A4), ehe dann Datensätze im Mittelpunkt stehen. Hier wird dann auch das Prinzip der Regression erläutert, so dass ein verständiger Umgang damit möglich ist. Während bis hierhin allein Daten und Formen benutzt wurden, wird in den weiteren Übungen (A11–A13) auch die Ableitung zur Funktionsauswahl benutzt, um so die in 3.3 und vor allem 3.4 folgende intensive Benutzung von Änderungs- und Krümmungsverhalten vorzubereiten. Weil das Erzeugen von Daten durch eigene Experimente besonders sinnstiftend ist, wird in einem Projekt zu einem Experiment und seiner Auswertung angeregt. Die Analyse und der mathematische ,Nachbau' eines real existierenden Freistoßtores runden diesen Abschnitt ab.

Zu 3.2

Nachdem Schüler im vorangegangenen Unterricht das Bestimmen einer Geraden durch zwei Punkte erlernt haben, wird in diesem Lernabschnitt die naheliegende Bestimmung einer Parabel durch drei Punkte zum Ausgangspunkt für das Lösen eines linearen Gleichungssystems mithilfe des Gauß-Algorithmus benutzt. Die Beschränkung auf dieses Verfahren ist hier bewusst gewählt, weil es den mathematischen Hintergrund für das Lösen der Gleichungssysteme mit dem grafikfähigen Taschenrechner beleuchtet. Die wesentliche Funktion dieses Lernabschnitts ist also die verständige Bereitstellung eines wirkmächtigen Werkzeuges. Die Herleitung erfolgt daher instruktiv und nicht problemorientiert. Nach einem grundlegenden Training per Hand, wird das Kalkül auf den Taschenrechner übertragen, der im Weiteren dessen Durchführung übernimmt, sodass dann verstehensorientierte Aufgaben in den Übungen Einsicht und Überblick fördern. Unterschiedliche Lösungsanzahlen im Kontext von interpolierten Parabeln werden ebenso thematisiert wie der Zusammenhang des Gauß-Algorithmus mit der Gestalt der Matrizen (A10).

Zu 3.3

In den Einführungsaufgaben sammeln Schüler Erfahrungen zum Aufstellen von Funktionsgleichungen aus gegebenen Bedingungen sowohl in einem innermathematischen als auch in einem außermathematischen Sachzusammenhang (knickfreie Verbindung). Im Basiswissen wird das Vorgehen nicht nur kalkülorientiert angegeben sondern auch prozessorientiert die Strategien und der Modellierungszusammenhang dargestellt. Im ersten Teil der Übungen (A3–A15) stehen zunächst innermathematische Aufgaben im Mittelpunkt, im zweiten Anwendungssituationen (A16–A24). Mit „Biegelinien" (A22/A23) und „Sanfte Übergänge" (A24) werden zwei Themenseiten zu klassischen Anwendungen angeboten. Die Erarbeitung von Krümmungsmaß, Krümmungskreis und Krümmungsfunktion bilden zum Abschluss ein Angebot zu einer innermathematischen Erweiterung für Kurse auf erhöhtem Niveau, ebenso wie die Vernetzung mit den Winkelfunktionen, wo in Ansätzen das Prinzip von Taylorentwicklungen erfahren werden kann (A28, A29). Eine Fortsetzung für Exponentialfunktionen findet dies in Kap. 7.1, A47.

Im ersten Teil wird intelligentes Üben dadurch erreicht, dass in den Aufgaben in vielfältiger Weise die Zusammenhänge zwischen Texten, Gleichungen, Tabellen und Graphen thematisiert und durchgearbeitet werden. Neben der auf Routinisierung ausgerichteten Sicherung werden aber auch inhaltliche Weitungen angeboten, wenn es um unterschiedliche Anzahlen von Lösungsfunktionen bis hin zu fehlenden Lösungen infolge widersprüchlicher Bedingungen geht (A8–A10, A12). In behutsamer Weise werden Funktionenscharen eingeführt (A13, A14). In den Anwendungssituationen erleben Schüler in welch vielfältiger Weise ganzrationale Funktionen zur Beschreibung von Sachkontexten geeignet sind, angesprochen wird auch das spielerische Gestalten mit solchen Funktionen. Die Themenseite „Biegelinien" bietet zwei Aufgaben in aufsteigender Komplexität zur Binnendifferenzierung an. Die Trassierungsproblematik wird in intellektuell redlicher Art zunächst beschrieben und es wird darauf hingewiesen, dass in der Realität meist andere Modelle benutzt werden. Damit wird Schülern der Stellenwert ihrer einfachen Modellierungen in A24 bewusst und eine adäquate Grundvorstellung zum Modellieren aufgebaut und gleichzeitig wird dieser klassische Aufgabentyp aber auch geübt.

Zu 3.4

Das Besondere dieses Lernabschnitts ist, dass in der einführenden Aufgabe der Modellierungszyklus am Beispiel einer Vasenform mehrmals durchlaufen wird, ehe abschließend das neue Verfahren, die Spline-Interpolation, eingeführt wird. In einer projektartig angelegten Aufgabensequenz mit begleitendem, erläuternden Text erfahren Schüler, wie die Suche nach einem besseren Modell einerseits die Anwendung bekannter Verfahren übt und anderseits zur Erarbeitung neuer, leistungsfähiger Algorithmen führt. Aufgrund der Komplexität wird im Basiswissen an einem Beispiel noch einmal das

Prinzip erläutert, aber keine Verallgemeinerung vorgenommen. In den Übungen wird der sichere Umgang mit dem Algorithmus ebenso geschult (A3, A4) wie die Vorstellungen zur Ableitung (A2, A6). Es gibt Möglichkeiten, kreativ selbstständig Kurven zu erzeugen (A5) und es wird in offeneren Ausgangssituationen zu unterschiedlichen Modellierungen angeregt, die bevorzugt in Gruppenarbeiten zu bearbeiten sind (A7, A8).

Methodische Anmerkung:
Die Modellierung der Vasenform in A1 kann auch zur Einführung von Interpolationspolynomen und klassischer Steckbriefaufgaben genutzt werden, indem unterschiedlich viele Punkte mit eventuell charakteristischen Eigenschaften (Extrem- und Wendepunkte) aus der grafischen Darstellung der Vase im Koordinatensystem abgelesen werden. Hier besteht also die Möglichkeit, objektorientiert in einem Anwendungskontext mathematische Verfahren einzuführen. Ein solches Vorgehen ist hochgradig sinnstiftend, weil der Kontext Motive zur Einführung mathematischer Algorithmen liefert. Möchte man von vornherein Splines behandeln, führt dieses Vorgehen darüber hinaus zu höherer Zeiteffizienz, wenn man nach 3.2 direkt mit 3.4 beginnt oder 3.3 zunächst nur in kleinen Teilen behandelt, und dann ausgewählte Aufgaben aus 3.3 zur festigenden Übung in auch einfacheren Kontexten behandelt.

Lösungen

3.1 Funktionen beschreiben und modellieren Wirklichkeit

108 1. –

109 2. a) Je nach Skalierung der Achsen wird der Anstieg ver- oder entschärft.
b) Die Werte von 1960 bis 1982 ergeben mit dem GTR folgende mögliche Regressionen:
Lineare Regression: $f_{LR}(x) = 2{,}17x + 314{,}6$
Quadratische Regression: $f_{QR}(x) = 0{,}078x^2 + 1{,}31x + 316$
Exponentielle Regression: $f_{ER}(x) = 314{,}79 \cdot 1{,}0066^x$
Es passen alle drei Modellierungen gut zu den Messdaten.
c) Die Verdopplung des CO_2-Gehalts aus dem Jahre 1980 beträgt 674 ppm. Zu dieser Zahl suchen wir nun den passenden Funktionswert bzw. die Jahreszahl. Eine Möglichkeit besteht nun darin, dass wir am Graphen der jeweiligen Funktion den gesuchten Wert einfach ablesen. Algebraisch setzen wir die entsprechende Funktion gleich dem Wert 674 und lösen dann nach x auf.
Es folgt mit obigen Gleichungen:
$f_{LR}(x) = 2{,}17x + 314{,}6 \quad \Rightarrow x \approx 166$, d. h. nach diesem Modell im Jahr 2292
$f_{QR}(x) = 0{,}078x^2 + 1{,}31x + 316 \quad \Rightarrow x \approx 60$, d. h. nach diesem Modell im Jahr 2080
$f_{ER}(x) = 314{,}79 \cdot 1{,}0066^x \quad \Rightarrow x \approx 116$, d. h. nach diesem Modell im Jahr 2192
Wird der Wert aus dem Jahr 2007 mit 385 ppm dazu genommen, dann nehmen lineare und exponentielle Regression den neuen Messpunkt (23,5 | 385) nicht mehr mit und weichen „nach unten" ab. Die quadratische Regression weist hingegen noch eine gute Verträglichkeit mit dem Wert aus dem Jahr 2007 auf.

Bemerkung:
Die Jahreszahlen in der Tabelle im Buch laufen in 2er-Schritten und werden mit 1er-Schritten auf der x-Achse besetzt: x = 0 ≙ 1960, x = 1 ≙ 1962, x = 2 ≙ 1964, …
Hierzu wird am besten folgende Rekursionsformel genutzt: Jahreszahl = 2x + 1960

111 3. a) Es ergeben sich folgende Funktionsgraphen:

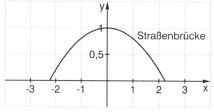

$f(x) = -0{,}2x^2 + 1; -2{,}2 \leq x \leq 2{,}2$

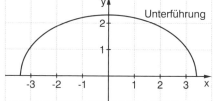

$g(x) = 0{,}68\sqrt{11{,}56 - x^2}$

111 3. a) Fortsetzung

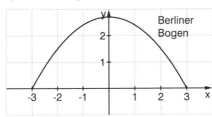
Berliner Bogen

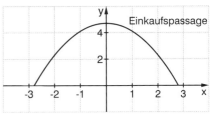
Einkaufspassage

$h(x) = -0{,}3x^2 + 2{,}7; -3 \leq x \leq 3$

$k(x) = -0{,}6x^2 + 4{,}7; -2{,}8 \leq x \leq 2{,}8$

Bemerkung:
Funktionsgleichung einer Halbellipse: $y = \frac{b}{a}\sqrt{a^2 - x^2}$ bzw. $\frac{x^2}{a^2} + \frac{y^2}{b^2} = 1$
(Halbachsen a und b)

b) –

4.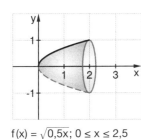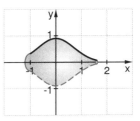

$f(x) = \sqrt{0{,}5x}; 0 \leq x \leq 2{,}5$ $g(x) = \frac{1}{4{,}5x}; 0{,}12 \leq x \leq 2$ $h(x) = 0{,}9e^{-0{,}9x^2}; -1 \leq x \leq 1{,}6$

112 5. Ja, die Flugbahn lässt sich durch eine Parabel der allgemeinen Form $f(x) = ax^2 + bx + c$ beschreiben.

a) Die drei Punkte $P_1(-9{,}1 | 1{,}4)$, $P_8(-1 | 7{,}9)$ und $P_{16}(6{,}7 | 3{,}2)$ liefern in die allgemeine Form einer quadratischen Funktionsgleichung eingesetzt das nachfolgende LGS:

I $82{,}81a - 9{,}1b + c = 1{,}4$
II $1a - 1b + c = 7{,}9$ Lösung: $a \approx -0{,}09$; $b \approx -0{,}1$; $c \approx 7{,}9$
II $44{,}9a + 6{,}7b + c = 3{,}2$

Funktionsgleichung: $f(x) = -0{,}09x^2 - 0{,}1x + 7{,}9$ ⇒ Graph passt zu Messpunkten
Quadratische Regression mit dem GTR liefert: $f(x) = -0{,}09x^2 - 0{,}08x + 8$

b) Alternative 1: Differenzenquotient
Bestimmung der Steigung zwischen zwei Punkten mit dem Differenzenquotienten.
$m = \frac{f(x_2) - f(x_1)}{x_2 - x_1} = \frac{\Delta y}{\Delta x}$ und $m = \tan(\alpha)$ ⇔ $\alpha = \tan^{-1}(m)$

Aufschlag: $P_1(-9{,}147 | 1{,}402)$ und $P_2(-8{,}041 | 2{,}729)$ ergibt $m \approx 1{,}19$ ⇒ $\alpha \approx 50°$
Hallenboden: $P_{17}(7{,}672 | 1{,}918)$ und $P_{18}(8{,}557 | 0{,}295)$ ergibt $m \approx -1{,}8$ ⇒ $\alpha \approx -61°$

Alternative 2: Ableitung
Bestimmung der Steigung mit 1. Ableitung an einer Stelle x_0 mit $f'(x_0) = m = \tan(\alpha)$.
Dann folgt mit der Funktion des GTR: $f'(x) = -0{,}18x - 0{,}08$
• an der Stelle $x_1 = -9{,}147$ folgt $m \approx 1{,}6$ und damit $\alpha \approx 58°$
• an der Stelle $x_{18} = 8{,}557$ folgt $m \approx -1{,}6$ und damit $\alpha \approx -58°$
⇒ Der Aufschlag erfolgt unter einem Winkel von ca. 58° und der Ball trifft mit einem Winkel von ca. 58° auf.

112 6. a) Es wird ein trigonometrischer Zusammenhang vermutet. Die im Buch gegebene Ausgleichskurve passt sehr gut zu den Messdaten.
b) Kurvenanpassung zum Beispiel mit GEOGEBRA an die Messdaten über Schieberegler mit der Funktion
$f(x) = a \sin(bx + c) + d$:

$f(x) = 9{,}5 \sin(0{,}26x - 1{,}66) + 10{,}8$

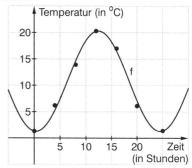

113 7. a) Je nach Kontext ist das Stabdiagramm oder die Regressionskurve zu nutzen. Während das Stabdiagramm ausschließlich die Maximalwerte erkennen lässt, so sind aus der Regressionskurve auch mögliche Zwischenwerte abzulesen. Allerdings sind diese nicht exakt, da sich die Regressionskurve nicht gänzlich an die Messwerte anpasst.

b)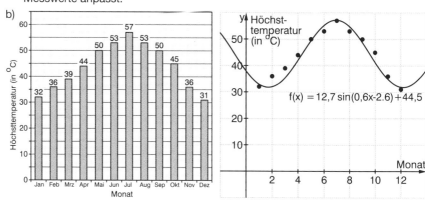

Ein Vergleich liefert: Die „record maximum"-Temperaturwerte sind jeweils größer und damit ist die zugehörige Regressionskurve nach oben verschoben. Entsprechend modifizieren sich die Koeffizienten der Sinusfunktion zu höheren Werten.

8. a) Wir gehen davon aus, dass ein Vogel der Masse 0 g eine Flügelfläche von 0 cm² aufweist. Daher beginnt die zugehörige Regressionsfunktion im Ursprung. Eine lineare Regression liefert die am besten angepasste Modellierung, doch müssen hier Abstriche gemacht werden. Es lässt sich also für dieses Modell feststellen, dass mit Zunahme des Gewichts des Vogels auch seine Flügelfläche linear dazu ansteigt. Mögliche Abhängigkeit: $f(x) = 3{,}2x$

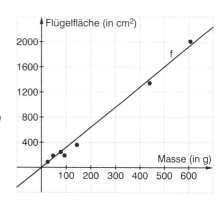

8. b) Entweder im Diagramm ablesen oder per Rechnung mit der Funktionsgleichung:
Flügelfläche $f(x) = 500 \text{ cm}^2 \Rightarrow x = 156$ g
Masse $x = 300$ g $\Rightarrow f(x) = 960 \text{ cm}^2$
Blaureiher: Modell passt nicht mehr, die Werte weichen zu stark ab.

9. Mit GEOGEBRA erfolgt die grafische Kurvenanpassung und damit die Bestimmung der Parameter a und b zu:

$$c(t) = \frac{4,3}{t} + 0,03$$

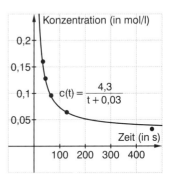

10. Die Summenformel lautet:
$$S(n) = \frac{1}{2}n(n+1)$$

Kurvenanpassung mit GEOGEBRA:
$$f(x) = \frac{1}{2}x^2 + \frac{1}{2}x = \frac{1}{2}x(x+1)$$
$$\Rightarrow n = x$$

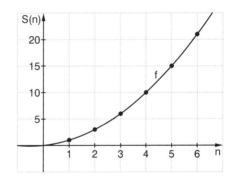

11. Die beiden Koordinaten $P(0|0)$ und $Q(50|59,3)$ reichen noch nicht aus, um ein LGS aufzustellen. Man erhält die dritte Information aus dem Winkel der Steigung im Punkt $P(0|0)$.

Ausgangspunkt: $f(x) = ax^2 + bx + c$ und $f'(x) = 2ax + b$
Steigung: $f'(x) = m = \tan(\alpha) \approx 1,76$ (Steigung $\alpha = 60,4°$ an der Stelle $x = 0$)

Es entsteht das folgende LGS:

I $\quad 0 = 0 + 0 + c$
II $\quad 59,3 = 50^2 a + 50b + c \quad$ Lösung: $a \approx -0,0115$; $b = 1,76$; $c = 0$
III $\quad 1,76 = 0 + b + 0$

Wir erhalten: $f(x) = -0,0115x^2 + 1,76x$ (nach Punktprobe für P und Q korrekt)

Scheitelpunkt $\triangleq$ Maximum: $f'(x) = 0$ und $f''(x) < 0$
$\Rightarrow x \approx 76,5$, d. h. Maximum bei $f(76,5) = 67,3$ (den Wert in die Funktionsgleichung eingesetzt)

Spannweite $\triangleq$ Abstand der Nullstellen: $f(x) = 0$
$\Rightarrow x_1 = 0$ und $x_2 \approx 153$

$\Rightarrow$ Der Scheitelpunkt liegt ca. 67,3 m über der Auflagestelle und der Bogen hat eine Spannweite von ca. 153 m.

114 12. Aus dem Text entnehmen wir folgende Koordinaten der gesuchten Parabel:
Abstoßpunkt: P(0|1,80)
Stoßweite: Q(8,4|0) mit $f(x) = ax^2 + bx + c$
Steigung am Abstoßpunkt: $m = f'(x) = \tan(\alpha) = 0{,}9$ mit $f'(x) = 2ax + b$

Es entsteht das folgende LGS:
I $1{,}8 = 0 + 0 + c$
II $0 = 8{,}4^2 a + 8{,}4b + c$ Lösung: $a \approx -0{,}133;\ b = 0{,}9;\ c = 1{,}8$
III $0{,}9 = 0 + b + 0$

Wir erhalten: $f(x) = -0{,}133x^2 + 0{,}9x + 1{,}8$ (nach Punktprobe für P und Q korrekt)

Maximale Flughöhe ≙ Maximum: $f'(x) = 0 \Rightarrow x \approx 3{,}4;\ f(3{,}4) \approx 3{,}3$
Auftreffwinkel ≙ Steigungswinkel an der Stelle $x = 8{,}4$, d.h. $f'(8{,}4) \approx -1{,}33 \Rightarrow \alpha \approx -53°$

⇒ Die maximale Flughöhe beträgt ca. 3,3 m und der Auftreffwinkel ca. 53°.

13. a) Mittels Variation des Geschwindigkeitsparameters $v = T$ erhält man $T = 5{,}57$. Dieser hat eine Nullstelle bei $x = 2$, was der gesuchten Breite des Wasserstrahls entspricht.

b) Wir lösen $x(t)$ nach t auf und erhalten $t = \frac{x}{v \cos(\alpha)}$. Eingesetzt in $y(t)$ und mit $\tan(\alpha) = \frac{\sin(\alpha)}{\cos(\alpha)}$ folgt der gesuchte Ausdruck $y(x)$.

Mit dem in a) ermittelten Wert von ca. 5,57 $\frac{m}{s}$ sowie der Erdbeschleunigung $g = 9{,}81\ \frac{m}{s^2}$ und dem Winkel $\alpha = 70°$ ergibt sich für einen Brunnenradius von 2 m: $y(x) = -1{,}35x^2 + 2{,}7x$

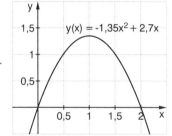

116 14. Modellansatz **A**: „Parameterdarstellung"
Einsetzen der Werte $\left(\alpha = 25°,\ g = 9{,}81\ \frac{m}{s^2},\ v = 24{,}2\ \frac{m}{s}\right)$ ergibt:
$f_A(x) = -0{,}01x^2 + 0{,}47x$

⇒ Schuss geht über das Tor hinaus: $f(35) = 4{,}2 \Rightarrow$ d.h. auf Torhöhe hat der Ball eine Flughöhe von 4,2 m.

Modellansatz **B**: „Parabel mit drei Punkten" – $f(x) = ax^2 + bx + c$

Ballhöhe am Freistoßpunkt P(0|0)   I $0 = 0 + 0 + c$
Ballhöhe über der Mauer P(9,15|2,53) ⇒ LGS II $2{,}53 = 9{,}15^2 a + 9{,}15b + c$
Ballhöhe „im" Tor Q(35|1,88)   III $1{,}88 = 35^2 a + 35b + c$

LGS gelöst ergibt: $f_B(x) = -0{,}0086x^2 + 0{,}36x$ ⇒ Alle Daten werden gültig erfasst.

Modellansatz **C**: „Parabel mit zwei Punkten und der Ableitung" – $f'(x) = 2ax + b$

Steigung am Freistoßpunkt
$(x = 0 \Rightarrow m = \tan(\alpha) = 0{,}47)$ I $0{,}47 = 0 + b + 0$
Ballhöhe über der Mauer P(9,15|2,53) ⇒ LGS II $2{,}53 = 9{,}15^2 a + 9{,}15b + c$
Ballhöhe im Tor Q(35|1,88)   III $1{,}88 = 35^2 a + 35b + c$

LGS gelöst ergibt: $f_C(x) = -0{,}011x^2 + 0{,}47x - 0{,}83$ ⇒ Freistoßpunkt zu weit vorne

116 14. Fortsetzung

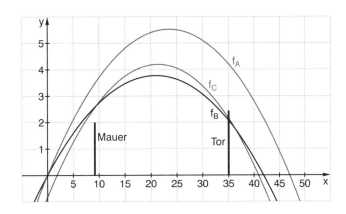

3.2 Gauß-Algorithmus zum Lösen linearer Gleichungssysteme

117 1. a) Mit den Lösungen aus dem Buch (a = 1; b = –2; c = 3) folgt für das gesuchte
Polynom: y = x² – 2x + 3
Punktproben: A(–1|6)   6 = (–1)² – 2 (–1) + 3 = 1 + 2 + 3
B(2|3)   3 =   2² – 2 · 2   + 3 = 4 – 4 + 3
C(3|6)   6 =   3² – 2 · 3   + 3 = 9 – 6 + 3

b) Die drei Punkte P(1|4), Q(2|9) und R(3|18) ergeben folgendes LGS:
I   1a + 1b + 1c = 4
II   4a + 2b + 1c = 9   Lösung: a = 2; b = –1; c = 3
III 9a + 3b + 1c = 18
Wir erhalten das zugehörige Polynom mit y = 2x² – x + 3 (Abb. unten links).

c) Die vier Punkte P(–1|–3,5), Q(1|–2,5), R(2|–5) und S(4|–1) fordern ein Polynom
dritten Grades mit der allgemeinem Form: y = ax³ + bx² + cx + d
Damit ergibt sich nachfolgendes LGS:
I   –1a + 1b – 1c + 1d = –3,5
II   1a + 1b + 1c + 1d = –2,5   Lösung: a = 0,5; b = –2; c = 0; d = –1
III   8a + 4b + 2c + 1d = –5
IV   64a + 16b + 4c + 1d = –1
Wir erhalten das zugehörige Polynom mit y = 0,5 x³ – 2x² – 1 (Abb. unten rechts).

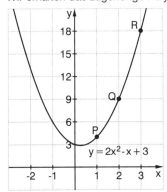
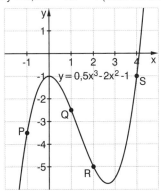

2. a) $x = 1$; $y = 2$; $z = -1$ b) $x = -1$; $y = 3$; $z = 4$ c) $x = 2$; $y = 2$; $z = -1$

3. a) I $1a + 2b + 1c = 1$
      II $2a + 1b - 1c = -1$ $\}$ Lösung: $a = 1$; $b = -1$; $c = 2$
      III $-1a + 2b + 2c = 1$

   b) I $1a + 2b + 1c = 1$
      II $1a + 1b - 1c = 2$ $\}$ Lösung: $a = -3$; $b = 3$; $c = -2$
      III $0 + 2b + 1c = 4$

   c) I $3a - 2b + 4c = 5$
      II $4a + 6b - 1c = 9$ $\}$ Lösung: $a = 1$; $b = 1$; $c = 1$
      III $5a - 4b + 3c = 4$

4. a) Weil damit eine Äquivalenzumformung eingespart wird. Das Ergebnis für die zweite Zeile steht schon da, wenn die Zeilen 1 und 2 vertauscht werden und kommt der angestrebten „Dreiecksform" somit entgegen (vgl. Aufgabe 10b)).

   b) Weil lediglich die Reihenfolge der Zeilen vertauscht wird und nicht deren „Inhalt". Beide Versionen (vertauscht und nicht vertauscht) ergeben identische Lösungen, wenn der Gauß-Algorithmus konsequent angewandt wird.
   (Mathematisch formuliert: Der Betrag der **Determinanten** (in diesem Fall 3) bleibt unverändert.)

5.
(1) $\begin{pmatrix} 2 & 3 & -1 & 5 & | & 11 \\ 0 & 1 & 3 & -1 & | & 1 \\ 4 & -2 & 0 & -2 & | & 0 \\ 1 & 1 & 1 & 1 & | & 4 \end{pmatrix}$ Übertragen des Gleichungssystems in die Matrix
(2)
(3)
(4)

(1) $\begin{pmatrix} 2 & 3 & -1 & 5 & | & 11 \\ 0 & 1 & 3 & -1 & | & 1 \\ 0 & -8 & 2 & -12 & | & -22 \\ 0 & 1 & -3 & 3 & | & 3 \end{pmatrix}$ (1) wird übernommen
(2)   (2) wird übernommen, da 0 bereits vorhanden
(3*) $(-2) \cdot (1) + (3)$
(4*) $(1) - 2 \cdot (4)$

(1) $\begin{pmatrix} 2 & 3 & -1 & 5 & | & 11 \\ 0 & 1 & 3 & -1 & | & 1 \\ 0 & 0 & 26 & -20 & | & -14 \\ 0 & 0 & -6 & 4 & | & 2 \end{pmatrix}$ (1) wird übernommen
(2)   (2) wird übernommen
(3**) $8 \cdot (2) + 1 \cdot (3^*)$
(4**) $-1 \cdot (2) + 1 \cdot (4^*)$

(1) $\begin{pmatrix} 2 & 3 & -1 & 5 & | & 11 \\ 0 & 1 & 3 & -1 & | & 1 \\ 0 & 0 & 26 & -20 & | & -14 \\ 0 & 0 & 0 & -8 & | & -16 \end{pmatrix}$ (1) wird übernommen
(2)   (2) wird übernommen
(3**)   (3**) wird übernommen
(4***) $3 \cdot (3^{**}) + 13 \cdot (4^{**})$

Rückwärtseinsetzen ausgehend von (4***) ergibt die Lösung (1; 0; 1; 2).

6. –

7. a) Rudimentäre Zeilenumformungen führen hier zur gesuchten „Dreiecksform":

$$\begin{pmatrix} 1 & 1 & -1 & | & 2 \\ 1 & -2 & 1 & | & 1 \\ 1 & -1 & 2 & | & 1 \end{pmatrix} \longrightarrow \begin{pmatrix} 1 & 1 & -1 & | & 2 \\ 0 & 3 & -2 & | & 1 \\ 0 & 2 & -3 & | & 1 \end{pmatrix} \longrightarrow \begin{pmatrix} 1 & 1 & -1 & | & 2 \\ 0 & 3 & -2 & | & 1 \\ 0 & 0 & 5 & | & -1 \end{pmatrix}$$

1. Schritt: 1. Zeile + 2. Zeile · (−1) sowie 1. Zeile + 3. Zeile · (−1)
2. Schritt: 2. Zeile · (2) + 3. Zeile · (−3)

b) Wir gehen rückwärts vor, d.h. ausgehend von der untersten Zeile (3. Zeile) arbeitet man sich nach oben und eliminiert nacheinander die restlichen Zahlen ungleich Null.

$$\begin{pmatrix} 1 & 1 & -1 & | & 2 \\ 0 & 3 & -2 & | & 1 \\ 0 & 0 & 5 & | & -1 \end{pmatrix} \rightarrow \begin{pmatrix} 1 & 1 & -1 & | & 2 \\ 0 & 3 & -2 & | & 1 \\ 0 & 0 & 1 & | & -\frac{1}{5} \end{pmatrix} \rightarrow \begin{pmatrix} 1 & 1 & -1 & | & 2 \\ 0 & 1 & 0 & | & \frac{1}{5} \\ 0 & 0 & 1 & | & -\frac{1}{5} \end{pmatrix} \rightarrow \begin{pmatrix} 1 & 1 & 0 & | & \frac{9}{5} \\ 0 & 1 & 0 & | & \frac{1}{5} \\ 0 & 0 & 1 & | & -\frac{1}{5} \end{pmatrix} \rightarrow \begin{pmatrix} 1 & 0 & 0 & | & \frac{8}{5} \\ 0 & 1 & 0 & | & \frac{1}{5} \\ 0 & 0 & 1 & | & -\frac{1}{5} \end{pmatrix}$$

1. Schritt: 3. Zeile wird durch 5 dividiert
2. Schritt: 3. Zeile · (2) + 2. Zeile · (1) und dann die neue 2. Zeile durch 3 dividieren
3. Schritt: 3. Zeile + 1. Zeile
4. Schritt: neue 2. Zeile · (−1) + neue 1. Zeile

8. Es ergeben sich die Zuordnungen (LGS, Matrix, Graph):
1 – B – II; 2 – D – I; 3 – C – IV; 4 – A – III

Anhand der Diagonalform lässt sich direkt die Lage der beiden Geraden im Koordinatensystem und damit die Lösungsmenge des LGS erkennen:

B und D: genau eine Lösung für die Variablen x und y, d.h. es existiert ein Schnittpunkt

C: unendlich viele Lösungen, d.h. identische Geraden

A: keine Lösung, da eine Falschaussage vorliegt („0 = 1"), d.h. parallele Geraden

9. 1. Matrix, 3. Gleichung, 2. Graph
Begründung: Die Diagonalform zeigt genau eine Lösung.

2. Matrix, 2. Gleichung, 1. Graph
Begründung: Die Diagonalform zeigt genau eine Lösung, dabei fällt a = 0 beim Term weg.

3. Matrix, 1. Gleichung, 3. Graph
Begründung: Die Diagonalform zeigt eine Falschaussage „0 = 1", d.h. keine Lösung.

10. a) Nur, wenn beim Spaltentausch alle Variablen entsprechend vertauscht werden.

b) Wird der Gauß-Algorithmus in dieser Form angewandt, d.h. die 1. Zeile wird nicht mit der 2. bzw. 3. Zeile vertauscht, dann ist ein systematisches Lösen nicht mehr möglich.

c) Ablesen (von unten nach oben) ergibt die gesuchte Lösung (−3; 3; −2).

11. Wir legen die Variablen im Bezug zum Text: x = „gut", y = „mittel", z = „schlecht"
Es entsteht folgendes LGS:

I $3x + 2y + 1z = 39$
II $2x + 3y + 1z = 34$ Lösung: x = 9,25; y = 4,25; z = 2,75
III $1x + 2y + 3z = 26$

12. Der Polynomansatz $f(x) = ax^3 + bx^2 + cx + d$ (x ≙ Stufe, y = f(x) ≙ Anzahl der Bälle) führt mit den Werten aus der Tabelle zum nachfolgenden LGS und damit zum Erfolg:

I $1a + 1b + 1c + 1d = 1$
II $8a + 4b + 2c + 1d = 4$
III $27a + 9b + 3c + 1d = 10$ Lösung: $a = \frac{1}{6}$; $b = \frac{1}{2}$; $c = \frac{1}{3}$; $d = 0$
IV $64a + 16b + 4c + 1d = 20$

Wir erhalten eine Funktion dritten Grades mit $f(x) = \frac{1}{6}x^3 + \frac{1}{2}x^2 + \frac{1}{3}x$.

x = 50   ⇒   f(50) = 22 100 Bälle
x = 100   ⇒   f(100) = 171 700 Bälle

Setzen wir für einen Tennisball den Durchmesser d = 6,5 cm, dann gilt für dessen Volumen ungefähr $V_T = 143 \text{ cm}^3 = 143 \cdot 10^{-6} \text{ m}^3$. Somit erzeugen 171 700 Tennisbälle ein Volumen von ca. 24 m³. Ein Kleintransporter weist ein Volumen von ca. 8 m³ auf und damit passen die 171 700 Tennisbälle nicht hinein.

3.3 Bestimmung ganzrationaler Funktionen zu vorgegebenen Daten und Eigenschaften

1. a) I wird von allen Funktionen erfüllt
II wird von allen Funktionen erfüllt
III wird von allen Funktionen erfüllt
IV wird von B und C erfüllt

b)

	II	III	IV
Bedingung	f'(0) = 2	f'(2) = 0	■
Gleichung	$3a \cdot 0^2 + 2b \cdot 0 + c = 2$	■	$6a \cdot 0 + 2b = 0$

Lösung des Systems $a = -\frac{1}{6}$; b = 0; c = 2; d = 1

Der Graph von $f(x) = -\frac{1}{6}x^3 + 2x + 1$ stimmt mit B überein.

c) Da Funktionen 2. Grades keine Wendepunkte haben.

2. a) Es ist der rechte Übergang zu bevorzugen, da sich bei diesem an die Rechtskurve zunächst eine gerade Strecke anfügt, bevor an die Strecke eine Linkskurve anschließt. Bei der linken Streckenführung fehlt dieses gerade Teilstück, sodass hier der Kurvenwechsel abrupter verläuft.

b) Der Ruck lässt sich durch das Krümmungsverhalten im Übergangsbereich erklären. Da bei den Beispielen kein bzw. nur ein sehr geringer Übergang vorliegt, kommt es zu dem beschriebenen Ruck an diesen Stellen.

124 2. c) $f(x) = ax^3 + bx + c$
Bedingungen: $f(1) = -1$
$f'(1) = 0$
$f(0) = 0$

Lösung: $a = \frac{1}{2}$; $b = -\frac{3}{2}$; $c = 0$
Funktion: $f(x) = \frac{1}{2}x^3 - \frac{3}{2}x$

d) $f(x) = ax^5 + bx^3 + cx$
Bedingungen: $f(1) = -1$
$f'(1) = 0$
$f''(1) = 0$

Lösung: $a = -\frac{3}{8}$; $b = \frac{5}{4}$; $c = -\frac{15}{8}$
Funktion: $f(x) = -\frac{3}{8}x^5 + \frac{5}{4}x^3 - \frac{15}{8}x$

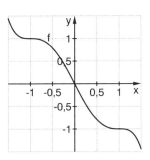

127 3. a) Bedingungen: $f(0) = 0$
$f(-2) = 0$
$f(4) = 0$
$f'(2) = -2$

Funktion: $f_a(x) = \frac{1}{2}x^3 - x^2 - 4x$

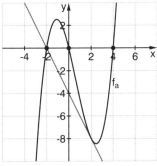

b) Bedingungen: $f(1) = 4$
$f'(4) = 0$
$f(3) = 6$
$f''(3) = 0$

Funktion: $f_b(x) = x^3 - 9x^2 + 24x - 12$

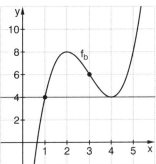

Eine Probe oder das Betrachten des Graphen zeigt, dass wirklich Extremum und Wendepunkt vorliegen.

c) Bedingungen: $f(0) = 0$
$f'(0) = 0$
$f''(0) = 0$
$f(1) = -1$
$f''(1) = 0$

Funktion: $f_c(x) = x^4 - 2x^3$

Eine Probe oder das Betrachten des Graphen zeigt, dass wirklich Wendepunkte vorliegen.

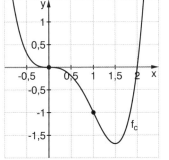

127

4. a) Bedingungen (Funktion 3. Grades):
$$f(0) = 1$$
$$f(1) = 4$$
$$f'(1) = 0$$
$$f'(4) = 0$$

Funktion: $f_a(x) = \frac{6}{11}x^3 - \frac{45}{11}x^2 + \frac{72}{11}x + 1$

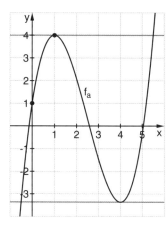

Eine Probe oder das Betrachten des Graphen zeigt, dass wirklich ein Hochpunkt vorliegt.

b) Funktion 3. Grades, obwohl nur 3 Bedingungen gegeben sind, da ein Wendepunkt gefordert ist:
$$f'(5) = 0$$
$$f(1) = 1$$
$$f''(3) = 0$$

Lösung ist eine Funktionsschar:

$f_{b;k}(x) = \frac{1-k}{7}x^3 + \frac{9(k-1)}{7}x^2 + \frac{15(1-k)}{7}x + k$

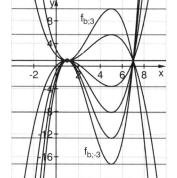

c) Funktion 4. Grades:
$$f(-2) = 3$$
$$f'(-2) = 0$$
$$f(1) = 1$$
$$f'(1) = 0$$
$$f'(2) = 0$$

$f_c(x) = -\frac{2}{45}x^4 + \frac{8}{135}x^3 + \frac{16}{45}x^2 - \frac{32}{45}x + \frac{181}{135}$

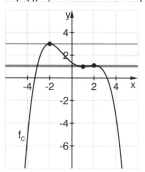

127

4. d) Funktion 5. Grades:
$$f(1) = 5$$
$$f'(1) = 0$$
$$f''(1) = 0$$
$$f(2) = 2$$
$$f'(2) = 0$$
$$f'(4) = 0$$

$f_d(x) = -3x^5 + 30x^4 - 105x^3 + 165x^2 - 120x + 38$

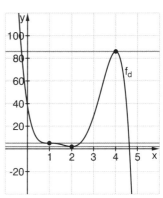

5. a)

Punkt P(a|0) liegt auf dem Graphen.	Die Steigung an der Stelle a ist m.		Der Graph hat an der Stelle a ein Extremum.	Der Graph hat an der Stelle a einen Sattelpunkt.
	f'(a) = m	f''(a) = 0 und f'''(a) ≠ 0		f'(a) = 0 f''(a) = 0 f'''(a) ≠ 0

b) Weitere Eigenschaftsmerkmale sind beispielsweise das Symmetrie- und Grenzverhalten von ganzrationalen Funktionen.

6. $f(x) = ax^4 + bx^3 + cx^2 + dx + e$; wegen der Symmetrie ist $b = d = 0$
Bedingungen:
$$f(0) = 2$$
$$f(1) = 0$$
$$f'(1) = 0$$
$f(x) = 2x^4 - 4x^2 + 2$

7. a) Funktion 2. Grades, da kein Wendepunkt vorliegt
Bedingungen:
$$f(0) = -2$$
$$f(2) = 2$$
$$f'(2) = 0$$
$f(x) = -x^2 + 4x - 2$
Parabel ist nach unten geöffnet, also Hochpunkt

b) Funktion 3. Grades, da 2 Extrema (oder ein Wendepunkt)
Bedingungen:
$$f(2) = 4$$
$$f'(2) = 0$$
$$f(5) = 1$$
$$f'(5) = 0$$
$f(x) = \frac{2}{9}x^3 - \frac{7}{3}x^2 + \frac{20}{3}x - \frac{16}{9}$

7. c) Funktion 4. Grades, da 3 Extrema (oder 2 Wendepunkte); symmetrisch
$f(x) = ax^4 + bx^2 + c$
Bedingungen: $\left.\begin{array}{l} f(0) = 2 \\ f(2) = 0 \\ f'(1,7) = 0 \end{array}\right\}$ $f(x) = \frac{25}{89}x^4 - \frac{289}{178}x^2 + 2$

(geschätzter Wert; Lage des Extremums ist nur schwer ablesbar, andere Werte sind bei Schülerlösungen möglich)

8. Eine Funktion 3. Grades kann außer einem Sattelpunkt keine weiteren Punkte mit waagerechter Tangente haben.

9. a) Bei $x = 1$ und $x = 5$ liegt eine waagerechte Tangente vor. $(3|2)$ ist Wendepunkt.
b) Es gibt unendlich viele Lösungen des Gleichungssystems. Zwischen den Extrema liegt bei einer Funktion 3. Grades der Wendepunkt immer genau in der Mitte. Daher ist die Bedingung $f''(3) = 0$ bereits in den Bedingungen $f'(1) = 0$ und $f'(5) = 0$ enthalten und liefert keine neue Information.
c) Verwenden Sie zum Beispiel die Bedingungen
$\left.\begin{array}{l} f(1) = 1 \\ f'(1) = 0 \\ f(3) = 2 \\ f'(5) = 0 \end{array}\right\}$ Lösung: $f(x) = -\frac{1}{16}x^3 + \frac{9}{16}x^2 - \frac{15}{16}x + \frac{23}{16}$

10. Das Gleichungssystem ist unlösbar, da der Wendepunkt nicht genau in der Mitte zwischen den Extrema liegt.
$\left.\begin{array}{l} f(1) = 1 \\ f''(1) = 0 \\ f'(-2) = 0 \\ f'(2) = 0 \end{array}\right\}$ liefert $f(x) = 1$, also eine konstante Funktion

11. a)/b) Ⅰ Funktion 3. Grades
$\left.\begin{array}{l} f(-2) = 8 \\ f(0) = 4 \\ f(2) = 0 \\ f'(2) = 0 \end{array}\right\}$ $f(x) = \frac{1}{4}x^3 - 3x + 4$

Die Probe zeigt, dass auch die übrigen Gleichungen bzw. Ungleichungen erfüllt sind.

Ⅱ Funktion 3. Grades
Bedingungen: $\left.\begin{array}{l} g'(2) = 0 \\ g(2) = 1 \\ g(4) = 4 \\ g(6) = 7 \end{array}\right\}$ $g(x) = -\frac{3}{16}x^3 + \frac{9}{4}x^2 - \frac{27}{4}x + 7$

Die Probe zeigt, dass auch die übrigen Eigenschaften vorliegen.

12. a) $\left.\begin{array}{l} f(0) = 5 \\ f'(2) = 0 \\ f''(2) = 1 \end{array}\right\}$ $f(x) = \frac{1}{2}x^2 - 2x + 5$

Zur Begründung: Bei einer Parabel ist f''(x) konstant, also hier f''(x) = 1.
Stammfunktion dazu: f'(x) = x + c
Bestimmung von c durch die Bedingung f'(2) = 0, also c = −2
Stammfunktion dazu: $f(x) = \frac{1}{2}x^2 - 2x + d$
Bestimmung von d durch f(0) = 5, also d = 5; $f(x) = \frac{1}{2}x^2 - 2x + 5$

b) Die 3 Bedingungen für die Koeffizienten a, b, c, d der Funktion 3. Grades liefern eine Funktionsschar $f_c(x) = \frac{c+2}{12}x^3 - \frac{c+1}{2}x^2 + cx + 5$.

$g_1 = f_1$; $g_2 = f_2$ Somit erfüllen g_1 und g_2 die Bedingungen.

13. a) Bedingungen:
$\left.\begin{array}{l} f(-2) = 0 \\ f(2) = 0 \\ f(4) = 0 \end{array}\right\}$ Lösungsschar: $f_d(x) = \frac{d}{16}x^3 - \frac{d}{4}x^2 - \frac{d}{4}x + d$

Extrema: $f_d'(x) = 0 \Rightarrow x_{1/2} = \frac{4 \pm 2\sqrt{7}}{3}$

Wegen der drei Nullstellen müssen zwei Extrema vorliegen.

Wendepunkt: $f_d''(x) = 0 \Rightarrow x_w = \frac{4}{3}$

Es muss ein Wendepunkt sein, da es eine Funktion 3. Grades ist.

b) Nur eine Bedingung ist gegeben: f''(0) = 0; d.h. b = 0
Lösung: $f_{a,c,d}(x) = ax^3 + cx + d$
Wenn es Extrempunkte gibt, müssen sie punktsymmetrisch zum Wendepunkt liegen.
Bedingung: $f_{a,c,d}'(x) = 0 \Leftrightarrow 3ax^2 + 0 \Leftrightarrow x = \pm\sqrt{\frac{-c}{3a}}$
Wenn $-\frac{c}{3a} > 0$, gibt es 2 Extrema.
Wenn $-\frac{c}{3a} = 0$, ist der Wendepunkt ein Sattelpunkt.
Wenn $-\frac{c}{3a} < 0$, gibt es keine Extrema.

14. $f_a(0) = 1$
$f_a'(x) = 4ax^3 - \left(8a + \frac{1}{2}\right)x^2 + 2;$ $f_a'(0) = 2$
$f_a'(2) = 32a - 32a - 2 + 2 = 0$
$f_a''(x) = 12ax^2 - (16a + 1)x;$ $f_a''(0) = 0$
Die Lösung des Gleichungssystems liefert dieselbe Funktionsschar.

15. Wegen der Symmetrie ist b = d = 0.
Da der Schnittpunkt mit der y-Achse unter der x-Achse liegt, ist e < 0.
Wegen der Grenzwerte ist a > 0.
Bedingung für die Extrema: $f'(x) = 0 \Leftrightarrow 4ax^3 + 2cx = 0 \Leftrightarrow x = 0 \vee x = \pm\sqrt{\frac{-2c}{4a}}$
Damit 3 Extrema existieren, muss $\frac{-2c}{4a} > 0$; wegen a > 0 muss c < 0 sein.
Beispiel: a = 1; c = −4; e = −1: $f(x) = x^4 - 4x^2 - 1$

16. Möglich ist eine Modellierung mit einer Funktion 3. Grades. Der Nullpunkt des Koordinatensystems liegt links unten.

Bedingungen: $f(0) = 0$
$f'(0) = 0$
$f(9,2) = 1,4$
$f'(9,2) = 1,4$

Lösung (gerundete Werte):
$f(x) = -0,0036x^3 + 0,0496x^2$
Dann sind $f(9,2) = 1,395$ und $f'(9,2) = -0,0015$.
Maximale Steigung im Wendepunkt $f'(4,6) = 0,228$

17. I $f(0) = 2$
$f'(0) = 0$
$f(4) = 0$
$f'(4) = 0$

$f(x) = \frac{1}{16}x^3 - \frac{3}{8}x^2 + 2$

Größte Steigung im Wendepunkt: $f'(2) = -\frac{3}{4}$

II $f(0) = 2$
$f'(0) = 2$
$f(4,5) = 0$
$f'(4,5) = 0$

$f(x) = \frac{32}{727}x^3 - \frac{216}{727}x^2 + 2$

Steigung im Wendepunkt: $f'(2,25) \approx -0,67$

Beide Wasserrutschen überschreiten die maximale Steigung nicht.

18. a) Anlauf: $f_1(-110) = 48,79$
$f_1(0) = 0$
$f_1'(0) = \tan(-11°)$
$\approx -0,194$
$f_1'(-110) = 0$

$f_1(x) = 5,728 \cdot 10^{-5}x^3 + 0,00857x^2 - 0,194x$

Aufsprung: $f_2(0) = -3,14$
$f_2(107,9) = -62,6$
$f_2''(107,9) = 0$
$f(178,7) = -86$

$f_2(x) = -3,327 \cdot 10^{-5}x^3 + 0,0108x^2 - 1,326x - 3,14$

b) Die Gleichung $f_t(107,9) = -62,6$ liefert den t-Wert für eine Landung im Kalkulationspunkt $t_k = 0,0672$.
$t < t_k$: Landung vor k
$t > t_k$: Landung hinter k

c) Höhe über dem Hügel: $h(x) = f_{t_k}(x) - f_2(x)$
$h'(x) = 0 \Leftrightarrow x = 48,55 \vee \underbrace{x = 287,49}_{\text{außerhalb des Hügels}}$

$h''(48,55) < 0$, also liegt bei $x = 48,55$ die maximale Höhe $h(48,55) \approx 35,05$ vor.
Springer landet in $(112,9 | f_2(112,9))$, also $(112,9 | -63,42)$ (5 m hinter k)
$f_t(112,9) = -63,42$ liefert $t_1 = 0,1157$.
$h(x) = f_{t_1}(x) - f_2(x)$; $h'(x) = 0 \Leftrightarrow x = 50,60 \vee \underbrace{x = 285,44}_{\text{außerhalb}}$

$h''(50,6) < 0$; $h(50,6) = 37,45$ (maximale Höhe)

19. –   **20.** –   **21.** –

22. $f(x) = ax^3 + bx^2 + cx + d$

Bedingungen:
$\left.\begin{array}{l} f(0) = 19 \\ f(17) = 0 \\ f(7) = 16 \\ f'(0) = 0 \end{array}\right\} f(x) = -0{,}00045x^3 - 0{,}058x^2 + 19$

Zu Abweichungen können sowohl Ungenauigkeiten beim Abmalen der Projektion sowie beim Ablesen der Punkte führen. Des Weiteren kann nicht unbedingt immer eine waagerechte Einspannung sowie ein ruhiger Hang gewährleistet werden. Außerdem kann die Rundung bei der Rechnung zu weiteren Ungenauigkeiten führen.

23. Kurve 1:

$\left.\begin{array}{l} f(0) = 0 \\ f'(0) = \tan(25°) \approx 0{,}4663 \\ f(0{,}5) = 0 \\ f(0{,}25) = 0{,}08 \\ f'(0{,}25) = 0 \end{array}\right\} f(x) = 5{,}56x^4 - 5{,}56x^3 + 0{,}457x^2 + 0{,}4663x$

Kurve 2:

$\left.\begin{array}{l} f(0) = 0 \\ f'(0) = 0 \\ f(0{,}5) = 0 \\ f'(0{,}32) = 0 \\ f(0{,}32) = 0{,}09 \end{array}\right\} f(x) = 3{,}39x^4 - 7{,}66x^3 + 2{,}98x^2$

Kurve 3:

$\left.\begin{array}{l} f(0) = 0 \\ f(0{,}5) = 0 \\ f'(0) = 0 \\ f'(0{,}25) = 0 \\ f(0{,}25) = 0{,}05 \end{array}\right\} f(x) = \frac{64}{5}x^4 - \frac{64}{5}x^3 + \frac{16}{5}x^2$

Die Graphen zeigen die Funktionsverläufe. Es hat der Graph von K3 den geringsten Anstieg, auf der Hälfte des Intervalls befindet sich der Hochpunkt der symmetrischen Funktion. Dadurch verteilt sich das auf dem Träger lastende Gewicht gleichmäßiger.

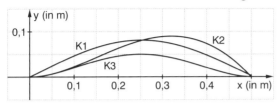

133 24. a) $f(-2) = 2$
$f'(-2) = 0$
$f''(-2) = 0$
$f(2) = -2$
$f'(2) = 0$
$f''(2) = 0$

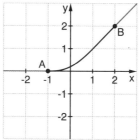

$f(x) = -\frac{3}{128}x^5 + \frac{5}{16}x^3 - \frac{15}{8}x$

b) $f(-1) = 0$
$f'(-1) = 0$
$f''(-1) = 0$
$f(2) = 2$
$f'(2) = 1$
$f''(2) = 0$

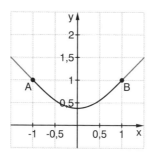

$f(x) = \frac{1}{81}x^5 - \frac{4}{81}x^4 - \frac{2}{81}x^3 + \frac{28}{81}x^2 + \frac{41}{81}x + \frac{16}{81}$

c) $f(-1) = 1$
$f'(-1) = -1$
$f''(-1) = 0$
$f(1) = 1$
$f'(1) = 1$
$f''(1) = 0$

Ansatz mit einer Funktion 5. Grades liefert:
$f(x) = -\frac{1}{8}x^4 + \frac{3}{4}x^2 + \frac{3}{8}$

d) $f(0) = 4$
$f'(0) = -1$
$f''(0) = 0$
$f(2) = 1$
$f(4) = 0$
$f'(4) = -1$
$f''(4) = 0$

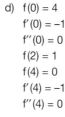
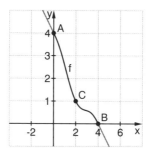

$f(x) = \frac{1}{64}x^6 - \frac{3}{16}x^5 + \frac{3}{4}x^4 - x^3 - x + 4$

134 25. a) Krümmung der Geraden ist 0; $f''(x) = 0$ für lineare Funktionen $\Rightarrow$ ✓
b) Im Wendepunkt ist die Krümmung 0; dort ist $f''(x_0) = 0$ $\Rightarrow$ ✓
c) Anschaulich ist die Krümmung im Scheitelpunkt maximal. Bei einer quadratischen Funktion hat jedoch die 2. Ableitung überall den gleichen Wert.

135 26. a) Für $P(1|1)$ ergibt sich mithilfe der Tangente an den Punkt die Normalengleichung
$n_P : y = -\frac{1}{2}x + \frac{3}{2}$

Für einen allgemeinen Punkt $Q(1 + h|(1 + h)^2)$ erhalten wir die Steigung der Tangente mit $f'(1 + h) = 2 \cdot (1 + h)$ und somit die Steigung der Normalen in Q als $m_N = -\frac{1}{2 \cdot (1 + h)}$.
Einsetzen von Q ergibt:
$n_Q: y = -\frac{1}{(1 + h) \cdot 2}x + \left((1 + h)^2 + \frac{1}{2}\right)$
Gleichsetzen von n_P und n_Q liefert uns den Schnittpunkt A mit den Koordinaten:
$\left(-2 \cdot (2 + h)(1 + h) \middle| (2 + h)(1 + h) + \frac{3}{2}\right)$
Der Radius ergibt sich als $r = |\overrightarrow{AQ}| = \sqrt{(x_Q - x_A)^2 + (y_Q - y_A)^2}$.
Für $h \to 0$ nähert sich der Mittelpunkt A dem Wert $\left(-4 \middle| \frac{7}{2}\right)$ an.
Der Radius $r = \sqrt{((1 + h) + 2 \cdot (2 + h)(1 + h))^2 + \left((1 + h)^2 - \left((2 + h)(1 + h) + \frac{3}{2}\right)\right)^2}$
nähert sich für $h \to 0$ dem Wert $r = \sqrt{31{,}25} \approx 5{,}59017$ an, entsprechend nähert sich der Wert für das Krümmungsmaß dem Wert $\frac{1}{r} \approx 0{,}178885$ an.

b) Exemplarisch gilt für den Punkt $(2|4)$:
$r = 35{,}31; \frac{1}{r} \approx 0{,}0283$
$\frac{2}{\sqrt{1 + 16}^3} = 0{,}0285$

Allgemein gilt für den Punkt $P(a|a^2)$:
$f'(a) = 2a$; Steigung der Normalen in P: $-\frac{1}{2a}$
Gleichung der Normalen in P: $y = -\frac{1}{2a}x + \left(a^2 + \frac{1}{2}\right)$
Punkt $Q(a + h|(a + h)^2)$
$f'(a + h) = 2(a + h)$: Steigung der Normalen in Q: $-\frac{1}{2(a + h)}$
Gleichung der Normalen in Q: $y = -\frac{1}{2(a + h)}x + \left((a + h)^2 + \frac{1}{2}\right)$
Schnitt der beiden Normalen:
$-\frac{1}{2a}x + \left(a^2 + \frac{1}{2}\right) = -\frac{1}{2(a + h)}x + a^2 + 2ah + h^2 + \frac{1}{2}$ $\Leftrightarrow$ $x = -2a(a + h)(2a + h)$
$h \to 0$ bedeutet $x \to -4a^3$
Dann ist $y = 3a^2 + \frac{1}{2}$, also $S\left(-4a^3 \middle| 3a^2 + \frac{1}{2}\right)$.
Abstand von P zu S: $r = \sqrt{(-4a^3 - a)^2 + \left(2a^2 + \frac{1}{2}\right)^2}$
Betrachtung des Radikanden: $16a^6 + 8a^4 + a^2 + 4a^4 + 2a^2 + \frac{1}{4} = \frac{1}{4}(4a^2 + 1)^3$
Damit ist $\frac{1}{r} = \frac{2}{\sqrt{4a^2 + 1}^3}$.

135 27. a) Die x-Achse ist Asymptote. Der Maximalwert liegt etwa bei (0|0,5).

$P\left(h \mid \frac{1}{4}h^2\right)$: Tangentensteigung in P: $\frac{1}{2}h$

Normalensteigung in P: $-\frac{2}{h}$

Normalengleichung: $y = -\frac{2}{h}x + \frac{1}{4}h^2 + 2$

Schnitt mit der y-Achse: $\left(0 \mid \frac{1}{4}h^2 + 2\right)$
$h \to 0$: (0|2)

Damit ist $\frac{1}{r} = 0,5$.

b) Die Graphen stimmen überein.
c) –

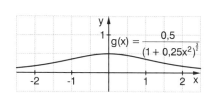

136 28. a) $f(x) = ax^3 + bx^2 + cx + d$

① Bedingungen:
$I(-\pi) = 0$
$I(0) = 0$
$I(\pi) = 0$
$I'(0) = 1$
Funktion: $I(x) = -0{,}10132x^3 + x$

② Bedingungen:
$II'(0) = 1$
$II'\left(-\frac{\pi}{2}\right) = 0$
$II'\left(\frac{\pi}{2}\right) = 0$
$II(0) = 0$
Funktion: $II(x) = -0{,}1351x^3 + x$

③ Bedingungen:
$III''(0) = 0$
$III(0) = 0$
$III'(0) = 1$
$III(\pi) = 0$
Funktion: $III(x) = -\frac{1}{\pi^2}x^3 + x$

Die Verläufe der Graphen zeigen, dass im Intervall $\left[-\frac{\pi}{2}; \frac{\pi}{2}\right]$ eine relativ gute Approximation vorliegt.

Auf dem Intervall $[-\pi; \pi]$ bilden die Funktionen I und III eine einigermaßen gute Annäherung.

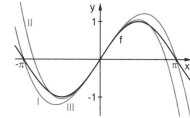

b) Die kubische Regression liefert eine noch bessere Approximation an den Graphen von $\sin(x)$.
Durch eine Erhöhung der Anzahl der Punkte lässt sich die Approximation noch weiter verbessern, für eine Regressionsfunktion 5. Grades ergibt sich z. B.:
$f_5(x) = 0{,}05398x^5 + 0{,}000401x^4 - 0{,}154072x^3 + 0{,}982359x$

28. c) Für das Polynom 3. Grades $f_3(x) = ax^3 + bx^2 + cx + d$ ergeben sich:

$b = d = 0; \quad c = 1; \quad a = -\frac{1}{6}$

$\Rightarrow \quad f_3(x) = -\frac{1}{6}x^3 + x$

Für ein Polynom 4. Grades ergibt sich keine Verbesserung, da dort der Vorfaktor von x^4 gleich Null ist (gleiches gilt dann auch für die Polynome 6. und 8. Grades). Für ein Polynom 5. Grades $f_5(x) = ax^5 + bx^4 + cx^3 + dx^2 + ex + f$ erhalten wir mit den entsprechenden Bedingungen:

$b = d = f = 0; \quad e = 1; \quad c = -\frac{1}{6}; \quad a = \frac{1}{120}$

$\Rightarrow \quad f_5(x) = \frac{1}{120}x^5 - \frac{1}{6}x^3 + x$

Für das Polynom 7. Grades bestimmt man entsprechend:

$f_7(x) = -\frac{1}{5040}x^7 + \frac{1}{120}x^5 - \frac{1}{6}x^3 + x$

Es lassen sich bei der Bildung der Funktionsterme folgende Gesetzmäßigkeiten feststellen:
- immer abwechselndes Vorzeichen
- Nenner des Vorfaktors sind Fakultäten, und zwar den Potenzen entsprechende.

Dementsprechend wäre dann eine Vermutung für f_9:

$f_9(x) = \frac{1}{9!}x^9 - \frac{1}{7!}x^7 + \frac{1}{5!}x^5 - \frac{1}{3!}x^3 + \frac{1}{1!}x$

29. Wir wissen: $f(0) = f^{(4)}(0) = f^{(8)}(0) = 1$
$f'(0) = f'''(0) = f^{(5)}(0) = f^{(7)}(0) = f^{(9)}(0) = 0$
$f''(0) = f^{(6)}(0) = -1$

Für das Polynom 1. Grades erhalten wir die konstante Funktion $f_1(x) = 1$, welche die Kosinusfunktion in der Umgebung von $(0|1)$ gut approximiert.
Für das Polynom 2. Grades erhalten wir mit $f_2(x) = ax^2 + bx + c$ dann:

$a = -\frac{1}{2}; \quad b = 0; \quad c = 1$

$\Rightarrow \quad f_2(x) = -\frac{1}{2}x^2 + 1$

Für f_3 gibt es keine Veränderung des Polynoms, d.h. $f_3(x) = f_2(x)$.
Für f_4 ergibt sich $f_4(x) = \frac{1}{24}x^4 - \frac{1}{2}x^2 + 1$, für f_6 ergibt sich $f_6(x) = -\frac{1}{720}x^6 + \frac{1}{24}x^4 - \frac{1}{2}x^2 + 1$.

Insgesamt gilt für alle Polynome:
- es kommen nur gerade Potenzen vor
- die Vorzeichen sind immer abwechselnd
- der Nenner des Vorfaktors ist die Fakultät der zugehörigen Potenz von x

In Summenformel gilt für die Kosinusfunktion:

$\cos(x) = \sum_{k=0}^{\infty} (-1)^k \frac{x^{2k}}{(2k)!}$

3.4 Spezielle Kurvenanpassung durch Spline-Interpolation

137 1. **Modell 1**
Einzig geeignete Regression ist ein Polynom vom Grad 3. Bei Regression mit einem Polynom 4. Grades wird es bei 5 Punkten schon Interpolationspolynom.
- Interpolation mit A, B, D, E: $f(x) = 0{,}02471x^3 - 0{,}3625x^2 + 1{,}2986x + 1{,}6$
- Interpolation mit A, C, D, E: $f(x) = 0{,}03876x^3 - 0{,}5943x^2 + 2{,}2329x + 1{,}6$
- Interpolation mit A, B, C, D, E:
$f(x) = 0{,}00702x^4 - 0{,}11227x^3 + 0{,}45232x^2 - 0{,}102822x + 1{,}6$

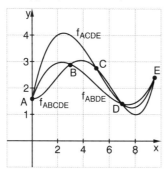

⇒ Die Vasenform wird mit keinem Polynom gut erfasst.

Modell 2
Eine Verbindung mit Geraden ist wegen der Knicke in den Stützpunkten ungeeignet. Mögliche Verbesserung: Man liest ganz viele Punkte eng nebeneinander aus. Dann wird der Polygonzug „fast rund".

Modell 3
(1)
$$f(x) = \begin{cases} f_{AB}(x) = 0{,}433x + 1{,}6 \\ f_{BC}(x) = -0{,}254x^2 + 1{,}957x - 0{,}685 \\ f_{CD}(x) = -0{,}0442x^2 - 0{,}1446x + 4{,}578 \\ f_{DE}(x) = 0{,}46536x^2 - 7{,}2784x + 29{,}5464 \end{cases}$$

f_{AB} ist eine Gerade, weil mit A und B auch die mittlere Steigung festlegt und eine Gerade alle Bedingungen erfüllt.

(2) Variation mit Interpolation mit A, B, C:

$$f(x) = \begin{cases} f_{ABC}(x) = -0{,}1017x^2 + 0{,}7383x + 1{,}6 \\ f_{CD}(x) = -0{,}1985x^2 + 1{,}707x - 0{,}8225 \\ f_{DE}(x) = 0{,}5888x^2 - 9{,}315x + 37{,}75 \end{cases}$$

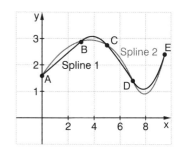

137 1. Fortsetzung
(2) Bezüglich der Verbindung durch Polynome 3. Grades ergibt sich folgende Regressionsfunktion:

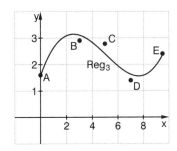

Für die Tabelle ergibt sich:

	a_1	b_1	c_1	d_1	a_2	b_2	c_2	d_2	a_3	b_3	c_3	d_3	a_4	b_4	c_4	d_4
$f_A(0) = 1{,}6$	0	0	0	1	0	0	0	0	0	0	0	0	0	0	0	1,6
$f_A(3) = 2{,}9$	27	9	3	1	0	0	0	0	0	0	0	0	0	0	0	2,9
$f_D(3) = 2{,}9$	0	0	0	0	27	9	3	1	0	0	0	0	0	0	0	2,9
$f_D(5) = 2{,}75$	0	0	0	0	125	25	5	1	0	0	0	0	0	0	0	2,75
$f_F(5) = 2{,}75$	0	0	0	0	0	0	0	0	125	25	5	1	0	0	0	2,75
$f_F(7) = 1{,}4$	0	0	0	0	0	0	0	0	343	49	7	1	0	0	0	1,4
$f_H(7) = 1{,}4$	0	0	0	0	0	0	0	0	0	0	0	0	343	49	7	1	1,4
$f_H(9{,}5) = 2{,}4$	0	0	0	0	0	0	0	0	0	0	0	0	857,375	90,25	9,5	1	2,4
$f_A'(3) = f_D'(3)$	27	6	1	0	-27	-6	-1	0	0	0	0	0	0	0	0	0
$f_D'(5) = f_F'(5)$	0	0	0	0	75	10	1	0	-75	-10	-1	0	0	0	0	0
$f_F'(7) = f_H'(7)$	0	0	0	0	0	0	0	0	147	14	1	0	-147	-14	-1	0	0
$f_A''(0) = 0$	0	2	0	0	0	0	0	0	0	0	0	0	0	0	0	0
$f_A''(3) = f_D''(3)$	18	2	0	0	-18	-2	0	0	0	0	0	0	0	0	0	0
$f_D''(5) = f_F''(5)$	0	0	0	0	30	2	0	0	-30	-2	0	0	0	0	0	0
$f_F''(7) = f_H''(7)$	0	0	0	0	0	0	0	0	42	2	0	0	-42	-2	0	0
$f_H''(9{,}5) = 0$	0	0	0	0	0	0	0	0	0	0	0	0	57	2	0	0

Das Modell passt sehr gut. Bessere Ergebnisse wird man erzielen, wenn man mehr Punkte ausliest, allerdings wird dann auch das Gleichungssystem schnell sehr groß. Für den Sockel müsste man auch noch einen zusätzlichen Punkt am linken Rand auslesen.

142 2. $sp_1(0) = 0$; $sp_1(5) = 2$; $sp_2(5) = 2$; $sp_2(6) = 4$

$sp_1'(x) = \frac{2}{25}x^2 - \frac{4}{15}$; $sp_2'(x) = -\frac{2}{5}x^2 + \frac{24}{5}x - \frac{184}{15}$

$sp_1''(x) = \frac{4}{25}x$; $sp_2''(x) = -\frac{4}{5}x + \frac{24}{5}$

$sp_1'(5) = \frac{26}{15} = sp_2'(5)$; $sp_1''(5) = \frac{4}{5} = sp_2''(5)$

$sp_1''(0) = 0$; $sp_2''(6) = 0$

int(0) = 0; int(5) = 2; int(6) = 4

142

2. Fortsetzung

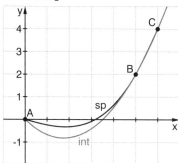

Es zeigt sich, dass die Graphen zwischen den Punkten B und C identisch verlaufen. Zwischen den Punkten A und B weist die Funktion des Interpolationspolynoms eine „stärkere" Krümmung nach unten auf.

3. a)

	a_1	b_1	c_1	d_1	a_2	b_2	c_2	d_2	
$f_1(-2) = 0$	-8	4	-2	1	0	0	0	0	0
$f_1(0) = 2$	0	0	0	1	0	0	0	0	2
$f_2(0) = 2$	0	0	0	0	0	0	0	1	2
$f_2(8) = 0$	0	0	0	0	512	64	8	1	0
$f_1'(0) = f_2'(0)$	0	0	1	0	0	0	-1	0	0
$f_1''(0) = f_2''(0)$	0	2	0	0	0	-2	0	0	0
$f''(-2) = 0$	-12	2	0	0	0	0	0	0	0
$f''(8) = 0$	0	0	0	0	48	2	0	0	0

$$f(x) = \begin{cases} -\frac{1}{32}x^3 - \frac{3}{16}x^2 + \frac{3}{4}x + 2; & -2 \leq x \leq 0 \\ \frac{1}{128}x^3 - \frac{3}{16}x^2 + \frac{3}{4}x + 2; & 0 \leq x \leq 8 \end{cases}$$

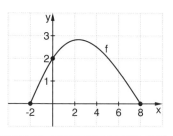

b)

	a_1	b_1	c_1	d_1	a_2	b_2	c_2	d_2	
$f_1(0) = -2$	0	0	0	1	0	0	0	0	-2
$f_1(3) = 4$	27	9	3	1	0	0	0	0	4
$f_2(3) = 4$	0	0	0	0	27	9	3	1	4
$f_2(5) = 3$	0	0	0	0	125	25	5	1	3
$f_1'(3) = f_2'(3)$	27	6	1	0	-27	-6	-1	0	0
$f_1''(3) = f_2''(3)$	18	2	0	0	-18	-2	0	0	0
$f_1''(0) = 0$	0	2	0	0	0	0	0	0	0
$f_2''(5) = 0$	0	0	0	0	30	2	0	0	0

142 3. Fortsetzung
b) Stützpunkte: (0|−2); (3|4); (5|3)

$$f(x) = \begin{cases} -\frac{1}{12}x^3 + \frac{11}{4}x - 2; & 0 \leq x \leq 3 \\ \frac{1}{8}x^3 - \frac{15}{8}x^2 + \frac{67}{8}x - \frac{61}{8}; & 3 \leq x \leq 5 \end{cases}$$

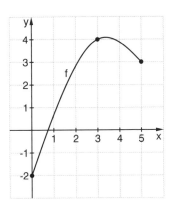

4.

Bedingungen	1. Funktion				2. Funktion				3. Funktion				z
$f_1(0) = -6$	0	0	0	1	0	0	0	0	0	0	0	0	−6
$f_1(6) = -3$	216	36	6	1	0	0	0	0	0	0	0	0	−3
$f_1''(0) = 0$	0	2	0	0	0	0	0	0	0	0	0	0	0
$f_1'(6) - f_2'(6) = 0$	108	12	1	0	−108	−12	−1	0	0	0	0	0	0
$f_1''(6) - f_2''(6) = 0$	36	2	0	0	−36	−2	0	0	0	0	0	0	0
$f_2(6) = -3$	0	0	0	0	216	36	6	1	0	0	0	0	−3
$f_2(8) = 0$	0	0	0	0	512	64	8	1	0	0	0	0	0
$f_2'(8) - f_3'(8) = 0$	0	0	0	0	192	16	1	0	−192	−16	−1	0	0
$f_2''(8) - f_3''(8) = 0$	0	0	0	0	48	2	0	0	−48	−2	0	0	0
$f_3(8) = 0$	0	0	0	0	0	0	0	0	512	64	8	1	0
$f_3(9) = 5$	0	0	0	0	0	0	0	0	729	81	9	1	5
$f_3''(9) = 5$	0	0	0	0	0	0	0	0	54	2	0	0	0

$$f(x) = \begin{cases} -\frac{1}{552}x^3 + \frac{13}{23}x - 6 & ; 0 \leq x \leq 6 \\ \frac{55}{184}x^3 - \frac{249}{46}x^2 + \frac{760}{23}x - \frac{1632}{23} & ; 6 \leq x \leq 8 \\ -\frac{27}{46}x^3 + \frac{729}{46}x^2 - \frac{3152}{23}x + \frac{8800}{23} & ; 8 \leq x \leq 9 \end{cases}$$

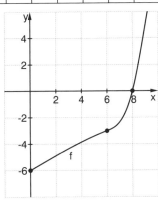

143 5. a) –
b) Mindestens eine Kurve wäre keine Funktion, da einem x-Wert mehrere y-Werte zugeordnet werden.

143 6. Die Ableitung des quadratischen Splines hat Knicke, also abrupte Änderungswechsel. Die Differenz zwischen maximalem und minimalem Änderungswert ist auch größer. Fast ausgeprägter ist dies noch bei den zweiten Ableitungen, wo bei dem quadratischen Spline Sprungstellen auftreten.

$$qu'(x) = \begin{cases} -4x + 4\ ;\ 0 \le x \le 1 \\ -\frac{2}{9}x + \frac{2}{9}\ ;\ 1 \le x \le 4 \\ \frac{8}{9}x - \frac{38}{9}\ ;\ 4 \le x \le 7 \end{cases} \qquad q''(x) = \begin{cases} -4\ ;\ 0 \le x \le 1 \\ -\frac{2}{9}\ ;\ 1 \le x \le 4 \\ \frac{8}{9}\ ;\ 4 \le x \le 7 \end{cases}$$

$$sp'(x) = \begin{cases} -\frac{31}{29}x^2 + \frac{205}{87}\ ;\ 0 \le x \le 1 \\ \frac{46}{87}x^2 - \frac{278}{87}x + \frac{344}{87}\ ;\ 1 \le x \le 4 \\ -\frac{5}{29}x^2 + \frac{70}{29}x - \frac{632}{87}\ ;\ 4 \le x \le 7 \end{cases} \qquad sp''(x) = \begin{cases} -\frac{62}{29}x\ ;\ 0 \le x \le 1 \\ \frac{92}{87}x - \frac{278}{87}\ ;\ 1 \le x \le 4 \\ -\frac{10}{29}x + \frac{70}{29}\ ;\ 4 \le x \le 7 \end{cases}$$

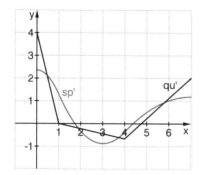
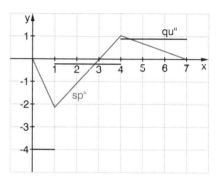

144 7. $P_1(-26|10{,}5)$; $P_2(-11|1{,}4)$; $P_3(0|0)$; $P_4(7|0{,}5)$; $P_5(18|10{,}5)$

	a_1	b_1	c_1	d_1	a_2	b_2	c_2	d_2	a_3	b_3	c_3	d_3	a_4	b_4	c_4	d_4
$f_1(-26) = 10{,}5$	-17576	676	-26	1	0	0	0	0	0	0	0	0	0	0	0	10,
$f_1(-11) = 1{,}4$	-1331	121	-11	1	0	0	0	0	0	0	0	0	0	0	0	1,
$f_1''(-26) = 0$	-156	2	0	0	0	0	0	0	0	0	0	0	0	0	0	0
$f_1'(-11) = f_2'(-11)$	363	-22	1	0	-363	22	-1	0	0	0	0	0	0	0	0	0
$f_1''(-11) = f_2''(-11)$	-66	2	0	0	66	-2	0	0	0	0	0	0	0	0	0	0
$f_2(-11) = 1{,}4$	0	0	0	0	-1331	121	-11	1	0	0	0	0	0	0	0	1,4
$f_2(0) = 0$	0	0	0	0	0	0	0	1	0	0	0	0	0	0	0	0
$f_2'(0) = f_3'(0)$	0	0	0	0	0	0	1	0	0	0	-1	0	0	0	0	0
$f_2''(0) = f_3''(0)$	0	0	0	0	0	2	0	0	0	-2	0	0	0	0	0	0
$f_3(0) = 0$	0	0	0	0	0	0	0	0	0	0	0	1	0	0	0	0
$f_3(7) = 0{,}5$	0	0	0	0	0	0	0	0	343	49	7	1	0	0	0	0,5
$f_3'(7) = f_4'(7)$	0	0	0	0	0	0	0	0	147	14	1	0	-147	-14	-1	0	0
$f_3''(7) = f_4''(7)$	0	0	0	0	0	0	0	0	42	2	0	0	-42	-2	0	0	0
$f_4(7) = 0{,}5$	0	0	0	0	0	0	0	0	0	0	0	0	343	49	7	1	0,5
$f_4(18) = 10{,}5$	0	0	0	0	0	0	0	0	0	0	0	0	5832	324	18	1	10,5
$f_4''(18) = 0$	0	0	0	0	0	0	0	0	0	0	0	0	108	2	0	0	0

144 7. Fortsetzung

$$sp(x) = \begin{cases} 0{,}000643x^3 + 0{,}05x^2 + 0{,}5531x + 2{,}27; & -26 \leq x \leq -11 \\ -0{,}00106x^3 - 0{,}0061x^2 - 0{,}0658x; & -11 \leq x \leq 0 \\ 0{,}00367x^3 - 0{,}0061x^2 - 0{,}0658x; & 0 \leq x \leq 7 \\ -0{,}00215x^3 + 0{,}1162x^2 - 0{,}9216x + 1{,}9968; & 7 \leq x \leq 18 \end{cases}$$

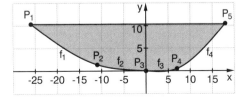

Anmerkung:
Zwischen P_3 und P_4 passt der Spline nicht optimal, weil die Kurve hier teilweise unterhalb der x-Achse liegt. Das Koordinatensystem ist aber so gewählt, dass eigentlich (0|0) der tiefste Punkt sein müsste. Für eine bessere Anpassung müsste noch ein weiterer Punkt zwischen P_3 und P_4 eingefügt werden oder der Punkt P_4 näher an P_3 gewählt werden. Im letzten Fall könnte dann aber die Passung zwischen P_4 und P_5 wieder schlechter werden.
Insgesamt passt der Spline aber deutlich besser als das Interpolationspolynom
$f(x) = 0{,}0000329x^4 + 0{,}000763x^3 + 0{,}011x^2 - 0{,}0545x$.

8. a) • Spline mit A, B, C, D:

Bedingungen	1. Funktion				2. Funktion				3. Funktion				z
$f_1(-7) = 2{,}1$	-343	49	-7	1	0	0	0	0	0	0	0	0	2,1
$f_1(-5) = 1{,}8$	-125	25	-5	1	0	0	0	0	0	0	0	0	1,8
$f_1''(-7) = 0$	-42	2	0	0	0	0	0	0	0	0	0	0	0
$f_1'(-5) - f_2'(-5) = 0$	75	-10	1	0	-75	10	-1	0	0	0	0	0	0
$f_1''(-5) - f_2''(-5) = 0$	-30	2	0	0	30	-2	0	0	0	0	0	0	0
$f_2(-5) = 1{,}8$	0	0	0	0	-125	25	-5	1	0	0	0	0	1,8
$f_2(-3) = 1{,}2$	0	0	0	0	-27	9	-3	1	0	0	0	0	1,2
$f_2'(-3) - f_3'(-3) = 0$	0	0	0	0	27	-6	1	0	-27	6	-1	0	0
$f_2''(-3) - f_3''(-3) = 0$	0	0	0	0	-18	2	0	0	18	-2	0	0	0
$f_3(-3) = 1{,}2$	0	0	0	0	0	0	0	0	-27	9	-3	1	1,2
$f_3(-1) = 0{,}4$	0	0	0	0	0	0	0	0	-1	1	-1	1	0,4
$f_3''(-1) = 0$	0	0	0	0	0	0	0	0	-6	2	0	0	0

$f_1(x) = -0{,}0083x^3 - 0{,}175x^2 - 1{,}3417x - 1{,}575;\ -7 \leq x \leq -5$
$f_2(x) = 0{,}0042x^3 + 0{,}0125x^2 - 0{,}4042x - 0{,}0125;\ -5 \leq x \leq -3$
$f_3(x) = f_2(x);\ -3 \leq x \leq -1$

144 8. Fortsetzung
a) • Spline mit D, E, F, G:
Weil an der linken Verbindung eine kubische Funktion vorhanden ist, also keine Gerade, ist hier eine knickfreie Verbindung, also die Übereinstimmung der 1. Ableitung sinnvoller: $f_3'(-1) = -0{,}42$

Bedingungen	1. Funktion				2. Funktion				3. Funktion				z
$f_4(-1) = 0{,}4$	−1	1	−1	1	0	0	0	0	0	0	0	0	0,4
$f_4(0) = 0$	0	0	0	1	0	0	0	0	0	0	0	0	0
$f_4'(-1) = -0{,}42$	3	−2	1	0	0	0	0	0	0	0	0	0	−0,42
$f_4''(-1) = 0$	−6	2	0	0	0	0	0	0	0	0	0	0	0
$f_4'(0) - f_5'(0) = 0$	0	0	1	0	0	0	−1	0	0	0	0	0	0
$f_4''(0) - f_5''(0) = 0$	0	2	0	0	0	−2	0	0	0	0	0	0	0
$f_5(0) = 0$	0	0	0	0	0	0	0	1	0	0	0	0	0
$f_5(1) = 0{,}6$	0	0	0	0	1	1	1	1	0	0	0	0	0,6
$f_5'(1) - f_6'(1) = 0$	0	0	0	0	3	2	1	0	−3	−2	−1	0	0
$f_5''(1) - f_6''(1) = 0$	0	0	0	0	6	2	0	0	−6	−2	0	0	0
$f_6(1) = 0{,}6$	0	0	0	0	0	0	0	0	1	1	1	1	0,6
$f_6(2) = 1{,}6$	0	0	0	0	0	0	0	0	8	4	2	1	1,6
$f_6''(2) = 0$	0	0	0	0	0	0	0	0	12	2	0	0	0

$f_4(x) = 0{,}4008x^3 + 0{,}8215x^2 + 0{,}0208x;\ -1 \le x \le 0$
$f_5(x) = -0{,}2423x^3 + 0{,}8215x^2 + 0{,}0208x;\ 0 \le x \le 1$
$f_6(x) = -0{,}0315x^3 + 0{,}1892x^2 + 0{,}6531x - 0{,}2108;\ 1 \le x \le 2$

• Spline mit G, H, I, J:
$f_6'(2) = 1{,}02$

Bedingungen	1. Funktion				2. Funktion				3. Funktion				z
$f_7(2) = 1{,}6$	8	4	2	1	0	0	0	0	0	0	0	0	1,6
$f_7(2{,}5) = 2{,}5$	15,625	6,25	2,5	1	0	0	0	0	0	0	0	0	2,5
$f_7'(2) = 1{,}02$	12	4	1	0	0	0	0	0	0	0	0	0	1,02
$f_7'(2{,}5) - f_8'(2{,}5) = 0$	18,75	5	1	0	−18,75	−5	−1	0	0	0	0	0	0
$f_7''(2{,}5) - f_8''(2{,}5) = 0$	15	2	0	0	−15	−2	0	0	0	0	0	0	0
$f_8(2{,}5) = 2{,}5$	0	0	0	0	15,625	6,25	2,5	1	0	0	0	0	2,5
$f_8(3) = 3{,}5$	0	0	0	0	27	9	3	1	0	0	0	0	3,5
$f_8'(3) - f_9'(3) = 0$	0	0	0	0	27	6	1	0	−27	−6	−1	0	0
$f_8''(3) - f_9''(3) = 0$	0	0	0	0	18	2	0	0	−18	−2	0	0	0
$f_9(3) = 3{,}5$	0	0	0	0	0	0	0	0	27	9	3	1	3,5
$f_9(3{,}3) = 4{,}7$	0	0	0	0	0	0	0	0	35,94	10,89	3,3	1	4,7
$f_9''(3{,}3) = 0$	0	0	0	0	0	0	0	0	19,8	2	0	0	0

$f_7(x) = -3{,}0941x^3 + 21{,}67x^2 - 48{,}54x + 36{,}74;\ 2 \le x \le 2{,}5$
$f_8(x) = 3{,}8423x^3 - 30{,}35x^2 + 81{,}52x - 71{,}6412;\ 2{,}5 \le x \le 3$
$f_9(x) = -4{,}9288x^3 + 48{,}7954x^2 - 156{,}5318x + 167{,}0154;\ 3 \le x \le 3{,}3$

144 8. Fortsetzung
a)
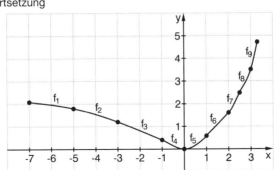
b) –

Kapitel 4
Folgen – Reihen – Grenzwerte

Didaktische Hinweise

Prozesse, die aus der Aufeinanderfolge von einzelnen Schritten bestehen, lassen sich gut durch Folgen beschreiben. Wenn der nachfolgende Schritt vom Vorgänger abhängt, geschieht dies iterativ. In diesem Kapitel werden Folgen beschrieben und untersucht, ein Schwerpunkt liegt auf iterativen Prozessen. Da die Inhalte weitgehend kein Pflichtstoff mehr sind, ist das Kapitel so aufgebaut, dass die einzelnen Lernabschnitte weitgehend unabhängig voneinander sind. Sie eignen sich deswegen besonders gut für binnendifferenzierendes Unterrichten, Referate und auch Facharbeiten.
In 4.1 prägen unterschiedliche Muster aus verschiedenen Situationen die Aufgaben und geben einen entsprechend vielfältigen Einblick in Anwendungsfelder von Folgen. Dadurch werden notwendige Grundvorstellungen erzeugt und gefördert. In 4.2 wird der bislang intuitiv verwendete Grenzwertbegriff präzisiert, in 4.3 wird dies auf Funktionen übertragen. Neben begrifflichen Präzisierungen stehen aber auch hier immer Einsicht fördernde Visualisierungen und möglichst weitgehende inhaltliche Formulierungen im Vordergrund. Mithilfe von GTR und Funktionenplotter können Schüler Gleichungen nicht nur algebraisch lösen, sondern auch mit wesentlich universelleren Methoden grafisch-tabellarisch. Mithilfe von iterativen Folgen lassen sich solche numerischen Näherungsverfahren systematisieren und effektiver durchführen. Ein bedeutsames Verfahren dazu ist das Newtonverfahren, das den zentralen Inhalt von 4.4 bildet.

Zu **4.1**

In den einführenden Aufgaben wird, wie schon in anderen Kapiteln, einerseits zunächst ein innermathematisches Muster untersucht, andererseits bietet eine Anwendungssituation die Möglichkeit der inhaltlichen Anbindung an frühere Inhalte und stellt die beiden archetypischen Folgen (arithmetische und geometrische) bereit. In einer weiteren Aufgabe wird mit dem Spinnwebdiagramm ein zwar komplexes, aber stark Einsicht förderndes und produktives neues Diagramm zur Visualisierung iterativ definierter Folgen vorgestellt. In für NEUE WEGE typischer Weise werden verschiedene Darstellungen von Folgen parallel im Basiswissen dargestellt und an Beispielen erläutert, um durch die so gestaltete Vernetzung besseres Verständnis zu erzeugen und Folgen zu einem flexibel einsetzbaren Werkzeug zu machen. In den Übungen erfahren Schüler dann unterschiedliches Langzeitverhalten von Folgen, um vor allem auch eine differenzierte Sicht für Divergenz zu ermöglichen. Sie trainieren das Erkennen und Formalisieren von Mustern und klassifizieren einfache iterativ definierte Folgen. Natürlich sind auch klassische Probleme wie „Reiskörner auf dem Schachbrett" und die „Gaußsche Summenformel" vorhanden, bei denen exemplarisch auch Reihen eingeführt werden. Den Abschluss bilden zwei klassische Fraktale, die Koch-Schneeflocke und das Sierpinski-Dreieck. Durchgehend dominieren iterative Folgen die Übungen, weil sie einerseits in ihrer Struktur dem Alltagsdenken häufig näher sind als explizite, andererseits aber auch iterative Zugänge möglich sind, wo es explizite gar nicht oder nur in aufwändiger Weise gibt.

Zu 4.2

Der zentrale Grundbegriff der Analysis als „Mathematik des Unendlichen", der Grenzwert, wird an zwei klassischen, paradoxen Situationen exploriert: „Achilles und die Schildkröte" und „$0,\overline{9} = 1$". Der Sache angemessen wird durch Diskursivität schon in der Aufgabenformulierung die Komplexität der Problematik ins Zentrum der Begriffsbildung gestellt, ehe eine Kalkülisierung vorgenommen wird. Im Basiswissen wird dann eine Sequenz von Definitionen mit zunehmendem Exaktheitsgrad von rein sprachlicher zu halbformaler Darstellung an einem hinreichend komplexen Beispiel angegeben, so dass der Weg zur Kalkülisierung erlebbar und nachvollziehbar wird. Aufgrund der Schwierigkeit des Kalküls wird dies in einem Beispiel vorgeführt und visuell unterstützt. In einem zweiten Beispiel wird mit dem Nachweis der Eindeutigkeit des Grenzwertes ein klassischer Widerspruchsbeweis vorgestellt.

Neben konkreten Bestimmungen von Grenzwerten wird auch in den Übungen das Begriffsverständnis durch Fehlersuche, Angabe anderer Definitionen und Bewertungen von Aussagen gestärkt. Die Grenzwertsätze, geometrische Folgen und Reihen sind in Übungen integriert und durch gelbe Kästen kenntlich gemacht. Weil in 4.1 schon iterativ definierte Folgen im Mittelpunkt stehen, wird konsequenterweise in diesem Lernabschnitt auch das mächtige Fixpunktverfahren mit der zugehörigen Visualisierung im Spinnwebdiagramm am Beispiel der geometrischen Reihe eingeführt und geübt (A20, A23). Die harmonische Reihe und ein Exkurs zu Paradoxien des Unendlichen runden diesen Lernabschnitt ab.

Zu 4.3

Der Grenzwertbegriff bei Folgen wird auf reelle Funktionen übertragen. Als Ausgangspunkt dienen phänomenologische Untersuchungen an Graphen zu unterrichtlich bisher nicht behandelten Funktionstypen. In zwei Basiswissen werden Grenzwerte für $x \to \infty$ und Grenzwerte einer Stelle definiert. Innerhalb der Übungen werden in einem Lesetext intuitive Vorstellungen zur Stetigkeit und Differenzierbarkeit mithilfe des Grenzwertbegriffs präzisiert.

Zu 4.4

Mithilfe von Iterationen lassen sich sehr effektiv Näherungswerte für Lösungen von Gleichungen ermitteln. Aus dem Sek1-Unterricht ist vielleicht das Heron-Verfahren zur näherungsweisen Bestimmung von Quadratwurzeln bekannt. Dies wird hier zum Ausgangspunkt in Aufgabe1 genommen, um dann als Iterationsverfahren (Fixpunktverfahren) zur näherungsweisen Bestimmung einer Lösung der Gleichung $x^2 - a = 0$ interpretiert zu werden. Die Idee der lokalen Ersetzung einer Funktion durch ihre Tangente führt in einem nächsten Schritt zum Newtonverfahren (A2), das im Basiswissen in allgemeiner Form dokumentiert ist. Aufgabe 2 ist damit verpflichtender Kern in diesem Lernabschnitt. In den Übungen wird neben der festigenden Durchführung des Verfahrens auch die zunächst offen bleibende Ermittlung der Anzahl von Lösungen ebenso thematisiert wie die Spezialfälle, bei denen das Newtonverfahren versagt. Eine mögliche Weitung ist die Bestimmung von Einzugsbereichen für die Startwerte zu den einzelnen Lösungen (A10) mit einem darauf aufbauenden Exkurs zu damit zusammenhängenden Fraktalen. Eine historische Anmerkung zur originalen Formulierung des Verfahrens bei Newton schließt den Lernabschnitt mit einer zugehörigen Aufgabe ab.

Lösungen

4.1 Folgen beschreiben iterative Prozesse

154 1. a)

Stufe n	1	2	3	4	5	6	7	8
Umfang u	4	6	8	10	12	14	16	18
Flächeninhalt A	1	$\frac{4}{3}$	$\frac{13}{9}$	$\frac{40}{27}$	$\frac{121}{81}$	$\frac{364}{243}$	$\frac{1093}{729}$	$\frac{3280}{2187}$

b) Einsetzen der Tabellenwerte in die beiden Rekursionsformeln u(n) und A(n) bestätigt die Vorschriften.

c) Die Folge der Umfänge wächst ohne Grenze. Die Folge der Flächeninhalte strebt gegen den Wert 1,5.

155 2. a_1) Es ist der linke Graph, denn die abgebaute Menge ist nicht konstant, sondern wird kleiner.

a_2) Nach 4 Stunden ist über die Hälfte abgebaut. Die Restdosis nach 24 Stunden beträgt rund 1,9 mg.

b_1) Dosis nach Einnahme der 3. Tablette: $(0,5^4)^2 \cdot 500 + 0,5^4 \cdot 500 + 500$

Einnahme n-te Tablette	1	2	3	4	5	6
Dosis u(n) in mg	500	531,25	**533,20**	**533,33**	**533,33**	**533,33**

b_2) Nach der Einnahme nimmt die Dosis bis zur nächsten Einnahme ab. Die maximale Dosis überschreitet nicht den Wert 533,33 mg.

b_3) Der Wert 31,25 mg wird nicht unterschritten.

156 3. a) Die Werte nähern sich dem Wert 1, unabhängig vom Startwert.

b) Der „Zickzackweg" läuft auf (1|1) zu. Die Folgenwerte ändern sich umso weniger, je näher man dem Punkt kommt.

c) –

158 4. a) 11, 16, 22 b) 25, 36, 49 c) –4, –7, –10 d) 80, 160, 320 e) $\frac{1}{5}, \frac{1}{6}, \frac{1}{7}$ f) 9, 19, 11

5. Im nächsten Bild sind es 25, im 10. Bild 100 Schnittpunkte.
Umfang: 3; 1,5; 0,75; ...; im 10. Schritt: $0,5^9 \cdot 3 \approx 0,0059$
Flächeninhalt: $\frac{1}{4}\sqrt{3}$; $\left(\frac{1}{4}\right)^2\sqrt{3}$; $\left(\frac{1}{4}\right)^3\sqrt{3}$; ...; im 10. Schritt: $\left(\frac{1}{4}\right)^{10}\sqrt{3} \approx 0,0000017$

6. a) (a_n): 17; 22; 27 (b_n): $\frac{1}{8}; \frac{1}{16}; \frac{1}{32}$ (c_n): 17; 26; 37 (d_n): 115,763; 121,551; 127,628

b) $a_n = a_{n-1} + 5$; $a_1 = 2$ bzw. $a_n = 2 + (n-1) \cdot 5$; $a_{20} = 97$

$b_n = \frac{1}{2} \cdot b_{n-1}$; $b_1 = 1$ bzw. $b_n = \left(\frac{1}{2}\right)^{n-1}$; $b_{20} = \frac{1}{524\,288}$

$c_n = c_{n-1} + 2n - 3$; $c_1 = 1$ bzw. $c_n = (n-1)^2 + 1$; $c_{20} = 362$

$d_n = d_{n-1} \cdot 1,05$; $d_1 = 100$ bzw. $d_n = 1,05^{n-1} \cdot 100$; $d_{20} \approx 252,70$

c) Folge (d_n)

158   7. (1) → (c) → (B), $a_1 = 1$ (2) → (d) → (A), $a_1 = 100$ (3) → (a) → (D), $a_1 = 1$
(4) → (e) → (C), $a_1 = 1$ (5) → (b) → (E), $a_1 = 1$

8. a) (I) → (2)   (II) → (3)   (III) → (1)
b) (I): Folgenglieder streben gegen 2   (II): Folgenglieder streben gegen 0
(III): Folgenglieder streben gegen $33,\overline{3}$

159   9. a) (1) wächst über alle Grenzen, (2) hat einen Grenzwert, (3) wechselt zwischen zwei Werten hin und her.
b) –

10. $a_n = 0,6 \cdot a_{n-1} + 5$, $a_1 = 5$

Tag nach Einnahme	1	2	3	4	5	6
Dosis in mg	5	8	9,8	10,88	11,528	11,9168

Die Folgenglieder streben gegen 12,5, d.h. es sind nach einiger Zeit unmittelbar nach der Einnahme immer 12,5 mg des Medikamentes im Körper.

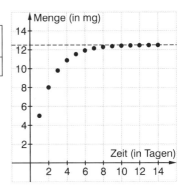

11.

Anzahl Jahre seit Einzahlung	1	2	3	4	5	6	7
Kapital in € bei Variante A	1000	1080	1164	1252,20	1344,81	1442,05	1544,15
Kapital in € bei Variante B	1000	1130	1263,90	1401,82	1543,87	1690,19	1840,89

Bei kurzfristiger Anlage ist Variante B günstiger, erst nach 41 Jahren wird Variante A günstiger.

160   12. $a_n = 0,8 \cdot a_{n-1} + 150$, $a_1 = 1200$
Der Bestand wird sich dem Wert 750 Bäume annähern.

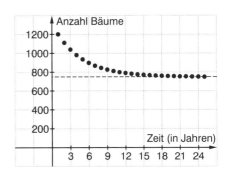

160

13. a) arithmetisch: 1, 5, 9, 13, 17, 21, 25, 29, 33, 37, ... $a_n = 1 + (n - 1) \cdot 4$
    geometrisch: 1, 2, 4, 8, 16, 32, 64, 128, 256, 512, ... $a_n = 2^{n-1}$
    b) arithmetische Folge: $a_1, a_1 + d, a_1 + 2d, a_1 + 3d, ...$ $a_n = a_{n-1} + d$ $a_n = a_1 + (n-1) \cdot d$
    geometrische Folge: $a_1, a_1 \cdot q, a_1 \cdot q^2, a_1 \cdot q^3, ...$ $a_n = a_{n-1} \cdot q$ $a_n = a_1 \cdot q^{n-1}$

14. a) $a_n = 29$ $a_n = a_{n-1} + 5, a_1 = 4$ $a_n = 4 + (n-1) \cdot 5$
    b) $a_1 = 3$ $a_n = a_{n-1} + 8, a_1 = 3$ $a_n = 3 + (n-1) \cdot 8$
    c) $n = 12$ $a_n = a_{n-1} + 5, a_1 = 16$ $a_n = 16 + (n-1) \cdot 5$
    d) $d = 3$ $a_n = a_{n-1} + 3, a_1 = 9$ $a_n = 9 + (n-1) \cdot 3$
    e) $a_n = 24$ $a_n = a_{n-1} \cdot 2, a_1 = 3$ $a_n = 3 \cdot 2^{n-1}$
    f) $a_1 = 7$ $a_n = a_{n-1} \cdot 3, a_1 = 7$ $a_n = 7 \cdot 3^{n-1}$
    g) $n = 3$ $a_n = a_{n-1} \cdot 7, a_1 = 5$ $a_n = 5 \cdot 7^{n-1}$
    h) $q = 0{,}5$ $a_n = a_{n-1} \cdot 0{,}5, a_1 = 100$ $a_n = 100 \cdot 0{,}5^{n-1}$

15. linker Graph: Die Folge (b_n) wächst über alle Grenzen.
    mittlerer Graph: Die Folge (a_n) hat den Grenzwert 0.
    rechter Graph: Die Folge (c_n) hat den Grenzwert 0.

161

16. Die x-Koordinate des Schnittpunktes ist der Grenzwert der Folge.

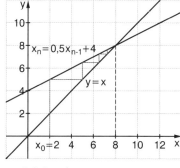
$a = 0{,}5; b = 4$

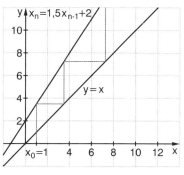
$a = 1{,}5; b = 2$

17. a) 1, 3, 6, 10, 15, 21, 28, 36, 45, 55, ...
    $S_{50} = 50 \cdot 51 : 2 = 1275$ $S_{200} = 200 \cdot 201 : 2 = 20\,100$
    b) n Summanden werden zweimal untereinander geschrieben, die jeweilige Summe untereinander stehender Paare ist $n + 1$. Die doppelte Summe S_n ist $n \cdot (n + 1)$, also $S_n = \frac{1}{2} n (n + 1)$.

18. a) (q_n): 1, 4, 9, 16, 25, 36, 49, 64, 81, 100, ...
    (r_n): 2, 6, 12, 20, 30, 42, 56, 72, 90, 110, ...
    b) $S_n = n^2$ beschreibt (q_n) und ist die Reihe zur Folge der ungeraden Zahlen 1, 3, 5, 7, ... Nach der Gauß-Methode erhält man für die Teilsumme $S_n = \frac{1}{2} n \cdot 2n = n^2$.
    $S_n = n(n + 1)$ beschreibt (r_n) und ist die Reihe zur Folge der geraden Zahlen 2, 4, 6, 8, ... Nach der Gauß-Methode erhält man für die Teilsumme
    $S_n = \frac{1}{2} n \cdot (2n + 2) = n(n + 1)$.
    c) Das Muster besteht allgemein bei den Quadratzahlen aus n Reihen zu n Punkten, also aus $n \cdot n = n^2$ Punkten, bei den Rechteckzahlen aus n Reihen zu $n + 1$ Punkten, also aus $n \cdot (n + 1)$ Punkten.

162

19. a) $S_{64} = 2^{64} - 1 \approx 1{,}84467 \cdot 10^{19}$

b)
$$S_n = 1 + q + q^2 + q^3 + \ldots + q^{n-1}$$
$$- \quad q \cdot S_n = \quad q + q^2 + q^3 + \ldots + q^{n-1} + q^n$$
$$S_n - q \cdot S_n = 1 - q^n \quad \Rightarrow \quad S_n = \frac{1 - q^n}{1 - q}$$

20. a) Höhe nach 20 Schritten:

$h(20) = 10 + 0{,}9 \cdot 10 + 0{,}9^2 \cdot 10 + \ldots + 0{,}9^{19} \cdot 10 = 10 \cdot (1 + 0{,}9 + 0{,}9^2 + \ldots + 0{,}9^{19})$

$= 10 \cdot \frac{1 - 0{,}9^{20}}{1 - 0{,}9} \approx 10 \cdot 8{,}784 = 87{,}84$ (in cm)

Volumen nach 20 Schritten:

$V(20) = 10^3 + (0{,}9 \cdot 10)^3 + (0{,}9^2 \cdot 10)^3 + (0{,}9^3 \cdot 10)^3 + (0{,}9^{19} \cdot 10)^3$

$= 1000 \cdot (1 + 0{,}9^3 + (0{,}9^3)^2 + (0{,}9^3)^3 + \ldots + (0{,}9^3)^{19}) = 1000 \cdot \frac{1 - (0{,}9^3)^{20}}{1 - 0{,}9^3}$

$\approx 1000 \cdot 3{,}6834 = 3683{,}4$ (in cm³)

b) $h(n) = 10 \cdot \frac{1 - 0{,}9^n}{1 - 0{,}9} \xrightarrow[n \to \infty]{} 100$

163

21.
$$S_n = a + a \cdot q + a \cdot q^2 + a \cdot q^3 + \ldots + a \cdot q^{n-1}$$
$$- \quad q \cdot S_n = \quad a \cdot q + a \cdot q^2 + a \cdot q^3 + \ldots + a \cdot q^{n-1} + a \cdot q^n$$
$$S_n - q \cdot S_n = a - a \cdot q^n \quad \Rightarrow \quad S_n = a \cdot \frac{1 - q^n}{1 - q}$$

22. a) $A(7) = 1 + \frac{1}{2} + \frac{1}{4} + \frac{1}{8} + \frac{1}{16} + \frac{1}{32} + \frac{1}{64} = \frac{1 - \left(\frac{1}{2}\right)^7}{1 - \frac{1}{2}} = \frac{127}{64} \approx 1{,}98$

b) $A(1000) = 1 + \frac{1}{2} + \left(\frac{1}{2}\right)^2 + \left(\frac{1}{2}\right)^3 + \ldots + \left(\frac{1}{2}\right)^{999} = \frac{1 - \left(\frac{1}{2}\right)^{1000}}{1 - \frac{1}{2}} \approx 2$ (zwei Einheitsquadrate)

23. a) $K_1 = 1000 \quad K_2 = 1{,}0625 \cdot 1000 + 1000 = 2062{,}50$

$K_3 = 1{,}0625^2 \cdot 1000 + 1{,}0625 \cdot 1000 + 1000 = 3191{,}41$

$K_{10} = 1000 \cdot (1 + 1{,}0625 + 1{,}0625^2 + \ldots + 1{,}0625^9) = 1000 \cdot \frac{1 - 1{,}0625^{10}}{1 - 1{,}0625} \approx 13\,336{,}57$

$K_{20} = 1000 \cdot (1 + 1{,}0625 + 1{,}0625^2 + \ldots + 1{,}0625^{19}) = 1000 \cdot \frac{1 - 1{,}0625^{20}}{1 - 1{,}0625} \approx 37\,789{,}65$

b) Sparrate 500 €, Zinssatz 7,25 %: $K_{20} = 500 \cdot \frac{1 - 1{,}0725^{20}}{1 - 1{,}0725} \approx 21\,066{,}08$

Sparrate 2000 €, Zinssatz 5,25 %: $K_{20} = 2000 \cdot \frac{1 - 1{,}0525^{20}}{1 - 1{,}0525} \approx 67\,906{,}45$

24. a) (I): $S_n = 3 \cdot \frac{1 - \left(\frac{4}{5}\right)^n}{1 - \frac{4}{5}} = 15 - 15 \cdot \left(\frac{4}{5}\right)^n$ \quad (II): $S_n = 2 \cdot \frac{1 - \left(\frac{5}{4}\right)^n}{1 - \frac{5}{4}} = -8 + 8 \cdot \left(\frac{5}{4}\right)^n$

In (I) hat die Folge (S_n) den Grenzwert 15, in (II) wächst sie über alle Grenzen.

(S_n) hat einen Grenzwert, wenn $0 < q < 1$; für $q > 1$ wächst S_n über alle Grenzen.

b) $q \cdot S_n + a = q \cdot a \cdot \frac{1 - q^n}{1 - q} + a = a \cdot \left(\frac{q(1 - q^n)}{1 - q} + 1\right) = a \cdot \frac{q - q^{n+1} + 1 - q}{1 - q} = a \cdot \frac{1 - q^{n+1}}{1 - q} = S_{n+1}$

c) Wenn sich die Geraden im Verlauf der Treppe schneiden, hat die Teilsummenfolge (S_n) einen Grenzwert, nämlich die x-Koordinate des Schnittpunkts. Wenn sich die Geraden im Verlauf der Treppe nicht schneiden, wächst (S_n) über alle Grenzen.

164

25. a) –

b) $U_0 = 3 \quad U_1 = 3 \cdot \frac{4}{3} \quad U_2 = 3 \cdot \left(\frac{4}{3}\right)^2 \quad \ldots \quad U_n = 3 \cdot \left(\frac{4}{3}\right)^n$

Die Folge wächst über alle Grenzen.

c) Der Flächeninhalt wird einen Grenzwert haben.

164 26. a) Stufe 6

b) Der Flächeninhalt wird von Stufe zu Stufe mit dem Faktor $\frac{3}{4}$ multipliziert.

$A_n = A_{n-1} \cdot \frac{3}{4}$ bzw. $A_n = \left(\frac{3}{4}\right)^n \cdot A_0$ mit $A_0 = \frac{1}{2} \cdot 1 \cdot \frac{1}{2}\sqrt{3} = \frac{1}{4}\sqrt{3} \approx 0{,}433$ (in dm³)

c) $A_{10} = \left(\frac{3}{4}\right)^{10} \cdot A_0 \approx 0{,}024$ (in dm³)

d) Der Flächeninhalt hat den Grenzwert 0, wird also irgendwann kleiner als jeder Wert.
Begründung: Die Glieder der geometrischen Folge werden beliebig klein bzw. die verbleibende Fläche wird durch das Herausschneiden beliebig klein.

4.2 Grenzwerte

165 1. –

166 2. –

3. a, b) Der Grenzwert ist $6{,}\overline{6}$. Er lässt sich in der Tabelle für große n und im Zeitgraphen näherungsweise ablesen. Im Spinnwebdiagramm ergibt er sich als Schnittstelle der Geraden $g_1: y = x$ und $g_2: x = 0{,}7x + 2$, also $x = 6{,}\overline{6}$.

c) $b_n = \frac{2+n}{n} = \frac{2}{n} + 1$ hat für $n \to \infty$ den Grenzwert 1, da $\frac{2}{n}$ gegen 0 strebt.

$c_n = 8 \cdot 0{,}4^{n-1}$ hat den Grenzwert 0.

Grenzwert von (d_n) durch Schnitt der Geraden $y = x$ und $y = 0{,}7 + 0{,}5x$:
Grenzwert 1,4

168 4. Eine Folge (a_n) ist eine Nullfolge, wenn es zu jedem $\varepsilon > 0$ ein $n_0(\varepsilon)$ gibt, sodass für alle $n > n_0(\varepsilon)$ dann $|a_n| < \varepsilon$ gilt.

Für $a_n = \frac{3}{n}$ ist $n_0(\varepsilon) = \frac{3}{\varepsilon}$, denn für alle $n > n_0(\varepsilon)$ gilt $\left|\frac{3}{n}\right| = \frac{3}{n} < \frac{3}{\frac{3}{\varepsilon}} = \varepsilon$.

5. a) $\lim_{n \to \infty} a_n = 1$ $\qquad$ $\lim_{n \to \infty} b_n = 0$ $\qquad$ $\lim_{n \to \infty} d_n = 0$ $\qquad$ $\lim_{n \to \infty} f_n = 0$

b) (a_n): $n_0 = 100$ $\qquad$ (b_n): $n_0 = 3$ $\qquad$ (d_n): $n_0 = 500$ $\qquad$ (f_n): $n_0 = 44$

6. Die Definition ist verträglich mit der Definition im Basiswissen.

7. a) $a = 0$; $b = 0{,}5$

b) $\lim_{n \to \infty} \frac{(-1)^n}{2n} = 0$; $\lim_{n \to \infty} \frac{n}{2n+1} = \frac{1}{2}$

c) (a_n): $n_0 = 50\,000$ $\qquad$ (b_n): $n_0 = 25\,000$

d) Z. B. für $\varepsilon = 0{,}01$ liegt von (a_n) nur das 2. Folgenglied und von (b_n) kein Folgenglied im ε-Streifen um 0,25.

8. a) Die Bedingung muss für alle $\varepsilon > 0$ gelten und nicht nur für ein spezielles ε.

b) Es liegen aber auch unendlich viele Folgenglieder außerhalb dieses Streifens.

169

9. Für q = 1 ist die Folge konstant $a_n = a_1$ und somit konvergent mit dem Grenzwert a_1; für q = –1 ist die Folge alternierend zwischen $-a_1$ und a_1 und somit divergent.

10. Für d ≠ 0 kann eine arithmetische Folge nicht konvergent sein, da sie über alle Grenzen wächst.

11. Rangfolge: b) – d) – a) – c)

12. a) $\lim\limits_{n \to \infty} a_n = 0 \quad \lim\limits_{n \to \infty} b_n = 0 \quad \lim\limits_{n \to \infty} d_n = 3 \quad \lim\limits_{n \to \infty} e_n = 0$ (c_n) und (f_n) sind divergent

   b) Summen-/Differenzregel, Quotientenregel

   c) $\lim\limits_{n \to \infty} a_n = \lim\limits_{n \to \infty} \dfrac{1 - \frac{2}{n} + \frac{1}{n^2}}{2 + \frac{1}{n^2}} = \dfrac{1}{2}$ $\quad \lim\limits_{n \to \infty} b_n = \lim\limits_{n \to \infty} \dfrac{\frac{4}{n} - \frac{2}{n^2}}{0{,}5 - \frac{1}{n^2} + \frac{3}{n^3}} = 0$

   $\lim\limits_{n \to \infty} c_n = \lim\limits_{n \to \infty} \dfrac{\frac{1}{n}}{1 + \frac{1}{n^2}} = 0$ $\quad \lim\limits_{n \to \infty} d_n = \lim\limits_{n \to \infty} \dfrac{1 + \frac{2}{n} + \frac{1}{n^2}}{5} = \dfrac{1}{5}$

13. (1) Produktregel und $\lim\limits_{n \to \infty} c = c$ (2) Produktregel
    Die Folge (a_n) muss konvergent sein.

170

14. $\lim\limits_{n \to \infty} a_n = \lim\limits_{n \to \infty} \dfrac{1}{\sqrt{n}} = 0 \quad \lim\limits_{n \to \infty} b_n = 5 \quad \lim\limits_{n \to \infty} c_n = 3 \cdot \dfrac{1 + 0}{1 - 0{,}2} = 3{,}75$

15. Für $-1 < q < 1$ gilt $\lim\limits_{n \to \infty} q^n = 0$ und somit $\lim\limits_{n \to \infty} S_n = \lim\limits_{n \to \infty} \left(a \cdot \dfrac{1 - q^n}{1 - q}\right) = a \cdot \dfrac{1 - 0}{1 - q} = \dfrac{a}{1 - q}$.

16. geometrische Reihe mit a = 0,9 und q = 0,1 $\Rightarrow$ Grenzwert: $\dfrac{0{,}9}{1 - 0{,}1} = \dfrac{0{,}9}{0{,}9} = 1$

17. (a_n): geometrische Reihe mit a = 10, q = 0,1 $\Rightarrow$ Grenzwert: $\dfrac{10}{1 - 0{,}1} = \dfrac{10}{0{,}9} = 11{,}\overline{1}$

    (b_n): geometrische Reihe mit a = 100, q = 0,1 $\Rightarrow$ Grenzwert: $\dfrac{100}{1 - 0{,}1} = \dfrac{100}{0{,}9} = 111{,}\overline{1}$

    Die Zeitabschnitte streben gegen den Grenzwert $11{,}\overline{1}$ s, der von der Schildkröte zurückgelegte Weg strebt gegen den Grenzwert $111{,}\overline{1}$ m, d. h. nach dieser Zeit und diesem Weg wird die Schildkröte von Achilles eingeholt.

18. Grenzwert der geometrischen Reihe mit a = 2 und q = $\frac{1}{3}$ ist $\dfrac{2}{1 - \frac{1}{3}} = 3$.
    Für n ≥ 8 gilt:
    $|S_n - 3| = \left|2 \cdot \dfrac{1 - \left(\frac{1}{3}\right)^n}{1 - \frac{1}{3}} - 3\right| = \left|3 \cdot \left(1 - \left(\frac{1}{3}\right)^n\right) - 3\right| = 3 \cdot \dfrac{1}{3^n} = \dfrac{1}{3^{n-1}} \leq \dfrac{1}{3^{8-1}} \approx 0{,}00046 < 0{,}01$

19. Halbkreisschlangenlänge: $\pi \cdot r + \pi \cdot \frac{1}{2} r + \pi \cdot \left(\frac{1}{2}\right)^2 r + \ldots$ strebt gegen $\dfrac{\pi \cdot r}{1 - \frac{1}{2}} = 2\pi r$, also gegen den doppelten Umfang des Ausgangshalbkreises.

    Quadrattreppenfläche: $a^2 + \left(\frac{1}{2}a\right)^2 + \left(\frac{1}{4}a\right)^2 + \ldots = a^2 + \frac{1}{4}a^2 + \left(\frac{1}{4}\right)^2 a^2 + \ldots$ strebt gegen $\dfrac{a^2}{1 - \frac{1}{4}} = \dfrac{4}{3} a^2$, also gegen den $\frac{4}{3}$-fachen Flächeninhalt des Ausgangsquadrates.

    Dreieckstreppenfläche: $\dfrac{\sqrt{3}}{4} a^2 + \dfrac{\sqrt{3}}{4}\left(\frac{2}{3}a\right)^2 + \dfrac{\sqrt{3}}{4}\left(\left(\frac{2}{3}\right)^2 a\right)^2 + \ldots = \dfrac{\sqrt{3}}{4} a^2 + \dfrac{4}{9} \dfrac{\sqrt{3}}{4} a^2 + \left(\frac{4}{9}\right)^2 \dfrac{\sqrt{3}}{4} a^2$
    $+ \ldots$ strebt gegen $\dfrac{\frac{\sqrt{3}}{4} a^2}{1 - \frac{4}{9}} = \dfrac{9}{5} \dfrac{\sqrt{3}}{4} a^2$, also gegen den 1,8-fachen Flächeninhalt des Ausgangsdreiecks.

171

20. a) geometrische Reihe mit $a = 1$, $q = \frac{1}{2}$ $\Rightarrow$ $S_n = 1 \cdot \frac{1 - \left(\frac{1}{2}\right)^n}{1 - \frac{1}{2}} = 2 \cdot \left(1 - \left(\frac{1}{2}\right)^n\right) = 2 - \frac{1}{2^{n-1}}$

und $S_{n-1} = 2 - \frac{1}{2^{n-2}}$, also: $\frac{1}{2} S_{n-1} + 1 = \frac{1}{2} \cdot \left(2 - \frac{1}{2^{n-2}}\right) + 1 = 2 - \frac{1}{2^{n-1}} = S_n$

b) $x = 0{,}5x + 1$ $\Rightarrow$ $x = 2$

c) $x = 0{,}1x + 0{,}9$ $\Rightarrow$ $x = 1$

21. Allgemein gilt für die Teilsummenfolge $S_n = q \cdot S_{n-1} + a$. Also ist der Grenzwert die Lösung der Gleichung $x = q \cdot x + a$ $\Rightarrow$ $x = \frac{a}{1-q}$.

22. Grenzwert des Flächeninhalts:
   1. Möglichkeit: Schnitt der Geraden $y = x$ und $y = \frac{1}{3}x + 1$: $x = \frac{1}{3}x + 1$ $\Rightarrow$ $x = 1{,}5$
   2. Möglichkeit: Summenformel für eine geometrische Reihe mit $a = 1$, $q = \frac{1}{3}$:
   $\frac{1}{1 - \frac{1}{3}} = \frac{3}{2} = 1{,}5$

23. Grenzwert von (a_n): $x = \sqrt{x}$ $\Rightarrow$ $x = 1$

Grenzwert von (b_n): $x = \frac{1}{1+x}$ $\Rightarrow$ $x^2 + x = 1$ $\Rightarrow$ $x = -\frac{1}{2} \pm \frac{1}{2}\sqrt{5}$

Mit dem Startwert 1,2 ergibt sich der Grenzwert $-\frac{1}{2} + \frac{1}{2}\sqrt{5} \approx 0{,}62$.

Grenzwert von (c_n): $x = \frac{1}{2}\left(x + \frac{3}{x}\right)$ $\Rightarrow$ $\frac{1}{2}x = \frac{3}{2x}$ $\Rightarrow$ $x^2 = 3$ $\Rightarrow$ $x = \pm\sqrt{3}$

Mit dem Startwert 8 ergibt sich der Grenzwert $\sqrt{3} \approx 1{,}73$.

172

24. a) Die Frage lässt sich mithilfe der Tabelle und des Graphen nicht beantworten, da der weitere Verlauf unklar ist.

b) 2. Klammerausdruck: $\frac{1}{5}, \frac{1}{6}$ und $\frac{1}{7}$ sind jeweils größer $\frac{1}{8}$ und damit gilt:
$\frac{1}{5} + \frac{1}{6} + \frac{1}{7} + \frac{1}{8} > 4 \cdot \frac{1}{8} = \frac{1}{2}$

3. Klammerausdruck: Alle Summanden bis auf $\frac{1}{16}$ sind größer $\frac{1}{16}$, also ist die Summe größer $8 \cdot \frac{1}{16} = \frac{1}{2}$.

4. Klammerausdruck: $\frac{1}{17} + \frac{1}{18} + \ldots + \frac{1}{32} > 16 \cdot \frac{1}{32} = \frac{1}{2}$

c) Die einzelnen Summanden sind bis auf 1 alle größer $\frac{1}{2}$. Somit ist die Summe für jedes n größer als $1 + (n-1) \cdot \frac{1}{2}$ und wächst damit für $n \to \infty$ über alle Grenzen.

4.3 Grenzwerte bei Funktionen

173

1. a) $\lim\limits_{x \to \infty} f_1(x) = \lim\limits_{x \to -\infty} f_1(x) = 1$ $\qquad$ $\lim\limits_{x \to \infty} f_2(x) = \lim\limits_{x \to -\infty} f_2(x) = 0$

$\lim\limits_{x \to \infty} f_3(x) = \lim\limits_{x \to -\infty} f_3(x) = 2$ $\qquad$ $f_4(x)$ wächst für $x \to \pm\infty$ über alle Grenzen

b) ja

c) –

174

2. a) $f_1(x)$: grüner Graph, $f_2(x)$: brauner Graph, $f_3(x)$: blauer Graph, $f_4(x)$: roter Graph

b) Jede Funktion ist an der Stelle nicht definiert, an der der Nenner 0 wird: $f_1(x)$ an der Stelle 2, $f_2(x)$ an der Stelle -1, $f_3(x)$ an der Stelle 0, $f_4(x)$ an der Stelle 2.

174

2. c) $f_1(x)$ und $f_3(x)$ haben an der Stelle 2 bzw. 0 einen Grenzwert, nämlich 4 bzw. 1.

$$f_1\left(2 \pm \tfrac{1}{n}\right) = \frac{(2 \pm \tfrac{1}{n})^2 - 4}{2 \pm \tfrac{1}{n} - 2} = \frac{4 \pm \tfrac{4}{n} + \tfrac{1}{n^2} - 4}{\pm \tfrac{1}{n}} = \frac{\tfrac{\pm 4n + 1}{n^2}}{\pm \tfrac{1}{n}} = \frac{(\pm 4n + 1)\cdot(\pm n)}{n^2} = \frac{n(4 \pm \tfrac{1}{n})}{n} = 4 \pm \tfrac{1}{n} \xrightarrow[n \to \infty]{} 4$$

3. Die Zahl 3 ist Grenzwert der Funktion $f(x) = \frac{3x + 1}{x}$ für $x \to -\infty$, da es für jeden noch so schmalen ε-Streifen um 3 ein x_0 gibt, sodass für alle $x < x_0$ die Funktionswerte $f(x)$ innerhalb dieses ε-Streifens liegen.

175

4. Weil eine Funktion nicht nur „einzelne" (diskrete) Werte hat, sondern außerhalb des Streifens immer unendlich viele Funktionswerte liegen.

5. f_1 und f_3 haben den Grenzwert 0, f_4 hat den Grenzwert 1, f_2 hat keinen Grenzwert.

6. a) Der Satz ist gültig, da zu den Funktionswerten, die innerhalb des ε-Streifens liegen müssen, auch alle Folgenglieder a_n ab einem gewissen n_0 gehören.
   b) Es gilt $f(a_n) = \sin((4n + 1) \cdot \pi) = 0$ für alle Folgenglieder a_n, also ist $\lim_{n \to \infty} f(a_n) = 0$. Aber die Funktion $f(x) = \sin(x)$ besitzt keinen Grenzwert für $x \to \infty$.

7. Der Summand $a \cdot x^n$ ($n \geq 1$) bestimmt das Grenzwertverhalten und wächst über ($a > 0$) oder unter ($a < 0$) alle Grenzen. Das gilt auch für $x \to -\infty$.

8. $f(x)$ nähert sich für $x \to 0$ dem Grenzwert 1. $g(x)$ wächst bei Annäherung von rechts über alle Grenzen und fällt bei Annäherung von links unter alle Grenzen, besitzt also keinen Grenzwert.

176

9. • $\lim_{x \to 1} f_1(x)$ existiert nicht: Für die Folgen $a_n = 1 + \tfrac{1}{n}$ und $b_n = 1 - \tfrac{1}{n}$, die beide den Grenzwert 1 haben, gilt:

$$\lim_{n \to \infty} f_1(a_n) = \lim_{n \to \infty} \frac{|(1 + \tfrac{1}{n})^2 - 1|}{1 + \tfrac{1}{n} - 1} = \lim_{n \to \infty} \frac{|\tfrac{2}{n} + \tfrac{1}{n^2}|}{\tfrac{1}{n}} = \lim_{n \to \infty} \frac{\tfrac{1}{n}(2 + \tfrac{1}{n})}{\tfrac{1}{n}} = \lim_{n \to \infty} \left(2 + \tfrac{1}{n}\right) = 2,$$

aber $\lim_{n \to \infty} f_1(b_n) = \lim_{n \to \infty} \frac{|(1 - \tfrac{1}{n})^2 - 1|}{1 - \tfrac{1}{n} - 1} = \lim_{n \to \infty} \frac{|-\tfrac{2}{n} + \tfrac{1}{n^2}|}{-\tfrac{1}{n}} = \lim_{n \to \infty} \frac{\tfrac{1}{n}|-(2 - \tfrac{1}{n})|}{-\tfrac{1}{n}} = \lim_{n \to \infty} \left(-\left(2 - \tfrac{1}{n}\right)\right) = -2$

• $\lim_{x \to 2} f_2(x) = 4$: Für eine beliebige Folge (a_n) mit $\lim_{n \to \infty} a_n = 2$ gilt:

$$\lim_{n \to \infty} f_2(a_n) = \lim_{n \to \infty} \frac{a_n^2 - 4}{a_n - 2} = \lim_{n \to \infty} \frac{(a_n - 2)(a_n + 2)}{a_n - 2} = \lim_{n \to \infty} (a_n + 2) = 2 + 2 = 4$$

• $\lim_{x \to 2} f_3(x)$ existiert nicht: Die Folge $a_n = 2 + \tfrac{1}{n}$ hat den Grenzwert 2, aber $f_3\left(2 + \tfrac{1}{n}\right) = \frac{1}{2 + \tfrac{1}{n} - 2} = n$ ist divergent.

10. a) Es entstehen immer wieder ähnliche Bilder: Der Graph oszilliert um den Ursprung.
    b) Für $x = \tfrac{2}{9\pi} \approx 0{,}071$ ist $f(x) = 1$, für $x = \tfrac{2}{11\pi} \approx 0{,}058$ ist $f(x) = -1$.
    c) Für $x = \tfrac{2}{65\pi} \approx 0{,}0098$ ist $f(x) = 1$, für $x = \tfrac{2}{67\pi} \approx 0{,}0095$ ist $f(x) = -1$.
    d) Wenn man n groß genug wählt, findet man Zahlen $x = \tfrac{2}{\pi(4n + 1)}$ und $x = \tfrac{2}{\pi(4n + 3)}$ zwischen 0 und jeder noch so kleinen Zahl, für die $f(x) = 1$ bzw. $f(x) = -1$ ist. Es existiert also kein Grenzwert.

177 11. a) Die Gefäßbreite wird sprunghaft kleiner, sodass die Füllgeschwindigkeit ebenfalls einen Sprung macht und die Füllhöhe einen Knick.
b) Der Vorgang wurde an der Knickstelle kurz beschleunigt.
c) Gefäß A   Gefäß B   Gefäß C

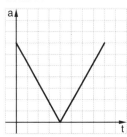 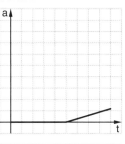 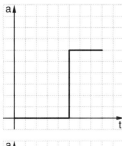

d)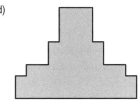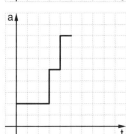

178 12.

f_1 ist stetig und differenzierbar.

f_2 ist stetig, aber nicht differenzierbar bei 2 (Knick).

f_3 ist bei 0 nicht stetig und nicht differenzierbar (Sprung).

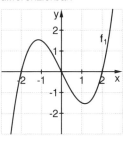 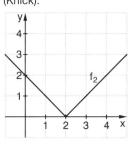 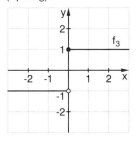

f_4 ist bei 0 nicht stetig und nicht differenzierbar (Sprung).

f_5 ist stetig und differenzierbar.

f_6 ist nicht stetig und nicht differenzierbar bei allen $x = \frac{2n+1}{2}$, $n \in \mathbb{Z}$.

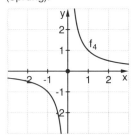 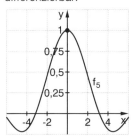 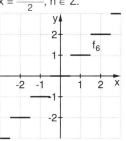

178 12. Fortsetzung

f_7 ist stetig und differenzierbar.

f_8 ist stetig, aber nicht differenzierbar bei –2 und 2 (Knicke).

f_9 ist stetig, aber nicht differenzierbar bei allen $x = \frac{(2n+1)\pi}{2}$, $n \in \mathbb{Z}$.

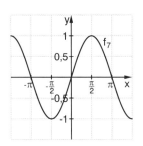
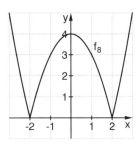
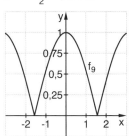

13. Siehe Aufgabe 12: $f_2(x)$ an der Stelle 2, $f_8(x)$ an den Stellen –2 und 2 sowie $f_9(x)$ an den Stellen $x = \frac{(2n+1)\pi}{2}$, $n \in \mathbb{Z}$ sind stetig, aber nicht differenzierbar.

14. a) Ohne Stetigkeit kann der Graph einen „Sprung über die x-Achse" machen.

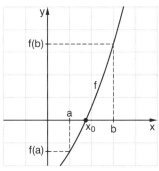

b) Bei einer ganzrationalen Funktion 3. Grades gibt es immer positive und negative Funktionswerte und deshalb dazwischen eine Nullstelle.

15. –

4.4 Folgen und Gleichungen

179 1. a)

x_0	6	4	3,5	3,464286	3,46410162003
y_0	2	3	3,428571	3,463918	3,46410161025

b) Es gilt für die zweite Seite des Rechtecks im $(n-1)$-ten Schritt: $y_{n-1} = \frac{12}{x_{n-1}}$

Für den Mittelwert im $(n-1)$-ten Schritt gilt dann: $\frac{1}{2}(x_{n-1} + y_{n-1}) = \frac{1}{2}\left(x_{n-1} + \frac{12}{x_{n-1}}\right)$

Dieser Wert ist die Seitenlänge x_n des Rechtecks im n-ten Schritt.

179 1. c) $\sqrt{70}$: Startwert 60:

n	u(n)=0.5(u(n-1)+(70/u(n-1)))
1	60,00
2	30,58
3	16,44
4	10,35
5	8,56
6	8,37
7	8,37
8	8,37
9	8,37
10	8,37

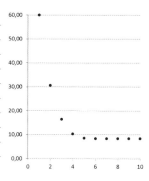

$\sqrt{70}$: Startwert 10:

n	u(n)=0.5(u(n-1)+(70/u(n-1)))
1	10,00
2	8,50
3	8,37
4	8,37
5	8,37
6	8,37
7	8,37
8	8,37
9	8,37
10	8,37

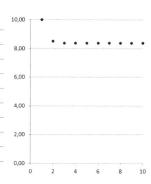

$\sqrt{250}$: Startwert 200:

n	u(n)=0.5(u(n-1)+(250/u(n-1)))
1	200,00
2	100,63
3	51,55
4	28,20
5	18,53
6	16,01
7	15,81
8	15,81
9	15,81
10	15,81

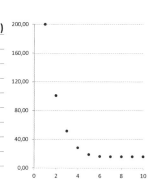

$\sqrt{250}$: Startwert 20:

n	u(n)=0.5(u(n-1)+(250/u(n-1)))
1	20,00
2	16,25
3	15,82
4	15,81
5	15,81
6	15,81
7	15,81
8	15,81
9	15,81
10	15,81

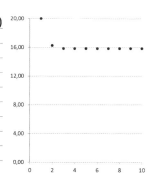

179 1. Fortsetzung
c) $\sqrt{2500}$: Startwert 2000:

n	u(n)=0.5(u(n-1)+(2500/u(n-1)))
1	2000,00
2	1000,63
3	501,56
4	253,27
5	131,57
6	75,29
7	54,25
8	50,17
9	50,00
10	50,00

$\sqrt{2500}$: Startwert 60:

n	u(n)=0.5(u(n-1)+(2500/u(n-1)))
1	60,00
2	50,83
3	50,01
4	50,00
5	50,00
6	50,00
7	50,00
8	50,00
9	50,00
10	50,00

Je näher der Startwert am exakten Wert liegt, desto schneller nähert man sich dem exakten Ergebnis.

180 2. a) rund 0,5

b) –

c) Die Steigung des Graphen an der Stelle x_{n-1} ist gleich der Steigung der Tangente an dieser Stelle, also $f'(x_{n-1})$. Andererseits lässt sich die Steigung der Tangente aus dem Steigungsdreieck entnehmen: $\frac{f(x_{n-1})}{x_{n-1}-x_n}$, also ist $f'(x_{n-1}) = \frac{f(x_{n-1})}{x_{n-1}-x_n}$.
Daraus erhält man: $x_{n-1} - x_n = \frac{f(x_{n-1})}{f'(x_{n-1})} \Rightarrow x_n = x_{n-1} - \frac{f(x_{n-1})}{f'(x_{n-1})}$

n	x_{n-1}	$f(x_{n-1})$	$f'(x_{n-1})$	x_n
1	1	1,33333333	3	0,55555555
2	0,55555555	0,16826703	2,30864197	0,48266984
3	0,48266984	0,00282223	2,23297017	0,48140595
4	0,48140595	0,00000077	2,23175168	0,48140560

180 2. Fortsetzung
c) Eine Lösung der Gleichung ist rund 0,481406.

n	x_{n-1}	$f(x_{n-1})$	$f'(x_{n-1})$	x_n
1	0	−1	2	0,5
2	0,5	0,41666666	2,25	0,48148148
3	0,48148148	0,00016935	2,23182442	0,48140560
4	0,48140560	0,000000002	2,23175135	0,48140560

182 3. a) (1) −4,375206 für jeden Startwert (2) 1 für jeden Startwert
(3) 0,739085 für jeden Startwert (4) 0,337584 für jeden Startwert
b) Die Aussage stimmt, da ein Fehler zu einem neuen Startwert führt, der aber nicht zu einem falschen Ergebnis führt.

4. Das Verfahren führt zu keinem Ergebnis.

5. a) $x_n = \frac{1}{2}\left(x_{n-1} + \frac{3}{x_{n-1}}\right)$ b) $x_n = x_{n-1} - \frac{x_{n-1}^2 - 3}{2x_{n-1}} = \frac{x_{n-1}^2 + 3}{2x_{n-1}}$

Für den Startwert 2 ergeben sich folgende Iterationen:

n	u(n)=0.5(u(n-1)+(3/u(n-1)))	n	u(n)=((u(n-1))^2+3)/(2u(n-1))
1	2	1	2
2	1,75	2	1,75
3	1,7321429	3	1,7321429
4	1,7320508	4	1,7320508
5	1,7320508	5	1,7320508
6	1,7320508	6	1,7320508
7	1,7320508	7	1,7320508
8	1,7320508	8	1,7320508
9	1,7320508	9	1,7320508
10	1,7320508	10	1,7320508

Beide Iterationsverfahren sind gleich gut. Die Iterationsformeln sind äquivalent.

6. a) $x_n = x_{n-1} - \frac{f(x_{n-1})}{f'(x_{n-1})} = x_{n-1} - \frac{x_{n-1}^3 - a}{3x_{n-1}^2} = \frac{2x_{n-1}^3 + a}{3x_{n-1}^2}$

a = 35:

n	u(n)=((2u(n-1))^3+35)/((2u(n-1))^2)
1	3
2	3,2962963
3	3,2712589
4	3,2710663
5	3,2710663
6	3,2710663
7	3,2710663
8	3,2710663
9	3,2710663
10	3,2710663

a = 120:

n	u(n)=((2u(n-1))^3+120)/((2u(n-1))^2)
1	4
2	5,1666667
3	4,9428836
4	4,9324463
5	4,9324241
6	4,9324241
7	4,9324241
8	4,9324241
9	4,9324241
10	4,9324241

a = 2850:

n	u(n)=((2u(n-1))^3+2850)/((2u(n-1))^2)
1	10
2	16,1666667
3	14,4125955
4	14,1817972
5	14,1780004
6	14,1779994
7	14,1779994
8	14,1779994
9	14,1779994
10	14,1779994

182

6. **b)** $x_n = x_{n-1} - \dfrac{f(x_{n-1})}{f'(x_{n-1})} = x_{n-1} - \dfrac{x_{n-1}^k - a}{k x_{n-1}^{k-1}} = \dfrac{(k-1)x_{n-1}^k + a}{k x_{n-1}^{k-1}}$

Für k = 8 und a = 1000: $x_n = x_{n-1} - \dfrac{f(x_{n-1})}{f'(x_{n-1})} = x_{n-1} - \dfrac{x_{n-1}^8 - 1000}{8 x_{n-1}^7} = \dfrac{7 x_{n-1}^8 + 1000}{8 x_{n-1}^7}$

n	u(n)=(7((u(n-1))^8+1000)/((8u(n-1))^7)
1	2
2	2,7265625
3	2,4973262
4	2,3915003
5	2,3719567
6	2,3713742
7	2,3713737
8	2,3713737
9	2,3713737
10	2,3713737

7. **a)** $3{,}464 < \sqrt{12} < 3{,}465$; $3{,}4641 < \sqrt{12} < 3{,}4642$; $3{,}46410 < \sqrt{12} < 3{,}46411$

„Genauigkeit" auf 5 Nachkommastellen

b) $x_n = x_{n-1} - \dfrac{f(x_{n-1})}{f'(x_{n-1})} = x_{n-1} - \dfrac{x_{n-1}^2 - 12}{2 x_{n-1}} = \dfrac{x_{n-1}^2 + 12}{2 x_{n-1}}$

Startwert 3:

n	u(n)=((u(n-1))^2+12)/(2u(n-1))
1	3
2	3,5
3	3,464285714286
4	3,464101620029
5	3,464101615138
6	3,464101615138
7	3,464101615138
8	3,464101615138
9	3,464101615138
10	3,464101615138

Startwert 4:

n	u(n)=((u(n-1))^2+12)/(2u(n-1))
1	4
2	3,5
3	3,464285714286
4	3,464101620029
5	3,464101615138
6	3,464101615138
7	3,464101615138
8	3,464101615138
9	3,464101615138
10	3,464101615138

Schon nach vier Iterationsschritten hat man mit beiden Startwerten eine Genauigkeit von 12 Nachkommastellen erreicht.

8. **a)** Graph:

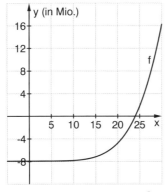

Newton:

n	u(n)=(4((u(n-1))^5-10(u(n-1))^3+7905504)/((5u(n-1))^4-15(u(n-1))^2+500)
1	20
2	25,9603575
3	24,2750627
4	24,0061771
5	24,0000032
6	24
7	24
8	24
9	24
10	24

$x_n = x_{n-1} - \dfrac{f(x_{n-1})}{f'(x_{n-1})} = x_{n-1} - \dfrac{x_{n-1}^5 - 5 x_{n-1}^3 + 500 x_{n-1} - 7\,905\,504}{5 x_{n-1}^4 - 15 x_{n-1}^2 + 500}$

$= \dfrac{4 x_{n-1}^5 - 10 x_{n-1}^3 + 7\,905\,504}{5 x_{n-1}^4 - 15 x_{n-1}^2 + 500}$

Lösung: 24

b) –

183 9.

	(1) $x^3 - x = 0$; $x_0 = \frac{1}{\sqrt{5}}$	(2) $\frac{1}{3}x^3 - 4x + 1 = 0$; $x_0 = 2$	(3) $x^3 - x + 3 = 0$; $x_0 = 0$

n	u(n)=(2(u(n-1))^3)/(3(u(n-1))^2-1)
0	0,447214
1	-0,447214
2	0,447214
3	-0,447214
4	0,447214
5	-0,447214
6	0,447214
7	-0,447214
8	0,447214
9	-0,447214

n	u(n)=(2(u(n-1))^3-3)/(3(u(n-1))^2-1)
0	0
1	3
2	1,961538
3	1,147176
4	0,006579
5	3,000389
6	1,961818
7	1,147430
8	0,007256
9	3,000473

Für (2): Graph mit $x_0 = 2$.
Für (3): Graph mit $x_0 = 0$.

Hier ist das Erstellen eines Graphen nicht möglich aufgrund der obigen Fehlermeldung.

10. –

184 11. a) Kugeltank: $\frac{4}{3}\pi \cdot r^3 = 10 \text{ m}^3 \Rightarrow r = \sqrt[3]{\frac{30}{4\pi}}$ m $\approx 1{,}337$ m

Zylindertank: $\pi \cdot r^2 \cdot h = 10 \text{ m}^3 \Rightarrow r = \sqrt{\frac{10 \text{ m}^3}{\pi \cdot 5 \text{ m}}} = \sqrt{\frac{2}{\pi}} \approx 0{,}798$ m

b) Kugeltank: Mit $r = 1{,}337$ m und $V = 1 \text{ m}^3$ gilt $1 = \frac{\pi}{3} h^2 (3 \cdot 1{,}337 - h) = \frac{\pi}{3} h^2 (4{,}01 - h)$.

Zylindertank: Mit $r = \sqrt{\frac{2}{\pi}}$ m und $V = 1 \text{ m}^3$ gilt: $\frac{\pi}{5} = \alpha - \sin\alpha \Rightarrow 1 = 5 \cdot \frac{\frac{2}{\pi}}{2} \cdot (\alpha - \sin\alpha)$

$\Rightarrow 1 = \frac{5}{\pi}(\alpha - \sin\alpha) \Rightarrow \frac{\pi}{5} = \alpha - \sin\alpha \Rightarrow \alpha - \sin\alpha - \frac{\pi}{5} = 0$

c) Kugeltank: Nullstelle von $f(h) = -\frac{\pi}{3} \cdot h^3 + \frac{\pi}{3} \cdot 4{,}01 \cdot h^2 - 1 \approx -1{,}047 h^3 + 4{,}199 h^2 - 1$:

Newton-Formel: $x_n = x_{n-1} - \frac{-1{,}047 x_{n-1}^3 + 4{,}199 x_{n-1}^2 - 1}{-3{,}141 x_{n-1}^2 + 8{,}398 x_{n-1}} = \frac{-2{,}094 x_{n-1}^3 + 4{,}199 x_{n-1}^2 + 1}{-3{,}141_{n-1}^2 + 8{,}398 x_{n-1}}$

184 11. Fortsetzung

c)

n	u(n)=(-2,094(u(n-1))^3+...
1	1
2	0,590641050029
3	0,526177335588
4	0,523354093196
5	0,523348344890
6	0,523348344866
7	0,523348344866
8	0,523348344866

Höhe für die Kontakte: rund 52,3 cm

Zylindertank: Nullstelle von $f(\alpha) = \alpha - \sin\alpha - \frac{\pi}{5}$:

Newton-Formel: $x_n = x_{n-1} - \frac{x_{n-1} - \sin(x_{n-1}) - \frac{\pi}{5}}{1 - \cos(x_{n-1})} = \frac{-x_{n-1}\cos(x_{n-1}) + \sin(x_{n-1}) + \frac{\pi}{5}}{1 - \cos(x_{n-1})}$

n	u(n)=(-u(n-1) cos(...
1	1
2	2,021912858830
3	1,678137048541
4	1,627924067331
5	1,626736462647
6	1,626735795860
7	1,626735795860
8	1,626735795860

Höhe für die Kontakte:
$h = 0,8\left(1 - \cos\left(\frac{1,627}{2}\right)\right) \approx 0,25$ m = 25 cm

12. a) 1. Näherungswert: 2,1   2. Näherungswert: 2,0945681211042

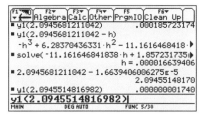 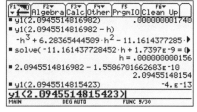

3. Näherungswert: 2,0945514816982   4. Näherungswert: 2,0945514815423

b) Newton-Verfahren: $x_n = x_{n-1} - \frac{x_{n-1}^3 - 2x_{n-1} - 5}{3x_{n-1}^2 - 2} = \frac{2x_{n-1}^3 + 5}{3x_{n-1}^2 - 2}$

1. Näherungswert: $\frac{2 \cdot 2^3 + 5}{3 \cdot 2^2 - 2} = 2{,}1$

2. Näherungswert: $\frac{2 \cdot 2{,}1^3 + 5}{3 \cdot 2{,}1^2 - 2} = 2{,}0945681211042$

3. Näherungswert: $\frac{2 \cdot 2{,}0945681211042^3 + 5}{3 \cdot 2{,}0945681211042^2 - 2} = 2{,}0945514816982$

4. Näherungswert: $\frac{2 \cdot 2{,}0945514816982^3 + 5}{3 \cdot 2{,}0945514816982^2 - 2} = 2{,}0945514815423$

Kapitel 5
Integralrechnung

Didaktische Hinweise

Die Leitfrage innerhalb der Differenzialrechnung ist in NEUE WEGE die Frage nach der Änderung bei gegebenem Bestand. Geometrisch bedeutet dies dann die Steigung von Funktionsgraphen. Konsequent und analog dazu nimmt die Integralrechnung ihren Ausgang von der Frage nach dem Bestand, wenn das Änderungsverhalten gegeben ist (Rekonstruktion aus Änderung). Zentral ist dann die Erkenntnis, dass dies geometrisch auf die Bestimmung von Flächeninhalten unter dem Änderungsgraphen führt, Bestände also als „Summation unendlich vieler momentaner Änderungen" aufgefasst werden können. Charakteristisch für dieses Konzept ist damit die fast parallele Einführung der beiden Grundkonzepte zur Integralrechnung, Flächenbestimmung (Gesamtbilanz) und Rekonstruktion. Dies erfolgt auch analog zur Einführung der Differenzialrechnung. Es steht zunächst der Aufbau adäquater Grundvorstellungen im Mittelpunkt, ehe Kalküle entwickelt werden. Der Verzicht auf die frühzeitige Einführung komplexerer Theorieelemente und Begriffsfestlegungen ermöglicht es, dass von Beginn an in qualitativer Weise substanzreiche Probleme behandelt werden können. Der Integralbegriff wird also nicht nach einer vorgängigen Durststrecke über Unter- und Obersummen eingeführt, ehe er in Anwendungen kalkülorientiert genutzt wird, sondern es wird ein qualitativer Weg zum Hauptsatz mit dessen frühzeitiger, auf Einsicht fußender Einführung, aufgezeigt, der es ermöglicht, alle klassischen Anwendungen zu behandeln. Das Konzept „Rekonstruktion aus Änderung" begünstigt das frühe Erfassen der Kernaussage des Hauptsatzes.

In 5.1 geht es um qualitative Einsichten und Erfahrungen in vielfältigen Sachzusammenhängen analog zum einführenden Lernabschnitt in der Differenzialrechnung. In 5.2 stehen dann die Begriffsbildungen und innermathematischen Zusammenhänge im Mittelpunkt bis hin zur Präzisierung des Integralbegriffs über Ober- und Untersummen. Der schon in 5.1 intuitiv erfasste Hauptsatz wird formuliert, plausibel begründet und das daraus abgeleitete Kalkül entwickelt. In 5.3 werden dann alle kanonischen Anwendungen thematisiert (krummlinig berandete Flächen, Volumina, uneigentliche Integrale, Bogenlänge). Der Aufbau ist themenorientiert modular, so dass in einfacher Weise inhaltliche Unterschiede in Kursen auf erhöhtem und grundlegendem Niveau zugeordnet werden können sowie Binnendifferenzierung erleichtert wird.

Zu 5.1

In drei vereinfachten Sachsituationen aus unterschiedlichen Gebieten (Füllvorgang, Bewegungen, Gewinnentwicklung) erarbeiten Schüler das Entwickeln von Bestandsgraphen aus gegebenem Wissen über das Änderungsverhalten. Im Mittelpunkt steht hier das Erfassen des Zusammenhanges mit einer Flächenbestimmung. Dieser wird in einem ersten Basiswissen qualitativ und an einem archetypischen Beispiel erläutert. Innerhalb der Übungsphase wird zunächst der erarbeitete Zusammenhang in vielfältigen Kontexten variierend durchgearbeitet, indem immer wieder die inhaltliche Bedeutung der Rekonstruktion eingefordert wird und grafisch umgesetzt werden soll. Es werden

Exkurse zu Anwendungssituationen (Gewinn in Wirtschaft, „Elefantenrennen") ebenso angeboten, wie eine effektive Möglichkeit, Näherungswerte für krummlinig berandete Flächen zu bestimmen (Trapezformel), ohne dass eine dahinterliegende Begriffsbildung (Integralbegriff) in den Blick genommen wird. Im zweiten Teil der Übungen wird der vermutlich schon vorher ‚in der Luft liegende' Zusammenhang zum Ableiten (Aufleiten, 1. Teil des Hauptsatzes) in einem weiteren Basiswissen dokumentiert und erste Übungen dazu und ein Bezug zur Physik angeboten.

Zu 5.2

Nachdem Schüler in 5.1 angemessene Grundvorstellungen aufgebaut und dazu auch gewisse Routinen durch operatives Üben entwickelt haben, werden nun die notwendigen Begriffe eingeführt. Dieser Lernabschnitt ist damit im Wesentlichen innermathematisch motiviert und orientiert. Im Kern geht der Weg dabei von der Integralfunktion als verallgemeinerte Bestandsfunktion über die explizite Formulierung des 1. Teils des Hauptsatzes zur vollständigen Formulierung des Hauptsatzes. Während also das Basiswissen begriffs- und verstehensorientiert formuliert ist, werden die wichtigen Kalküle zu Stammfunktionen, sowie Formeln und Regeln zu ihrer Bestimmung in gelben Kästen zwecks einfacher Erkennung integriert. Es werden gestufte Möglichkeiten für innermathematische Präzisierungen angeboten. So werden eine anschauliche Begründung für den Hauptsatz in einem Lesetext, eine analytische Herleitung des Integralbegriffs mit Ober- und Untersummen ohne Rückgriff auf Stammfunktionen in einem gesonderten Abschnitt am Ende der Übungsphase angeboten und in einem weiteren Lesetext dokumentiert (A27-A29). Im Sinne von Vernetzungen und kumulierendem Lernen wird auch Bekanntes mit den neuen Kenntnissen erweiternd bearbeitet (A22-A24).

Zu 5.3

In diesem recht umfangreichen Lernabschnitt wird Übersicht und leichter Zugang dadurch erreicht, dass die unterschiedlichen Themen modular und seitenweise geordnet behandelt werden, sodass eine schnelle Zuordnung nach Kurstyp und gewünschten Inhalten möglich ist und Übersicht sicher stellt. In den einführenden Aufgaben wird der zentrale Anwendungsaspekt, die Berechnung von Inhalten krummlinig berandeter Flächen, erarbeitet und im Basiswissen gesichert. In vielfältigen Übungen wird dies dann durchgearbeitet, dabei werden immer wieder Bezüge zu bekannten Inhalten hergestellt, um Vernetzungen und festigendes Üben zu sichern. Dazu gehört auch eine Wiederaufnahme der „Rekonstruktion aus Änderungen" (A25-A27).
Auf Themenseiten folgen dann, unabhängig voneinander
  (1) die Bestimmung der Volumina von Rotationskörpern,
  (2) die Berechnung von Bogenlängen,
  (3) die Untersuchung uneigentlicher Integrale,
  (4) die dritte Grundvorstellung zum Integral (Integral als Mittelwert).
Jedes Mal werden verstehensorientierte, auf Plausibilitätsargumenten fußende Hinführungen gegeben. Mit Einkommensverteilungen und Fragen im Zusammenhang von Angebot und Nachfrage stehen am Ende zwei projektartig angelegte Aufgabenserien aus den Wirtschafts- und Sozialwissenschaften im Mittelpunkt, bei denen Modellierungskompetenzen gestärkt und ausgebaut werden können.

Lösungen

5.1 Von der Änderungs- zur Bestandsfunktion

192 1. a)

Zeitintervall (in min)	Aktion
t ∈ [0; 25]	Konstanter Zufluss: 10 l/min
t ∈ [25; 30]	Konstanter Abfluss: −16 l/min
t ∈ [30; 35]	Konstanter Zufluss: 14 l/min
t ∈ [35; 55]	Keine Aktion
t ∈ [55; 70]	Konstanter Abfluss: −16 l/min

Der Zufluss bzw. Abfluss ist die Änderungsrate des Wasserbestandes in der Badewanne.

b)

Zeitpunkt t (in min)	Füllmenge (in Liter)
5	50
10	100
15	150
20	200
25	250
30	170
35	240
…	240
55	240
60	160
65	80
70	0

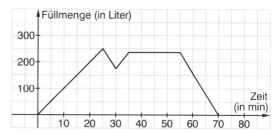

Der Graph Zeit → Füllmenge beschreibt Inhalte der Flächen, die im Intervall [0; t] zwischen dem Zuflussgraphen und der Zeitachse eingeschlossen sind. Die Flächeninhalte oberhalb der Zeitachse im Zuflussdiagramm vergrößern und die unterhalb der Zeitachse verkleinern die Füllmenge.

c)

Zeitpunkt t (in min)	Füllmenge (in Liter)
20	20 · 10 = 200 Inhalt des Rechtecks
25	25 · 10 = 250 Inhalt des Rechtecks
30	25 · 10 − 5 · 16 = 170 Inhalt des Rechtecks oberhalb der Zeitachse minus Inhalt des Rechtecks unterhalb der Zeitachse
70	25 · 10 − 5 · 16 + 5 · 14 + 20 · 0 − 15 · 16 = 0 Inhalte der Rechtecke oberhalb der Zeitachse gehen mit positivem Vorzeichen und die Inhalte der Rechtecke unterhalb der Zeitachse gehen mit negativem Vorzeichen in die Bilanz ein.

193

2. a) In den ersten 20 Sekunden beschleunigt das Auto von $0\,\frac{m}{s}$ auf $30\,\frac{m}{s}$ und fährt mit erreichter Geschwindigkeit weitere 12 Sekunden.

b) Wegstrecke: $10s \cdot 30\,\frac{m}{s} = 300\,m$ (Geometrisch: Flächeninhalt des gefärbten Rechtecks)

c) Problem: Die Fläche ist von einem krummlinigen Graphen begrenzt. Schätzung: ca. 400 m

d) Die Aussage passt. Bildsequenz: Die Fläche unter der Kurve lässt sich durch immer schmaler werdende Rechtecke immer besser annähern.

e)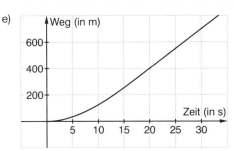

3. a) Gewinn in Zeitintervallen [0; 9] und [14; 18], Verlust im Zeitintervall [9; 14]. (Die Zeitangabe bedeutet das Ende eines Monats.)

b) Gesamter Gewinn beträgt ca. $1575 - 350 + 600 = 1825$ (in Tausend €).

196

4.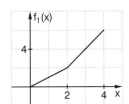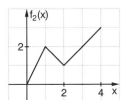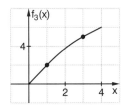

5. a) Der Ball wird immer schneller und seine Beschleunigung (d.h. momentane Steigung im Geschwindigkeitsgraphen) wird immer größer. Danach rollt er mit erreichter Geschwindigkeit und wird plötzlich, z.B. durch ein Hindernis, abgebremst.

b) Der Inhalt der Fläche unter dem Graphen entspricht dem Weg, den der Ball zurückgelegt hat.

c) Die Bestandsfunktion der Geschwindigkeit ist die im Intervall [0; t] zurückgelegte Wegstrecke.

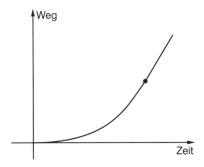

196 6. a)

Graph oberhalb der Zeitachse	Graph unterhalb der Zeitachse
Das Wasser fließt in den Speichersee. Je höher der Graph der Zuflussrate, desto schneller fließt das Wasser in den See.	Das Wasser fließt aus dem Speichersee. Je tiefer der Graph der Zuflussrate, desto schneller fließt das Wasser aus dem See.

b) Schätzung: Die Wassermenge hat sich um ca. 200 m³ bis 230 m³ verringert.
c) Graph Zeit → zugeflossene Wassermenge:

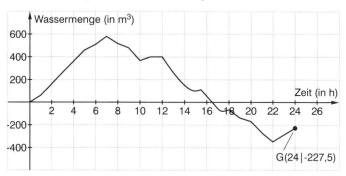

197 7. Mögliches Geschwindigkeit-Zeit-Diagramm (Modell Streckenzug):

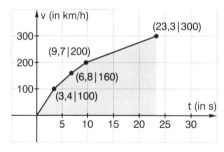

Bis der Wagen 300 $\frac{km}{h}$ schnell ist, legt er nach dem oben gewählten Modell ca. 1,26 km zurück. Lösungsweg: Die zurückgelegte Wegstrecke entspricht dem Flächeninhalt unter dem Graphen der Geschwindigkeit. Dieser Inhalt beträgt ca. 4534 Einheiten, wobei 1 Einheit = 1s · 1 $\frac{km}{h}$ = $\frac{1}{3600}$ km gilt.

Die Wegstrecke beträgt also 4534 · $\frac{1}{3600}$ km ≈ 1,26 km.

8. a) Der Lkw 1 fährt mit gleichmäßiger Beschleunigung von 10 $\frac{km}{h}$ pro Minute und überholt so den Lkw 2, der in der ersten Minute mit 40 $\frac{km}{h}$ fährt. Der Lkw 2 beschleunigt dann aber seinerseits in den folgenden 3 Minuten und ist ab dem Zeitpunkt t_2 schneller als Lkw 1. Die Bestandsfunktion der Geschwindigkeit ist die im Zeitintervall [0; t] zurückgelegte Strecke.

197

8. a) Fortsetzung

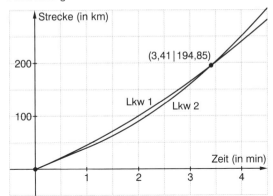

b)

Begründung im Kontext der Sachsituation:	Begründung anhand des Geschwindigkeit-Zeit-Diagramms
Der Lkw 1 war zu jedem Zeitpunkt in $[0;\,t_1]$ schneller als der Lkw 2 und hat deshalb im selben Zeitintervall eine größere Strecke zurückgelegt.	Der zurückgelegten Strecke entspricht der orientierte Flächeninhalt unter dem Graphen der Geschwindigkeit. Dieser orientierte Flächeninhalt in $[0;\,t_1]$ ist bei Lkw 1 größer als bei Lkw 2.

c) Der Lkw 2 überholt den Lkw 1 zum Zeitpunkt t ≈ 3,4 min.

9. Die Aussagen stimmen. Das überholende Fahrzeug muss laut Text innerhalb von 45 s eine um mindestens 50 m + 25 m + 50 m = 125 m größere Strecke zurücklegen als das überholte Fahrzeug. Diese Bedingung wird bei 70 $\frac{km}{h}$ bzw. 80 $\frac{km}{h}$ eingehalten:

Der Streckenunterschied nach 45 s ist die Differenz der orientierten Flächeninhalte der beiden Fahrzeuge im Geschwindigkeit-Zeit-Diagramm.
Sie beträgt 10 $\frac{km}{h}$ · 45 s = $\frac{10000}{3600}$ $\frac{m}{s}$ · 45 s = 125 m.

198

10. Die Fläche unter dem krummlinigen Graphen lässt sich durch immer schmaler werdende Rechtecke immer besser annähern. Die Fläche eines Rechtecks ist gleich „Gewinnzufluss mal Zeitspanne", und das ist der Gewinn in dieser Zeitspanne. Aus einzelnen Gewinnen setzt sich der Gesamtgewinn zusammen.

11. a) Entwicklung des Gewinnzuflusses:

Zeit in Tagen	Gewinnzufluss in €/Tag
0	–300
300	0
900	600
1200	600

In [0; 300] tägliche Verluste, die gleichmäßig geringer werden;
in [300; 900] täglicher Gewinnzufluss, der gleichmäßig größer wird;
in [900; ...] konstanter täglicher Gewinnzufluss.

198 11. b)

Zeit in Tagen	Gesamtgewinn in €
0	0
150	−33750
300	−45000
450	−33750
600	0
750	56250
900	135000
1050	225000
1200	315000

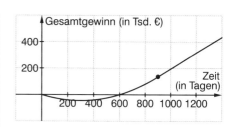

Zur Kontrolle mit Integral:

Gesamtgewinn $(x) = \begin{cases} \frac{x^2}{x} - 300x, & 0 \leq x < 900 \\ 600x - 405000, & 900 \leq x \end{cases}$

12. Das Verfahren soll zum Ziel haben, den orientierten Flächeninhalt unter dem Graphen zu schätzen. Dafür existieren verschiedene Möglichkeiten, z. B. das Annähern mit Rechtecken. (Zur Kontrolle mit Integral: Es sind ca. 988 Netzteile herzustellen.)

199 13. a) Die Fläche beträgt ca. 1031,25 (Näherungswert mit 4 Trapezen) bzw. 1075 (Näherungswert mit 10 Trapezen). (Zur Kontrolle mit Integral: $1083,\overline{3}$)

b) Genauer gesagt, fehlt der Faktor $\frac{1}{2}$ bei den übrigen Werten von f in der Trapezformel, weil sie jeweils doppelt in die Rechnung eingehen.
Hier ein Beispiel mit 2 Trapezen:

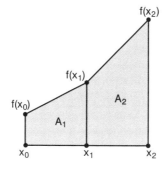

$A = A_1 + A_2 = \Delta x \cdot \frac{1}{2}(f(x_0) + f(x_1)) + \Delta x \cdot \frac{1}{2}(f(x_1) + f(x_2))$
$= \Delta x \cdot \left(\frac{1}{2} f(x_0) + f(x_1) + \frac{1}{2} f(x_2)\right)$

14. Es sind ca. 14040 m³ Wasser geflossen (Anwenden der Trapezformel mit $\Delta t = 3\,h = 180\,min$).

15. Die mit der Trapezformel berechnete Gasmenge beträgt 9,57 Millionen m³.
(Zur Kontrolle mit Integral: ca. 9,95 Millionen m³)

200 16. a) Die passenden Paare: (1)–(D), (2)–(C), (3)–(B), (4)–(A)
b) Gesucht ist jeweils die Funktion f, sodass ihre Ableitung mit f′ übereinstimmt.

200   16. b) Fortsetzung

(1)	f'(x) = 2	f(x) = 2x	(D)
(2)	f'(x) = –1,5 + 0,5x	f(x) = –1,5 x + 0,25 x²	(C)
(3)	f'(x) = 0,25 (x – 4)² = 0,25 x² – 2x + 4	f(x) = $\frac{1}{12}$x³ – x² + 4x	(B)
(4)	f'(x) = 3 – x	f(x) = 3x – 0,5 x²	(A)

17. a) f(t) = 20 t + 6 t²
    b) Nach 4 Minuten sind f(4) = 176 Liter Wasser geflossen. Die 250 Liter sind nach 5 Minuten geflossen: f(t) = 250 ⇔ t = 5 oder t = $-\frac{25}{3}$ (Letzterer Wert ist irrelevant, da dieser nicht im Beobachtungszeitraum liegt.)

18. a) $f_1(x) = x + 0{,}25x^2$, $f_2(x) = -\frac{1}{6}x^3 + 3x$, $f_3(x) = \frac{1}{40}x^4 + 0{,}25x^2$
    b) Schüleraktivität

201   19.

	Fallzeit t (Gesucht ist t mit 1,4 = s(t) = $\frac{1}{2}$gt²)	Aufprallgeschwindigkeit v(t)=gt mit der Fallzeit t
Mond g = 1,67 $\frac{m}{s^2}$	ca. 1,29 s	ca. 2,16 $\frac{m}{s}$
Erde g = 9,81 $\frac{m}{s^2}$	ca. 0,53 s	ca. 5,24 $\frac{m}{s}$

20. Das Fahrzeug hat 25 m zurückgelegt.
    Lösungsweg: v(t) = 0,6 t² ⇒ s(t) = 0,2 t³ ⇒ s(5) = 25 m

5.2 Integralfunktion, Stammfunktion und Hauptsatz der Differenzialrechnung

202   1. a)

Gemeinsamkeiten	Unterschiede
Die Bestandsfunktion und die Integralfunktion geben den Wert des orientierten Flächeninhalts unter dem Graphen einer Funktion an.	Die Berandungsfunktion muss nicht die Änderungsrate eines Bestandes darstellen.
Die linke Intervallgrenze ist fest, die rechte variabel.	Bei der Bestandsfunktion ist die linke Intervallgrenze oftmals gleich Null (z. B. als Beginn der Beobachtung), bei der Integralfunktion ist sie eine beliebige (fest gewählte) reelle Zahl.

b) Nur g kann der Graph von $I_1(x)$ sein, denn:
   (i) Die im Intervall [1;1] eingeschlossene Fläche hat die Breite Null.
       ⇒ Der orientierte Flächeninhalt hat in [1;1] den Wert Null.
       ⇒ Es muss $I_1(1) = 0$ gelten. Der Graph von h kommt nicht infrage.

202 1. b) Fortsetzung
   (ii) f schließt in [1; 2] einen negativ orientierten Flächeninhalt ein und wechselt an der Stelle x = 2 in den positiven Wertebereich.
   ⇒ Der orientierte Flächeninhalt muss an der Stelle x = 2 einen Tiefpunkt besitzen. Der Graph von k kommt nicht infrage.

203 2. a) (1) Vermutung: Es gelten $I_0(x) = I_{-1}(x) + 3$ und $I_1(x) = I_0(x) + 5$. Die drei Integralfunktionen mit unterschiedlichen linken Grenzen unterscheiden sich jeweils um eine Konstante und ihre Graphen nur um eine Verschiebung entlang der y-Achse.
   (2) $I_a(x)$ und $I_b(x)$ unterscheiden sich um den Wert c des orientierten Flächeninhalts in [a; b].
   Geometrische Bedeutung: $I_b(x)$ ist um die Konstante c auf der y-Achse verschoben.
   b) (1) Vermutung: Die Berandungsfunktion könnte die Ableitung von $I_a(x)$ sein.
   (2) Es gelten $f(x) = 3 - 2x$, $I_0(x) = 3x - x^2$ und $I_1(x) = 3x - x^2 - 2$. Tatsächlich ist f(x) die Ableitung von $I_a(x)$. Die Konstante c ist in Abhängigkeit von a so zu wählen, dass $I_a(a) = 0$ gilt.
   (3) Schüleraktivität

205 3. a) Roter Graph: $f(x) = 2 - 0{,}5x$;   Blauer Graph: $I_2(x) = 2x - \frac{1}{4}x^2 - 3$

   b) Der blaue Graph geht aus dem Graphen von $I_0(x) = 2x - \frac{1}{4}x^2$ durch eine Verschiebung um 3 LE nach unten hervor.

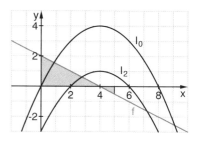

   4. a) Wahr, denn es gelten $(I_0(x))' = f(x)$ und $I_0(0) = 0$.
   b) $I_{-2}(x) = \frac{1}{3}x^3 - 2x^2 + \frac{32}{3}$; $I_3(x) = \frac{1}{3}x^3 - 2x^2 + 9$
   c) Der orientierte Flächeninhalt hat den Wert –9.
   Lösungsansatz z. B.: $I_0(4) - I_0(1) = -9$

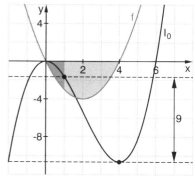

205

5. a) (1) $\int_a^a f = 0$ (2) –

(3) Für $a < b < c$ gilt $\int_a^c f = \int_a^b f + \int_b^c f$.

b)
(1)	Die eingeschlossene Fläche hat die Breite 0 und somit den orientierten Flächeninhalt mit dem Wert 0.
(2)	Der orientierte Flächeninhalt in [a; x] setzt sich zusammen aus dem orientierten Flächeninhalt in [b; x] und dem konstanten Wert k des orientierten Flächeninhalts in [a; b].
(3)	Der orientierte Flächeninhalt in [a; c] setzt sich aus dem orientierten Flächeninhalt in [a; b] und dem orientierten Flächeninhalt in [b; c] zusammen.

6.
Aussage	Wahrheitswert	Begründung
a)	richtig	Anfangsbedingung
b)	richtig	Anfangsbedingung
c)	falsch	Gegenbeispiel: $x = 2$
d)	falsch	Gegenbeispiele: $x = a$ oder $x \approx 8$
e)	richtig	$d = \int_0^1 f$
f)	falsch	$I_a(b)$ beschreibt stets den orientierten Flächeninhalt; dieser setzt sich aus den orientierten Inhalten der Teilflächen zusammen. Zu dem Flächenstück S_1 gehört der orientierte Flächeninhalt $-S_1$.
g)	richtig	Siehe Begründung zu f)

206

7. Schüleraktivität

8. Die Integralfunktion I_0 ist an der Stelle x_0, an welcher der Graph von f unstetig ist, nicht differenzierbar, denn:
   - Der Graph von I_0 hat an der Stelle x_0 einen Knick.
   - Die Sekantensteigungen des Graphen von I_0 haben links und rechts der Stelle x_0 für $x \to x_0$ unterschiedliche Grenzwerte; der Grenzwert der Sekantensteigung von I_0 existiert dort also nicht.

Skizze der zugehörigen Integralfunktion zu

$f(x) = \begin{cases} 2 \text{ für } 0 \leq x < 2 \\ 1 \text{ für } 2 \leq x \leq 4 \end{cases}$

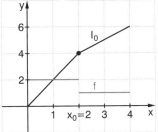

9. In allen drei Fällen a) – c) ist f(x) stetig. Für eine Integralfunktion müssen die folgenden Bedingungen gelten:

   1) $I_a(a) = 0$ (Anfangsbedingung)
   2) $(I_a(x))' = f(x)$ (Integralfunktion ist Stammfunktion von f)

206 **9. Fortsetzung**
a) Beide Integralfunktionen sind richtig angegeben.
b) Nur $I_{-3}(x)$ ist richtig angegeben. Der Term für $I_0(x)$ erfüllt die Anfangsbedingung nicht.
c) Nur $I_0(x) = 3x$ ist richtig angegeben. Der Term für $I_0(x) = 3$ ist keine Stammfunktion zu f. Der Term für $I_2(x) = 3x$ erfüllt die Anfangsbedingung nicht.

10.

a)	b)	c)	d)
$I_0(x) = 1{,}5x^2 - x$	$I_0(x) = -\cos(x) + 1$	$I_0(x) = x^4 + 0{,}5x^2 - 2x$	$I_2(x) = \frac{1}{x} - 0{,}5$
$I_{-3}(x) = 1{,}5x^2 - x - 10{,}5$	$I_\pi(x) = -\cos(x) - 1$	$I_{-2}(x) = x^4 + 0{,}5x^2 - 2x - 22$	(für $x > 0$)

11.

a) $I_1(4) = 6$	b) $I_0(3) = -\frac{27}{4} = -6{,}75$
c) $I_2(4) = 4$	d) $I_1(3) = 6$

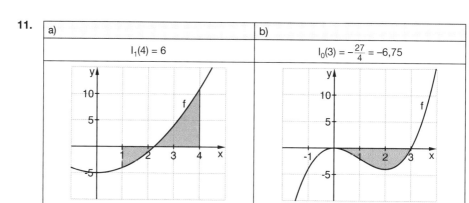
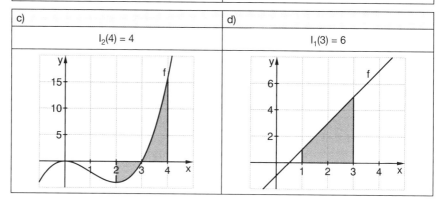

207 **12.**
a) F_1, F_2, F_4 und F_5 sind Stammfunktionen zu $f(x)$, F_3 dagegen nicht. Dabei gilt nach dem Hauptsatz: $(F_4(x))' = (I_0(x))' = f(x)$; $(F_5(x))' = (I_2(x))' = f(x)$
b) Beweis mithilfe der Summenregel der Ableitung und der Definition der Stammfunktion:
$(F(x) + c)' = F'(x) + c' = f(x)$ $(c \in \mathbb{R})$

208 **13.** Probe: $(F(x))' = f(x)$, falls $F(x)$ Stammfunktion zu f ist.
a) Wahr c) Wahr
b) Wahr d) Falsch

208

14.

a)	$F(x) = 0{,}25x^4 - x^2 + x$
b)	$F(x) = 0{,}5x^2 - \cos(x)$
c)	$F(x) = 2x^{\frac{3}{2}}$
d)	$F(x) = \frac{4}{7}x^7$
e)	$F(x) = -3a \cdot \cos(x)$
f)	$F(x) = 2\sqrt{x}$

15.

a)	$F(x) = \frac{2}{3}x^{\frac{3}{2}} + \frac{1}{2}x^2$
b)	$F(x) = \frac{1}{3}x^3 - 2x^2 + 3x$ zu $f(x) = x^2 - 4x + 3$
c)	$F(x) = x^3 - 2x^2 + 5x$
d)	$F(x) = \frac{1}{3}x^3 + 2x^2 + 4x$ zu $f(x) = x^2 + 4x + 4$
e)	$F(x) = \frac{4}{3}ax^3 - ax^2$ zu $f(x) = 4ax^2 - 2ax$
f)	$F(x) = \frac{1}{3}x^3 - ax^2 + a^2x$ zu $f(x) = x^2 - 2ax + a^2$

16. a)

Regel	„Konstanter Faktor"	„Summenregel"
Voraussetzung	Sei F Stammfunktion zu f, $a \in \mathbb{R}$ und $g = a \cdot f$.	Sei F Stammfunktion zu f und G Stammfunktion zu g.
Behauptung	$a \cdot F$ ist Stammfunktion zu g.	$F+G$ ist Stammfunktion zu $f+g$.
Begründung	$(a \cdot F)' = a \cdot F' = a \cdot f = g$ Die erste Gleichung ist die Regel „konstanter Faktor" der Differenzialrechnung.	$(F + G)' = F' + G' = f + g$ Die erste Gleichung ist die Summenregel der Differenzialrechnung.

b) • Durch die Vervielfachung aller Werte einer Funktion vervielfacht sich im gleichen Maße der orientierte Inhalt der Fläche, die zwischen dem Graphen der Funktion und der x-Achse in einem Intervall eingeschlossen ist.
• Der orientierte Inhalt der Fläche unter dem Graphen einer Summenfunktion setzt sich zusammen aus den orientierten Inhalten der Flächen unter den Summandenfunktionen.

17. Hauptsatz: $\int_a^b f(x)dx = [F(x)]_a^b = F(b) - F(a)$ mit einer Stammfunktion F zu f

a)	b)	c)	d)	e)	f)
15	4	1	$\frac{2}{3} = 0{,}\overline{6}$	$\frac{40}{3} = 13{,}\overline{3}$	8

209

18. Unterscheidet sich eine Funktion von einer anderen nur um das Vorzeichen, so gilt dasselbe auch für ihre Integralwerte im Intervall [a; b].
Geometrische Begründung:
Entsteht der Graph einer neuen Funktion g durch Spiegelung des Graphen der gegebenen Funktion f an der x-Achse, so sind die jeweils in [a; b] eingeschlossenen Flächen kongruent, aber entgegengesetzt orientiert. Die Integralwerte, die diesen Flächeninhalten entsprechen, unterscheiden sich nur um das Vorzeichen.

209

19. Für positive Zahlen a und b gilt

$$\int_0^a b = [b \cdot x]_0^a = b \cdot a - b \cdot 0 = b \cdot a.$$

Der Flächeninhalt eines Rechtecks mit den Seitenlängen a und b ist gleich Breite · Höhe = a · b.

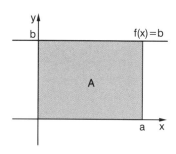

20. a) Es gelte f(x) ≥ 0 für alle x ∈ [a; b]. Seien m = f_{min} das Minimum bzw. M = f_{max} das Maximum der Funktion f in [a; b]. Der (orientierte) Inhalt der Fläche unter dem Graphen von f in [a; b] lässt sich nach unten und nach oben durch Inhalte von zwei Rechtecken jeweils der Breite b − a abschätzen. Die Rechtecke haben die Höhe m bzw. M.

b)

	(1)	(2)	(3)
b − a	2	3	1
m = f_{min}	1	1	2
M = f_{max}	3	5	4
Abschätzung des Integralwerts	$2 \leq \int_2^4 f \leq 6$	$3 \leq \int_{1,5}^{4,5} f \leq 15$	$2 \leq \int_1^2 f \leq 4$
exakter Wert	$\int_2^4 f = 4$	$\int_{1,5}^{4,5} f = 9$	noch unbekannt $\left(\frac{2}{\ln(2)} \approx 2{,}885\right)$
Skizze			

21. a) Integrale aus dem Lehrbuch:

$$\int_1^2 4x^3 \, dx = 15 \qquad \int_{-1}^1 (5x^2 - 1)dx = 1{,}\overline{3}$$

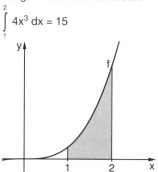

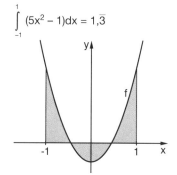

209 21. a) Fortsetzung

$$\int_0^5 (10t + 3)\,dt = 140 \qquad \int_0^{\pi/2} \sin(u)\,du = 1$$

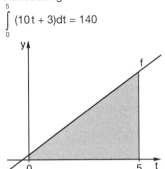
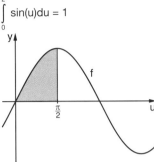

Integralbestimmung mit einem CAS: Die Integrationsvariablen sind x, t oder u.

$$\int_{-2}^0 (2x^3 - x)\,dx = -6 \qquad \int_1^7 \tfrac{1}{2}t^2\,dt = 57 \qquad \int_{-3}^1 (2u + u^2)\,du = \tfrac{4}{3}$$

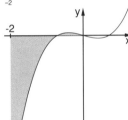
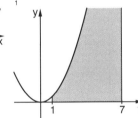
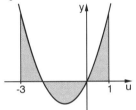

b)

(1)	$\int_0^1 (tx^2 + 2)\,dx = \tfrac{t}{3} + 2$
(2)	$\int_0^1 (tx^2 + 2)\,dt = \tfrac{x^2}{2} + 2$
(3)	$\int_{-1}^1 (ax - a)\,dx = -2a$
(4)	$\int_{-1}^1 (ax - a)\,da = 0$

c) Herleitung:
- $\int_0^a (x^2)\,dx = \left[\tfrac{x^3}{3}\right]_0^a = \tfrac{a^3}{3}$
- Der Term $\int_0^a x^2\,da$ enthält einen Fehler: Die Integrationsvariable a „läuft" von 0 bis a.
- $\int_0^a (a^2)\,dx = [a^2 x]_{x=0}^{x=a} = a^2 \cdot a - a^2 \cdot 0 = a^3$

210 22. a) Die Zuflussgeschwindigkeit ist zu Beginn gleich Null und steigt erst schnell, dann immer langsamer, bis sie ihr Maximum nach t = 2,5 h erreicht. Im Zeitintervall [2,5; 5] nimmt die Zuflussgeschwindigkeit erst langsam, dann immer schneller ab und sinkt auf Null nach t = 5 h.

b) Die in der Zeitspanne zwischen 0 und t zugeflossene Wassermenge (in m³):

$$I_0(t) = \int_0^t v(x)\,dx = 2{,}5t^2 - \tfrac{1}{3}t^3$$

22. c) In den ersten 4 Stunden sind ca. 18,7 m³ Wasser zugeflossen: $I_0(4) = \frac{56}{3} = 18,\overline{6}$

23. a) Am Ende des 0-ten Monats beträgt der Verlust 1200 €/Woche. Bis Mitte des 3. Monats werden die Verluste geringer, daraufhin und bis zur Mitte des 12. Monats werden wöchentlich Gewinne erzielt; der maximale wöchentliche Gewinn ist am Ende des 8. Monats zu verzeichnen. Kurz vor Ablauf des Jahres endet die Zeitspanne der wöchentlichen Gewinne.

b) In den ersten 4 Monaten spricht man besser von einem Gesamtverlust von $\int_0^4 f = -960$ € (Einheit: $\frac{1\,€}{1\,\text{Woche}} \cdot 1\,\text{Monat} \approx \frac{1\,€}{7\,\text{Tage}} \cdot \frac{365\,\text{Tage}}{12} \approx 4{,}345\,€$).

Der Gesamtverlust beträgt $-960 \cdot 4{,}345\,€ = 4171\,€$.

Der Gesamtgewinn von Beginn des 2. Monats (d. h. vom Ende des 1. Monats) bis zum Ende des 10. Monats beträgt $\int_1^{10} f = 19125\,€$, wobei eine Einheit 4,345 € beträgt. Das ergibt den Gesamtgewinn von $19125 \cdot 4{,}345\,€ \approx 83098\,€$.

24.

Abschnitt	Bestandsfunktion	Stetigkeitsbedingung für den Bestand (Bestand ändert sich nicht abrupt)
$0 \leq x < 4$	$f_1(x) = 10x$	$f_1(4) = 40 = f_2(4)$
$4 \leq x < 7$	$f_2(x) = -2{,}5x^2 + 30x - 40$	$f_2(7) = 47{,}5 = f_3(7)$
$7 \leq x \leq 10$	$f_3(x) = -5x + 82{,}5$	

Die Steigungen der Bestandsfunktionen an den Übergangsstellen $x = 4$ und $x = 7$ stimmen überein: $f_1'(4) = 10 = f_2'(4)$ und $f_2'(7) = -5 = f_3'(7)$.
Der Graph der Bestandsfunktion ist im Intervall [0; 10] knickfrei, die Bestandsfunktion ist dort differenzierbar.
Zum Vergleich: Die Funktion f' ist im Intervall [0; 10] stetig, aber nicht differenzierbar.
⇒ „Integration glättet"

25. Beide Aussagen sind wahr.

	a)	b)
Voraussetzungen	$f(-x) = -f(x)$ für alle $x \in \mathbb{R}$, f ist stetig	$f(-x) = f(x)$ für alle $x \in \mathbb{R}$, f ist stetig
Behauptung	$\int_{-a}^{a} f = 0$ $(a > 0)$	$\int_{-a}^{a} f = 2 \cdot \int_{0}^{a} f$ $(a > 0)$
Begründung	Der Graph von f schließt mit dem positiven Teil der x-Achse und mit dem negativen Teil der x-Achse kongruente Flächen ein (Kongruenzabbildung: Drehung). Beim Addieren heben sich die beiden unterschiedlich orientierten Flächeninhalte auf. $\int_{-a}^{a} f = \int_{-a}^{0} f + \int_{0}^{a} (-f) + \int_{0}^{a} f = 0$	Der Graph von f schließt mit dem positiven Teil der x-Achse und mit dem negativen Teil der x-Achse kongruente Flächen ein (Kongruenzabbildung: Spiegelung). Die Summe der beiden gleichsinnig orientierten Flächeninhalte ist das Doppelte eines dieser Inhalte. $\int_{-a}^{a} f = \int_{-a}^{0} f + \int_{0}^{a} f = \int_{0}^{a} f + \int_{0}^{a} f = 2 \cdot \int_{0}^{a} f$

210

25. Fortsetzung

Beispiel	a)	b)
	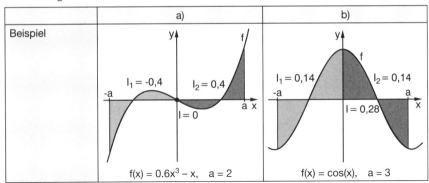 $f(x) = 0.6x^3 - x$, $a = 2$; $I_1 = -0.4$, $I_2 = 0.4$, $I = 0$	$f(x) = \cos(x)$, $a = 3$; $I_1 = 0.14$, $I_2 = 0.14$, $I = 0.28$

26.

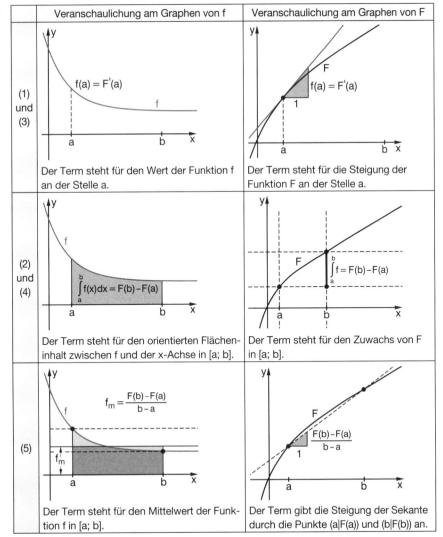

	Veranschaulichung am Graphen von f	Veranschaulichung am Graphen von F
(1) und (3)	Der Term steht für den Wert der Funktion f an der Stelle a.	Der Term steht für die Steigung der Funktion F an der Stelle a.
(2) und (4)	Der Term steht für den orientierten Flächeninhalt zwischen f und der x-Achse in [a; b].	Der Term steht für den Zuwachs von F in [a; b].
(5)	Der Term steht für den Mittelwert der Funktion f in [a; b].	Der Term gibt die Steigung der Sekante durch die Punkte (a|F(a)) und (b|F(b)) an.

211 27. a) Das Intervall [0;1] wird in n = 2 (n = 4, n = 8) gleiche Abschnitte geteilt. Jeder Abschnitt [x_i; x_{i+1}] bildet die Grundseite eines kleinen Rechtecks der Höhe f(x_i) und eines großen Rechtecks der Höhe f(x_{i+1}) (f ist in [0;1] monoton steigend). Je kleiner die Abschnitte [x_i; x_{i+1}] (d. h. je höher n ist), desto besser ist die Näherung an den Inhalt der Fläche A durch O_n und U_n.

O_2 = Breite mal Höhe des 1. großen Rechtecks + Breite mal Höhe des 2. großen Rechtecks

U_2 = Breite mal Höhe des 1. kleinen Rechtecks + Breite mal Höhe des 2. kleinen Rechtecks, analog für die anderen Ober- und Untersummen

$O_2 = \frac{5}{8} = 0{,}625$; $U_2 = \frac{1}{8} = 0{,}125$

$O_4 = \frac{15}{32} \approx 0{,}47$; $U_4 = \frac{7}{32} \approx 0{,}22$

$O_8 = \frac{51}{128} \approx 0{,}40$; $U_8 = \frac{35}{128} \approx 0{,}27$

Begründung für $U_n < A < O_n$:

f ist in [0;1] monoton steigend und positiv. U_n setzt sich aus n Inhalten der Rechtecke zusammen, denen jeweils ein Stück bis zur Fläche unter f in [x_i; x_{i+1}] fehlt. O_n setzt sich aus n Inhalten der Rechtecke zusammen, die jeweils um ein Flächenstück größer sind als die Fläche unter f in [x_i; x_{i+1}]. Damit ist A als Summe der Flächen unter f in [x_i; x_{i+1}] (i = 1, …, n) nach unten durch U_n und nach oben durch O_n begrenzt.

b) Begründung für die Formeln:

Der 1. Faktor bei allen Summanden ist die Breite der Rechtecke $x_{i+1} - x_i = \frac{1}{n}$. Der 2. Faktor („Höhe") bei den Summanden in der Formel für O_n (bzw. U_n) ist der Wert von f an der rechten (bzw. linken) Grenze des i-ten Rechtecks. Der Wert von f an der linken Grenze des i-ten Rechtecks ist zugleich der Wert von f an der rechten Grenze des (i-1)-ten Rechtecks.

$O_{100} = \frac{6767}{20000} = 0{,}33835$; $U_{100} = \frac{6567}{20000} = 0{,}32835$

$O_{1000} = \frac{667667}{2000000} = 0{,}3338335$; $U_{1000} = \frac{665667}{2000000} = 0{,}3328335$

212 28. $U_n = \frac{1}{n^3} \cdot (0^2 + 1^2 + \ldots + (n-1)^2) = \frac{1}{n^3} \cdot \frac{(n-1) \cdot n \cdot (2(n-1)+1)}{6}$

$= \frac{1}{n^3} \cdot \frac{(n-1) \cdot n \cdot (2n-1)}{6} = \frac{1}{6} \cdot \left(1 - \frac{1}{n}\right) \cdot 1 \cdot \left(2 - \frac{1}{n}\right) \xrightarrow[n \to \infty]{} \frac{1}{3}$

29. Schüleraktivität

213 30. a) Näherungswert bei der Zerlegung in 4 Scheiben:

$V_4 = \pi \cdot \sum_{k=1}^{4} (\sqrt{x_k})^2 \cdot \Delta x = \pi \cdot \Delta x \cdot \sum_{k=1}^{4} x_k = \pi \cdot \Delta x \cdot (1+2+3+4) = 10\pi$ (mit $\Delta x = 1$)

Näherungswert bei der Zerlegung in 8 Scheiben:

$V_8 = \pi \cdot \sum_{k=1}^{8} (\sqrt{x_k})^2 \cdot \Delta x = \pi \cdot \Delta x \cdot \sum_{k=1}^{8} x_k = \pi \cdot \Delta x \cdot \left(\frac{1}{2} + 1 + \frac{3}{2} + \ldots + \frac{7}{2} + 4\right)$

$= \pi \cdot \Delta x \cdot 18 = 9\pi$ (mit $\Delta x = \frac{1}{2}$)

b) $V = \pi \cdot \int_0^4 (\sqrt{x})^2 dx = 8\pi$

c) Die Integralformel $V = \pi \cdot \int_0^2 x^2 dx = \frac{8}{3}\pi$ und die geometrische Formel

$V_{Kegel} = \frac{1}{3}\pi \cdot 2^2 \cdot 2 = \frac{8}{3}\pi$ liefern gleiche Ergebnisse für das Kegelvolumen.

5.3 Anwendungen der Integralrechnung

215

1. Flächeninhalt der gefärbten Fläche (in FE):

   (1) $\int_{1}^{3} f = \frac{16}{3} = 5,\overline{3}$

   (2) $\left|\int_{-2}^{-1} f\right| + \int_{-1}^{3} f = 13$

   (3) $\left|\int_{-2}^{-1} f\right| + \int_{-1}^{3} f + \left|\int_{3}^{3,5} f\right| = 13 + \left|-\frac{13}{24}\right| = \frac{325}{24} \approx 13,54$

   Problem: Die Integralfunktion gibt die Bilanz der orientierten Flächeninhalte an. Die geometrischen Inhalte der Flächen müssen daher einzeln berücksichtigt werden und dürfen nicht negativ sein.

   Verfahren zur Bestimmung eines geometrischen Flächeninhalts:
   - Einzelne Flächenstücke identifizieren.
   - Die orientierten Inhalte der Flächenstücke einzeln berechnen.
   - Beträge der orientierten Flächeninhalte bilden und addieren.

2. (I) Die gefärbte Fläche entsteht, wenn man von der Fläche zwischen f und der x-Achse die Fläche zwischen g und der x-Achse subtrahiert. Entsprechend gilt für die Flächeninhalte:

   $A = \int_{a}^{b} f - \int_{a}^{b} g = \int_{a}^{b} (f - g)$

   a) (I)→(II): Der Graph von g liegt komplett unterhalb der x-Achse.
   Verallgemeinerung: Der Inhalt der gefärbten Fläche hat einen positiv und einen negativ orientierten Anteil.
   (II)→(III): Der Graph von g liegt teilweise unterhalb der x-Achse.
   Verallgemeinerung: Der positiv und der negativ orientierte Anteil hängen von den Nullstellen des Graphen von g ab.
   Mögliche Begründung (durch Rückführung auf Fall (I)): Statt f und g betrachte man f + k bzw. g + k mit einer Konstanten $k \in \mathbb{R}$ so, dass die neuen Graphen in [a; b] beide oberhalb der x-Achse liegen.
   Der Inhalt der eingeschlossenen Fläche ändert sich dabei nicht, also folgt:

   $A = \int_{a}^{b} (f + k) - \int_{a}^{b} (g + k) = \int_{a}^{b} (f + k - (g + k)) = \int_{a}^{b} (f - g)$

   b) (III)→(IV): Der Graph von g liegt teils oberhalb, teils unterhalb des Graphen von f.
   Das Integral $\int_{a}^{b} (f - g)$ gibt den Wert von $(-A_1 + A_2)$ an, es wird jedoch der Wert von $(A_1 + A_2)$ gesucht. Strategie: [a; b] wird in Intervalle mit $f(x) \geq g(x)$ und mit $f(x) \leq g(x)$ unterteilt. Auf jedem dieser Teilintervalle tritt der Fall (I) ein.
   Also folgt: $A = A_1 + A_2 = \int_{a}^{c} (f - g) + \int_{c}^{b} (g - f)$

217

3. Alle Flächeninhalte in FE:

   a) $A = \left|\int_{-1}^{1} f\right| = \frac{2}{3}$

   b) $A = \left|\int_{-1}^{1} f\right| = \frac{4}{3}$

   c) $A = \left|\int_{0}^{1} f\right| = \frac{2}{3}$

   d) Nullstellen von f: $-\sqrt{2}, \sqrt{2}$; $A = \left|\int_{-2}^{-\sqrt{2}} f\right| + \left|\int_{-\sqrt{2}}^{\sqrt{2}} f\right| + \left|\int_{\sqrt{2}}^{2} f\right| = \frac{8\sqrt{2} - 4}{3} \approx 2,44$

217 3. e) $A = \left|\int_0^\pi f\right| = 2$ f) $A = \left|\int_0^{\frac{\pi}{2}} f\right| + \left|\int_{\frac{\pi}{2}}^{\frac{3\pi}{2}} f\right| = 3$

218 4. Alle Flächeninhalte in FE:

a) Nullstellen von f: −2, 1; $A = \left|\int_{-1}^{1} f\right| + \left|\int_{1}^{3} f\right| = 12$

b) Nullstellen von f: −2, 2; $A = \left|\int_{-4}^{-2} f\right| + \left|\int_{-2}^{2} f\right| + \left|\int_{2}^{4} f\right| = 32$

c) Nullstellen von f: $\frac{\pi}{2}, \frac{3\pi}{2}$; $A = \left|\int_{0}^{\frac{\pi}{2}} f\right| + \left|\int_{\frac{\pi}{2}}^{\frac{3\pi}{2}} f\right| + \left|\int_{\frac{3\pi}{2}}^{2\pi} f\right| = 4$

d) f hat keine Nullstellen; $A = \left|\int_{1}^{4} f\right| = \frac{3}{4}$

e) Einzige Nullstelle von f: 0; $A = \left|\int_{-2}^{0} f\right| + \left|\int_{0}^{2} f\right| = 12$

f) Nullstellen von f: −π, 0, π; $A = \left|\int_{-\pi}^{0} f\right| + \left|\int_{0}^{\pi} f\right| = 4$

5. Die Nullstellen von f sind $-\frac{2}{\sqrt{3}} \approx -1{,}15$; $\frac{2}{\sqrt{3}} \approx 1{,}15$. Der Inhalt der gefärbten Fläche sei mit A bezeichnet.

a)

	Wert des Integrals	Inhalt A der gefärbten Fläche in FE	Vergleich
(I)	$I_0(-2{,}5) = \frac{45}{8} = 5{,}625$	$A = \left|\int_{-2{,}5}^{-\frac{2}{\sqrt{3}}} f\right| + \left|\int_{-\frac{2}{\sqrt{3}}}^{0} f\right| = \frac{32}{3\sqrt{3}} + \frac{45}{8} \approx 11{,}78$	$A > I_0(-2{,}5)$
(II)	$I_0(-0{,}7) = -2{,}457$	$A = \left|\int_{-0{,}7}^{0} f\right| = 2{,}457$	$A = |I_0(-0{,}7)| > I_0(-0{,}7)$
(III)	$I_0(1{,}15) \approx 3{,}079$	$A = \left|\int_{0}^{1{,}15} f\right| \approx 3{,}079$	$A = I_0(1{,}15)$
(IV)	$I_0(1{,}8) = \frac{171}{125} \approx 1{,}368$	$A = \left|\int_{0}^{\frac{2}{\sqrt{3}}} f\right| + \left|\int_{\frac{2}{\sqrt{3}}}^{1{,}8} f\right| = \frac{16}{3\sqrt{3}} + \left|\frac{171}{125} - \frac{16}{3\sqrt{3}}\right|$ $\approx 4{,}790$	$A > I_0(1{,}8)$

b) $I_0(k) = 0 \Leftrightarrow k = -2, k = 0$ oder $k = 2$

Dem Wert k = 0 entspricht eine Fläche der Breite 0 („keine Fläche"). In den Fällen k = −2 und k = 2 besteht die eingeschlossene Fläche aus 2 gleichgroßen Flächenstücken, von denen das eine oberhalb und das andere unterhalb der x-Achse liegt.

Jedes dieser Flächenstücke hat den Inhalt $A = \left|\int_{0}^{\frac{2}{\sqrt{3}}} f\right| = \frac{16\sqrt{3}}{9}$ FE.

Die eingeschlossene Fläche ist doppelt so groß, also $A = \frac{32\sqrt{3}}{9}$ FE ≈ 6,16 FE.

218

5. b) Fortsetzung

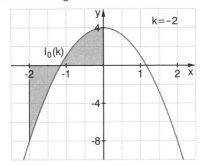
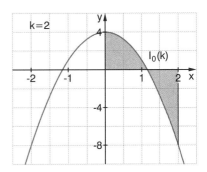

6.

	Nullstellen $x_1; ...; x_n$	$\int_a^b f$	$A = \left|\int_a^{x_1} f\right| + ... + \left|\int_{x_n}^b f\right|$	Vergleich zwischen $\int_a^b f$ und A
a)	–1; 1	$\frac{4}{3}$	4	$\int_a^b f < A$
b)	0	3,75	4,25	$\int_a^b f < A$
c)	$-\sqrt{5}$; 0; $\sqrt{5}$	$\frac{18}{25} \approx 0{,}72$	$\frac{4\sqrt{5}}{3} + \frac{18}{25} \approx 3{,}7$	$\int_a^b f < A$
d)	–1; 0; 1	0	$\frac{1}{2}$	$\int_a^b f < A$
e)	1	$\frac{28}{3} \approx 9{,}\overline{3}$	$\frac{28}{3} \approx 9{,}\overline{3}$	$\int_a^b f = A$ (alle Flächeninhalte sind positiv orientiert)

7. Nullstellen von f: a = –2; b = 0; c = 3

   $\int_a^c f = -\frac{125}{24} \approx -5{,}21$

   Inhalt der Fläche zwischen f und der x-Achse: $A = \left|\int_a^b f\right| = \left|\int_b^c f\right| = \frac{253}{24} \approx 10{,}54$ (in FE)

   Interpretation: $\int_a^c f$ ist die Bilanz eines kleinen positiv orientierten und eines großen negativ orientierten Flächeninhalts. A ist die Summe der positiven geometrischen Flächeninhalte. Daher gilt $\int_a^c f < A$.

8. a) Scheitelpunkt: S(0|2)
   Die Nullstellen von f_t existieren nur für t<0: $x_1 = -\sqrt{-\frac{2}{t}}$; $x_2 = \sqrt{-\frac{2}{t}}$

   b) $I_0(3) = 9t + 6$ für alle $t \in \mathbb{R}$

   c) • $I_0(3)$ gibt den Inhalt der Fläche in [0; 3] an, wenn
   (i) $t \geq 0$ oder wenn (ii) $-\frac{2}{9} \leq t < 0$ gilt, weil es dann in [0; 3] keine negativ orientierten Flächeninhalte gibt. Begründung zu (ii): Man löse die Ungleichung $x_2 \geq 3$.

218

8. c) Fortsetzung
   - Der Fall $I_0(3) = 0$ tritt ein, wenn die oberhalb und die unterhalb der x-Achse eingeschlossenen Flächeninhalte gleich groß sind: $I_0(3) = 0 \Leftrightarrow t = -\frac{2}{3}$ (siehe b)).
   - Für $t = 0$ schließt f_t mit der x-Achse in [0; 3] eine Rechtecksfläche der Höhe 2 und der Breite 3 ein.
   - Der Fall $I_0(3) < 0$ bedeutet: Die in [0; 3] eingeschlossene Fläche liegt überwiegend unterhalb der x-Achse.

9. a) Nullstellen von f_k: $x_1 = -\sqrt{k}$; $x_2 = \sqrt{k}$

   Inhalt der Fläche zwischen f_k und der x-Achse: $A = \left|\int_{x_1}^{x_2} f_k\right| = \frac{4}{3}k^{\frac{3}{2}}$. Es gilt: $A = \frac{9}{2} \Leftrightarrow k = \frac{9}{4}$

   b) Idee: Aufgrund der Achsensymmetrie von f_k gilt bereits $A_1 = A_3$. Man bestimme $k > 0$ so, dass $A_1 = A_2$ gilt. Das ist erreicht, wenn $\int_{-2}^{x_2} f_k = 0$ gilt. Lösung: $k = 1$

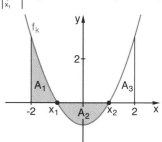

219

10. (1) $A = \int_{-1}^{1} ((2x + 4) - (x^2 + 2x + 3))dx = \left[x - \frac{x^3}{3}\right]_{-1}^{1} = \frac{4}{3} = 1,\overline{3}$

    (2) $A = \int_{-1}^{1} ((-2x^2 + 2) - (-x^2 + 1))dx = \left[x - \frac{x^3}{3}\right]_{-1}^{1} = \frac{4}{3} = 1,\overline{3}$

    (3) Drei Schnittstellen: -1; 0; 3 $\quad A = \int_{-1}^{0} ((x^3 - 3x) - 2x^2)dx + \int_{0}^{3} (2x^2 - (x^3 - 3x))dx$
    $= \frac{71}{6} = 11,8\overline{3}$

11. Lösungsmuster: Die Schnittstellen x_1; ...; x_n von f und g werden bestimmt. Die eingeschlossene Fläche hat den Inhalt $A = \left|\int_{x_1}^{x_2} (f - g)\right| + ... + \left|\int_{x_{n-1}}^{x_n} (f - g)\right|$.

	Schnittstellen	Flächeninhalt A	Grafik
a)	$-2\sqrt{2} \approx -2,83$; $2\sqrt{2} \approx 2,83$	$\frac{32\sqrt{2}}{3} \approx 15,08$	
b)	-2; 4	27	

11. Fortsetzung

	Schnittstellen	Flächeninhalt A	Grafik
c)	-2; 4	18	
d)	-2; 0; 1	$\frac{37}{12} = 3{,}08\overline{3}$	
e)	-1; 2	$4{,}5$	
f)	-1; 1; 3	8	

g) Hochpunkt von f ist $H(0|4) \Rightarrow k = 4$

Schnittstellen:
$x_1 = -\sqrt{8} \approx -2{,}83$; $x_2 = 0$; $x_3 = \sqrt{8} \approx 2{,}83$

Für alle $x \in [x_1; x_3]$ gilt $g(x) \geq f(x)$, daher folgt

$$A = \int_{x_1}^{x_3} (g - f) = \frac{128 \cdot \sqrt{2}}{15} \approx 12{,}07.$$

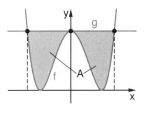

12. a) Idee: Man setze $h(x) = f(x) - g(x)$. Begründung: In den angegebenen Fällen haben die Graphen von f und g jeweils zwei Schnittstellen a und b. Im Intervall [a; b] gilt entweder $f(x) \geq g(x)$ oder $g(x) \geq f(x)$. Der Inhalt der von f und g eingeschlossenen Fläche ist gleich $A_1 = \left|\int_a^b (f - g)\right|$.

Die Nullstellen von $h(x)$ sind a und b. Der Graph von h schließt mit der x-Achse die Fläche mit dem Inhalt $A_2 = \left|\int_a^b h\right|$ ein. Wegen $h(x) = f(x) - g(x)$ folgt $A_1 = A_2$.

(A) $h(x) = -0{,}5x^2 + 4$ (B) $h(x) = -x^2 + 2x$
(C) $h(x) = x^2 - 4$ (D) $h(x) = 2x^2 - 4x$

12. b) Nach diesem Satz lassen sich die geometrisch komplizierten Flächenstücke, die zwischen den Graphen von zwei (stetigen) Funktionen eingeschlossen sind, in flächeninhaltsgleiche Flächenstücke mit übersichtlicher Form und Lage umwandeln. Statt Schnittstellen zweier Graphen müssen nun Nullstellen eines Graphen bestimmt werden. Die Integrationsgrenzen bleiben unverändert.
Begründung: Rückführung auf die Begründung in der Teilaufgabe a).

13. a) Nullstellen von f: 0; 3   Inhalt der Fläche: $A = \int_0^3 f = \frac{9}{4} = 2{,}25$ (in FE)

b) $P(1|f(1))$ ist Hochpunkt von f. Die Tangente in P ist somit waagerecht und hat die Gleichung $t(x) = \frac{4}{3}$. Die eingeschlossene Fläche hat den Inhalt
$\int_0^1 \left(\frac{4}{3} - f(x)\right)dx = \frac{5}{12} = 0{,}41\overline{6}$ (in FE).

c) Der Wendepunkt von f ist $W(2|\frac{2}{3})$. Die Steigung der Geraden g beträgt $\frac{f(2) - f(0)}{2 - 0} = \frac{1}{3}$.
Also gilt $g(x) = \frac{1}{3}x$. Der Inhalt der zwischen f und g eingeschlossenen Fläche ist gleich
$\int_0^2 (f - g) = \frac{4}{3}$. Den gleichen Inhalt hat die Fläche,

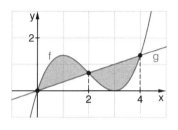

die im Intervall [2; 4] zwischen f und g eingeschlossen ist.
Begründung: $f(x) = g(x) \Leftrightarrow [x = 0$ oder $x = 2$ oder $x = 4] \Rightarrow \left|\int_2^4 (f - g)\right| = \frac{4}{3}$

14. Der Streifen ist so zu legen, dass $k = \frac{\sqrt{13} + 1}{2} \approx 2{,}3$ gilt.
Lösungsbeispiel:
f hat die Nullstellen 0 und 6. Das blaue Flächenstück hat den Inhalt
$A(k) = \int_k^{k+3} f = -\frac{1}{2}k^3 + \frac{3}{4}k^2 + \frac{9}{2}k + \frac{45}{8}$.
An der Stelle $k = \frac{\sqrt{13} + 1}{2} \approx 2{,}3$ ist dieser Flächeninhalt maximal.

15. a) f und g haben die gleichen Nullstellen: 0; 2

Der Graph von f schließt mit der x-Achse eine Fläche ein: $\int_0^2 f = \frac{16}{3} = 5{,}\overline{3}$ (in FE)

Der Graph von g schließt mit der x-Achse eine Fläche ein: $\int_0^2 g = \frac{12}{5} = 2{,}4$ (in FE)

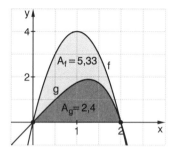

b) Die Graphen von f und g schließen miteinander oberhalb der x-Achse eine Fläche mit folgendem Inhalt ein: $\int_0^2 (f - g) = \frac{44}{15} = 2{,}9\overline{3}$ (in FE)

c) f und g haben folgende Schnittstellen:
$a = 0$; $b = 2$; $c = -1 - \sqrt{13} \approx -4{,}6$; $d = -1 + \sqrt{3} \approx 2{,}6$

15. c) Fortsetzung

Die Graphen von f und g schließen unterhalb der x-Achse 2 Flächen mit folgendem Inhalt ein:

$\left|\int_c^a (f-g)\right| \approx 90{,}28$ (in FE) sowie

$\left|\int_b^d (f-g)\right| \approx 0{,}15$ (in FE)

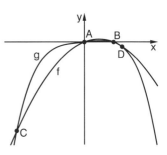

16. a) Die gesuchte Gerade: $g(x) = 9 - \left(\frac{3}{\sqrt[3]{2}}\right)^2 \approx 3{,}33$

Lösungsbeispiel:
Nullstellen von f: −3; 3
Der Graph von f schließt mit der x-Achse eine Fläche ein: $A = \int_{-3}^{3} f(x)dx = 36$ (in FE).

Schnittstellen der gesuchten Geraden g mit dem Graphen von f seien −k und k.
$\Rightarrow g(x) = 9 - k^2$ (g ist konstante Funktion)
f und g schließen miteinander die Fläche mit Inhalt $\int_{-k}^{k} (f(x) - g(x))dx = \frac{4}{3}k^3$ ein.

Dieser Flächeninhalt soll halb so groß wie A sein: $\frac{4}{3}k^3 = \frac{1}{2}A \Rightarrow k = \frac{3}{\sqrt[3]{2}} \approx 2{,}38$

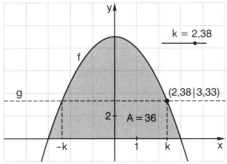

b) Die gesuchte Gerade: $g(x) = \left(3 - \frac{3}{\sqrt[3]{2}}\right)x \approx 0{,}62x$

Lösungsbeispiel:
Nullstellen von f: 0; 6
Der Graph von f schließt mit der x-Achse eine Fläche ein: $A = \int_0^6 f(x)dx = 18$ (in FE)

Die gesuchte Gerade schneidet den Graphen von f in den Punkten (0|0) und $P(a|f(a))$ mit $0 < a < 6$; sie hat also die Steigung $\frac{f(a)}{a} = 3 - 0{,}5a$.
$\Rightarrow g(x) = (3 - 0{,}5a)x$
f und g schließen miteinander eine Fläche mit Inhalt $\int_0^a (f(x) - g(x))dx = \frac{a^3}{12}$ ein.

Dieser Flächeninhalt soll halb so groß wie A sein: $\frac{a^3}{12} = \frac{1}{2}A \Rightarrow a = 3 \cdot 2^{\frac{2}{3}} \approx 4{,}76$

16. b) Fortsetzung

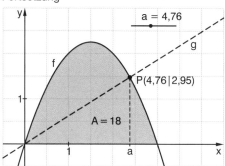

17. a) Die gesuchte Funktionsgleichung: $g(x) = \frac{1}{4}$

Rechnung: $A_1 = A_2 \Leftrightarrow A_1 + (-A_2) = 0 \Leftrightarrow \int_0^1 (t^3 - x^3)dx = 0 \Leftrightarrow t = \left(\frac{1}{4}\right)^{\frac{1}{3}}$

Probe: $A_1 = A_2 = \frac{3}{32} \cdot 2^{\frac{1}{3}} \approx 0{,}118$ (in FE)

b) Die gesuchte Funktionsgleichung: $g(x) = \frac{1}{8}$

Rechnung: $A_1(t) + A_2(t) = \int_0^t (t^3 - x^3)dx + \int_t^1 (x^3 - t^3)dx = 1{,}5t^4 - t^3 + 0{,}25$;

Minimum für $t = \frac{1}{2}$

Dann gilt: $A_1 + A_2 = \frac{7}{32} = 0{,}21875$ (in FE)

18. Lösungsbeispiel: Die Graphen von f und g schneiden sich an den Stellen $-\sqrt{3}$ und $\sqrt{3}$. Sie schließen die Fläche mit dem Inhalt $8\sqrt{3} \approx 13{,}86$ (in FE) ein. Die beiden unteren und die beiden oberen Eckpunkte des Rechtecks sind jeweils symmetrisch bezüglich der y-Achse, da f und g achsensymmetrisch sind. Seien $-a$ und a die x-Koordinaten der Eckpunkte des Rechtecks, dabei gelte $0 < a < \sqrt{3}$. Sein Flächeninhalt beträgt Breite · Höhe = $2a \cdot (g(a) - f(a)) = -4a^3 + 12a$. Dieser Flächeninhalt ist für $a = 1$ am größten und beträgt 8 FE. Die Koordinaten der Eckpunkte sind P(1|5), Q(1|1), P'(−1|5), Q'(−1|1). Die von f und g umschlossene Fläche ist um den Faktor $\sqrt{3}$ größer.

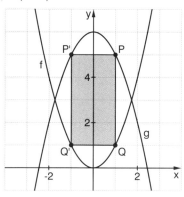

19. Schnittpunkte: A(1|2), B(2|1), C(4|4); Überschlag: 3FE; Beispiele für Strategien:

Strategie 1	Strategie 2
Eine Gerade durch B parallel zur y-Achse teilt die gefärbte Fläche in zwei Stücke. $A = \int_1^2 (h - g) + \int_2^4 (h - f) = \frac{17}{6} = 2{,}8\overline{3}$ (in FE)	Man berechnet die Inhalte der Flächen, die von h in [1; 4], von g in [1; 2] und von f in [2; 4] mit der x-Achse eingeschlossen werden. $A = \int_1^4 h - \int_1^2 g - \int_2^4 f = \frac{17}{6} = 2{,}8\overline{3}$ (in FE)

20. a) Beispiel für eine Beschreibung: Wenn der Streifen von links nach rechts wandert, nimmt der Umfang solange ab, bis die Symmetrieachsen des Streifens und der Parabel übereinstimmen. Danach nimmt der Umfang immer mehr zu.

b)

Funktionen	Schnittstellen	Streifenbreite	Flächeninhalt $A = \int_{x_1}^{x_2}(g-f)$
f und g_1	−2; 2	4	$\frac{32}{3} = 10,\overline{6}$
f und g_2	−1; 3	4	$\frac{32}{3} = 10,\overline{6}$
f und g_3	0; 4	4	$\frac{32}{3} = 10,\overline{6}$

Vermutung: Der Flächeninhalt bleibt konstant.
Für die Konstruktion der Segmente (mit $P(a \mid a^2)$, $Q(a+4 \mid (a+4)^2)$) gilt allgemein
$g(x) = (2a+4)(x-a) + a^2$ und damit $A = \int_a^b (g-f) = \frac{32}{3} = 10,\overline{6}$. Das bestätigt die
Vermutung für $f(x) = x^2$ und die Streifenbreite 4.

c) Sei b die Breite des Streifens und g(x) die Gerade, die die Parabel zu f_k in den Punkten $P(a \mid ka^2)$ und $Q(a+b \mid k(a+b)^2)$ schneidet. Für g(x) gilt die Funktionsgleichung $g(x) = (2a+b) \cdot k \cdot (x-a) + ka^2$. Der Flächeninhalt des Segments beträgt stets $\int_a^{a+b}(g-f) = \frac{b^3 \cdot k}{6}$, er hängt also nicht von der Stelle a des Punktes P ab.

21. a)

Funktion	Nullstellen $x_1; x_2$	Breite	Höhe	Integralformel $A = \int_{x_1}^{x_2} f$	Formel des Archimedes $A = \frac{2}{3} \cdot$ Breite $\cdot$ Höhe
f(x)	−2; 2	4	8	$\frac{64}{3}$	$\frac{64}{3}$
g(x)	−3; 2	5	$\frac{25}{4}$	$\frac{125}{6}$	$\frac{125}{6}$

Bemerkung: Die Höhe entspricht dem Wert der Funktion im Hochpunkt der Parabel.
Beobachtung: Die Formel des Archimedes wird durch die Integralrechnung für f und g bestätigt.

b) Nullstellen: $x_1 = -\sqrt{\frac{h}{a}}$; $x_2 = \sqrt{\frac{h}{a}}$ (mit $a \neq 0$, $\frac{h}{a} > 0$); Breite: $x_2 - x_1 = 2\sqrt{\frac{h}{a}}$
Hochpunkt: $(0 \mid h) \to$ Höhe: h
Beweis der Archimedesformel:
$\int_{x_1}^{x_2} f = [hx - \frac{1}{3}ax^3]_{x_1}^{x_2} = h(x_2 - x_1) - \frac{1}{3}a(x_2^3 - x_1^3) = (x_2 - x_1) \cdot (h - \frac{1}{3}a \cdot (x_2^2 + x_2 x_1 + x_1^2))$
$= $ Breite $\cdot \left(h - \frac{1}{3}a \cdot \left(\frac{h}{a} - \frac{h}{a} + \frac{h}{a}\right)\right) = $ Breite $\cdot \left(h - \frac{1}{3}h\right) = \frac{2}{3} \cdot$ Breite $\cdot$ Höhe

221 22. a) Beispiele:

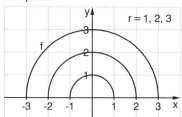
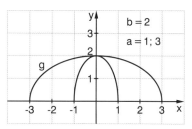

b)

Radius des Kreises	Nullstellen x_1; x_2	Flächeninhalt $A = 2 \cdot \int_{x_1}^{x_2} f(x)$	Flächeninhalt $A = \pi \cdot r^2$
1	−1; 1	π	π
2	−2; 2	4π	4π
4	−4; 4	16π	16π

| Halbachsen der Ellipse | | Nullstellen x_1; x_2 | Flächeninhalt $A = 2 \cdot \int_{x_1}^{x_2} f(x)$ | Flächeninhalt $A = \pi \cdot a \cdot b$ |
a	b			
3	2	−3; 3	6π	6π
1	2	−1; 1	2π	2π
4	1	−4; 4	4π	4π

Die nach der Integralmethode und die nach der Flächenformel berechneten Werte stimmen überein.

c) Die Fläche ist begrenzt:
von oben durch $f(x) = \sqrt{4 - x^2}$ (Halbkreis mit Radius 2 und Mittelpunkt in (0|0));
von unten durch $g(x) = \sqrt{3}$ (konstant gleich f(1)).
Der Flächeninhalt beträgt ca. 0,36 FE (Rechnung z. B.
$$A = \int_{-1}^{1} (f - g) = \int_{-1}^{1} (\sqrt{4 - x^2} - \sqrt{3})\,dx \approx 0{,}36).$$

23. Seien A_1, A_2, A_3 die Flächeninhalte der Schmuckstücke entsprechend den Abbildungen 1, 2 und 3. Das 1. Schmuckstück hat die größten Materialkosten, denn es gilt $A_1 > A_2 = A_3$.
Begründung: Um jeweils die gleichen Flächeneinheiten zu verwenden, ist die Wahl eines einheitlichen Koordinatensystems sinnvoll, z. B.: Das dargestellte Quadrat entspreche dem Fensterausschnitt $-1 \leq x \leq 1$; $-1 \leq y \leq 1$.
Bild 1: Geschickte Zerlegung und Verschiebung ergeben ein flächengleiches Rechteck, $A_1 = 2$ FE.
Bild 2 und Bild 3, einige alternative Begründungen (mit unterschiedlichen Modellierungen) anhand von Symmetrieüberlegungen:

Die Gesamtfläche des Schmuckstücks ist jeweils 4-mal so groß wie die Fläche zwischen $f(x) = \sqrt{x}$ und $g(x) = x^2$ in [0;1]: $A_2 = A_3 = 4 \cdot \int_0^1 (f - g) = \frac{4}{3}$ FE Analog wie oben: $f(x) = 1 - x^2$ und $g(x) = (x - 1)^2$ für A_3	Die Gesamtfläche des Schmuckstücks ist jeweils 8-mal so groß wie die Fläche zwischen $f(x) = x$ und $g(x) = x^2$ in [0;1]: $A_2 = A_3 = 8 \cdot \int_0^1 (f - g) = \frac{4}{3}$ FE

221 24. a) Der Rand des Flügels kann durch 2 Funktionen modelliert werden. Beim Drehen muss man jeweils auf die Eindeutigkeit der Funktionswerte achten.

b) Z. B. mit Regression:
$f(x) = -0{,}006x^4 - 0{,}018x^3 - 0{,}110x^2 + 0{,}294x + 3{,}392$
$g(x) = 0{,}024x^4 + 0{,}555x^3 - 0{,}015x^2 - 0{,}886x - 6$

c) $A = \int_{-4}^{4} (f - g) \approx 58{,}8$ FE = 2,35 cm²; 1 FE $\triangleq$ (2 mm)² = 0,04 cm²
Der Flächeninhalt des Flügels ist etwa so groß wie eine kleine Briefmarke oder eine Münze.

222 25. a) Am 1. Tag liefert die Quelle ca. 576 m³ Wasser:
$400 \, \frac{l}{min} \cdot 1$ Tag $= 400 \, \frac{l}{min} \cdot 24 \cdot 60$ min $= 576\,000$ l
Für die ersten 10 Tage können unterschiedliche Modelle gut passen. Bei der Prognose für den 15. Tag muss ein Modell gewählt werden, das ein Versiegen der Quelle berücksichtigt.

Modell	Prognose für die Wassermenge am 15. Tag
1. $f_1(x) = -17{,}2x + 406{,}9$ (lineare Regression)	$f_1(15) \cdot 1$ Tag $= 148{,}9 \, \frac{l}{min} \cdot 24 \cdot 60$ min $= 214\,416$ l ≈ 214 m³
2. $f_2(x) = 414{,}3 \cdot 0{,}95^x$ (exponentielle Regression)	$f_2(15) \cdot 1$ Tag $= 191{,}9 \, \frac{l}{min} \cdot 24 \cdot 60$ min $= 276\,300$ l ≈ 276 m³

b) In den ersten 10 Tagen wird $\int_{0}^{10} f(x)dx$ (in $\frac{l}{min} \cdot$ Tag) Wasser geliefert; nach dem 1. Modell sind es 4621 m³ und nach dem 2. Modell 4667 m³.

Wie viel Wasser die Quelle bis zum Versiegen liefert, entspricht dem positiv orientierten Flächeninhalt zwischen f und der x-Achse für x ≥ 10.
Nach dem 1. Modell versiegt die Quelle zum Zeitpunkt x = 23,66 Tage. Bis dahin liefert die Quelle 2310 m³.
$\int_{10}^{23{,}66} f_1(x)dx \approx 1604 \, \frac{l}{min} \cdot 24 \cdot 60$ min $= 2\,309\,760$ l ≈ 2310 m³

Nach dem 2. Modell versiegt die Quelle nie ganz, z. B. im Zeitraum [10; 365] liefert sie $\int_{10}^{365} f_2(x)dx \approx 4836 \, \frac{l}{min} \cdot 24 \cdot 60$ min $= 6\,963\,840$ l ≈ 6964 m³.
Spätere Liefermengen sind verschwindend gering.

26. a) Der Bestand nimmt in den ersten 12 Jahren zu (die Zuwachsrate ist dann positiv) und in den folgenden 8 Jahren ab (die Zuwachsrate ist dann negativ).

b) Der maximale Bestand ist am Ende der Wachstumsphase, d. h. nach 12 Jahren, erreicht.

c) Der maximale Bestand beträgt $100 + \int_{0}^{12} f(x)dx \approx 140$ Pflanzen.

Der minimale Bestand ist nicht am Ende der Abnahmephase, d.h. nach 20 Jahren, erreicht, sondern zu Beginn der Beobachtung (x = 0), denn zu jedem Zeitpunkt x > 0 wird die Gesamtänderung (Zuwachs) $\int_{0}^{x} f(t)dt$ positiv sein. Bestandswerte zum Vergleich: F(0) = 100; F(20) = 126,$\overline{6}$; für $0 \leq x \leq \frac{20}{3}$ gilt $100 \leq F(x) \leq 126{,}\overline{6}$

222 27. a) (A) ≙ f_1; (B) ≙ f_2; (C) ≙ f_3. Man betrachte jeweils die 2. Nullstelle:
(A) Der Helikopter steigt 20 s lang und sinkt 40 s lang.
(B) Der Helikopter steigt und sinkt jeweils 30 s lang.
(C) Der Helikopter steigt 40 s lang und sinkt 20 s lang.
Bedeutung der Nullstellen: Zu diesen Zeitpunkten setzt sich der Helikopter in Bewegung (t = 0 s) oder er ändert seine Bewegungsrichtung (Steigen ↔ Sinken).
Bedeutung der Extremstellen: Zu diesen Zeitpunkten steigt bzw. sinkt der Helikopter am schnellsten.

Gemeinsamkeiten von f_1, f_2, f_3	Unterschiede von f_1, f_2, f_3
Eine Steigphase am Anfang und eine Sinkphase zum Schluss.	Unterschiedliches Größenverhältnis der beiden Phasen, unterschiedliche Landehöhe.
Erst eine Rechtskurve, dann eine Linkskurve.	Unterschiedliche Extremwerte der Geschwindigkeit: (A) ist der schnellste auf dem Weg nach unten, (B) ist der schnellste auf dem Weg nach oben.

Der Helikopter (B) landet in der Ausgangshöhe (Gesamtänderung der Höhe beträgt Null).

b) Eine Minute nach dem Start erreichen die Helikopter die Höhe von $\int_0^{60} f(t)dt$ über der Starthöhe:
(A) –180 m   (B) 0 m   (C) 180 m
Die maximale Höhe wird am Ende der Steigphase erreicht.
Sie beträgt bei (A) ca. 33,33 m; bei (B) ca. 101,25 m; bei (C) ca. 213,33 m.

223 28. a) Die Phasen b und d stellen 2 Leistungsstufen der Wasserpumpe dar. In den Phasen a, c und e wird an-, um- bzw. ausgeschaltet. Zeitintervalle (in min):

a	b	c	d	e
[0; 0,5]	[0,5; 1,5]	[1,5; 2]	[2; 4]	[4; ca. 6,08]

b) Die Menge des bis zum Zeitpunkt x abgepumpten Wassers entspricht dem orientierten Flächeninhalt zwischen dem Graphen und der Zeitachse im Intervall [0; x].

c) Grafischer Verlauf ist ähnlich der Darstellung im Bild. In den „Stoßpunkten" stimmen die Funktionswerte überein. An den Stellen 0,5; 2 und 4 stimmen die Steigungen überein (jeweils gleich Null). Die Gesamtmenge des abgepumpten Wassers beträgt ca. 44,42 Liter:

$$\int_0^{0,5} a(x) + \int_{0,5}^{1,5} b(x) + \int_{1,5}^{2} c(x) + \int_{2}^{4} d(x) + \int_{4}^{6,08} e(x) \approx 44,42$$

29. a) Die Flächen oberhalb der Zeitachse entsprechen der Gewichtszunahme in kg; die Flächen unterhalb der Zeitachse entsprechen dem Gewichtsverlust in kg im Zeitraum [5;17] (in Tagen). Bei dem behandelten Ferkel B ist die Gewichtszunahme größer und der Gewichtsverlust kleiner als bei dem unbehandelten Ferkel A.

223 29. b)

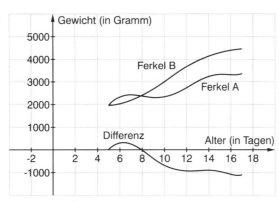

c) Das Integral $\int_5^x f_A(t)dt$ gibt die Gesamtänderung des Gewichts des Ferkels A vom 5. bis zum x-ten Lebenstag an. Entsprechende Bedeutung hat $\int_5^x f_B(t)dt$ für das Ferkel B. Die Differenz der beiden Integrale bedeutet den Unterschied bei der Gesamtänderung des Gewichts der beiden Ferkel im Zeitraum [5; x]. Ist diese Differenz negativ, so hat die Behandlung zu besserem Wachstum geführt.

224 30. a) $r_1 = f(3) = 1,5$; $r_2 = f(1) = 0,5$; $h = 2$ (alle Angaben in LE)

b) Summe der Volumina der beiden roten Scheiben:
$\pi \cdot (f(1))^2 \cdot 1 + \pi \cdot (f(2))^2 \cdot 1 = \frac{5}{4} \cdot \pi \approx 3,93$ (in VE)

Summe der Volumina der beiden blauen Scheiben:
$\pi \cdot (f(2))^2 \cdot 1 + \pi \cdot (f(3))^2 \cdot 1 = \frac{13}{4} \cdot \pi \approx 10,21$ (in VE)

Volumen des Kegelstumpfes, Schätzwert: ca. 7 VE

Volumen des Kegelstumpfes, Formelwert: $\frac{13}{6} \cdot \pi \approx 6,81$ (in VE)

c) Je größer n ist, desto näher schmiegen sich die Zylinderscheiben von innen und von außen an den Kegel.

225 31.

a)	b)	c)
$V = \frac{31}{20} \cdot \pi \approx 4,87$ (in VE)	$V = 16 \cdot \pi \approx 50,27$ (in VE)	$V = \frac{827}{1680} \cdot \pi \approx 1,55$ (in VE) (Der Wert hängt nicht von der Nullstelle in [a; b] ab.)

225

32. a) Volumina (in VE): $V_1 = \frac{\pi}{3} \approx 1{,}05$; $V_2 = \frac{\pi}{5} \approx 0{,}63$; $V_3 = \frac{\pi}{7} \approx 0{,}45$

b) Für $n \to \infty$ streben sowohl die Volumina V_n, als auch die Flächeninhalte A_n gegen Null, denn:

$$V_n = \pi \cdot \int_0^1 (x^n)^2 dx = \pi \cdot \left[\frac{x^{2n+1}}{2n+1}\right]_0^1 = \frac{\pi}{2n+1} \quad (n \neq -\tfrac{1}{2})$$

$$A_n = \pi \cdot \int_0^1 x^n dx = \left[\frac{x^{n+1}}{n+1}\right]_0^1 = \frac{1}{n+1} \quad (n \neq -1)$$

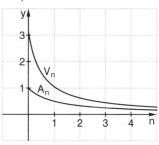

33. Sei A_1 die Fläche, die zwischen dem Graphen von f und der x-Achse eingeschlossen ist. Sei V_1 das Volumen des Rotationskörpers, der bei der Rotation von A_1 um die x-Achse entsteht. Entsprechendes gelte für g und V_2. Das gesuchte Volumen ist dann gleich $V_2 - V_1$.

$$V_2 - V_1 = \pi \cdot \int_0^4 (f(x))^2 dx - \pi \cdot \int_0^4 (g(x))^2 dx = \pi \int_0^4 ((f(x))^2 - (g(x))^2) dx = \pi \int_0^4 x \, dx = 8\pi \approx 25{,}13 \text{ (in VE)}$$

Wenn $\pi \cdot \int_0^4 (f(x) - g(x))^2 dx$ das richtige Ergebnis liefern würde, wäre es mit dem richtigen Ergebnis von oben gleich. Dann würde gelten (in Kurzform notiert):

$$\pi \cdot \int_0^4 (f-g)^2 dx = \pi \cdot \int_0^4 f^2 dx - \pi \cdot \int_0^4 g^2 dx$$

Nach Äquivalenzumformungen würde folgen: $\int_0^4 g \cdot (f-g) dx = 0$

Unter der plausiblen Annahme, dass $0 \leq g(x) \leq f(x)$ für alle $x \in [0; 4]$ gilt, folgt $g(x) = 0$ oder $f(x) = g(x)$ für alle $x \in [0; 4]$. Im 1. Fall handelt es sich um einen Vollkörper und im 2. Fall um einen „Becher" mit unendlich dünnen Wänden. Bei den gegebenen Funktionen handelt es sich nicht um diese beiden Sonderfälle.

34. $V = \pi \cdot \int_0^1 (f(x))^2 dx - \pi \cdot \int_0^1 (g(x))^2 dx$

a) $V = \frac{79}{20}\pi \approx 12{,}41$ b) $V = \frac{45}{2}\pi \approx 70{,}69$ (alle Angaben in VE)

35. Gleichung der Randparabel: $y = 0{,}5x^2 + 2$; Gleichung der Umkehrfunktion: $g(x) = \sqrt{2(x-2)}$

Gleichung für die innere Glaswand: $f(x) = 4$

Das Volumen der Flüssigkeit beträgt $V = \pi \cdot \int_0^{10} f^2 - \pi \cdot \int_2^{10} g^2 = 96\pi \approx 301{,}6$ (in cm³).

Im Ruhezustand nimmt die Flüssigkeit die Form des Zylinders (hier mit Radius r = 4 cm) an. Aus $V = \pi \cdot r^2 \cdot h$ folgt für die Höhe des Zylinders $h = \frac{V}{\pi \cdot r^2} = \frac{96\pi}{\pi \cdot 4^2} = \frac{96}{16} = 6$ (in cm).

(Bild: Der Flüssigkeitsspiegel befindet sich im Ruhezustand ungefähr auf der Höhe von $y = 4$.)

36. a) Das Volumen einer Zylinderscheibe mit Radius r und Höhe h beträgt $V = \pi r^2 h$.
Bemerkung zu der untenstehenden Tabelle: Ob eine Scheibe eine Innen- oder eine Außenscheibe ist, ergibt sich aus dem Vergleich der Werte der beiden Radien.

Nr.	Volumen der Innenscheibe	Volumen der Außenscheibe
1	$\pi \cdot 2^2 \cdot 1 = 4\pi$	$\pi \cdot 3^2 \cdot 1 = 9\pi$
2	$\pi \cdot 3^2 \cdot 1 = 9\pi$	$\pi \cdot 3{,}3^2 \cdot 1 = 10{,}89\pi$
3	$\pi \cdot 3{,}2^2 \cdot 1 = 10{,}24\pi$	$\pi \cdot 3{,}3^2 \cdot 1 = 10{,}89\pi$
4	$\pi \cdot 3^2 \cdot 1 = 9\pi$	$\pi \cdot 3{,}2^2 \cdot 1 = 10{,}24\pi$
5	$\pi \cdot 2{,}7^2 \cdot 1 = 7{,}29\pi$	$\pi \cdot 3^2 \cdot 1 = 9\pi$
6	$\pi \cdot 2{,}6^2 \cdot 1 = 6{,}76\pi$	$\pi \cdot 2{,}7^2 \cdot 1 = 7{,}29\pi$
7	$\pi \cdot 2{,}6^2 \cdot 1 = 6{,}76\pi$	$\pi \cdot 2{,}6^2 \cdot 1 = 6{,}76\pi$
8	$\pi \cdot 2{,}6^2 \cdot 1 = 6{,}76\pi$	$\pi \cdot 2{,}7^2 \cdot 1 = 7{,}29\pi$
Gesamt	$59{,}81\pi$	$71{,}36\pi$

Als Schätzwert für das Fassungsvermögen kann man z. B. den Mittelwert der Gesamtvolumina wählen: $V \approx 65{,}6\pi \approx 206{,}0$ (in cm³)

b) Modellierung der Funktionsgleichung z. B. mit kubischer Regression:
$f(x) = 0{,}022x^3 - 0{,}304x^2 + 1{,}111x + 2{,}068$

Entsprechendes Volumen: $V = \pi \int_0^8 (f(x))^2 dx \approx 65{,}4\pi \approx 205{,}5$ (in cm³)

Dieser Wert stimmt recht gut mit dem Schätzwert überein (Unterschied: 0,2 %).

c) Schüleraktivität

37. a) Gleichung der Parabel durch die Punkte Q(0|5) und P(6|4): $f(x) = -\frac{1}{36}x^2 + 5$

Volumen (Integralformel): $V = \pi \cdot \int_{-6}^{6} (f(x))^2 = \pi \cdot 262{,}4 \approx 824{,}4$ (in dm³ bzw. Liter)

Volumen (Keplersche Formel): $V = 262{,}4\pi \approx 824{,}4$ (in dm³ bzw. Liter).
Die Werte sind gleich.

b) Die Gleichung der Parabel durch die Punkte Q(0|R) und $P\left(\frac{h}{2}\big|r\right)$:

$f(x) = -ax^2 + R$ mit $a = \frac{4}{h^2} \cdot (R - r)$ $(\Rightarrow a \geq 0)$

Damit gilt: $V = \pi \cdot \int_{-\frac{h}{2}}^{\frac{h}{2}} (f(x))^2 dx = 2\pi \cdot \int_0^{\frac{h}{2}} (a^2 \cdot x^4 - 2aR \cdot x^2 + R^2) dx$

Nach einer Reihe von Termumformungen erhält man die Keplersche Formel.

38. a) Begründung: Der Streckenzug setzt sich aus Strecken zusammen, die jeweils die Hypotenuse im zugehörigen Steigungsdreieck darstellen und mit dem Satz des Pythagoras berechnet werden.
Wertetabelle zu f:

x	0	2	4	6	8
f(x)	0	1	4	9	16

Länge des Streckenzuges: $L = \sqrt{5} + \sqrt{13} + \sqrt{29} + \sqrt{53} \approx 18{,}51$ (in LE)

227

38. b) Bei feinerer Unterteilung entstehen zusätzliche Stützpunkte auf dem Graphen von f. So wird in der Skizze statt $\overline{AB}$ die Länge $\overline{AC} + \overline{CB}$ berücksichtigt, die die Krümmung des Graphen besser wiedergibt (Hinweis: Dreiecksungleichung). Diese Überlegung kann nun für $\overline{AC}$ und $\overline{CB}$ fortgesetzt werden. Der Streckenzug wird immer länger, hat aber die Kurvenlänge als Grenzwert.

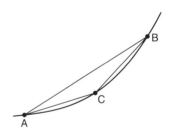

39. a) L ≈ 5,916 (in LE)   b) L ≈ 9,153 (in LE)   c) L ≈ 1,440 (in LE)

40. Gleichung der Parabel: $f(x) = ax^2 + 5$ mit $a = \frac{30}{64^2} \approx 0{,}007$

Länge des Hauptkabels: $L = \int_{-64}^{64} \sqrt{1 + (f'(x))^2}\,dx \approx 144{,}83$ m

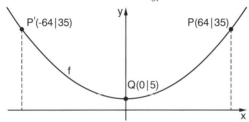

228

41. a)

k	5	10	50	100	1000
$\int_1^k f(x)\,dx$	0,8	0,9	0,98	0,99	0,999
$\int_1^k g(x)\,dx$	$2\sqrt{5} - 2 \approx 2{,}47$	$2\sqrt{10} - 2 \approx 4{,}32$	$10\sqrt{2} - 2 \approx 12{,}14$	18	$20\sqrt{10} - 2 \approx 61{,}25$

Vermutung: Für beide Funktionen f, g werden die Flächeninhalte mit $k \to \infty$ monoton wachsen. Während für f dieser Flächeninhalt nie größer als 1 sein wird, wächst für g der Flächeninhalt über alle Grenzen.

b)

f(x)	$I_1(k) = \int_1^k f(x)\,dx = 1 - \frac{1}{k} \xrightarrow[k\to\infty]{} 1$	Der Graph links in (A)
g(x)	$I_1(k) = \int_1^k g(x)\,dx = 2\sqrt{k} - 2 \xrightarrow[k\to\infty]{} \infty$	Der Graph rechts in (B)

Die Untersuchung bestätigt die Vermutung in a).

228 42.

a)	Das Integral in $[2; \infty]$ existiert nicht: $\int_2^c f(x)dx$ $= 4(\sqrt{c} - \sqrt{2}) \xrightarrow[c\to\infty]{} \infty$	Das Integral in $[0; 1]$ existiert: $\int_c^1 f(x)dx$ $= 4(1 - \sqrt{c}) \xrightarrow[c\to 0]{} 4$	
b)	Das Integral in $[2; \infty]$ existiert: $\int_2^c f(x)dx$ $= \frac{1}{8} - \frac{1}{2c^2} \xrightarrow[c\to\infty]{} \frac{1}{8}$	Das Integral in $[0; 1]$ existiert nicht: $\int_c^1 f(x)dx$ $= \frac{1}{2c^2} - \frac{1}{2} \xrightarrow[c\to 0]{} \infty$	
c)	Das Integral in $[2; \infty]$ existiert: $\int_2^c f(x)dx = \left[\frac{-8}{\sqrt{x}}\right]_2^c$ $= -\frac{8}{\sqrt{c}} + \frac{8}{\sqrt{2}} \xrightarrow[c\to\infty]{} \frac{8}{\sqrt{2}}$ $\approx 5{,}66$	Das Integral in $[0; 1]$ existiert nicht: $\int_c^1 f(x)dx$ $= -8 + \frac{8}{\sqrt{c}} \xrightarrow[c\to 0]{} \infty$	
d)	Das Integral in $[2; \infty]$ existiert nicht: $\int_2^c f(x)dx = \left[x - \frac{3}{x}\right]_2^c$ $= c - \frac{1}{c} - \frac{1}{2} \xrightarrow[c\to\infty]{} \infty$	Das Integral in $[0; 1]$ existiert nicht: $\int_c^1 f(x)dx$ $= -c + \frac{3}{c} - 2 \xrightarrow[c\to 0]{} \infty$	

229 43. Es gilt $\int_1^k x^{-a} dx = \left[\frac{x^{-a+1}}{-a+1}\right]_1^k = \frac{k^{-a+1}}{-a+1} - \frac{1}{-a+1} = \frac{1}{a-1} - \frac{k^{1-a}}{a-1}$.

Sei a mit $a \neq 1$ angenommen; der Sonderfall $a = 1$ soll hier nicht betrachtet werden.

Für $k \to \infty$ ist der Term $\frac{1}{a-1}$ konstant.

Weiter gilt: $\frac{k^{1-a}}{a-1} \xrightarrow[k\to\infty]{} \begin{cases} 0, \text{ wenn } 1 - a < 0, \text{ d.h. } a > 1 \\ \infty, \text{ wenn } 1 - a > 0, \text{ d.h. } a < 1 \end{cases}$

Mit der Vorgabe $\frac{1}{2} < a < 2$ folgt nun: Für $1 < a < 2$ hat der Flächeninhalt einen endlichen Wert, für $\frac{1}{2} < a < 1$ wächst der Flächeninhalt über alle Grenzen.

229

44. Der Hauptsatz der Differenzialrechnung darf für $f(x) = \frac{1}{x^2}$ im Intervall $[-1;1]$ nicht angewendet werden, weil die Funktion f an der Stelle $x = 0 \in [-1;1]$ nicht stetig ist.

Alternative Begründung:

Die Integrale $\int_{-1}^{0} f(x)dx$ und $\int_{1}^{0} f(x)dx$ existieren beide nicht, da die entsprechenden Grenzwerte

$\lim_{c \to 0} \int_{-1}^{c} f(x)dx$ und $\lim_{c \to 0} \int_{1}^{c} f(x)dx$ nicht existieren.

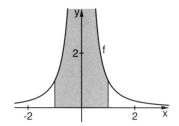

45. Es wird der Grenzwert des Integrals $\int_{1}^{c} \frac{1}{x^2}dx$ (bzw. des entsprechenden Flächeninhalts) für $c \to \infty$ untersucht.

Dieser Grenzwert ist 1, denn f(x) ist stetig im Intervall $[1; c]$, $c > 1$; es gilt $\int_{1}^{c} \frac{1}{x^2}dx = 1 - \frac{1}{c} \to 1$ für $c \to \infty$.

Für $c = 10^8$ muss $\int_{1}^{c} \frac{1}{x^2}dx$ einen größeren Wert besitzen als für $c = 10^7$, denn der Graph von $f(x) = \frac{1}{x^2}$ liegt oberhalb der x-Achse und schließt mit ihr für $c = 10^8$ eine größere Fläche als für $c = 10^7$ ein. Der GTR liefert aber für $c = 10^8$ einen viel kleineren Wert als für $c = 10^7$, das kann nicht stimmen.

46. a) Der Platz zum Weiden ist die Fläche zwischen dem Graphen von f und der x-Achse im Intervall $[1; \infty]$. Der Inhalt dieser Fläche wird durch das Integral gegeben. Im Fall $f(x) = \frac{1}{x^{\frac{3}{2}}}$ beträgt die Fläche nur 2 m²; im Fall $f(x) = \frac{1}{x^{\frac{2}{3}}}$ ist sie unendlich groß, hier passen unendlich viele Schafe auf die Weide. In beiden Fällen wird ein unendlich langer Zaun nötig sein, um die Fläche einzuzäunen, weil die Fläche nach rechts hin offen ist (es gibt keine Stelle, sodass der Graph von f die x-Achse berührt).

b) Es gilt $V = \pi \cdot \int_{1}^{\infty} \left(\frac{1}{x}\right)^2 dx = \pi \cdot \lim_{c \to \infty}\left[-\frac{1}{x}\right]_1^c = \pi \cdot \lim_{c \to \infty}\left(1 - \frac{1}{c}\right) = \pi$ (in VE).

Beispiel für einen paradoxen Satz: Obwohl das Gefäß nicht mehr als 3,2 Liter Flüssigkeit fassen kann, reicht kein Metall der Welt aus, um dieses Gefäß herzustellen.

230

47. Durchschnittliche Temperatur: (A) ca. 19,5236 °C (B) ca. 19,5242 °C
Der prozentuale Unterschied der beiden Werte ist gering und beträgt ca. 0,003 %. Die Methode (B) entspricht der gewählten Modellierung am genauesten. Die Methode (A) nähert sich der Methode (B) bei steigender Anzahl der Ablesepunkte immer mehr.

231

48. Lösung: $f_m = \frac{1}{1-0} \cdot \int_{0}^{1} f(x)dx$

a) $\frac{1}{3}$ b) $\frac{2}{3}$ c) $1 - \cos(1) \approx 0{,}46$

d) $\sin(1) \approx 0{,}84$ e) $\approx 1{,}44$ f) $\approx 0{,}79$

231

49. a) Höhe der Rechtecke, von links nach rechts entsprechend: $1; \frac{1}{2}; \frac{1}{3}; \frac{1}{4}; \frac{1}{5}$

b) Es gilt $h_n = \int_0^1 f_n(x)dx = \left[\frac{x^{n+1}}{n+1}\right]_0^1 = \frac{1}{n+1}$.

Weiter gilt $h_n = \frac{1}{n+1} < \frac{1}{1000} \Leftrightarrow n > 999$. Ab $n = 1000$ ist die Höhe kleiner als ein Tausendstel.

50. Mittlere Temperatur: $\frac{1}{12} \cdot \int_0^{12} f(x)dx = 12{,}53 \; °C$.

51. Die mittleren täglichen Lagerkosten betragen 140 €. Begründung:

Pro Tag werden durchschnittlich $L_M = \frac{1}{30} \cdot \int_0^{30} L(x)dx = 400$ Stück gelagert.

400 Stück $\cdot \; 0{,}35 \; \frac{€}{\text{Stück}} = 140 \;€$

52. a) Zu Beginn wird mehr als doppelt so schnell getippt als am Ende:

$v(0) = 324 > 144 = v(4)$ $\left(v \text{ in } \frac{1}{\min}\right)$

b) Mittlere Schreibgeschwindigkeit: $v_m = \frac{1}{4} \cdot \int_0^4 v(t)dt \approx 244{,}7 \; \frac{1}{\min}$

c) Gesamtanzahl der Anschläge: $\int_0^4 v(t)dt \approx 979$

232

53. a) $L(x) = x$ bedeutet eine Gleichverteilung des Einkommens: x % der Bevölkerung besitzen x % des verfügbaren Einkommens. Das gilt für alle x mit $0 \leq x \leq 1$.
Gini-Koeffizient: $G = 0$

b) Größtmögliche Ungerechtigkeitsverteilung: „Einer besitzt alles."
Gini-Koeffizient: $G = 1$

Lorenzkurve: $L(x) = \begin{cases} 1 \text{ für } x = 1 \\ 0 \text{ für } 0 \leq x < 1 \end{cases}$

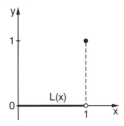

54. a) Der Gini-Koeffizient ist als Quotient zweier Flächeninhalte definiert. Der Zähler hat den Wert des Integrals zu der Funktion x-L(x) im Intervall [0;1]. Der Nenner hat den Wert des Flächeninhalts des Dreiecks mit der Grundseite und der Höhe der Länge 1.

b) Modellierung der Lorenzkurve L(x) mit Polynomfunktionen:

vollzeitbeschäftigte Arbeitnehmer	$L(x) = 0{,}85x^2 + 0{,}09x + 0{,}02$	$G \approx 0{,}3029$
	$L(x) = 0{,}87x^3 - 0{,}59x^2 + 0{,}75x - 0{,}05$	$G \approx 0{,}3122$
	$L(x) = 2{,}18x^4 - 3{,}91x^3 + 2{,}91x^2 - 0{,}21x + 0{,}02$	$G \approx 0{,}3079$
Arbeitnehmer insgesamt	$L(x) = 1{,}25x^2 - 0{,}36x + 0{,}04$	$G \approx 0{,}4482$
	$L(x) = 0{,}53x^3 + 0{,}38x^2 + 0{,}04x - 0{,}01$	$G \approx 0{,}4538$
	$L(x) = 0{,}91x^4 - 1{,}47x^3 + 1{,}85x^2 - 0{,}36x + 0{,}03$	$G \approx 0{,}4520$

Bei den Arbeitnehmern insgesamt ist die Einkommensverteilung „ungerechter" als bei den Vollzeitbeschäftigten, die entsprechenden Gini-Koeffizienten unterscheiden sich um ca. 14 %. Je nach Modell „schwankt" der Gini-Koeffizient um weniger als 1 %.

233

55. Zur Herleitung: Bei dem Dreieck unter dem Graphen der Gleichverteilung y = x betragen die Grundseite 1 und die Höhe 1. Die Fläche unter dem Polygonzug setzt sich aus Trapezen (mit Grundseiten y_i, y_{i+1} und Höhen $x_{i+1} - x_i$, i = 0, ..., n – 1) zusammen.

vollzeitbeschäftigte Arbeitnehmer: G ≈ 0,3057
Arbeitnehmer insgesamt: G ≈ 0,4499

Der prozentuale Unterschied nach der Polygonzugmethode und der Methode in der Aufgabe 54 beträgt weniger als 1 %.

56.

Anteil der Firmen	Marktanteil	Anteil der Unternehmen	Anteil am Umsatz	Anteil der Angestellten	Anteil des Bruttolohns
0	0	0	0	0	0
0,25	0,1	0,2	0,03	0,15	0,2
0,5	0,3	0,5	0,17	0,35	0,4
0,75	0,6	0,75	0,33	0,55	0,6
1	1	1	1	0,95	0,8
				1	1
G = 0,25		G = 0,475		G = 0	

234

57. Begründung anhand der Abbildung zur Konsumentenrente (Seite 233):
Der Wert des Integrals entspricht dem Flächeninhalt zwischen der Nachfragefunktion g(x) und der x-Achse. Von diesem Wert muss noch der Flächeninhalt des Rechtecks der Breite x_0 und der Höhe p_0 subtrahiert werden.

58. Der Produzent verkauft x_0 = 4 ME zum Preis von $p_0 = 10 \frac{€}{ME}$ und erhält $x_0 \cdot p_0 = 40$ €.
Die Konsumentenrente beträgt $K = \frac{64}{3}$ € = 21,3 €.

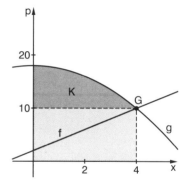

59. a) Die Abschöpfung beträgt 2 ME · 6 $\frac{€}{ME}$ = 12 €, ihr Anteil an der Konsumentenrente beträgt 12 € : $\frac{64}{3}$ € = 0,5625, d.h. 56,25 %.

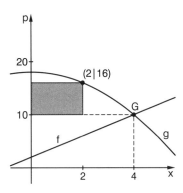

b) Die Abschöpfung beträgt (17,5 − 10) · 1 + (16 − 10) · 1 + (13,5 − 10) · 1 = 17 (in €), ihr Anteil an der Konsumentenrente steigt also auf 17 € : $\frac{64}{3}$ € ≈ 0,7969, d.h. auf ca. 80 %.

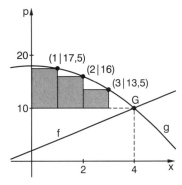

60. a) Der Schnittpunkt von f und g ist G(3|3), $p_0 = 3 \frac{€}{ME}$ und x_0 = 3 ME.

b) Die Abschöpfung entspricht dem Inhalt der blauen Fläche.
$A(x_1) = (p_1 − p_0) \cdot x_1 = (g(x_1) − 3) \cdot x_1 = 9x_1 − x_1^3$. Dieser Flächeninhalt ist maximal für $x_1 = \sqrt{3}$, was dem Preis von $p_1 = g(\sqrt{3}) = 9 \frac{€}{ME}$ entspricht.
Die Abschöpfung beträgt $A(\sqrt{3}) = 6\sqrt{3}$ €, ihr Anteil an der Konsumentenrente
($K = \int_0^3 g(x)dx - x_0 \cdot p_0 = 18$ €) beträgt ca. 57,74 %.

61. Begründung anhand der Abbildung zur Produzentenrente (Seite 234):
Der Wert des Integrals entspricht dem Flächeninhalt zwischen der Angebotsfunktion f(x) und der x-Achse. Dieser Wert muss von dem Flächeninhalt des Rechtecks der Breite x_0 und der Höhe p_0 subtrahiert werden.
Mit x_0 = 4 ME und $p_0 = 10 \frac{€}{ME}$ folgt P = 16 €.

Kapitel 6
Erweiterung der Differenzialrechnung

Didaktische Hinweise

Dieses Kapitel ist die Fortsetzung und Erweiterung der Analysis 1. Der Lernabschnitt 6.1 bildet dabei die innermathematische Grundlage, weil hier die noch fehlenden Ableitungsregeln bereitgestellt werden. Funktionenscharen tauchen in den bisherigen Kapiteln exemplarisch in unterschiedlichen Kontexten, meist als erweiternder Inhalt in den Übungsphasen, auf. In 6.2 werden solche Funktionenscharen zum eigenständigen Inhalt und im Rahmen ihrer Untersuchung die variantenreiche Bestimmung von Ortskurven charakteristischer Punkte eingeführt. In 6.3 und 6.4 werden nach den ganzrationalen Funktionen in der Analysis 1 mit den rationalen und trigonometrischen Funktionen zwei weitere Funktionsklassen mit ihren Besonderheiten behandelt und in Teilen klassifiziert und untersucht. Hier finden dann die Inhalte aus 6.1 und 6.2 vielfältige Anwendung.

Zu **6.1**

Für ein inhaltliches Verständnis der Ableitungsregeln ist zunächst eine Vertrautheit mit der Verknüpfung von Funktionen, vor allem der ungewohnten und anspruchsvollen Verkettung, notwendig (Funktionen als Objekte). Zu einer Motivation für neue Regeln gehört die Erfahrung, dass die bisherigen Ableitungsregeln nicht ausreichen. Beides wird in den ersten Einführungsaufgaben geleistet. Da das ‚Entdecken' der Ableitungsregeln durch die Schüler kaum möglich erscheint, vor allem in Kursen auf grundlegendem Niveau, und weil die Regeln möglichst parallel (ohne Durststrecke) den Schülern zur Verfügung stehen sollen, werden die weiteren Regeln zunächst mehr oder weniger vorgegeben und ein erstes inhaltliches Verständnis durch Anwenden auf ausgewählte Funktionen erzeugt. Zur Produktregel wird eine Schüler aktivierende Herleitung mit Hilfen gegeben. Damit können die Regeln zügig, ohne alleinige Instruktion durch den Lehrer, eingeführt und dann zusammen und kompakt im Basiswissen dargestellt werden, das konsequent im Sinne von NEUE WEGE und auch den curricularen Vorgaben, algebraische, grafische und tabellarische Darstellungen nebeneinander stellt. Für Kurse auf erhöhtem Niveau werden formale Beweise und tiefere Einsicht gebende Zusammenhänge unter den einzelnen Ableitungsregeln im hinteren Teil des Übungsteils als Themenseite angeboten (A25–A29). Nach einer algorithmisch orientierten ersten Übungsphase mit zusätzlichen Merkregeln und Hilfen (A7–A12) und einem variantenreichen Durcharbeiten zum besseren Verständnis vor allem der Verkettung (A13–A17), werden in unterschiedlichen Kontexten mit bekannten Aufgabentypen (Optimieren) und Inhalten (Symmetrien) Vernetzungen aktiv herbeigeführt und geübt. Exemplarisch werden auf Themenseiten die Verkettung auf das Integrieren übertragen und die Ableitung der Umkehrfunktion thematisiert. Den Abschluss bilden zwei historische Exkurse, in denen auf Leibniz zurückgehende Notationen und der Prioritätsstreit von Leibniz mit Newton im Mittelpunkt stehen.

Zu 6.2

Um sich auf die neuen Aspekte konzentrieren zu können, werden in den Einführungsaufgaben nur hinlänglich bekannte quadratische Funktionen (Parabeln) benutzt. Dabei wird wieder sowohl ein innermathematischer Zugang als auch ein Sachzusammenhang aus dem Bereich des Optimierens angeboten. In beiden Aufgaben werden vielfältige Muster aus den bekannten Graphen untersucht, Ortskurven besonderer Punkte phänomenologisch entdeckt und ihre Bestimmung eingeführt. Ein Punkt, bei dem in den Koordinaten ein Parameter t auftritt, definiert automatisch eine Kurve [x(t), y(t)] in Parameterdarstellung. Grafikfähige Taschenrechner und Funktionenplotter können solche Kurven direkt zeichnen. Damit erhalten Schüler neben der üblichen Parameterelimination eine weitere, sehr leistungsfähige Möglichkeit, Ortskurven zu bestimmen. Da auch an anderen Stellen (z. B. Kapitel 3.1, A13/A14) schon auf solche Darstellungen hingewiesen wird, bieten sich hier Einsicht fördernde Vernetzungen an, auch zur Analytischen Geometrie. Diese werden in einem gesonderten Kasten („Anwendungen der Parameterdarstellung von Kurven") dargelegt und damit zum expliziten Inhalt gemacht. In den Übungen werden bekannte Aufgabentypen (Bestimmung charakteristischer Punkte, Optimieren) so verallgemeinert, dass Funktionenscharen entstehen (A3–A6). Der zweite Teil der Übungen (A7–A10) widmet sich explizit den Parameterdarstellungen und dem Zusammenhang mit den Funktionsdarstellungen sowie besonderen Mustern, die Graphen von Scharen erzeugen können. Zum Abschluss wird exemplarisch ein Ausblick auf klassische, geometrisch konstruierte, Kurven gegeben.

Zu 6.3

Durch Analyse von Graphen und Herstellen von Bezügen zu Funktionstermen einer neuen Funktionsklasse schulen Schüler auf der einen Seite das wichtige Konzept Term – Grafik und erweitern ihr Wissen durch die Entdeckung neuartiger Phänomene (Asymptoten, Polstellen), die dann wieder an den Funktionstermen erläutert werden sollen. Damit wird Verständnis gefördert, das Kalkül ist zunächst nachgeordnet. Das Basiswissen verschafft dann Übersicht über alle grundlegend auftretenden Typen und ordnet sie. Hebbare Unstetigkeiten werden innerhalb der Übungsphase gesondert eingeführt und dokumentiert. Ein zweiter Einstieg erfolgt über das klassische Problem der Optimierung einer Konservendose mit variablem Inhalt. Im ersten Teil der Übungen stehen die neuen Begriffe (Pol, Asymptote) im Mittelpunkt, im zweiten werden dann bekannte Aspekte wie z. B. Symmetrieverhalten untersucht, Bezüge zu Bekanntem hergestellt (Antiproportionalität), das asymptotische Verhalten auf krummlinige „Asymptoten" übertragen und auch die Polynomdivision eingeführt. Ein klassisches Problem (‚Fahrzeugdurchsatz') stellt Modellierungsaktivitäten in den Vordergrund, die Untersuchung zweier historischer Kurven betont den geschichtlichen Aspekt.

Zu 6.4

Zunächst werden die aus dem Sek1-Unterricht bekannten Winkelfunktionen wieder aufgenommen und Muster, die durch Verknüpfungen und geometrische Transformationen entstehen, untersucht. Außerdem wird die Modellierung eines periodischen Prozesses bearbeitet. In den Übungen werden die Untersuchungen zunächst um Aspekte der Differenzial- und Integralrechnung erweitert. In drei weiteren Themenblöcken werden Angebote zu einer vertiefenden Auseinandersetzung gemacht. Dabei kommen sowohl anwendungsbezogene Fragestellungen vor („Modellieren mit Winkelfunktionen", A16–A19) als auch innermathematische, wenn es um ‚pathologische' Gegenbeispiele zu den anschaulichen Vorstellungen zur Differenzierbarkeit und Stetigkeit geht. Hier wird also eine Notwendigkeit zur Präzisierung durch entsprechende Beispiele augenscheinlich, die Sache wird in einem Informationskasten dokumentiert (A22/A23). In einer dritten Aufgabengruppe werden auch ästhetisch reizvolle Mustererzeugungen durch Scharen von trigonometrischen Funktionen betrachtet. Zum Abschluss wird in einem Lesetext ein in vielen Alltagssituationen beobachtbares Phänomen erläutert.

Lösungen

6.1 Neue Ableitungsregeln – Produkt-, Quotienten-, Kettenregel

246 1. a) I ⇔ q(x) ⇒ Polstelle für h(x) = 0, also bei x = –2
III ⇔ p(x) ⇒ Verhalten bei x = 0
II ⇔ s(x) ⇒ punktweise Addition der Graphen

b) $s(x) = 0{,}5x + 1 + \sin(x) = h(x) + g(x)$
$s'(x) = h'(x) + g'(x) = 0{,}5 + \cos(x)$

$p(x) = (0{,}5x + 1) \cdot \sin(x) = 0{,}5x \cdot \sin(x) + \sin(x) = h(x) \cdot g(x)$
$p'(x) = h'(x) \cdot g(x) + h(x) \cdot g'(x) \neq h'(x) \cdot g'(x)$
$p'(x) = 0{,}5 \cdot \sin(x) + (0{,}5x + 1) \cdot \cos(x)$

$q(x) = \frac{g(x)}{h(x)} = \frac{\sin(x)}{0{,}5x + 1}, x \in \mathbb{R} \setminus \{-2\}$
$q'(x) = \frac{g'(x) \cdot h(x) - g(x) \cdot h'(x)}{(h(x))^2} \neq \frac{g'(x)}{h'(x)}$
$q'(x) = \frac{\cos(x) \cdot (0{,}5x + 1) - \sin(x) \cdot 0{,}5}{(0{,}5x + 1)^2}$

247 2. a)

x	f(x)	g(f(x))	g(x)	f(g(x))
–3	9	10	–2	4
–1	1	2	0	0
0	0	1	1	1
2	4	5	3	9
4	16	17	5	25
a	a^2	$a^2 + 1$	$a + 1$	$(a + 1)^2 = a^2 + 2a + 1$

$g(f(x)) = x^2 + 1$

$f(g(x)) = (x + 1)^2$

Graphen:

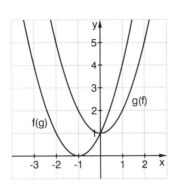

247 2. b) $f_1(f_2(x)) = 2\sin(x) + 1$

$f_2(f_1(x)) = \sin(2x + 1)$

$f_1(f_3(x)) = 2x^2 + 1$

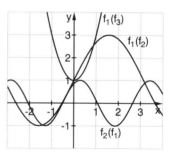

$f_3(f_1(x)) = (2x + 1)^2$

$f_2(f_3(x)) = \sin(x^2)$

$f_3(f_2(x)) = (\sin(x))^2 = \sin^2(x)$

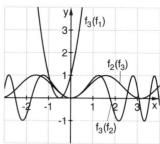

3. a) Graphenvergleich:
Man sieht, dass sich die Ableitung von $p(x)$ nicht so nach der Regel $p'(x) = f'(x) \cdot g'(x)$ berechnen lässt.

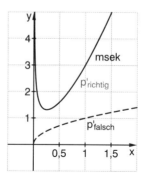

b)

x	f(x)	g(x)	f'(x)	g'(x)	msek(x)
1	1	2	$\frac{1}{2}$	2	3
4	2	17	$\frac{1}{4}$	8	$20\frac{1}{4}$
9	3	82	$\frac{1}{6}$	18	$67\frac{2}{3}$

Als Ableitungsregel ergibt sich damit:
$p'(x) = f'(x) \cdot g(x) + f(x) \cdot g'(x)$

248 4. a) $p(x) = f(x) \cdot g(x)$
Produktregel: $p'(x) = f'(x) \cdot g(x) + f(x) \cdot g'(x)$

$q(x) = \frac{f(x)}{g(x)}$

Quotientenregel: $q'(x) = \frac{f'(x) \cdot g(x) - f(x) \cdot g'(x)}{(g(x))^2}$

248

4. b) i) $f(x) = (x^2 - 2x) \cdot (5x - 4)$
    $f'(x) = (2x - 2) \cdot (5x - 4) + (x^2 - 2x) \cdot 5$
    $ = 10x^2 - 8x - 10x + 8 + 5x^2 - 10x$
    $ = 15x^2 - 28x + 8$
    alternativ: $f(x) = 5x^3 - 4x^2 - 10x^2 + 8x$
    $ = 5x^3 - 14x^2 + 8x$
    $f'(x) = 15x^2 - 28x + 8$

   ii) $g(x) = \frac{x^2}{x+1}$
    $g'(x) = \frac{2x \cdot (x+1) - x^2 \cdot 1}{(x+1)^2} = \frac{x^2 + 2x}{(x+1)^2}$

   iii) $h(x) = x \cdot \sin(x)$
    $h'(x) = 1 \cdot \sin(x) + x \cdot \cos(x)$

   iv) $i(x) = \frac{x^3 - 3x}{x}$
    $i'(x) = \frac{(3x^2 - 3) \cdot x - (x^3 - 3x) \cdot 1}{x^2} = \frac{3x^3 - 3x - x^3 + 3x}{x^2} = \frac{2x^3}{x^2} = 2x$
    alternativ: $i(x) = \frac{x^2 - 3}{1} = x^2 - 3$
    $i'(x) = 2x$

   c) $f(x) \stackrel{i)}{=} \frac{x^4}{x} \stackrel{ii)}{=} x^4 \cdot \frac{1}{x} \stackrel{iii)}{=} x^3$

   i) Quotientenregel: $f'(x) = \frac{4x^3 \cdot x - x^4 \cdot 1}{x^2} = \frac{4x^4 - x^4}{x^2} = \frac{3x^4}{x^2} = 3x^2$

   ii) Produktregel: $f'(x) = 4x^3 \cdot \frac{1}{x} + x^4 \cdot \left(-\frac{1}{x^2}\right) = 4x^2 - x^2 = 3x^2$

   iii) ohne: $f'(x) = 3x^2$

5. a) $f(g(x))' = f'(g(x)) \cdot g'(x)$
    b) $f(x) = \cos(x^2)$
    $f'(x) = -\sin(x^2) \cdot 2x$

    $g(x) = (x^3 - 2x)^4$
    $g'(x) = 4(x^3 - 2x)^3 \cdot (3x^2 - 2)$

    $h(x) = \sqrt{4x^2}$
    $h'(x) = \frac{1}{\sqrt{4x^2}} \cdot 4x = \begin{cases} -2 \text{ für } x < 0 \\ 2 \text{ für } x > 0 \end{cases}$

6. a) Ⓐ $\rightarrow \frac{g(x+h) - g(x)}{h}$

    Ⓑ $\rightarrow \frac{f(g(x+h)) - f(g(x))}{g(x+h) - g(x)}$

    Ⓒ $\rightarrow \frac{f(g(x+h)) - f(g(x))}{h}$

    b) $f(g(x))' = f'(g(x)) \cdot g'(x)$
    Bsp.: $k(x) = (x^2 + 1)^3$ $\quad\quad k(x) = x^6 + 3x^4 + 3x^2 + 1$
    $k'(x) = 3 \cdot (x^2 + 1)^2 \cdot 2x$ $\quad k'(x) = 6x^5 + 12x^3 + 6x$
    $ = 3 \cdot (x^4 + 2x^2 + 1) \cdot 2x$
    $ = 6x^5 + 12x^3 + 6x$

250

7. $f(x) = u(x) \cdot v(x)$
$\Rightarrow f'(x) = u'(x) \cdot v(x) + u(x) \cdot v'(x)$
$u(x) = a \Rightarrow u'(x) = 0$
$\Rightarrow f'(x) = u(x) \cdot v'(x) = a \cdot v'(x)$

8. a) $y = x^3 \cdot (x^2 - 1)$
Produktregel: $y' = 3x^2 \cdot (x^2 - 1) + x^3 \cdot 2x$

b) $y = (4 - 3x)^4$
Kettenregel: $y' = 4 \cdot (4 - 3x)^3 \cdot (-3)$

c) $y = \frac{(5x^3 + 2x^2)}{x^2} = 5x + 2$
$y' = 5$

d) $y = \frac{x^2 + 1}{x}$
Quotientenregel: $y' = \frac{2x \cdot x - (x^2 + 1) \cdot 1}{x^2} = \frac{2x^2 - x^2 - 1}{x^2} = \frac{x^2 - 1}{x^2}$

e) $y = \frac{2x - 1}{x^2}$
Quotientenregel: $y' = \frac{2x^2 - (2x - 1) \cdot 2x}{x^4} = \frac{2x^2 - 4x^2 + 2x}{x^4} = \frac{-2x + 2}{x^3}$

f) $y = \frac{x^2}{2x - 1}$
Quotientenregel: $y' = \frac{2x \cdot (2x - 1) - x^2 \cdot 2}{(2x - 1)^2} = \frac{4x^2 - 2x - 2x^2}{(2x - 1)^2} = \frac{2x^2 - 2x}{(2x - 1)^2}$

g) $y = x^2 \cdot \sqrt{x} = x^{\frac{5}{2}}$
$y' = \frac{5}{2} x^{\frac{3}{2}} = \frac{5}{2} x \cdot \sqrt{x}$

h) $y = \sqrt{1 + x^2}$
Kettenregel: $y' = \frac{1}{2\sqrt{1 + x^2}} \cdot 2x = \frac{x}{\sqrt{1 + x^2}}$

i) $y = \sin(2x)$
Kettenregel: $y' = \cos(2x) \cdot 2$

j) $y = \sin(x) \cdot 2x$
Produktregel: $y' = \cos(x) \cdot 2x + \sin(x) \cdot 2$

k) $y = \sin(x) \cdot \cos(x)$
Produktregel: $y' = \cos^2(x) - \sin^2(x)$

l) $y = \sin(2x^2 + 1)$
Kettenregel: $y' = \cos(2x^2 + 1) \cdot 4x$

251

9. a) Kettenregel
b) Produktregel: Bilde die Summe aus dem Produkt der Ableitung des ersten Faktors mit dem zweiten Faktor und dem Produkt des ersten Faktors mit der Ableitung des zweiten Faktors.
Quotientenregel: Bilde den Quotienten aus der Differenz aus dem Produkt der Ableitung des Zählers mit dem Nenner und dem Produkt des Zählers mit der Ableitung des Nenners, und dem Quadrat des Nenners.

251

10. $k_1'(x) \to$ grün: $k_1'(x) = f(g(x))' = 6(2x-1)^2$
$p'(x) \to$ rot: $p'(x) = f'(x) \cdot g(x) + f(x) \cdot g'(x) = 2x^3 + 3x^2(2x-1) = 8x^3 - 3x^2$
$k_2'(x) \to$ blau: $k_2'(x) = g(f(x))' = 6x^2$

11.
a) $y = 3x \cdot \sqrt{x}$
   $y' = 3 \cdot \sqrt{x} + 3x \cdot \frac{1}{2\sqrt{x}}$ hier war ein Fehler

b) $y = \frac{x-2}{x}$
   $y' = \frac{1 \cdot x - (x-2) \cdot 1}{x^2}$ hier war ein Fehler

c) $y = \sqrt{x^2 + 2}$
   $y' = \frac{1}{2\sqrt{x^2+2}} \cdot 2x$ hier war ein Fehler

d) $y = x^2 \cdot \sin(x)$
   $y' = 2x \cdot \sin(x) + x^2 \cdot \cos(x)$ korrekt

e) $y = (x^2 + 3)^5$
   $y' = 5(x^2+3)^4 \cdot 2x$ hier war ein Fehler

f) $y = \frac{x^3}{2x+1}$
   $y' = \frac{3x^2 \cdot (2x+1) - 2x^3}{(2x+1)^2}$ korrekt

12.
i) $f(g(x))$: $x \xrightarrow[g]{\text{quadriere und addiere 4}} x^2 + 4 \xrightarrow[f]{\text{ziehe die Wurzel}} \sqrt{x^2+4}$
   $g(f(x))$: $x \xrightarrow[f]{\text{ziehe die Wurzel}} \sqrt{x} \xrightarrow[g]{\text{quadriere und addiere 4}} x + 4$

   $f(g(x))' = \frac{1}{2\sqrt{x^2+4}} \cdot 2x$
   $g(f(x))' = 1$

ii) $f(g(x))$: $x \xrightarrow[g]{\text{quadriere}} x^2 \xrightarrow[f]{\text{subtrahiere 5}} x^2 - 5$
    $g(f(x))$: $x \xrightarrow[f]{\text{subtrahiere 5}} x - 5 \xrightarrow[g]{\text{quadriere}} (x-5)^2$

    $f(g(x))' = 2x$
    $g(f(x))' = 2(x-5) = 2x - 10$

iii) $f(g(x))$: $x \xrightarrow[g]{\text{verdreifache}} 3x \xrightarrow[f]{\text{bilde den Sinus}} \sin(3x)$
     $g(f(x))$: $x \xrightarrow[f]{\text{bilde den Sinus}} \sin(x) \xrightarrow[g]{\text{verdreifache}} 3 \cdot \sin(x)$

     $f(g(x))' = \cos(3x) \cdot 3$
     $g(f(x))' = 3 \cdot \cos(x)$

iv) $f(g(x))$: $x \xrightarrow[g]{\text{hoch 4}} x^4 \xrightarrow[f]{\text{multipliziere mit a und addiere b}} ax^4 + b$
    $g(f(x))$: $x \xrightarrow[f]{\text{multipliziere mit a und addiere b}} ax + b \xrightarrow[g]{\text{hoch 4}} (ax+b)^4$

    $f(g(x))' = 4ax^3$
    $g(f(x))' = 4(ax+b)^3 \cdot a$

v) $f(g(x))$: $x \xrightarrow[g]{\text{ziehe die Wurzel}} \sqrt{x} \xrightarrow[f]{\text{addiere 2 und quadriere}} (\sqrt{x}+2)^2$
   $g(f(x))$: $x \xrightarrow[f]{\text{addiere 2 und quadriere}} (x+2)^2 \xrightarrow[g]{\text{ziehe die Wurzel}} |(x+2)|$

   $f(g(x))' = 2 \cdot (\sqrt{x}+2) \cdot \frac{1}{2\sqrt{x}}$
   $g(f(x))' = \begin{cases} 1, & x > -2 \\ -1, & x < -2 \end{cases},\ x \in \mathbb{R} \setminus \{-2\}$

13.

i) $f_1(x) = g(x) + h(x) \Rightarrow f_1(-1) = 3 + 2 = 5;\ f_1(0) = 4 + 1 = 5;\ f_1(2) = 0 + 0 = 0$
$f_1'(x) = g'(x) + h'(x) \Rightarrow f_1'(-1) = 4 + 5 = 9;\ f_1'(0) = -3 + 3 = 0;\ f_1'(2) = 2 - 1 = 1$

ii) $f_2(x) = g(x) \cdot h(x) \Rightarrow f_2(-1) = 3 \cdot 2 = 6;\ f_2(0) = 4 \cdot 1 = 4;\ f_2(2) = 0 \cdot 0 = 0$
$f_2'(x) = g'(x) \cdot h(x) + g(x) \cdot h'(x)$
$\Rightarrow f_2'(-1) = 4 \cdot 2 + 3 \cdot 5 = 23;\ f_2'(0) = -3 \cdot 1 + 4 \cdot 3 = 9,\ f_2'(2) = 2 \cdot 0 + 0 \cdot (-1) = 0$

iii) $f_3(x) = g(h(x)) \Rightarrow f_3(-1) = g(h(-1)) = g(2) = 0$
$ f_3(0) = g(h(0)) = g(1) = ?$
$ f_3(2) = g(h(2)) = g(0) = 4$

$f_3' = g'(h(x)) \cdot h'(x) \Rightarrow f_3'(-1) = g'(h(-1)) \cdot h'(-1)$
$ = g'(2) \cdot 5$
$ = 2 \cdot 5 = 10$
$ f_3'(0) = g'(h(0)) \cdot h'(0)$
$ = g'(1) \cdot 3$
$ = ?$
$ f_3'(2) = g'(h(2)) \cdot h'(2)$
$ = g'(0) \cdot (-1)$
$ = -3 \cdot (-1) = 3$

iv) $f_4(x) = h(g(x)) \Rightarrow f_4(-1) = h(g(-1)) = h(3) = ?$
$ f_4(0) = h(g(0)) = h(4) = ?$
$ f_4(2) = h(g(2)) = h(0) = 1$

$f_4'(x) = h'(g(x)) \cdot g'(x) \Rightarrow f_4'(-1) = h'(g(-1)) \cdot g'(-1)$
$ = h'(3) \cdot 4$
$ = ?$
$ f_4'(0) = h'(g(0)) \cdot g'(0)$
$ = h'(4) \cdot (-3)$
$ = ?$
$ f_4'(2) = h'(g(2)) \cdot g'(2)$
$ = h'(0) \cdot 2$
$ = 3 \cdot 2 = 6$

Manche Berechnungen sind nicht möglich, da die dazu notwendigen Werte nicht in der Tabelle enthalten sind.

Zusatz: Durch die Angaben in der Tabelle und die Annahme, dass die Funktionen von g und h durch Funktionen fünfter Ordnung beschrieben werden können, lassen sich für diese folgende Gleichungen aufstellen:

$g(x) = \frac{25}{18}x^5 - \frac{11}{3}x^4 - \frac{3}{2}x^3 + \frac{59}{9}x^2 - 3x + 4$

$h(x) = \frac{121}{108}x^5 - \frac{29}{9}x^4 - \frac{29}{36}x^3 + \frac{299}{54}x^2 + 3x + 1$

Dadurch lassen sich die fehlenden Werte berechnen.

252   **14.** a)

	$f(x) = 3 \cdot g(x)$	$f(x) = h(x)$	$f(x) = g(x) + h(x)$	$f(x) = g(x) \cdot h(x)$	$f(x) = g(h(x))$
$f(0)$	9	1	4	3	2,5
$f'(0)$	$-\frac{3}{2}$	0	$-\frac{1}{2}$	$-\frac{1}{2}$	0
$f(1)$	7,5	2	4,5	5	2
$f'(1)$	$-\frac{3}{2}$	2	$\frac{3}{2}$	4	-1

b) $g(x) = -\frac{1}{2}x + 3$
$h(x) = x^2 + 1$

15. a) $f(x)$ mit $f'(x) = \frac{1}{x}$
$g(x) = x \cdot f(x) - x$
$g'(x) = 1 \cdot f(x) + x \cdot f'(x) - 1 = f(x) + 1 - 1 = f(x)$

b) $f(x)$ mit $f'(x) = \frac{1}{1 + x^2}$
$g(x) = \frac{f(x)}{1 + x^2}$
$g'(x) = \frac{f'(x) \cdot (1 + x^2) - f(x) \cdot 2x}{(1 + x^2)^2} = \frac{1 - f(x) \cdot 2x}{(1 + x^2)^2}$

16. $g(x) = 4 - 2x;\ h(x) = |x|$

a) $g(h(x)) = 4 - 2|x|$
$g(h(x))' = \begin{cases} -2 \cdot (+1),\ x > 0 \\ -2 \cdot (-1),\ x < 0 \end{cases},\ x \in \mathbb{R} \setminus \{0\} = \begin{cases} -2,\ x > 0 \\ 2,\ x < 0 \end{cases},\ x \in \mathbb{R} \setminus \{0\}$

$h(g(x)) = |4 - 2x|$
$h(g(x))' = \begin{cases} -2 \cdot (-1),\ x > 2 \\ -2 \cdot (+1),\ x < 2 \end{cases},\ x \in \mathbb{R} \setminus \{2\} = \begin{cases} 2,\ x > 2 \\ -2,\ x < 2 \end{cases},\ x \in \mathbb{R} \setminus \{2\}$

$\Rightarrow g(h(3))' = -2;\ g(h(-3))' = 2;\ h(g(3))' = 2;\ h(g(-3))' = -2$

b) $h(g(x))$ ist an der Stelle $c = 2$ nicht differenzierbar, da der linksseitige und rechtsseitige Grenzwert für $\lim\limits_{x \to 2} h(g(x))'$ nicht übereinstimmen (siehe a).
$g(h(c))' = g(h(2))' = -2;\ h(g(d))' = h(g(0))' = -2$
Analoge Begründung für $g(h(x))$ an der Stelle $d = 0$.

17. a) $p(x) = f(x) \cdot g(x) \cdot h(x)$
$p'(x) = f'(x) \cdot g(x) \cdot h(x) + f(x) \cdot g'(x) \cdot h(x) + f(x) \cdot g(x) \cdot h'(x)$
$p(x) = (x^2 - 1) \cdot (x^2 + 1) \cdot x$
$p'(x) = 2x \cdot (x^2 + 1) \cdot x + (x^2 - 1) \cdot 2x \cdot x + (x^2 - 1) \cdot (x^2 + 1) \cdot 1$
$= 2x^4 + 2x^2 + 2x^4 - 2x^2 + x^4 + x^2 - x^2 - 1$
$= 5x^4 - 1$
alternativ: $p(x) = (x^2 - 1) \cdot (x^2 + 1) \cdot x$
$= (x^2 - 1) \cdot (x^3 + x)$
$= x^5 + x^3 - x^3 - x$
$= x^5 - x$
$p'(x) = 5x^4 - 1$
Beide Möglichkeiten der Ableitungsbildung führen zum gleichen Ergebnis. Die aufgestellte Regel ist also richtig.

252 17. b) $k(x) = f(g(h(x)))$
$k'(x) = f'(g(h(x))) \cdot g'(h(x)) \cdot h'(x)$
$k(x) = \sqrt{(2x+1)^2}$
$k'(x) = \dfrac{1}{2\sqrt{(2x+1)^2}} \cdot 2 \cdot (2x+1) \cdot 2$
$= 2 \cdot \dfrac{2x+1}{|2x+1|} = \begin{cases} 2 \cdot (+1), x > -\frac{1}{2} \\ 2 \cdot (-1), x < -\frac{1}{2} \end{cases}, x \in \mathbb{R} \setminus \left\{-\frac{1}{2}\right\} = \begin{cases} 2, x > -\frac{1}{2} \\ -2, x < -\frac{1}{2} \end{cases}, x \in \mathbb{R} \setminus \left\{-\frac{1}{2}\right\}$

alternativ: $k(x) = \sqrt{(2x+1)^2}$
$= |2x+1|$
$k'(x) = \begin{cases} 2, x > -\frac{1}{2} \\ -2, x < -\frac{1}{2} \end{cases}, x \in \mathbb{R} \setminus \left\{-\frac{1}{2}\right\}$

Die Probe zeigt, dass die aufgestellte Regel anwendbar ist.

253 18. a)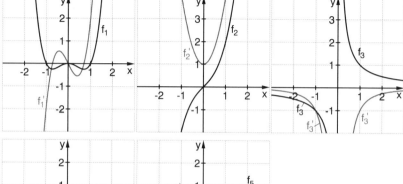

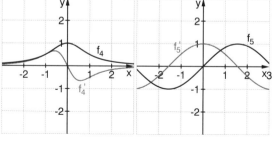

Die abgebildeten Graphen und ihre Ableitungsfunktionen bestätigen die beiden Aussagen.

b) Aufgrund der Symmetrie des Graphen existiert auch dieselbe Symmetrie bei den Tangenten, insbesondere bzgl. der Steigungen, d. h. Vorzeichenumkehr (m ⇔ –m) bei Achsensymmetrie und Identität (m = m) bei Punktsymmetrie.

c) $f(x) = f(-x) \Rightarrow f'(x) = f'(-x) \cdot (-1) = -f'(-x)$ (Kettenregel)
$f(x) = -f(-x) \Rightarrow f'(x) = -f'(-x) \cdot (-1) = f'(-x)$ (Kettenregel)

19. $f(x) = \sqrt{25-x^2}$

a) $m_t = -\dfrac{1}{m_r}$
$m_r = \dfrac{\Delta y}{\Delta x} = \dfrac{f(x)}{x}$
$\Rightarrow m_t = -\dfrac{x}{f(x)} = -\dfrac{x}{\sqrt{25-x^2}}$

b) $f'(x) = \dfrac{1}{2\sqrt{25-x^2}} \cdot (-2x) = -\dfrac{x}{\sqrt{25-x^2}}$

Die Ergebnisse stimmen überein.

253

20. $g'(a) = 0$

a) $k(x) = (g(x))^2$
$k'(x) = 2 \cdot g(x) \cdot g'(x)$
$\Rightarrow k'(a) = 2 \cdot g(a) \cdot g'(a) = 0$ Die Aussage ist wahr.

b) $k(x) = \sqrt{g(x)}$
$k'(x) = \dfrac{1}{2\sqrt{g(x)}} \cdot g'(x)$
$\Rightarrow k'(a) = \dfrac{1}{2 \cdot \sqrt{g(a)}} \cdot g'(a) = 0, \forall a \in \mathbb{R}: g(a) \neq 0$ Die Aussage ist wahr.

c) $k(x) = (x^2 + 1) \cdot g(x)$
$k'(x) = 2x \cdot g(x) + (x^2 + 1) \cdot g'(x)$
$\Rightarrow k'(a) = 2a \cdot g(a) + (a^2 + 1) \cdot g'(a)$
$\quad\quad\;\; = 2a \cdot g(a)$
$\Rightarrow k'(a) = 0 \Leftrightarrow a = 0 \lor g(a) = 0$

21. a) $y = 0{,}5x^2$; $Q(6|0)$
$d = \sqrt{(x_p - x_a)^2 + (y_p - y_a)^2}$
$\Rightarrow d(x) = \sqrt{(x-6)^2 + (0{,}5x^2 - 0)^2} = \sqrt{x^2 - 12x + 36 + 0{,}25x^4}$
$\Rightarrow$ Minimum von $d(x)$:
$\Rightarrow d'(x) = \dfrac{1}{2\sqrt{x^2 - 12x + 36 + 0{,}25x^4}} \cdot (2x - 12 + x^3)$

$d'(x) = 0 \Rightarrow x^3 + 2x - 12 = 0$
$\quad\quad\quad\; \Rightarrow x = 2$ ist einzige reelle Lösung

$y(2) = 2$
$\Rightarrow P(2|2)$

b) $m_{\overline{PQ}} = \dfrac{2-0}{2-6} = -\dfrac{1}{2}$
$m_t = y'(2),\; y'(x) = x \Rightarrow m_t = 2 \Rightarrow m_t = \dfrac{-1}{m_{\overline{PQ}}}$
$\Rightarrow m_t \cdot m_{\overline{PQ}} = 2 \cdot \left(-\dfrac{1}{2}\right) = -1$
$\Rightarrow$ Die Gerade QP ist senkrecht zur Tangente.

254

22. Fehler im Buch: Hier ist natürlich die realistische Änderungsrate für die schmelzende Eiskugel von 0,2 cm/min gemeint.

$V_K = \dfrac{4}{3}\pi r^3 = V_K(r)$
$r = 5 - 0{,}2t = r(t)$
$\Rightarrow V_K(r) = V_K(r(t))$
$\Rightarrow V_K = \dfrac{4}{3}\pi(5 - 0{,}2t)^3 = V_K(t)$
$V_K'(t) = \dfrac{4}{3}\pi \cdot 3(5 - 0{,}2t)^2 \cdot (-0{,}2)$
$\quad\quad\; = -0{,}8\pi(5 - 0{,}2t)^2$

Das Volumen nimmt demnach mit den folgenden Raten ab:

$V_K'(5) = -\dfrac{64}{5}\pi \approx -40{,}2$

$V_K'(10) = -\dfrac{36}{5}\pi \approx -22{,}6$

$V_K'(15) = -\dfrac{16}{5}\pi \approx -10{,}1$

22. Fortsetzung
Zu untersuchen ist:
$|V_K'(t)| < 0{,}001$
$\Rightarrow -0{,}032t^2 + 1{,}6t - 20 - \frac{0{,}001}{\pi} < 0$
Da für $t = 25$ $V_K(25) = 0$, ist die einzig sinnvolle Lösung $t > 24{,}900 \wedge t < 25$.

23. a) $\overline{AB} = 2 \text{ km} \Rightarrow 3 \frac{\text{km}}{\text{h}} \Rightarrow t = \frac{2}{3} \text{ h}$
$\overline{BC} = 6 \text{ km} \Rightarrow 5 \frac{\text{km}}{\text{h}} \Rightarrow t = \frac{6}{5} \text{ h}$ $\Big\}$ $\overline{AB} + \overline{BC} \Rightarrow t = \frac{28}{15} \text{ h} \approx 1{,}87 \text{ h}$

Pythagoras: $\overline{AB}^2 + \overline{BC}^2 = \overline{AC}^2$
$(4 \text{ km})^2 + (36 \text{ km})^2 = (40 \text{ km})^2 \Rightarrow \overline{AC} = \sqrt{40} \text{ km} \Rightarrow 3 \frac{\text{km}}{\text{h}} \Rightarrow t = \frac{2\sqrt{10}}{3} \text{ h} \approx 2{,}11 \text{ h}$
$\Rightarrow$ Die Strecke $\overline{AC}$ dauert länger als die von $\overline{AB} + \overline{BC}$.

b) Zeit für $\overline{AD} + \overline{DC}$ bestimmen
Dazu: $\overline{AD} = \sqrt{\overline{AB}^2 + x^2}$ mit $3 \frac{\text{km}}{\text{h}}$
$\overline{DC} = 6 - x$ mit $5 \frac{\text{km}}{\text{h}}$
$\Rightarrow t(x) = \frac{\sqrt{2^2 + x^2}}{3} + \frac{6-x}{5}$
$\Rightarrow t'(x) = \frac{x}{3\sqrt{4+x^2}} - \frac{1}{5}$
$\Rightarrow t'(x) = 0 \Rightarrow x_{1/2} = \pm 1{,}5$
$\Rightarrow$ Aus den geometrischen Überlegungen der Skizze folgt $x = 1{,}5$.
$\Rightarrow t(1{,}5) \approx 1{,}73 \text{ h}$; $\overline{AD} = 2{,}5$; $\overline{DC} = 4{,}5$

c) a) $\overline{AB} + \overline{BC} \Rightarrow t \approx \frac{2}{12} \text{ h} + \frac{6}{20} \text{ h} \approx 0{,}47 \text{ h}$
$\overline{AC} \Rightarrow t \approx \frac{\sqrt{40}}{12} \text{ h} \approx 0{,}53 \text{ h}$

b) $t(x) = \frac{\sqrt{2^2 + x^2}}{12} + \frac{6-x}{20}$, $t'(x) = \frac{x}{12\sqrt{4+x^2}} - \frac{1}{20}$ $\Rightarrow t'(x) = 0 \Rightarrow x = 1{,}5$
$t(1{,}5) \approx 0{,}43 \text{ h}$

24. a) $K(x) = 0{,}1x^3 - 1{,}2x^2 + 4{,}9x + 4$
$KD(x) = \frac{K(x)}{x} = 0{,}1x^2 - 1{,}2x + 4{,}9 + \frac{4}{x}$
$KD'(x) = 0{,}2x - 1{,}2 - \frac{4}{x^2}$
$\Rightarrow KD'(x) = 0 \Rightarrow 0{,}2x^3 - 1{,}2x^2 - 4 = 0$
$\Rightarrow x \approx 6{,}48 \Rightarrow KD(6{,}48) \approx 1{,}94$
$KG(x) = K'(x) = 0{,}3x^2 - 2{,}4x + 4{,}9 \Rightarrow KG(6{,}48) \approx 1{,}94$
Bei einer Menge von 6,48 ME sind die Produktionskosten minimal und betragen $K(6{,}48) = 12{,}57$.

b) $KD(x)$ minimal:
$\Rightarrow KD'(x) = 0 = \frac{K'(x) \cdot x - K(x)}{x^2} \Rightarrow K'(x) \cdot x = K(x)$
Es gilt also: $KD(x) = \frac{K(x)}{x} = \frac{K'(x) \cdot x}{x}$
$= K'(x) = KG(x)$

255

25. i) Identifizierung:
$$p'(x) = \lim_{h \to 0} \frac{f(x+h)\,g(x+h) - f(x)\,g(x)}{h}$$
$$f'(x) = \lim_{h \to 0} \frac{f(x+h) - f(x)}{h}$$
$$g'(x) = \lim_{h \to 0} \frac{g(x+h) - g(x)}{h}$$

ii) Um den Quotienten „geschickt" ($\Rightarrow$ passend) auseinanderziehen zu können.

iii) Bei der Durchführung des Grenzüberganges $h \to 0$ am Ende.

iv) Die Stetigkeit wird im abschließenden Schritt benötigt, also bei der Durchführung von $h \to 0$ (1. Summand der letzten Zeile).

26. a) Wenn die Funktion $k(x) = f(g(x))$ mit $g(x)$ differenzierbar für $x \in \mathbb{R}$ und $f(x)$ differenzierbar für $x \in \mathbb{W}_g$, dann ist $k(x)$ differenzierbar und es gilt $k'(x) = f'(g(x)) \cdot g'(x)$.

b) $k'(x) = \frac{f(g(x+h)) - f(g(x))}{h}$

nach Aufgabe 6: $k'(x) = \frac{f(g(x+h)) - f(g(x))}{g(x+h) - g(x)} \cdot \frac{g(x+h) - g(x)}{h} = f'(g(x)) \cdot g'(x)$

27. $f(x) = \frac{1}{g(x)} \Rightarrow f'(x) = -\frac{g'(x)}{(g(x))^2}$

a) Sei $h(x) := \frac{1}{x}$

$\Rightarrow f(x) = h(g(x)) = \frac{1}{g(x)}$

$f'(x) = h(g(x))' = h'(g(x)) \cdot g'(x) = -\frac{1}{(g(x))^2} \cdot g'(x) = -\frac{g'(x)}{(g(x))^2}$

b) Quotientenregel:
$f'(x) = \frac{0 \cdot g(x) - 1 \cdot g'(x)}{(g(x))^2} = -\frac{g'(x)}{(g(x))^2}$

28. $f(x) = x^{-n} = \frac{1}{x^n}$

Quotientenregel:

$f'(x) = \frac{0 \cdot x^n - 1 \cdot n \cdot x^{n-1}}{(x^n)^2}$
$= -\frac{n \cdot x^{n-1}}{x^{2n}} = -n \cdot x^{n-1-2n}$
$= -n \cdot x^{-n-1}$

Ableitungsregel für reziproke Funktion:

$f'(x) = -\frac{n \cdot x^{n-1}}{(x^n)^2}$
$= -\frac{n \cdot x^{n-1}}{x^{2n}} = -n \cdot x^{n-1-2n}$
$= -n \cdot x^{-n-1}$

29. $k(x) := \frac{f(x)}{g(x)} = f(x) \cdot \frac{1}{g(x)}$

$k'(x) = f'(x) \cdot \frac{1}{g(x)} + f(x) \cdot \left(-\frac{g'(x)}{(g(x))^2}\right)$

$= \frac{f'(x) \cdot g(x)}{(g(x))^2} - \frac{f(x) \cdot g'(x)}{(g(x))^2} = \frac{f'(x) \cdot g(x) - f(x) \cdot g'(x)}{(g(x))^2}$

256

30. a) i) $f(x) = \frac{(3x+2)^5}{15}$

$f'(x) = \frac{1}{15} \cdot 5 \cdot (3x+2)^4 \cdot 3 = (3x+2)^4$

ii) $g(x) = -2\cos\left(\frac{x}{2} - 1\right)$

$g'(x) = -2\left(-\sin\left(\frac{x}{2} - 1\right)\right) \cdot \frac{1}{2} = \sin\left(\frac{x}{2} - 1\right)$

256 30. Fortsetzung

a) iii) $h(x) = \dfrac{2 \cdot \sqrt{5x+1}}{5}$

$h'(x) = \dfrac{2}{5} \cdot \dfrac{1}{2 \cdot \sqrt{5x+1}} \cdot 5 = \dfrac{1}{\sqrt{5x+1}}$

b) i) $h(x) = (3x+2)^4$ $\quad\quad H(x) = \dfrac{(3x+2)^5}{15}$

$\Rightarrow f(x) = x^4, g(x) = 3x+2 \quad\quad \Rightarrow f(x) = \dfrac{x^5}{15}, g(x) = 3x+2$

ii) $h(x) = \sin\left(\dfrac{x}{2} - 1\right)$ $\quad\quad H(x) = -2\cos\left(\dfrac{x}{2} - 1\right)$

$\Rightarrow f(x) = \sin(x), g(x) = \dfrac{x}{2} - 1 \quad\quad \Rightarrow f(x) = -2\cos(x), g(x) = \dfrac{x}{2} - 1$

iii) $h(x) = \dfrac{1}{\sqrt{5x+1}}$ $\quad\quad H(x) = \dfrac{2 \cdot \sqrt{5x+1}}{5}$

$\Rightarrow f(x) = \dfrac{1}{x}, g(x) = \sqrt{5x+1} \quad\quad \Rightarrow f(x) = \dfrac{2}{5}\sqrt{x}, g(x) = 5x+1$ oder

$\quad\quad\quad\quad\quad\quad\quad\quad\quad\quad\quad\quad\quad\quad\quad\quad\quad f(x) = \dfrac{2}{5}x, g(x) = \sqrt{5x+1}$

c) $Y_1 = \dfrac{1}{0{,}2} \cdot \dfrac{1}{4}(0{,}2x+2)^4$

$Y_2 = \dfrac{1}{3}\sin(3x)$

$Y_3 = -\dfrac{1}{x-5}$

$Y_4 = \dfrac{1}{\frac{3}{2}} \cdot \dfrac{1}{2}(2x)^{\frac{3}{2}}$

Beschreibung: Die äußere Ableitung umkehren und den Vorfaktor so passend wählen, dass er die innere Ableitung (weg)kürzt.

31. a) $F(x) = \dfrac{1}{2} \cdot \dfrac{1}{6}(2x-4)^6$

b) $F(x) = \dfrac{1}{-2x} \cdot \dfrac{1}{6}(4-x^2)^6$ $\quad\quad$ abweichend von der Regel

c) $F(x) = \sin(x+\pi)$

d) $F(x) = -\dfrac{1}{(x+2)}$

e) $F(x) = \dfrac{1}{2} \cdot \dfrac{1}{1-2x}$

f) $F(x)$ nicht mit der Regel integrierbar

g) $F(x) = \dfrac{1}{3} \cdot \dfrac{1}{\frac{3}{2}}(3x+4)^{\frac{3}{2}}$

h) $F(x) = \dfrac{1}{3x^2} \cdot \dfrac{1}{\frac{3}{2}}(x^3+4)^{\frac{3}{2}}$ $\quad\quad$ abweichend von der Regel

257 32. $\bar{f}'(x) = \dfrac{1}{f'(f(x))}$

$f(x) = x^2 \;\Rightarrow\; f'(x) = 2 \cdot x$

$\bar{f}(x) = \sqrt{x}$

$\Rightarrow \bar{f}'(x) = \dfrac{1}{2 \cdot \sqrt{x}}, x > 0$

257

33. a) i) $f_1 \to g_3$
ii) $f_2 \to g_1$
iii) $f_3 \to g_4$
iv) $f_4 \to g_2$

b) i) $f_1'(x) = 2$; $g_3'(x) = 0{,}5$
$$g_3'(x) = \frac{1}{f_1'(g_3(x))} = \frac{1}{2} = 0{,}5$$
$\Rightarrow \overline{f_1}'(x) = g_3'(x)$

ii) $f_2'(x) = 8x$; $g_1'(x) = \frac{1}{4\sqrt{x}}$
$$g_1'(x) = \frac{1}{f_2'(g_1(x))} = \frac{1}{8 \cdot \frac{1}{2}\sqrt{x}} = \frac{1}{4\sqrt{x}}$$
$\Rightarrow \overline{f_2}'(x) = g_1'(x)$

iii) $f_3'(x) = -\frac{1}{x^2}$; $g_4'(x) = -\frac{1}{x^2}$
$$g_4'(x) = \frac{1}{f_3'(g_4(x))} = \frac{1}{-\frac{1}{\left(\frac{1}{x}\right)^2}} = -\frac{1}{x^2}$$
$\Rightarrow \overline{f_3}'(x) = g_4'(x)$

iv) $f_4'(x) = \frac{1}{2\sqrt{x+2}}$; $g_2'(x) = 2x$
$$g_2'(x) = \frac{1}{f_4'(g_2(x))} = \frac{1}{\frac{1}{2\sqrt{x^2-2+2}}} = \frac{1}{\frac{1}{2x}} = 2x$$
$\Rightarrow \overline{f_4}'(x) = g_2'(x)$

34. a) $\overline{f}'(x) = \frac{1}{f'(\overline{f}(x))}$

$f(x) = x^n$, $x > 0$ $\Rightarrow$ $f'(x) = n \cdot x^{n-1}$
$\overline{f}(x) = \sqrt[n]{x}$
$\Rightarrow \overline{f}'(x) = \frac{1}{n \cdot \left(\sqrt[n]{x}\right)^{n-1}}$

b) $g(x) = x^{\frac{1}{n}} = \sqrt[n]{x}$
$\Rightarrow g'(x) = \frac{1}{n \cdot \left(\sqrt[n]{x}\right)^{n-1}} = \frac{1}{n} \cdot \left(\left(\sqrt[n]{x}\right)^{n-1}\right)^{-1}$
$= \frac{1}{n} \cdot \left(x^{\frac{1}{n}}\right)^{1-n} = \frac{1}{n} \cdot x^{\frac{1}{n}-1}$

35. $f(x) = x^{\frac{m}{n}}$
$f'(x) = \left(x^{\frac{m}{n}}\right)' = \frac{m \cdot x^{m-1}}{n \cdot \left(x^{\frac{m}{n}}\right)^{n-1}} = \frac{m}{n} \cdot \frac{x^{m-1}}{x^{\frac{mn-m}{n}}}$

$= \frac{m}{n} \cdot \frac{x^{m-1}}{x^{m-\frac{m}{n}}} = \frac{m}{n} x^{m-1-(m-\frac{m}{n})}$

$= \frac{m}{n} x^{-1+\frac{m}{n}} = \frac{m}{n} x^{\frac{m}{n}-1}$

258

36. a) $y = f(u)$
$u = g(x)$
$\Rightarrow \frac{dy}{dx} = y' = f(g(x))'$
$\frac{dy}{du} = f'(g(x))$
$\frac{du}{dx} = g'(x)$

b) i) $y = u \cdot v$
$\Rightarrow \frac{dy}{dx} = \frac{du}{dx} \cdot v + u \cdot \frac{dv}{dx}$

ii) $y = \frac{u}{v}$
$\Rightarrow \frac{dy}{dx} = \frac{\frac{du}{dx} \cdot v - u \cdot \frac{dv}{dx}}{v^2}$

37. a) Setze $u = x \Rightarrow y = u \cdot \cos(u)$
$\frac{dy}{dx} = (1 \cdot \cos(u) + u \cdot (-\sin(u)) \cdot 1$
$= \cos(u) - u \cdot \sin(u)$
$= \cos(x) - x \cdot \sin(x)$

b) Setze $u = 3x^2 - 4 \Rightarrow y = \frac{1}{u}$
$\frac{dy}{dx} = -\frac{1}{u^2} \cdot 6x$
$= \frac{-6x}{(3x^2 - 4)^2}$

c) Setze $u = x^3 + 5 \Rightarrow y = \sqrt{u}$
$\frac{dy}{dx} = \frac{1}{2\sqrt{u}} \cdot 3x^2$
$= \frac{3x^2}{2\sqrt{x^3 + 5}}$

d) Setze $u = 2x^2 + 1 \Rightarrow y = \sin(u)$
$\frac{dy}{dx} = \cos(u) \cdot 4x$
$= \cos(2x^2 + 1) \cdot 4x$

38. –

6.2 Funktionenscharen und Ortskurven

260

1. a) (A) $\to f_a(x)$; (B) $\to f_b(x)$; (C) $\to f_c(x)$

b) (A): $f_a(x) = ax^2 + x + 1$
$f_a'(x) = 2ax + 1 = 0$
$\Rightarrow x = -\frac{1}{2a} \Rightarrow f_a\left(-\frac{1}{2a}\right) = -\frac{1}{4a} + 1$
$S\left(-\frac{1}{2a} \middle| -\frac{1}{4a} + 1\right)$

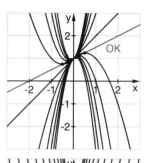

(B): $f_b(x) = x^2 + bx + 1$
$f_b'(x) = 2x + b = 0$
$\Rightarrow x = -\frac{b}{2}$
$\Rightarrow f_b\left(-\frac{b}{2}\right) = \frac{b^2}{4} - \frac{b^2}{2} + 1 = -\frac{b^2}{4} + 1$
$S\left(-\frac{b}{2} \middle| -\frac{b^2}{4} + 1\right)$

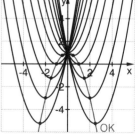

260 1. Fortsetzung

b) (C): $f_c(x) = x^2 + x + c$

$f_c'(x) = 2x + 1 = 0$

$\Rightarrow x = -\frac{1}{2} \Rightarrow f_c\left(-\frac{1}{2}\right) = -\frac{1}{4} + c$

$S\left(-\frac{1}{2} \mid -\frac{1}{4} + c\right)$

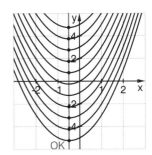

c) (A): $x = -\frac{1}{2a} \Rightarrow a = -\frac{1}{2x}$

$\Rightarrow y = -\frac{1}{4\left(-\frac{1}{2x}\right)} + 1 = \frac{1}{2}x + 1$

(B): $x = -\frac{b}{2} \Rightarrow b = -2x$

$\Rightarrow y = -\frac{(-2x)^2}{4} + 1 = -x^2 + 1$

(C): $x = -\frac{1}{2}$ ist unabhängig vom Parameter c. Alle Scheitelpunkte der Funktionenschar liegen als Ortskurve auf der Senkrechten $x = -\frac{1}{2}$ zur x-Achse.

261 2. a) Da der Preis um x Euro verändert werden soll, ergibt sich ein neuer Preis von (6 + x). Das Publikum nimmt pro Euro um 30 Personen von ursprünglich 300 ab $\Rightarrow$ (300 – 30x). Daraus folgt für die Einnahmen die angegebene Gleichung:

$E(x) = (6 + x) \cdot (300 - 30x)$

Für den Preis folgt damit:

$E'(x) = 120 - 60x = 0$

$\Rightarrow x = 2$

Bei einer Preiserhöhung um 2 € erhält man die größten Einnahmen unter den genannten Bedingungen.

b) (1) $E_p(x) = (p + x) \cdot (300 - 30x)$

$\Rightarrow$ y-Achsenschnittpunkte bei $E_p(0) = 300p$

$E_p'(x) = -30p + 300 - 60x = 0$

$\Rightarrow x = 5 - \frac{1}{2}p$

$E_p\left(5 - \frac{1}{2}p\right) = 7{,}5p^2 + 150p + 750$

(2) $E_b(x) = (6 + x) \cdot (300 - bx)$

$\Rightarrow$ x-Achsenschnittpunkte bei $E_b(x) = 0$

$\Rightarrow$ für b = 0: Gerade $E_0(x) = y = 300x + 1800$

$E_b'(x) = -2bx - 6b + 300 = 0$

$\Rightarrow x = -3 + \frac{150}{b}$

$E_b\left(-3 + \frac{150}{b}\right) = 9b + \frac{22500}{b} + 900$

261

2. Fortsetzung

b) allg.: $E(x) = (p + x) \cdot (300 - bx)$
$E'(x) = -pb + 300 - 2bx = 0$
$\Rightarrow x = \frac{150}{b} - \frac{p}{2}$
$\Rightarrow$ (1), (2): ja, wenn $\frac{p}{2} > \frac{150}{b}$

c)

p	x_{max}	$E_p(x_{max})$
2	4	1080
4	3	1470
6	2	1920
8	1	2430

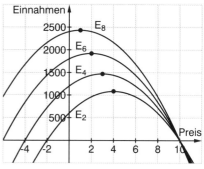

b	x_{max}	$E_b(x_{max})$
20	4,5	2205
30	2	1920
40	0,75	1822,5
50	0	1800

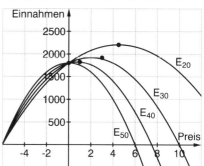

(1) Aus der ersten Tabelle geht hervor, dass mit steigendem Preis auch die maximalen Einnahmen steigen.
(2) Aus der zweiten Tabelle geht hervor, dass mit Abnahme der Besucherzahlen die maximalen Einnahmen fallen.

263

3. $f_t(x) = \frac{1}{3}x^3 - 2tx^2$

a) $f_t(1) = 2 \Rightarrow t = -\frac{5}{6} \Rightarrow f_{\frac{5}{6}}(x) = \frac{1}{3}x^3 - \frac{10}{6}x^2$

b) y-Achse: $f_t(0) = 0$
x-Achse: $f_t(x) = 0 \Rightarrow x_1 = 0$
$\qquad\qquad\qquad\qquad x_2 = 6t$

c) $f_t'(x) = x^2 - 4tx$
$f_t'(1) = 1 - 4t$

d) $f_t'(x) = 1 \Rightarrow x_{1/2} = 2t \pm \sqrt{4t^2 + 1}$

e) $f_t''(x) = 2x - 4t = 0$
$\qquad \Rightarrow x = 2t \Rightarrow t = \frac{1}{2}x$
$f_t(2t) = -\frac{16}{3}t^3 \Rightarrow y = -\frac{16}{3} \cdot \left(\frac{1}{2}x\right)^3 = -\frac{2}{3}x^3$

264   **4.**   a) $f_a(x) = x^2 - ax$ $f_b(x) = \frac{1}{b}x^2 - x$

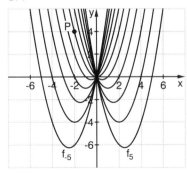
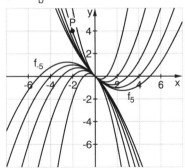

$f_c(x) = x^3 - cx$ $f_d(x) = \frac{1}{2}x^4 - dx^2$

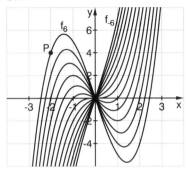
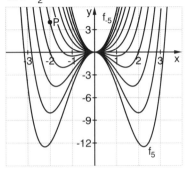

i) $f_a(-2) = (-2)^2 - a(-2) = 4 + 2a = 4 \;\Rightarrow\; a = 0$

ii) $f_b(-2) = \frac{1}{b}(-2)^2 - (-2) = \frac{4}{b} + 2 = 4 \;\Rightarrow\; b = 2$

iii) $f_c(-2) = (-2)^3 - c(-2) = -8 + 2c = 4 \;\Rightarrow\; c = 6$

iv) $f_d(-2) = \frac{1}{2}(-2)^4 - d(-2)^2 = 8 - 4d = 4 \;\Rightarrow\; d = 1$

b)   (1) $\to f'(0)$:   i) $f_a'(x) = 2x - a$ $\Rightarrow\; f_a'(0) = -a$

                         ii) $f_b'(x) = \frac{2}{b}x - 1$ $\Rightarrow\; f_b'(0) = -1$

                         iii) $f_c'(x) = 3x^2 - c$ $\Rightarrow\; f_c'(0) = -c$

                         iv) $f_d'(x) = 2x^3 - 2dx$ $\Rightarrow\; f_d'(0) = 0$

(2) $\to f'(x) = -2$:   i) $f_a'(x) = -2 \;\Rightarrow\; x = -1 + \frac{a}{2}$

                             ii) $f_b'(x) = -2 \;\Rightarrow\; x = -\frac{1}{2}b$

                             iii) $f_c'(x) = -2 \;\Rightarrow\; x = \pm\sqrt{\frac{c-2}{3}}$

                             iv) $f_d'(x) = -2 \;\Rightarrow\; x = ?$ kubisch: z. B. für $d = 0$: $x = -1$

264 4. Fortsetzung

b) (3) i) $f_a'(x) = 0 \Rightarrow x = \frac{a}{2} \Rightarrow a = 2x$

$f_a\left(\frac{a}{2}\right) = \frac{a^2}{4} - a\frac{a}{2} = -\frac{a^2}{4} \Rightarrow y = -x^2$

ii) $f_b'(x) = 0 \Rightarrow x = \frac{b}{2} \Rightarrow b = 2x$

$f_b\left(\frac{b}{2}\right) = \frac{1}{b}\frac{b^2}{4} - \frac{b}{2} = -\frac{b}{4} \Rightarrow y = -\frac{x}{2}$

iii) $f_c'(x) = 0 \Rightarrow x = \pm\sqrt{\frac{c}{3}} \Rightarrow c = 3x^2$

$f_c\left(\pm\sqrt{\frac{c}{3}}\right) = \pm\frac{c}{3}\sqrt{\frac{c}{3}} \pm \sqrt{\frac{c^3}{3}}$

$\Rightarrow$ Mit $x = -\sqrt{\frac{c}{3}}$ und $y = -\frac{c}{3} \cdot \sqrt{\frac{c}{3}} + \sqrt{\frac{c^3}{3}} = \sqrt{\frac{c}{3}} \cdot \frac{2}{3}c$ folgt $y = -2x^3$.

iv) $f_d'(x) = 0 \Rightarrow x_1 = 0$

$x_{2/3} = \pm\sqrt{d} \Rightarrow d = x^2$

$f_d(0) = 0 \Rightarrow y = 0$

$f_d(\pm\sqrt{d}) = \frac{1}{2}d^2 - d^2 = -\frac{1}{2}d^2 \Rightarrow y = -\frac{1}{2}x^4$

(4) i) $f_a''(x) = 2;\ f_a'''(x) = 0$

ii) $f_b''(x) = \frac{2}{b};\ f_b'''(x) = 0$

iii) $f_c''(x) = 6x;\ f_c'''(x) = 6$

$f_c''(x) = 0 \Rightarrow x = 0$ ($\Rightarrow$ Senkrechte)

$f_c(0) = 0$

iv) $f_d''(x) = 6x^2 - 2d;\ f_d'''(x) = 12x \Rightarrow x \neq 0$

$f_d''(x) = 0 \Rightarrow x = \pm\sqrt{\frac{d}{3}} \Rightarrow d = 3x^2$

$f_d\left(\pm\sqrt{\frac{d}{3}}\right) = \frac{1}{2}\frac{d^2}{9} - d \cdot \frac{d}{3} = \frac{d^2}{18} - \frac{d^2}{3} = -\frac{5}{18}d^2$

$\Rightarrow y = -\frac{5}{2}x^4$

5. a) x: Höhe

k – 2x: Breite und Länge

Damit ergibt sich $V_k(x) =$ Höhe · Breite · Länge $= x \cdot (k - 2x) \cdot (k - 2) = x \cdot (k - 2x)^2$

b) $V_k'(x) = 12x^2 - 8kx + k^2 = 0$

$x_1 = \frac{1}{2}k \Leftarrow V_k = 0$ (Randbedingung: $x < \frac{k}{2}$)

$x_2 > \frac{1}{6}k$

$V_k\left(\frac{1}{6}k\right) = \frac{2}{27}k^3$, dies ist das maximale Volumen.

c)

k	x	$V_{k;\text{max}}$
5	$\frac{5}{6}$	9,26
10	$\frac{5}{3}$	74,07
23,811	3,969	1000
30	5	2000

264 5. Fortsetzung

c)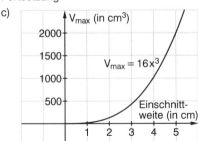

Die Tabelle zeigt, dass für ein Volumen von 1000 cm³ ein Pappkarton mit der Kantenlänge von 23,811 cm benötigt wird. Daraus ergibt sich eine Gesamtpappfläche von etwa 567 cm².

6. a) Parameter a bestimmt die „Breite" der Parabel und ist Öffnungsfaktor.
Parameter b bestimmt die „Höhe" der Parabel und gibt den Schnittpunkt mit der y-Achse an.

b) $A(t) = 2 \cdot t \cdot f(t)$, $f(t)$ ist achsensymmetrisch zur y-Achse
$\Rightarrow A_a(t) = 2 \cdot t \cdot f_a(t) = -2at^3 + 24t$
$A_a'(t) = -6at^2 + 24 = 0$
$\Rightarrow t = \frac{2}{\sqrt{a}}$ (wegen Symmetrie eigentlich $\pm \frac{2}{\sqrt{a}}$) $\Rightarrow a = \frac{4}{t^2}$
$A_a\left(\frac{2}{\sqrt{a}}\right) = \frac{32}{\sqrt{a}}$
$\Rightarrow y = 16t$
$\Rightarrow A_b(t) = 2 \cdot t \cdot f_b(t) = -\frac{2}{3}t^3 + 2bt$
$A_b'(t) = -2t^2 + 2b = 0$
$\Rightarrow t = \sqrt{b}$ (wegen Symmetrie eigentlich $\pm \sqrt{b}$) $\Rightarrow b = t^2$
$A_b(\sqrt{b}) = \frac{4}{3}b\sqrt{b}$
$\Rightarrow y = \frac{4}{3}t^3$

265 7. a) $f(x) = (x - 1)^2$; $x \in [-1; 4]$

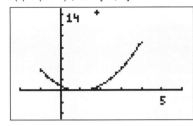

b) $f(x) = 0,5x - 3$; $x \geq 2$

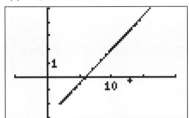

c) $f(x) = \sqrt{1 - x^2}$; $x \in [-1; 1]$

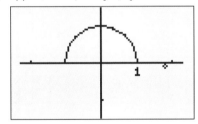

d) $f(x) = (x - 1)^2$; $x \in [-2; 4]$

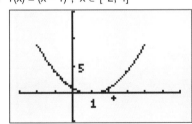

7. e) Definitionslücke für t = 0   f) f(x) = arc sin(x); x ∈ [−1; 1]

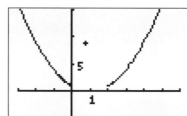 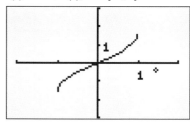

8. a) (1) ⇔ B ⇒ S(cos(t)|sin(t)) ⇒ $y = \pm\sqrt{1-x^2}$

(2) ⇔ A ⇒ S(k|k²) ⇒ y = x²

b) $f(x) = \frac{1}{2}x^2$

9. a) Für t < 0: nach unten geöffnete Parabel

Je größer der Betrag von t ist, umso weiter wird die Parabel; der Hochpunkt im 1. Quadranten wird nach rechts oben verschoben.

Füt t > 0: nach oben geöffnete Parabel

Je größer t ist, umso weiter wird die Parabel; der Tiefpunkt im 4. Quadranten wird nach unten rechts verschoben.

b) $f_t'(x) = \frac{x}{t} - t$

$f_t'(0) = -t$ ⇒ Tangente n_t: y = −tx

c) $f_t(x) = 0$ ⇒ $x_1 = 0$; $x_2 = 2t^2$

⇒ $A(t) = \int_0^{2t^2} f_t(x)\,dx = -\frac{2}{3}t^5$

A(t) = 162 ⇒ t = ± 3 (Vorzeichen wegen Flächenorientierung)

d) $f_t(x) = \frac{1}{2t}(x - t^2)^2 - \frac{t^3}{2}$

⇒ $S\left(t^2 \Big| -\frac{t^3}{2}\right)$

$y = -\frac{t^3}{2}$ (⇐ Vorzeichen abhängig vom Vorzeichen von t)

$x = t^2$ ⇒ $t = \pm\sqrt{x}$, x ≥ 0

⇒ $y = \mp \frac{x \cdot \sqrt{x}}{2}$ (⇐ Vorzeichen abhängig vom Vorzeichen von t)

10. a) • Kreis: K: x(t) = 3·cos(t) + 1
        y(t) = 3·sin(t) + 2   0 ≤ t ≤ 2π

• Ellipse: E: x(t) = 3·cos(t)
        y(t) = sin(t)

b)

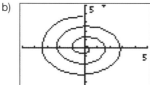 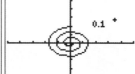 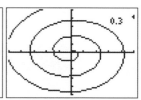

266 11.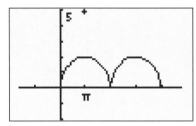

6.3 Rationale Funktionen

267 1. a) (1) ⇔ (C)
(2) ⇔ (A)
(3) ⇔ (D)
(4) ⇔ (F)
(5) ⇔ (B)
(6) ⇔ (E)

b) (7) ⇔ (3) $x \to \pm \infty \Rightarrow f(x) \to 0$
(8) ⇔ (4) $x \to \pm \infty \Rightarrow f(x) \to 0$
(9) ⇔ (1) $x \to \pm \infty \Rightarrow f(x) \to 1$
(10) ⇔ (5) $x \to \pm \infty \Rightarrow f(x) \to x$
(11) ⇔ (2) $x \to \pm \infty \Rightarrow f(x) \to x+1$
(12) ⇔ (6) $x \to \pm \infty \Rightarrow f(x) \to 0$

268 2. a) $r \to 0 \Rightarrow O(r) \to \infty$ (sehr schnell)
$r \to \infty \Rightarrow O(r) \to \infty$ (asymptotisch gegen $y = 2\pi r^2$, was der roten Parabel entspricht)

b) $O'(r) = 4\pi r - \frac{850}{r^2} = 0$
$\Rightarrow r^3 = \frac{850}{4\pi} \Rightarrow r = \sqrt[3]{\frac{850}{4\pi}}$
$O\left(\sqrt[3]{\frac{850}{4\pi}}\right) \approx 313 \text{ cm}^2$

c) $V = \pi r^2 \cdot h \Rightarrow h = \frac{V}{\pi r^2}$
$\Rightarrow O_V(r) = 2\pi r^2 + 2\pi r \frac{V}{\pi r^2} = 2\pi r^2 + \frac{2V}{r} = \frac{2\pi r^3 + 2V}{r}$

Die Kurve wandert mit größer werdendem Volumen nach oben und ihr Tiefpunkt wandert nach rechts.
Minimalverbrauch:

$O_V'(r) = 4\pi r - \frac{2V}{r^2} = 0 \Rightarrow r_{min} = \sqrt[3]{\frac{2V}{4\pi}} = \sqrt[3]{\frac{V}{2\pi}}$

$O_V(r_{min}) = \frac{2\pi \frac{V}{2\pi} + 2V}{\sqrt[3]{\frac{V}{2\pi}}} = \frac{3V}{\sqrt[3]{\frac{V}{2\pi}}}$

Ortskurve:
$y = \frac{3V}{\sqrt[3]{\frac{V}{2\pi}}}$; $V = 2\pi r^3 \Rightarrow y = 6\pi r^2$

270 3. a) Polstelle: $x = -4$
Asymptote: $y = 2$

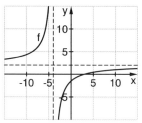

b) Polstelle: $x = -3$
Asymptote: $y = -\frac{1}{2}$

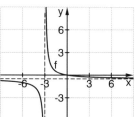

c) Polstelle: $x = 0$
Asymptote: $y = 4$

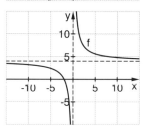

d) Polstelle: $x = \frac{1}{4}$
Asymptote: $y = 3$

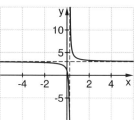

e) Polstelle: $x = \pm 2$
Asymptote: $y = 0$

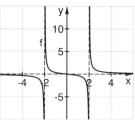

f) Polstelle: –
Asymptote: $y = 0$

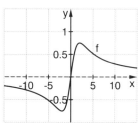

271

4. a) (1) Polstelle: x = 3
  Asymptote: y = 0
  (2) Polstelle: x = −2
  Asymptote: y = 3
  (3) Polstelle: x = 0
  Asymptote: y = −2
b) (1) → g(x)   (2) → h(x)   (3) → f(x)

5. a) f(x): Polstellen: x = 0: ohne VZW
  x = −5: mit VZW
  x = 1 (dreifach): mit VZW
  g(x): Polstellen: x = −3: ohne VZW
  x = 4: mit VZW

b)

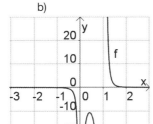
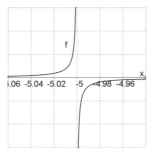
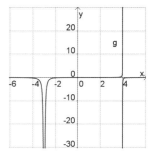

6. a) Ein Funktionsterm mit den geforderten Eigenschaften kann nicht existieren: Wenn wir zwei Polstellen ohne Vorzeichenwechsel haben wollen, müssen die Nullstellen des Nenners jeweils in einer geraden Potenz auftauchen. Das widerspricht aber der anderen Forderung in der Aufgabenstellung, dass das Nennerpolynom insgesamt vom Grad 3 sein soll.

b) Z. B.: $f(x) = \dfrac{1}{(x-1)^3}$

c) Auch eine solche Funktion kann nicht existieren, denn wenn wir ein Polynom 3. Grades im Nenner haben wollen und eine Polstelle ohne Vorzeichenwechsel, dann müsste die eine Nullstelle des Nennerpolynoms in einer geraden Potenz auftauchen. Bei einem Polynoms 3. Grades ist so etwas aber nicht möglich.

7. a) (1) $f(x) = \dfrac{-2x+1}{x-4}$ (2) $f(x) = \dfrac{1}{x+3}$ (3) $f(x) = \dfrac{1}{(x+3)(x-3)}$

b) (1) $f(x) = \dfrac{-2x+6}{x-4}$ (2) $f(x) = \dfrac{8}{x+3}$ (3) $f(x) = \dfrac{16}{(x+3)(x-3)}$

c) (1) $f(x) = \dfrac{-2x^2+6}{(x-4)^2}$ (2) $f(x) = \dfrac{8}{(x+3)^2}$ (3) $f(x) = \dfrac{256}{(x+3)^2(x-3)^2}$

272 8. Tankfüllung = $\frac{\text{Benzinverbrauch}}{100}$ · Reichweite

i) ⇒ aus Tabelle: Tankfüllung = 60 Liter ⇒ $60 = \frac{x}{100} \cdot y$

B	R
5	1200
8	750
$\frac{60}{9}$	900
15	**400**
x	$\frac{6000}{x}$
$\frac{6000}{y}$	y

ii) In den Tank passen 60 Liter.

iii)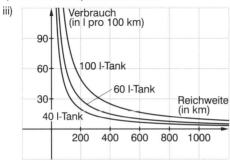

iv) 40 l:

B	R
5	800
8	500
15	267
x	$\frac{4000}{x}$
$\frac{4000}{y}$	y

100 l:

B	R
5	2000
8	1250
15	667
x	$\frac{10\,000}{x}$
$\frac{10\,000}{y}$	y

9. a)

- Polstelle bei x = 0
- $x \to -\infty \Rightarrow f(x) \to 0$
- $x \to \infty \Rightarrow f(x) \to 0$
- keine Extrema

b) (1) c = 2   (2) c = 8   (3) c = −5

272 10.

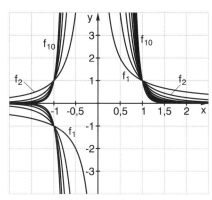

Verhalten für verschiedene n für $f(x) = x^{-n}$:
n ungerade: $f(x) \to 0$ für $x \to \pm\infty$
  $f(x) \to -\infty$ für $x \nearrow 0$
  $f(x) \to \infty$ für $x \searrow 0$
  Vorzeichenwechsel bei Polstelle $x = 0$
n gerade: $f(x) \to 0$ für $x \to \pm\infty$
  $f(x) \to \infty$ für $x \nearrow 0$
  $f(x) \to \infty$ für $x \searrow 0$
  kein Vorzeichenwechsel bei Polstelle $x = 0$
gemeinsam: $S(1|1)$

Verhalten für verschiedene n für $f(x) = x^n$:
n ungerade: $f(x) \to -\infty$ für $x \to -\infty$
  $f(x) \to +\infty$ für $x \to \infty$
n gerade: $f(x) \to \infty$ für $x \to \pm\infty$
gemeinsam: $S(0|0)$
  $\Rightarrow$ waagerechte Tangente für $n \neq 1$ in S

11. Problem der Auflösung und Schrittweite der numerisch ermittelten Werte

12. Hier liegt eine ungenaue Rundung der y-Werte vor, $f(x)$ wird erst im Unendlichen 3.

273 13. a) (1) → (C) achsensymm. b) (1) $f(-x) = f(x) \Leftrightarrow \frac{1}{(-x)^2-4} = \frac{1}{x^2-4}$

(2) → (A) punktsymm. (2) $f(-x) = -f(x) \Leftrightarrow \frac{-x}{(-x)^2-4} = -\frac{x}{x^2-4}$

(3) → (D) keine Symmetrie (3) $f(-x) \neq f(x) \neq -f(x) \Leftrightarrow \frac{-x^3}{-x-1} \neq \frac{x^3}{x-1} \neq -\frac{x^3}{x-1}$

(4) → (E) punktsymm. (4) $f(-x) = -f(x) \Leftrightarrow \frac{(-x)^2-4}{-x} = -\frac{x^2-4}{x}$

(5) → (B) achsensymm. (5) $f(-x) = f(x) \Leftrightarrow \frac{(-x)^4-4}{(-x)^2} = \frac{x^4-4}{x^2}$

14. a)

	p_1 gerade	p_2 ungerade	p_3 gemischt
q_1 gerade	Achsensymmetrie	Punktsymmetrie	–
q_2 ungerade	Punktsymmetrie	Achsensymmetrie	–
q_3 gemischt	–	–	–

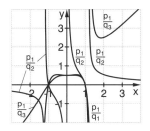
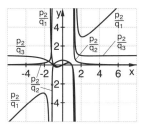
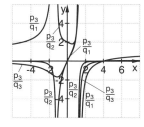

273

14. b)/c) Wenn das Zählerpolynom ungerade ist und das Nennerpolynom gerade, liegt Punktsymmetrie bezüglich (0|0) vor.

$$f(-x) = \frac{p(-x)}{q(-x)} = \frac{-p(x)}{q(x)} = -\frac{p(x)}{q(x)} = -f(x)$$

Wenn Zählerpolynom und Nennerpolynom gerade sind, liegt Achsensymmetrie bezüglich der y-Achse vor.

$$f(-x) = \frac{p(-x)}{q(-x)} = \frac{p(x)}{q(x)} = f(x)$$

Wenn Zählerpolynom und Nennerpolynom ungerade sind, liegt Achsensymmetrie bezüglich der y-Achse vor.

$$f(-x) = \frac{p(-x)}{q(-x)} = \frac{-p(x)}{-q(x)} = \frac{p(x)}{q(x)} = f(x)$$

274

15.
a) y_1: lila
   y_2: grün
   y_3: orange
   y_4: gelb
   y_5: gelb
   y_6: rot

b) y_1: Original
   y_2: um 2 nach oben verschoben $\Rightarrow$ Asymptote: $y = 2$
   y_3: um 2 nach rechts verschoben $\Rightarrow$ Polstelle: $x = 2$
   y_4: an der x-Achse gespiegelt
   y_5: an der x-Achse gespiegelt
   y_6: gestreckt mit Streckzentrum (0|0)

c) $y_7 = x = y_8$
Der Graph beschreibt offensichtlich die Achse, an der verschoben, gespiegelt und gestreckt wird.

16.

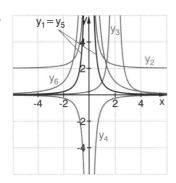

y_2: Verschiebung um 2 nach oben
y_3: Verschiebung um 2 nach rechts
y_4: an der x-Achse gespiegelt
y_5: Original
y_6: gestreckt um den Vorfaktor 4

y_7: $\frac{1}{y_1} = \frac{1}{\frac{1}{x^2}} = x^2$

y_8: $y_1(y_1) = y_1\left(\frac{1}{x^2}\right) = \frac{1}{\left(\frac{1}{x^2}\right)^2} = x^4$

17. Die entsprechende Grafik ist bereits in Aufgabe 10 gezeichnet worden.

a) (1) $\rightarrow f_2(x)$

(2) $\rightarrow f_1(x)$

(3) $\rightarrow f_{2/4/6/8/10}(x)$

(4) $\rightarrow f_{1/3/5/7/9}(x)$

b) $f(x) = \frac{1}{x^n} = x^{-n}$

$f'(x) = -n \cdot x^{-n-1} = -\frac{n}{x^{n+1}} \neq 0 \quad \Rightarrow \quad$ keine Extrempunkte

$f''(x) = -n \cdot (-n-1) \cdot x^{-n-1-1} = \frac{n^2+n}{x^{n+2}} \neq 0 \quad \Rightarrow \quad$ keine Wendepunkte

274 18. a) $x^2 \geq 0 \;\Rightarrow\;$ keine Polstelle
Asymptote: $y = 0$ (Grad Zählerpolynom < Grad Nennerpolynom)
$f(x) = \frac{8}{x^2 + 4}$
$f'(x) = -\frac{16x}{(x^2 + 4)^2} \;\Rightarrow\; f'(2) = -\frac{1}{2}$
$\Rightarrow\; t(x) = -\frac{1}{2}x + b;\; t(2) = 1 \;\Rightarrow\; b = 2$
$\Rightarrow\; t(x) = -\frac{1}{2}x + 2$

b) $x^2 \geq 0 \;\Rightarrow\;$ keine Polstelle
Asymptote: $y = 0$ (Grad Zählerpolynom < Grad Nennerpolynom)
$f(x) = \frac{4x}{x^2 + 1}$
$f'(x) = \frac{4(x^2 + 1) - 8x^2}{(x^2 + 1)^2} \;\Rightarrow\; f'(1) = 0$
$\Rightarrow\; t(x) = 2$

275 19. a) • $g(x) = x + 1$
• $f(x) \to 2$ für $x \to 1$
b) $f(x) = \frac{x^2 - 1}{x - 1} = \frac{(x - 1)(x + 1)}{x - 1} = x + 1 = g(x)$

20. a) (1) hebbare Lücke bei $x = 0$
$\to g(x) = \frac{1}{2}x - \frac{1}{2}$
(2) hebbare Lücke bei $x = 2$
Polstelle mit Vorzeichenwechsel bei $x = -3$
$\to g(x) = \frac{x - 3}{x + 3}$
(3) hebbare Lücke bei $x = 2$
Polstelle mit Vorzeichenwechsel bei $x = -2$
$\to g(x) = \frac{x^2 + 2x + 4}{x + 2}$
b) $\Rightarrow\; g(x) = \frac{x + 2}{x - 2} \;\Rightarrow\;$ Polstelle mit Vorzeichenwechsel bei $x = 2$
$\Rightarrow\;$ Die Umkehrung gilt nicht.

21. a) $f_1(x) \Leftrightarrow f_5(x) \leftrightarrow$ (1)
$f_2(x) \Leftrightarrow f_4(x) \leftrightarrow$ (2)
$f_3(x) \Leftrightarrow f_6(x) \leftrightarrow$ (3)
b) $f_5(x) \to -x^2 + 1$ für $x \to \pm\infty$
$f_4(x) \to x^2$ für $x \to \pm\infty$
$f_3(x) \to x^3 - x$ für $x \to \pm\infty$
c) Das Zählerpolynom muss vom Grad „Grad des Nennerpolynoms + 2" sein.
Bsp.: $f(x) = \frac{x^6 - 2x}{3x^4 + 1}$

276 22. Die Polynomdivision für die jeweiligen Terme ergibt:
a) $x - 3$ $\Rightarrow$ $x - 3 \to \pm\infty$ für $x \to \pm\infty$
b) $x^3 - 2x^2 - x + 2$ $\Rightarrow$ $x^3 - 2x^2 - x + 2 \to \pm\infty$ für $x \to \pm\infty$
c) $x^3 + 2x^2 + 4x + 8$ $\Rightarrow$ $x^3 + 2x^2 + 4x + 8 \to \pm\infty$ für $x \to \pm\infty$
d) $x^2 - 4x + 3$ $\Rightarrow$ $x^2 - 4x + 3 \to \infty$ für $x \to \pm\infty$

277 23. $f_1(x) = \dfrac{-x^2 - 2x - 1}{x + 2}$ $f_2(x) = \dfrac{x^3 - 3x^2 + 2}{x - 3}$

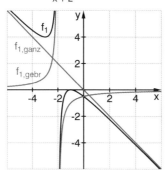
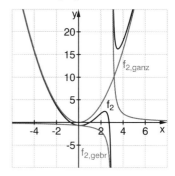

$f_3(x) = \dfrac{5x - 18}{x - 4}$ $f_4(x) = \dfrac{\frac{1}{2}x^5 + 1}{x^2}$

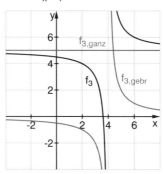
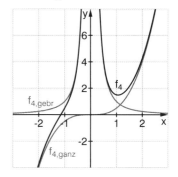

24.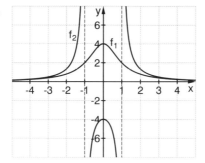
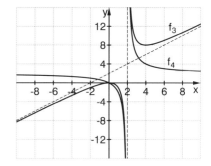

278 **25.** a) Nullstelle: $x = -\frac{b}{a}$

Polstelle: $x = -\frac{d}{c}$

Asymptote: $y = \frac{a}{c}$

$f'(x) = 0 \Rightarrow$ keine Extremstellen
$f''(x) = 0 \Rightarrow$ keine Wendepunkte

b) für $a \cdot d = b \cdot c$ gilt: $d = \frac{b \cdot c}{a}$

$\Rightarrow f(x) = \frac{ax + b}{cx + \frac{b \cdot c}{a}} = \frac{a \cdot (x + \frac{b}{a})}{c \cdot (x + \frac{b}{a})} = \frac{a}{c} \Rightarrow$ hebbare Lücke bei $x = -\frac{b}{a}$

außerdem: Polstelle: $-\frac{\frac{b \cdot c}{a}}{c} = -\frac{b}{a}$: Nullstelle

26. a) $f_2(x) \rightarrow$ linker Graph $\quad\quad f_3(x) \rightarrow$ rechter Graph

b) $f_1(x) = \frac{1}{x^2 + k}$

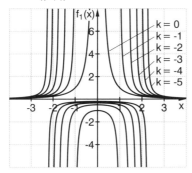
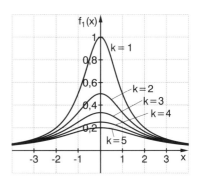

$f_4(x) \frac{x^3 - k}{x}$

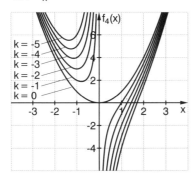
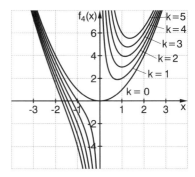

278 27. a)/b) $f_1(x) = \dfrac{1}{x^2 + k}$

Polstellen: $k = 0$: $x = 0$; $k < 0$: $x = \sqrt{k}$ und $x = -\sqrt{k}$; $k > 0$: –
Nullstellen: –
Asymptote: $y = 0$
Extrempunkte: $k = 0$: –
$\qquad\qquad\qquad k \neq 0$: $HP\left(0 \mid \dfrac{1}{k}\right)$
Wendepunkte: $k \leq 0$: –
$\qquad\qquad\qquad k > 0$: $WP_{1/2}\left(\pm\sqrt{\dfrac{k}{3}} \mid \dfrac{3}{4k}\right)$

Ortskurve der Extrempunkte: $x = 0$

Ortskurve der Wendepunkte: $x = \sqrt{\dfrac{k}{3}}$ $\Rightarrow$ $k = 3x^2$ $\Rightarrow$ $y = \dfrac{1}{4x^2}$

Für $f_2(x) = \dfrac{x}{x^2 - k}$ ist die Aufgabe bereits im blauen Kasten gelöst worden.

$f_3(x) = \dfrac{x^2 - k}{x}$
Polstellen: $x = 0$
Nullstellen: $x = \pm\sqrt{k}$
Asymptote: $y = x$
Extrempunkte: $k \geq 0$: –
$\qquad\qquad\qquad k < 0$: $HP\left(\sqrt{-k} \mid \dfrac{-2k}{\sqrt{-k}}\right)$; $TP\left(-\sqrt{-k} \mid \dfrac{-2k}{-\sqrt{-k}}\right)$
Wendepunkte: –
Ortskurve der Extrempunkte: HP: $x = \pm\sqrt{-k}$ $\Rightarrow$ $k = -x^2$ $\Rightarrow$ $y = \dfrac{2x^2}{x} = 2x$

$f_4(x) = \dfrac{x^3 - k}{x}$
Polstellen: $\qquad x = 0$ für $k \neq 0$
$\qquad\qquad\qquad k = 0$: hebbare Lücke
Nullstellen: $\qquad x = \sqrt[3]{k}$
Asymptote: $\qquad y = x^2$
Extrempunkte: $TP\left(\sqrt[3]{-\dfrac{k}{2}} \mid \dfrac{-\dfrac{3}{2}k}{\sqrt[3]{-\dfrac{k}{2}}}\right)$
Wendepunkte: $WP\left(\sqrt[3]{k} \mid 0\right)$
Ortskurve der Extrempunkte: $x = \sqrt[3]{-\dfrac{k}{2}}$ $\Rightarrow$ $k = -2x^3$ $\Rightarrow$ $y = 3x^2$
Ortskurve der Wendepunkte: $y = 0$

279 28. a) L_2: Aus dem Verhalten $x \to \infty$
$\Rightarrow$ Asymptote bei L_1: $y = a$
Asymptote bei L_2: $y = 0$
Es muss $b > 0$ gelten, da eine Polstelle unsinnig ist.

b) $L_2' = 0$ $\Rightarrow$ $x_1 = 1$ (HP)
$\qquad\qquad\qquad x_2 = -1$ (TP)
$L_2(1) = 1$ $\Rightarrow$ Nach einem Jahr werden 100 000 Laptops verkauft.

279 28. c) $L_a(x)$: Je größer a, desto höher die Verkaufszahlen. Im zeitlichen Verlauf bleiben höhere Verkaufszahlen über einen recht langen Zeitraum auch höher.
$L_b(x)$: Je größer b, desto höher die Verkaufszahlen. Im zeitlichen Verlauf sorgt ein hohes b für ein hohes Maximum des Graphen, der sich aber in recht kurzer Zeit wieder allen anderen Graphen mit kleinerem b schnell annähert.

29. a) Je höher die Bevölkerungsdichte, desto geringer der jährliche Benzinverbrauch pro Einwohner, wobei es sich um einen erst sehr stark abfallenden Graphen handelt, der sich asymptotisch einem festen Benzinverbrauch annähert.
⇒ In Detroit leben die Menschen recht weit auseinander, während in Monaco eine sehr hohe Bevölkerungsdichte herrscht.
⇒ Erklärung für den Bezinverbrauch:
– hohe Bevölkerungsdichte
⇒ kurze Wege (für Versorgung u. ä.)
⇒ geringer Benzinverbrauch

b) Vorstellbar sind Funktionen mit $f(x) \sim \frac{1}{x}$, wobei verwendete Parameter Messpunkte und eine sinnvolle Asymptote/Polstelle beinhalten sollten.

c) Angesichts folgender Werte für die beiden Modelle:
$A(x)$: Polstelle: $x = 0$
Asymptote: $y = 0$;
$B(x)$: Polstelle: $x = 10$
Asymptote: $y = 200$;
erscheint $B(x)$ des bessere Modell zu sein, da sinnvollere Werte in den Extremfällen für eine menschliche Bevölkerung in Städten erreicht werden.

d) Betrachtungen unterschiedlicher Messpunkte (z. B. Chicago und Singapur) führen ganz automatisch zu unterschiedlichen Modellen bzw. Graphen, da die Werte nicht genau auf einer Kurve liegen, sondern geringfügig streuen.

280 30. a) Für alle Modelle gilt, dass bei geringen Geschwindigkeiten eine Geschwindigkeitserhöhung den Fahrzeugdurchsatz stark erhöht. Während bei N_1 und N_2 der Graph immer weniger, aber kontinuierlich bis zu einer Asymptote steigt ($y_1 = 1800$; $y_2 = 2000$), besitzt N_3 ein Maximum und fällt dann asymptotisch gegen $y_3 = 0$. Somit werden von N_3 die empirischen Daten am besten erfüllt.

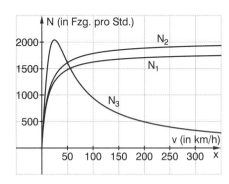

280   **30.** b) (1) $N_{1,k}(v) = \dfrac{1000v}{k + \frac{v}{1,8}}$

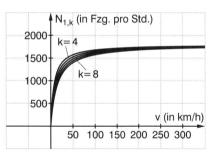

$N_{2,k}(v) = \dfrac{1000v}{k + \frac{v}{2}}$

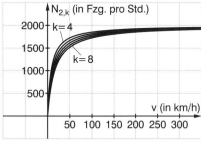

$N_{3,k}(v) = \dfrac{1000v}{k + \frac{v^2}{100}}$

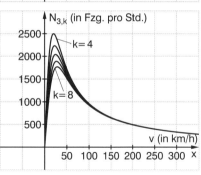

(2) $N_{3,\text{schreck}}(v) = \dfrac{1000v}{6 + \frac{v^2}{100} + \frac{v}{3,6}}$

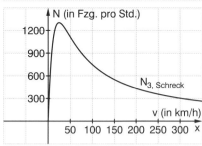

281

31. $f_d(x) = \dfrac{d^3}{x^2 + d^2}$

a) Es sind die Kurven für die Parameter $d = 1, \ldots, 5$ dargestellt.

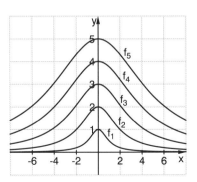

b) $f_2(x) = \dfrac{8}{x^2 + 4}$

$WP_{1/2}\left(\pm\sqrt{\dfrac{4}{3}}\;\Big|\;\dfrac{8}{\frac{4}{3}+4}\right) = \left(\pm\sqrt{\dfrac{4}{3}}\;\Big|\;\dfrac{3}{2}\right)$

$\left.\begin{array}{l} t_+ : y = -0{,}65x + 2{,}25 \\ t_- : y = 0{,}65x + 2{,}25 \end{array}\right\}$ Wendetangenten

32. a)

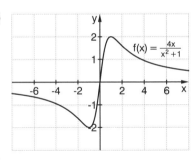

b) –

6.4 Trigonometrische Funktionen

282

1. a) $f_4(x) = \sin(x) + 1$: jeder Funktionswert plus 1 (um 1 nach oben verschoben) → Bild 1

$f_3(x) = \sin\left(x - \dfrac{\pi}{2}\right)$: Phasenverschiebung um $\dfrac{\pi}{2}$ nach rechts → Bild 2

$f_2(x) = \sin(2x)$: Frequenzverdopplung → Bild 3

$f_1(x) = 2\sin(x)$: jeder Funktionswert mal 2 → Bild 4

b) $\left.\begin{array}{l} f_1'(x) = 2\cos(x)\text{: maximale Steigung von 2} \\ f_2'(x) = 2\cos(2x)\text{: maximale Steigung von 2} \end{array}\right\}$ Frequenzverdopplung (Abb. rechts)

$\left.\begin{array}{l} f_3'(x) = \cos\left(x - \dfrac{\pi}{2}\right)\text{: maximale Steigung von 1} \\ f_4'(x) = \cos(x)\text{: maximale Steigung von 1} \end{array}\right\}$ Phasenverschiebung (Abb. links)

283

2. Bild (1): $f_2(x) = \frac{1}{x} \cdot \sin(x)$
   Bild (2): $f_1(x) = x \cdot \sin(x)$
   Bild (3): $f_3(x) = \sin(x^2)$
   Die Graphen entstehen durch Multiplikation, was bei (1) und (2) zur Folge hat, dass die Funktionen $f(x) = \frac{1}{x}$ und $f(x) = x$ die Einhüllenden der Endfunktion darstellen, d. h. Einfluss auf die Amplitude haben. Da bei (3) $f(x) = x^2$ in die Sinusfunktion integriert ist, nimmt sie Einluss auf die Periodenlänge.

   Graphen der Ableitungen von:
   Bild (1): $f_2'(x) = -\frac{1}{x^2} \cdot \sin(x) + \frac{1}{x} \cdot \cos(x)$

   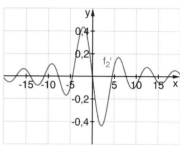

   Bild (2): $f_1'(x) = \sin(x) + x \cdot \cos(x)$

   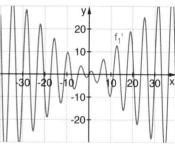

   Bild (3): $f_3'(x) = \cos(x^2) \cdot 2x$

   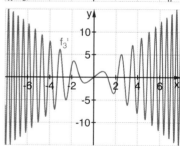

3. a) $f(0) = 8$
      $f(1{,}6) = 8$ } Punktproben passen
      $f(0{,}8) = 2$

   Amplitude: 3
   Periode: $\frac{2\pi}{b} = \frac{2\pi}{1{,}25\pi} = 1{,}6$

   Phasenverschiebung: $+\frac{\pi}{2}$ (nach links, also cos-Funktion ohne Verschiebung)
   Ruhelage: 5

283 3. b) $f'(t) = 3{,}75\pi \cdot \cos\left(1{,}25\pi t + \frac{\pi}{2}\right)$

$f''(t) = -4{,}6875\pi^2 \cdot \sin\left(1{,}25\pi t + \frac{\pi}{2}\right)$

$f'''(t) = -5{,}8694\pi^3 \cdot \cos\left(1{,}25\pi t + \frac{\pi}{2}\right)$

i) $f'(1) = 8{,}33$ aufwärts
$f'(1{,}5) = 4{,}51$ aufwärts
$f'(1{,}7) = -4{,}51$ abwärts

ii) $f''(t) = 0 \Rightarrow t = 0{,}4$ (halbperiodisch wiederkehrend)
$f'(0{,}4) = -3{,}75\pi$ ($\approx -11{,}78$)
$f'(t) = 0 \Rightarrow t = 0$ (halbperiodisch wiederkehrend)

iii) $f'''(t) = 0 \Rightarrow t = 0$ (halbperiodisch wiederkehrend)

c) Wenn zum Zeitpunkt $t = 0$ der Schwinger seine Amplitude erreicht hat, so erreicht er diese halbperiodisch immer wieder, wobei die Amplituden mit gleichen Vorzeichen immer periodisch wiederkehren. Die Geschwindigkeit des Schwingers ist genau zwischen zwei Amplituden maximal (Nulllage).

285 4.   Ⓐ $f(x) = 0{,}5 \cdot \sin(x) + 2$; $f'(x) = 0{,}5 \cdot \cos(x) \Rightarrow$ (III)

Ⓑ $f(x) = \sin(3x)$; $f'(x) = 3 \cdot \cos(3x) \Rightarrow$ (I)

Ⓒ $f(x) = 2 \cdot \sin\left(x - \frac{\pi}{4}\right)$; $f'(x) = 2 \cdot \cos\left(x - \frac{\pi}{4}\right) \Rightarrow$ (II)

5.

	Amplitude	Periode	Phase
a) $y' = 4\cos(4x)$	$y' = 4y$	$y' = y$	$y' = y + \frac{\pi}{2}$
b) $y' = -3\sin(x)$	$y' = y$	$y' = y$	$y' = y + \frac{\pi}{2}$
c) $y' = 2\cos(2x)$	$y' = 2y$	$y' = y$	$y' = y + \frac{\pi}{2}$
d) $y' = \sin(x)$	$y' = y$	$y' = y$	$y' = y + \frac{\pi}{2}$
e) $y' = 6\cos(3x)$	$y' = 3y$	$y' = y$	$y' = y + \frac{\pi}{2}$
f) $y' = 1{,}5\cos(x)$	$y' = y$	$y' = y$	$y' = y + \frac{\pi}{2}$
g) $y' = -2\cos\left(x - \frac{\pi}{2}\right)$	$y' = y$	$y' = y$	$y' = y + \frac{\pi}{2}$
h) $y' = 2\sin(x)\cos(x)$	$y' = 2y$	$y' = y$	$y' = y + \frac{\pi}{2}$

286 6. $f(x) = \sin(2x)$ $f\left(\frac{\pi}{2}\right) = 0 \Rightarrow A\left(\frac{\pi}{2}\big|0\right)$ ist Schnittpukt mit der x-Achse.

$f'(x) = 2 \cdot \cos(2x)$

$t: y(x) = mx + b$

$= f'\left(\frac{\pi}{2}\right)x + b = -2x + b$

$\Rightarrow 0 = -2 \cdot \frac{\pi}{2} + b \Rightarrow b = \pi \Rightarrow t: y(x) = -2x + \pi$

$g(x) = \sin(4x)$ $g\left(\frac{\pi}{2}\right) = 0 \Rightarrow B\left(\frac{\pi}{2}\big|0\right)$ ist Schnittpunkt mit der x-Achse.

$g'(x) = 4 \cdot \cos(4x)$

$t: y(x) = g'\left(\frac{\pi}{2}\right)x + b = 4x + b$

$\Rightarrow 0 = 4 \cdot \frac{\pi}{2} + b \Rightarrow b = -2\pi \Rightarrow t: y(x) = 4x - 2\pi$

286

7. a) $f(x) = \sin(x)$
$f'(x) = \cos(x)$
$f''(x) = -\sin(x) = 0 \Rightarrow x = 0$
$f'(0) = 1 \quad\Rightarrow$ Die maximale Steigung ist 1.

b) • $f(x) = a \cdot \sin(x)$
$f'(x) = a \cdot \cos(x) \Rightarrow$ Die Steigung wird ebenfalls verdoppelt/halbiert.
• $f(x) = \sin(b \cdot x)$
$f'(x) = b \cdot \cos(b \cdot x) \Rightarrow$ Die Steigung wird ebenfalls halbiert/verdoppelt.

8. a) $-\cos(x)$ \quad e) $-\cos(x) + 2x$
b) $\sin(x)$ \quad f) $-\cos(x - \pi)$
c) $-\frac{1}{3}\cos(3x)$ \quad g) $-\frac{1}{2}\cos(2x - 2)$
d) $-3\cos(x)$ \quad h) $-\frac{1}{2}\cos(2x - 1)$

9. $f(x) = a \cdot \sin(b(x - c)) + d$
$f'(x) = a \cdot b \cdot \cos(b(x - c))$
$F(x) = -a \cdot \frac{1}{b} \cdot \cos(b(x - c)) + dx$

Ableitung: Summen-, Ketten- und Produktregel
Integration: Substitution

10. $A_f = 4$ \quad $A_g = 4$ \quad $A_h = \pi$

11. (A) stimmt \quad (D) falsch (Amplitude ist $a \cdot b$)
(B) falsch ($-\cos(x)$) \quad (E) stimmt
(C) falsch (gilt nur für $b \in \mathbb{Z}$) \quad (F) stimmt

287

12. $f(x) = \tan(x) = \frac{\sin(x)}{\cos(x)}$
$x = \pm(2n - 1) \cdot \frac{\pi}{2}$, $n \in \mathbb{N}$ sind die Nullstellen von $\cos(x)$.
b) Anwenden der Quotientenregel
c) $\tan''(x) = 0 \Rightarrow x_W = \pm n \cdot \pi$
$\tan'(x_W) = 1$

13. $f\left(-\frac{\pi}{2}\right) = g\left(-\frac{\pi}{2}\right) = 0 = f\left(\frac{\pi}{2}\right) = g\left(\frac{\pi}{2}\right)$
a) $f'(x) = 0 \Rightarrow x = 0$; $f(0) = g(0) = 1$

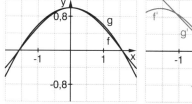
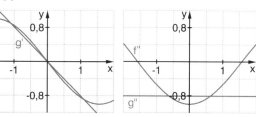

287 13.
b)
(A) $\int_{-\frac{\pi}{2}}^{\frac{\pi}{2}} f(x)\, dx = 2$

$\int_{-\frac{\pi}{2}}^{\frac{\pi}{2}} g(x)\, dx = \frac{2}{3}\pi = 2{,}09\ldots$

Abweichung ≈ 0,09 (entspricht etwa 4,7 %)

(B) $O(x) = |f(x) - g(x)|$

$O'(x) = 0 \Rightarrow \frac{\sin(x)}{x} = \frac{8}{\pi^2} \Rightarrow x = 1{,}1$

$O(1{,}1) = 0{,}056$ (maximale Abweichung der Ordinaten)

⇒ Möglichkeit (B) ist besser geeignet, da die maximale Abweichung in jedem Punkt des Intervalls überprüft wird, während der Flächeninhalt stark mit den Intervallgrenzen variieren kann.

14.
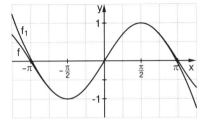 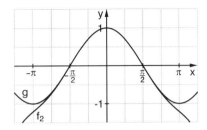

$f_1'(x) = f_2(x)$
⇒ sinnvoll, da gilt: $f'(x) = g(x)$

15. a) Pro Ableitung verlieren die Graphen der Polynome jeweils einen „Bogen", bis schließlich nach der Parabel (ein Bogen) Geraden folgen (zuletzt immer $f(x) = 0$).
b) Die einhüllende Form bleibt erhalten, jedoch ändert sich das Verhalten im Ursprung, z. B.: $g(x)$ sowie jede geradzahlige Ableitung sind achsensymmetrisch zur y-Achse, jede ungeradzahlige Ableitung ist punktsymmetrisch zum Ursprung. Dazu leichte Variationen in Periodenlänge, Amplitude und Nullstellen:

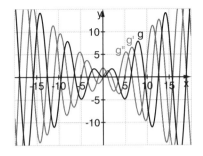 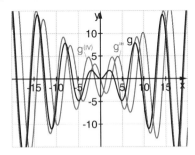

288 16. a)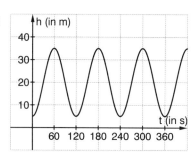

Durchmesser: Radius ≙ Amplitude = $\frac{Max - Min}{2}$ = 15 m ⇒ d = 30 m

Umdrehung ≙ Periode = 120 s

b) Bei t = 80 s sinkt die Gondel mit h'(80) = –0,68 $\frac{m}{s}$.

c) h'''(x) = 0 ⇒ x = 0; h''(0) = 0,04 $\frac{m}{s^2}$

17. a)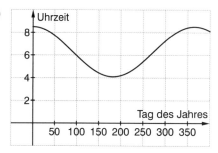

Amplitude ≙ halber Unterschied zwischen dem am frühesten und am spätesten beginnenden Tag

Frequenz: $\frac{2\pi}{365}$ ≙ Periodenlänge von 365 Tagen

vertikale Verschiebung: 6,3 ≙ der Uhrzeit des Sonnenaufgangs des „mittlersten" Tages

b) a'(x) = 0 ⇒ x_1 = 0   HP(0|8,5)   ⇒ 8.30 Uhr am 1. Tag des Jahres
                 x_2 = 182   TP(182|4,1)   ⇒ 4.06 Uhr am 182. Tag des Jahres
   a''(x) = 0 ⇒ x_3 = 91   TP(91|–0,04)   ⇒ Tagesbeginnzeitänderung
                                                   von a'(x)
                 x_4 = 274   HP(274|0,04)

18. a) „schnell – langsam – schnell" Pause
       „schnell – langsam – schnell" Pause usw.

b) Es gilt tan(α) = $\frac{d}{b}$.

   ⇒ d = b · tan(α)   mit α = $\frac{2\pi}{30}$ · t und b = 10 km

   ⇒ d(t) = 10 · tan$\left(\frac{2\pi}{30} \cdot t\right)$

   ⇒ Modellierung passt

289

19. a) $f(x) = \sin(x)$ $\qquad$ $h(x) = \cos(x)$
$f'(x) = \cos(x)$ $\qquad$ $h'(x) = -\sin(x)$
$f''(x) = -\sin(x)$ $\qquad$ $h''(x) = -\cos(x)$
$\Rightarrow f(x) + f''(x) = 0$ $\qquad$ $\Rightarrow h(x) + h''(x) = 0$

b) $g(t) = 2\sin(3t - 1)$
$g'(t) = 6\cos(3t - 1)$
$g''(t) = -18\sin(3t - 1)$
$\Rightarrow g(t) + \frac{1}{9} \cdot g''(t) = 0$

20. a) $f(x)$: Frequenzänderung $\quad\Rightarrow$ Graph links unten
$g(x)$: Phasenänderung $\quad\Rightarrow$ Graph rechts unten
$h(x)$: Amplitudenänderung $\quad\Rightarrow$ Graph rechts oben
$k(x)$: Horizontaländerung $\quad\Rightarrow$ Graph links oben

b) $f'(x) = a \cdot \cos(ax)$ ist im Schülerband abgebildet.
$g'(x) = \cos(x - a)$
$h'(x) = a \cdot \cos(x)$
$k'(x) = \cos(x)$ (Hier liegt keine Funktionenschar vor.)

Das Bild der Ableitungsschar gehört zu $f(x) = \sin(ax)$.

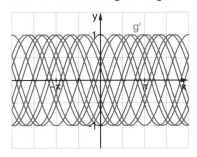
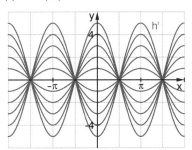

21. $f_a(x)$ rechts $\qquad\qquad\qquad\qquad$ $f_b(x)$ links

$f_a'(x) = a \cdot \sin(x) + ax \cdot \cos(x)$ $\qquad$ $f_b'(x) = b + \cos(x)$

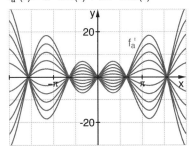
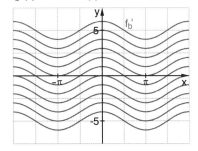

22. a) Der rote Graph ist die Ableitung des blauen Graphen.
Funktionsvorschrift des roten Graphen:
$f'(x) = -\frac{1}{x^2} \cdot \sin(x) + \frac{1}{x} \cdot \cos(x)$

b) $f(x)$ ist stetig ergänzbar, denn:
L' Hospital: $f(x) = \frac{\sin(x)}{x} \to \frac{\cos(x)}{1}$ für $x = 0$; also $f(x) \to 1$ für $x \to 0$
$\Rightarrow \quad f_1(0) = 1$
f_1 ist stetig differenzierbar an der Stelle $x = 0$:
$f'(x) = \frac{x\cos(x) - \sin(x)}{x^2}$
$\Rightarrow$ Taylor-Reihen-Entwicklung für $\cos(x)$ und $\sin(x)$ liefert $f_1'(0) = 0$.

23. a) Der Graph wird bei 0 „unendlich dicht".

b) Für dieses x_n wird berechnet:
$f(x_n) = \pm 1$,
aber: Für $n \to \infty$ ist $x_n = \frac{1}{(2n-1)\frac{\pi}{2}}$ eine Nullfolge, während für $n \to \infty$
$f(x_n) = \sin\left((2n-1)\frac{\pi}{2}\right)$ alternierend ist.
$\Rightarrow$ nicht stetig ergänzbar

c) Wählen Sie z. B. x_n wie in b) $\Rightarrow$ $g(x)$ ist Kombination aus Nullfolge und alternierender Folge $\Rightarrow$ stetig ergänzbar in $x = 0$

Kapitel 7
Exponentialfunktionen und ihre Anwendungen

Didaktische Hinweise

In diesem und dem nächsten Kapitel stehen die Exponentialfunktionen im Mittelpunkt der Untersuchungen.
7.1 stellt das notwendige Handwerkszeug für 7.2 und Kapitel 8 bereit und hat damit einen innermathematischen Schwerpunkt. Dieser Lernabschnitt bildet den Abschluss der Differenzial- und Integralrechnung, weswegen auch vernetzende Übungen und Lesetexte angeboten werden, die Verständnis sichern und Einsicht und Überblick geben. In 7.2 werden dann keine neuen Theorieelemente mehr erarbeitet, sondern der Umgang mit Exponentialfunktionen in vielfältigen inner- und außermathematischen Zusammenhängen benutzt und trainiert, der Lernabschnitt hat damit mehr einen problemorientierten Schwerpunkt. Es tauchen alle Fragestellungen aus bisher behandelten Inhalten wieder auf, sodass alle für das Abitur relevanten Aspekte berücksichtigt und geübt werden.

Zu **7.1**
In diesem Lernabschnitt werden recht viele Begriffe eingeführt und benutzt. Um Übersichtlichkeit zu erreichen und auch, um lange Erarbeitungsphasen zu vermeiden, sind kompakte Darstellungen mit jeweils direkt ansteuernden hinführenden Aufgaben zu den einzelnen Basiswissen gewählt worden.
In den Einführungsaufgaben werden zunächst Wiederholungen zu den bekannten Wachstumsprozessen und den Exponentialfunktionen angeboten. In unmittelbarem Anschluss erhalten die Schüler zwei Möglichkeiten, die Ableitung von Exponentialfunktionen zu entdecken, einen grafischen Weg und einen mehr algebraischen.
Im Basiswissen wird dann festgehalten, dass die Ableitung wieder eine Exponentialfunktion ist mit dem Streckfaktor f'(0). Bevor dieser genauer bestimmt wird, wird zunächst mit der Motivation, eine Funktion zu finden, deren Ableitung wieder dieselbe Funktion ist (f'(x) = f(x)), die Zahl e in plausibler Weise eingeführt. Andere Zugänge mit teilweise höherem Präzisierungsgrad, werden in den weiteren Übungen angeboten (A10, A47). Damit steht die im weiteren Verlauf der Kapitel 7 und 8 allein benutzte e-Funktion frühzeitig zur Verfügung. Über das Lösen von Exponentialgleichungen wird der natürliche Logarithmus eingeführt und die Ableitung einer beliebigen Exponentialfunktion und der wichtige Zusammenhang mit der e-Funktion ($b^x = e^{\ln(b) \cdot x}$) in einem weiteren Basiswissen festgehalten, ehe die natürliche Logarithmusfunktion mit ihrer Ableitung den inhaltlichen Abschluss bildet. Damit dieser Lernabschnitt nicht rein technisch bleibt, sind in den Übungen immer wieder kleine Wiederholungen bekannter Inhalte aus der Differenzial- und Integralrechnung eingebaut, es gibt eine Themenseite zu Wachstum und Zerfall und die Möglichkeit des Staunens über das Wachstumsverhalten der Logarithmusfunktion.

Zu **7.2**

In zwei unterschiedlichen Sachkontexten und einem innermathematischen Zusammenhang können Schüler unterschiedliche Erfahrungen im Umgang mit Exponentialfunktionen sammeln. Hier treten verschiedene, in anderen Kapiteln erarbeitete, Inhalte und Fragestellungen auf, die nun mithilfe der neuen Funktionsklasse bearbeitet werden (Funktionsbestimmung, Extremwerte, Tangenten, Ortskurven). Das Basiswissen zeigt exemplarisch und ausführlich am Beispiel einer abiturähnlichen Problemstellung den Weg von den außermathematischen Fragestellungen (Problemen) zur Mathematisierung und Lösung mit Dokumentation auf. Entsprechend der Anlage des Lernabschnitts, ist der Übungsteil nicht spiralförmig vom Einfachen zum Komplexen strukturiert, sondern nach inhaltlichen Gesichtspunkten in Form einzelner Module, die für eine klare Übersicht seitenweise angeordnet sind. Sie sind weitgehend unabhängig voneinander bearbeitbar.

(1) Wachstumsmodelle (A4–A13)

In Kurzform werden hier die grundlegenden Wachstumsmodelle vorgestellt. Wer diese intensiver, in modellierender Weise bearbeiten möchte, benutzt die entsprechenden Lernabschnitte aus Kapitel 8.

(2) Innermathematisches Training (A14-A20)

Kontextfrei werden alle Verfahren aus der Analysis in mehrmaligen Wiederholungen und unterschiedlicher Komplexität geübt.

(3) Innermathematische Anwendungen (A21–A23)

In innermathematischen Kontexten werden grundlegende Fragestellungen (Flächen, Tangenten, Optimieren) festigend geübt.

(4) e-Funktionen in der Realität

Unterschiedliche Anwendungskontexte führen auf Fragestellungen, die mit bekannten Verfahren bearbeitet werden können. Hier stehen Modellierungsaktivitäten im Mittelpunkt. In einem abschließenden Projekt wird die Kettenlinie auf vielfältige Weise untersucht.

Anmerkung:

Lernabschnitt 7.2 und Kapitel 8 bieten zwei unterschiedliche Möglichkeiten, Exponentialfunktionen anzuwenden. Je nach Curriculum oder persönlicher Vorliebe können Schwerpunkte gesetzt, aber auch ohne Probleme jeweils nur Teile bearbeitet werden, also z. B:

- 7.2 und vertiefend 8.1
- Kapitel 8 und Modul (4)

Lösungen

7.1 Änderungsverhalten bei Exponential- und Logarithmusfunktionen

1. a) und b)

A – (4) – b: Änderung monoton wachsend, da jährlich 3 % Menschen dazukommen
D – (2) – c: Änderung monoton fallend, da stündlich 18 % abgebaut werden
B – (3) – d: Änderung monoton wachsend, da Zuwachs mit festem p %
C – (1) – a: Änderung monoton fallend, dabei konstant mit 8 Gramm pro Stunde

Bemerkung: Während die Menge an Alkohol konstant („linear") um 8 g reduziert wird, erfolgen die anderen Änderungen jeweils prozentual zur momentan vorhandenen Menge.

2. a)
f – y_1	g – y_2	h – y_8	i – y_4
j – y_3	k – y_6	l – y_5	m – y_7

b) Steigungsverhalten entweder monoton wachsend oder fallend, je nach Art der Basis b:
Basis b > 1 („ganzzahlig"), d. h. Graph monoton wachsend
Basis 0 < b < 1 („gebrochen"), d. h. Graph monoton fallend
Bei einem negativen Vorfaktor wird der Graph an der x-Achse gespiegelt, wobei der Vorfaktor den Schnittpunkt mit der y-Achse sowie die Stauchung bzw. Streckung vorgibt.

Bemerkungen:
(1) Zuweilen muss die Funktionsgleichung umgeformt werden, damit die Art der Basis und der zugehörige Vorfaktor eindeutig zu erkennen sind:

$y_2 = 3^{-x} = \left(\frac{3}{1}\right)^{-x} = \left(\frac{1}{3}\right)^x = 1 \cdot \left(\frac{1}{3}\right)^x$ $\qquad y_8 = 2^{x-3} = 2^x \cdot 2^{-3} = 2^{-3} \cdot 2^x = \frac{1}{2^3} \cdot 2^x = \frac{1}{8} \cdot 2^x$

(2) Eine „gebrochene Basis" bedeutet nicht zwingend, dass es sich um eine monoton fallende Funktion handelt. So ist zum Beispiel die Funktion $f(x) = 3{,}5^x$ „gebrochen", jedoch auch monoton wachsend. Daher sollte eine Unterscheidung der Basen eher in die Kategorien 0 < b < 1 („wachsend") und b > 1 („fallend") ausgeführt werden.

3. a) Zur näherungsweisen Bestimmung des Streckfaktors k nutzen wir:

$f'(x) = k \cdot f(x) \Leftrightarrow k = \frac{f'(x)}{f(x)}$ und erhalten die Näherung: $k \approx 0{,}7$ mit $f'(x) \approx 0{,}7 \cdot 2^x$

b) Für die drei folgenden Funktionen findet sich für den Faktor k:

$g(x) = 3^x \Rightarrow k \approx 1{,}1 \qquad h(x) = 5^x \Rightarrow k \approx 1{,}6 \qquad i(x) = \left(\frac{1}{2}\right)^x \Rightarrow k \approx -0{,}7$

Für die jeweiligen Ableitungen gilt damit näherungsweise:

$g'(x) \approx 1{,}1 \cdot 3^x \qquad h'(x) \approx 1{,}6 \cdot 5^x \qquad i'(x) \approx -0{,}7 \cdot \left(\frac{1}{2}\right)^x$

301 4. a) Wir nähern uns „von beiden Seiten" der Position x = 0 und stellen fest, dass der jeweils zugehörige Funktionswert und der Grenzwert übereinstimmen („Stetigkeit"). Für h → 0 geht der Differenzenquotient in den Differenzialquotienten über und es liegt die Ableitung bzw. die Steigung der Tangente an der Stelle x = 0 vor mit $f(x) = 0{,}693 \cdot 2^x$.

b) $f(x) = 3^x \Rightarrow f'(x) = 1{,}099 \cdot 3^x$
   $g(x) = 5^x \Rightarrow g'(x) = 1{,}609 \cdot 5^x$
   $h(x) = 0{,}2^x \Rightarrow h'(x) = -1{,}609 \cdot 0{,}2^x$

c) Für eine Exponentialfunktion $f(x) = b^x$ mit b > 0 gilt scheinbar: $f'(x) \approx f'(0) \cdot b^x$

303 5. Mit der Methode der Sekantensteigung bzw. des Differenzenquotienten folgt näherungsweise:

a) $f'(x) = 1{,}1 \cdot 3^x$ b) $f'(x) = 2{,}3 \cdot 10^x$

c) $f'(x) = -1{,}1 \cdot \left(\frac{1}{3}\right)^x$ d) $f'(x) = -2{,}3 \cdot \left(\frac{1}{10}\right)^x$

Basis b	2	3	4	5	10	$\frac{1}{2}$	$\frac{1}{3}$	$\frac{1}{4}$	$\frac{1}{5}$	$\frac{1}{10}$
$f'(0) \approx$	0,69	**1,1**	1,39	1,61	**2,3**	−0,69	**−1,1**	−1,39	−1,61	**−2,3**

Der Wert des Vorfaktors k der Ableitungsfunktion, d.h. deren Verhalten im Sinne einer Streckung bzw. Stauchung und Spiegelung, hängt unmittelbar von der Basis b (b > 0) ab und lässt sich in Bereiche zerlegen:
0 < b < 3,   d.h. k = f'(0) < 1;   Ableitungsfunktion gestaucht
b > 3,   d.h. k = f'(0) > 1;   Ableitungsfunktion gestreckt
Wenn man den Kehrwert der Basis nimmt, erhält man anscheinend den Vorfaktor mit „umgekehrten" Vorzeichen.

6. a) Mit der Sekantensteigung oder dem Differenzenquotienten finden wir:

$f(x) = 2^x$ $f'(x) \approx 0{,}69 \cdot 2^x$ $f''(x) \approx 0{,}48 \cdot 2^x$

$g(x) = \left(\frac{1}{2}\right)^x$ $g'(x) \approx -0{,}69 \cdot \left(\frac{1}{2}\right)^x$ $g''(x) \approx 0{,}48 \cdot \left(\frac{1}{2}\right)^x$

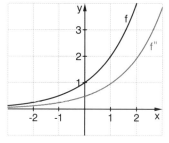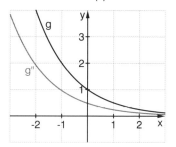

b) Wie in Aufgabe 4 und in a) gezeigt, reproduziert sich die Exponentialfunktion bei der Bildung des Differenzenquotienten selbst. Lediglich der Vorfaktor k ändert sich mit dem Grad der Ableitung. Jedoch hängt dieser nicht von x ab, sondern erweist sich als ein konstanter Faktor beim Ableiten. Algebraisch finden wir:

$f(x) = b^x \Rightarrow f'(x) = k \cdot b^x$

$f''(x) = \frac{d}{dx} f'(x) = \frac{d}{dx}(k \cdot b^x) = k \cdot \left(\frac{d}{dx} b^x\right) = k \cdot (k \cdot b^x) = k^2 \cdot b^x$, b > 0

303

7. Bemerkung: Die folgende Argumentation koppelt an Aufgabe 5. Da die Eulersche Zahl e noch nicht eingeführt wurde (Seite 304 sowie 307 ff. im Schülerband), setzen wir die „Grenze" bei b = 3. Siehe dazu auch Aufgabe 9.

Graph I
Basis b > 3, da sich der Faktor k stets vergrößert und damit die Ableitungsgraphen streckt.
$f(x) = 3{,}5^x$ $\qquad f'(x) \approx 1{,}25 \cdot 3{,}5^x \qquad f''(x) \approx 1{,}57 \cdot 3{,}5^x$

Graph II
Basis 0 < b < 1, da der Faktor k und damit die Ableitungsgraphen alternieren.
$f(x) = 0{,}5^x \qquad f'(x) \approx -0{,}69 \cdot 0{,}5^x \qquad f''(x) \approx 0{,}48 \cdot 0{,}5^x$

Graph III
Basis 1 < b < 3, da der Faktor k kleiner wird und damit die Ableitungsgraphen staucht.
$f(x) = 1{,}5^x \qquad f'(x) \approx 0{,}4 \cdot 1{,}5^x \qquad f''(x) \approx 0{,}16 \cdot 1{,}5^x$

Graph IV
Basis 0 < b < 1, da der Faktor k und damit die Ableitungsgraphen alternieren.
$f(x) = 0{,}25^x \qquad f'(x) \approx -1{,}39 \cdot 0{,}25^x \qquad f''(x) \approx 1{,}9 \cdot 0{,}25^x$

8. a) Notwendige Bedingung für Wendepunkte: $f''(x) = 0$
Nach 6 d) gilt: $f''(x) = k^2 \cdot b^x$, b > 0
Wegen $b^x > 0$ und $k^2 > 0$ kann die Bedingung nicht erfüllt werden. Wäre k = 0, dann wäre die zweite Ableitungsfunktion die x-Achse und die zugehörige Exponentialfunktion parallel zu dieser bzw. eine lineare (konstante) Funktion. Dies ist aber nicht möglich.

b) 1. Ableitung: Monotonieverhalten: $\qquad f'(x) = k \cdot b^x$ (b > 0)

Fallunterscheidung: k < 0, d. h. Steigung überall negativ und die Funktion monoton fallend
k > 0, d. h. Steigung überall positiv und die Funktion monoton steigend

2. Ableitung: Krümmungsverhalten: $\qquad f''(x) = k^2 \cdot b^x$ (b > 0)

k^2 ist stets > 0, damit ist $f''(x) > 0$ und die Funktion weist eine Linkskrümmung auf.

9. Mit einer der beiden Methoden erhält man (je nach Genauigkeit) zum Beispiel als Basis b ≈ 2,71 und damit $f(x) = 2{,}71^x$ bzw. $f'(x) \approx 0{,}99 * f(x) \approx f(x)$ und somit k = 1. Die Basis b entpuppt sich als Eulersche Zahl e mit e = 2,71828….

305

10. a) Die Aussage begründet sich durch Probieren, indem für h entsprechend kleine Werte eingesetzt werden. Oder aber wir nutzen als Voraussetzung $e^h = 1 + h$.
Dann gilt: $\frac{e^h - 1}{h} = \frac{1 + h - 1}{h} = \frac{h}{h} = 1 \xrightarrow{h \to 0} 1$

b) Ab einem Wert $n = 10^7$ wird die Eulersche Zahl auf sechs Stellen genau.

11. $f(x) = c \cdot e^x$ – Produkt- und Faktorregel:

$f'(x) = \frac{d}{dx} c \cdot e^x = c \cdot \left(\frac{d}{dx} e^x\right) = c \cdot (e^x) = c \cdot e^x$ (konstanter Faktor c bleibt erhalten)

$h(x) = e^{cx}$ – exemplarisch sei hier o.B.d.A. $c = 3$ – erneut die Produktregel:

$h'(x) = \frac{d}{dx} e^{3x} = \left(\frac{d}{dx} e^x\right) \cdot e^{2x} + e^x \cdot \left(\frac{d}{dx} e^{2x}\right) = e^x \cdot e^{2x} + e^x \cdot \frac{d}{dx}(e^x \cdot e^x) = \ldots = e^{3x} + e^{3x} + e^{3x} = 3 \cdot e^{3x}$

Alternativ mit der Kettenregel („äußere mal innere Ableitung"), wobei $cx = f(x)$:

$h'(x) = \frac{d}{dx} e^{cx} = \frac{d}{dx} e^{f(x)} = e^{cx} \frac{d}{dx} f(x) = e^{cx} \frac{d}{dx}(cx) = e^{cx} \cdot c$

$d(x) = e^{x+c}$ – erneut die Produktregel, wobei auch die Kettenregel funktioniert:

$d'(x) = \frac{d}{dx} e^{x+c} = \frac{d}{dx} e^x \cdot e^c = e^x \left(\frac{d}{dx} e^c\right) + \left(\frac{d}{dx} e^x\right) \cdot e^c = 0 + e^x \cdot e^c = e^{x+c}$

12. a) $f_1(x) = 2e^x$, $f(x)$ wird mit 2 multipliziert und damit gestreckt (blau).

$f_2(x) = e^{2x}$, $f(x)$ wird im Argument mit 2 multipliziert und damit steiler (grün).

$f_3(x) = e^{x-2}$, $f(x)$ mit dem Faktor $\frac{1}{e^2}$ multipliziert und damit gestaucht (gelb).

$f_4(x) = 0{,}5e^x - 3$, $f(x)$ wird um den Faktor 0,5 gestaucht und um 3 nach unten verschoben (lila).

b) Die zugehörigen Ableitungen ergeben sich zu:

$f_1'(x) = 2e^x$ $\qquad\qquad\qquad$ $f_2'(x) = 2e^{2x}$

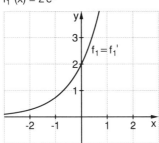
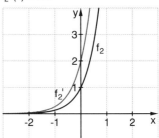

$f_3'(x) = e^{x-2}$ $\qquad\qquad\qquad$ $f_4'(x) = 0{,}5e^x$

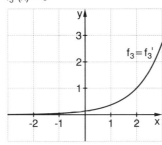
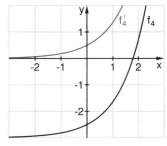

Je nach Vorfaktor und Argument werden die Ableitungsfunktionen relativ zur e^x-Funktion gestaucht bzw. gestreckt und in Richtung der x- bzw. y-Achse verschoben.

305

13. a) $f(x) = -e^x + 5$, e^x wird an der x-Achse gespiegelt und um +5 in y-Richtung verschoben; $f'(x) = -e^x$

b) $f(x) = 0{,}1\,e^{x+6}$, e^x wird um 0,1 gestaucht und um −6 in x-Richtung verschoben; $f'(x) = 0{,}1\,e^{x+6}$

c) $f(x) = \left(\frac{1}{e}\right)^x - e = e^{-x} - e^1$, e^x wird an y-Achse gespiegelt, um $-e^1$ in y-Richtung verschoben; $f'(x) = -e^{-x}$

d) $f(x) = -e^{-x}$, e^x wird an der y- und an der x-Achse gespiegelt; $f'(x) = e^{-x}$

14. a) $f'(x) = 12\,e^{3x}$ (Faktorregel und Produkt- bzw. Kettenregel)

b) $f'(x) = -2x\,e^{-x^2}$ (Kettenregel)

c) $f'(x) = 8\,e^{2x}$ (Faktor- und Kettenregel)

d) $f'(x) = \frac{-5}{(1+e^x)^2}$ (Quotientenregel)

e) $f'(x) = 3(4-2x)\,e^{4x-x^2}$ (Faktor- und Kettenregel)

f) $f'(x) = \frac{1}{2}e^x + 2kx$ (Faktor- und Produktregel)

g) $f'(x) = k(k-1)\,e^{kx} = (k^2-k)\,e^{kx}$ (Faktor-, Produkt- und Kettenregel)

h) $f'(x) = e^x(x^2+2x)$ (Produktregel)

15. Kriterien für lokale Extrema: $f'(x) = 0$ und $f''(x) \neq 0$
Kriterien für Wendepunkte: $f''(x) = 0$ und $f'''(x) \neq 0$

a) $f(x) = x\,e^x$ $\quad f'(x) = e^x(x+1)$ $\quad f''(x) = e^x(x+2)$ $\quad f'''(x) = e^x(x+3)$
$f'(x) = 0$ ergibt $x_E = -1$ und $f''(x_E) \approx 0{,}37$, d.h. Minimum: TP$(-1\,|-0{,}37)$
$f''(x) = 0$ ergibt $x_W = -2$ und $f'''(x_W) \approx 0{,}14 \neq 0$, d.h. Wendepunkt: WP$(-2\,|-0{,}27)$

b) $f(x) = x\,e^{-x}$ $\quad f'(x) = e^{-x}(-x+1)$ $\quad f''(x) = e^{-x}(x-2)$ $\quad f'''(x) = e^{-x}(-x+3)$
$f'(x) = 0$ ergibt $x_E = 1$ und $f''(x_E) \approx -0{,}37$, d.h. Maximum: HP$(1\,|\,0{,}37)$
$f''(x) = 0$ ergibt $x_W = 2$ und $f'''(x_W) \approx 0{,}14 \neq 0$, d.h. Wendepunkt: WP$(2\,|\,0{,}27)$

c) $f(x) = x^2 e^x$ $\quad f'(x) = e^x(x^2+2x)$ $\quad f''(x) = e^x(x^2+4x+2)$ $\quad f'''(x) = e^x(x^2+6x+6)$
$f'(x) = 0$ ergibt $x_{E_1} = 0$ und $x_{E_2} = -2$
$f''(x_{E_1}) \approx 2$, d.h. Minimum: TP$(0\,|\,0)$
$f''(x_{E_2}) \approx -0{,}27$, d.h. Maximum: HP$(-2\,|\,0{,}54)$
$f''(x) = 0$ ergibt $x_{W_1} \approx -3{,}41$ und $x_{W_2} \approx -0{,}59$
$f'''(x_{W_1}) \approx -0{,}09 \neq 0$, d.h. Wendepunkt: WP$_1(-3{,}41\,|\,0{,}38)$
$f'''(x_{W_2}) \approx 1{,}56 \neq 0$, d.h. Wendepunkt: WP$_2(-0{,}59\,|\,0{,}19)$

d) $f(x) = e^{\frac{1}{x}}$ $\quad f'(x) = -\frac{1}{x^2}e^{\frac{1}{x}}$ $\quad f''(x) = \frac{(2x+1)}{x^4}e^{\frac{1}{x}}$ $\quad f'''(x) = \frac{(-6x^2-6x-1)}{x^6}e^{\frac{1}{x}}$
$f'(x) = 0$; Gleichung nicht lösbar, daher keine Extrema
$f''(x) = 0$ ergibt $x_W = -0{,}5$ und $f'''(x_W) \approx 4{,}33 \neq 0$, d.h. Wendepunkt: WP$(-0{,}5\,|\,0{,}13)$

306

16. $s_1(x) = \frac{1}{2}(e^x + e^{-x})$ $\quad s_1'(x) = \frac{1}{2}(e^x - e^{-x})$ $\quad s_1''(x) = \frac{1}{2}(e^x + e^{-x})$

$s_2(x) = \frac{1}{2}(e^x - e^{-x})$ $\quad s_2'(x) = \frac{1}{2}(e^x + e^{-x})$ $\quad s_2''(x) = \frac{1}{2}(e^x - e^{-x})$

Die erste Ableitung der Funktion $s_1(x)$ ergibt gerade die Funktion $s_2(x)$ und die erste Ableitung der Funktion $s_2(x)$ ergibt gerade die Funktion $s_1(x)$. Die zweite Ableitung ergibt jeweils wieder die Funktion selbst.

306

17. a) Die Funktion reproduziert sich selbst: $f(x) = \ldots = f^{(n)}(x) = 0{,}9\,e^x$ (linke Abb.)
b) $f^{(10)}(x) = e^x\,(x + n)$ mit $n \in \mathbb{N}$, d.h. $f^{(10)}(x) = e^x\,(x + 10)$ (rechte Abb.)

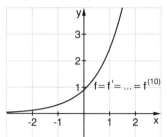 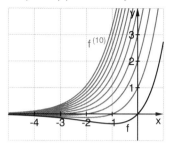

18. Die Schätzung kann zum Beispiel mithilfe der Graphen auf dem Rand auf Seite 306 erfolgen. Man erhält grob $A_a \approx 1{,}5$ FE, $A_b \approx 3$ FE und $A_c \approx 3{,}5$ FE.
Die Rechnung mithilfe des Integrals liefert dann:

a) $f(x) = e^x$ $F(x) = e^x$ $A = \int_0^1 f(x)\,dx = [F(x)]_0^1 = \ldots \approx 1{,}72$ FE

b) $f(x) = 2e^x$ $F(x) = 2e^x$ $A \approx 3{,}44$ FE

c) $f(x) = e^{2x}$ $F(x) = \frac{1}{2}e^{2x}$ $A \approx 3{,}19$ FE

19. Stammfunktion: $F(x) = \frac{a}{k} \cdot e^{kx}$ ($k \neq 0$)

Ein Vergleich von $f(x)$ und $F(x)$ zeigt, dass der Bruch $\frac{a}{k}$ bzw. dessen Faktoren a und k eine Streckung bzw. Stauchung der Ableitungsfunktion oder aber keine der beiden Möglichkeiten ($a = k$) bedingen kann.

20. a) –   b) –

c) (1) $e^x = 2 \Rightarrow x = \ln(2) \approx 0{,}693$
   (2) $e^x = 5 \Rightarrow x = \ln(5) \approx 1{,}609$
   (3) $e^x = 50 \Rightarrow x = \ln(50) \approx 3{,}912$
   (4) $e^x = 0{,}2 \Rightarrow x = \ln(0{,}2) \approx -1{,}609$

21. a) $e^x > 10^6 \Rightarrow x = \ln(10^6) \approx 13{,}8 \Rightarrow x \geq 14$
b) $e^x < 10^{-5} \Rightarrow x = \ln(10^{-5}) \approx -11{,}5 \Rightarrow x \leq -12$
c) $e^x > 10^{-7} \Rightarrow x = \ln(10^{-7}) \approx -16{,}1 \Rightarrow x \geq -16$
d) $e^x < 10^5 \Rightarrow x = \ln(10^5) \approx 11{,}5 \Rightarrow x < 12$

22. $f(x) = 2e^x$ $f'(x) = 2e^x \Rightarrow f'(3) = 2e^3 \approx 40{,}2$ (Steigung an der Stelle $x = 3$)
               $f'(x) = 10 = 2e^x \Rightarrow x = \ln(5) \approx 1{,}609$ (Stelle, an der die Steigung 10 ist)

23. Die Graphen der Funktionen f_i bzw. g_i und der zugehörigen Ableitungen sind jeweils identisch. Mögliche (algebraische) Begründung:
$g_1(x) = 2^x = (2)^x = (e^{\ln(2)})^x \approx e^{0{,}69x} = f_1(x)$
$g_2(x) = 3^x = (3)^x = (e^{\ln(3)})^x \approx e^{1{,}1x} = f_2(x)$

Für die Ableitungsfunktionen gelten ähnliche Überlegungen:
$f_1'(x) = 0{,}69 \cdot e^{0{,}69x} = 0{,}69 \cdot (e^{0{,}69})^x \approx 0{,}69 \cdot (2)^x \approx g_1'(x)$
$f_2'(x) = 1{,}1 \cdot e^{1{,}1x} = 1{,}1 \cdot (e^{1{,}1})^x \approx 1{,}1 \cdot (3)^x \approx g_2'(x)$

307

24.
a) $\ln(3e) = \ln(3) + \ln(e) \approx 1{,}1 + 1 = 2{,}1$
b) $\ln\left(\frac{1}{e}\right) = \ln(1) - \ln(e) = 0 - 1 = -1$
c) $\ln(e^3) = 3\ln(e) = 3$
d) $e^{\ln(100)} = 100$
e) $e^{-\ln(2)} = e^{\ln\left(\frac{1}{2}\right)} = 0{,}5$
f) $\ln(\sqrt{e}) = \ln\left(e^{\frac{1}{2}}\right) = \frac{1}{2}\ln(e) = 0{,}5$

25.
a) $e^{2x} = 5 \;\Rightarrow\; x = \frac{\ln(5)}{2} \approx 0{,}805$
b) $e^x + 2 = 6 \;\Rightarrow\; x = \ln(4) \approx 1{,}386$
c) $0{,}25\,e^{0,1x} + 4 = 100 \;\Rightarrow\; x = 10\ln(384) \approx 59{,}51$
d) Gleichung algebraisch nicht lösbar, da der natürliche Logarithmus einer negativen Zahl gezogen werden muss ($2 - e^1 < 0$). Grafische Lösung zeigt auch keine Lösung, da keine Schnittpunkte vorliegen.

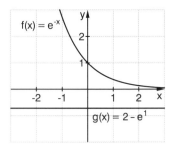

e) $4\ln(x) - 8 = 0 \;\Rightarrow\; x = e^2 \approx 7{,}4$
f) Gleichung nicht algebraisch lösbar, da x sowohl als Basis als auch als Exponent auftritt. Die grafische Lösung ergibt auch keine Lösung, da im Verlauf der beiden Graphen kein(e) Schnittpunkt(e) zu erwarten ist (sind).

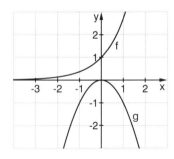

308

26.
a) Zunächst wird eine zugehörige Exponentialfunktion bestimmt und diese dann in eine e-Funktion umgewandelt (siehe auch Seite 307 im roten Kasten und Beispiel E).
(1) $f(t) = 1000 \cdot 1{,}04^t = 1000\,e^{\ln(1,04)t} = 1000\,e^{0,039t}$ mit Anfangswert $f(0) = 1000$
(2) $f(t) = 5000 \cdot 0{,}88^t = 5000\,e^{\ln(0,88)t} = 5000\,e^{-0,128t}$ mit Anfangswert $f(0) = 5000$
(3) $f(t) = 3 \cdot 3^t = 3\,e^{\ln(3)t} = 3\,e^{1,099t}$ mit Anfangswert $f(0) = 3$
(4) $f(t) = 12 \cdot \left(\frac{1}{2}\right)^t = 12\,e^{\ln\left(\frac{1}{2}\right)t} = 12\,e^{-0,693t}$ mit Anfangswert $f(0) = 12$

b) zu 1) „Verdopplung vom Anfangskapital" bedeutet $2 \cdot f(0)$, d.h. wir erhalten nach (1):
$2000 = 1000\,e^{0,039t}$; Auflösen nach t: $t \approx 17{,}8$ Jahre
zu 2) „halb so groß wie zu Beginn" bedeutet $\frac{1}{2} \cdot f(0)$, d.h. wir erhalten nach (2):
$2500 = 5000\,e^{-0,128t}$; Auflösen nach t: $t \approx 5{,}4$ Wochen

27.
a) Wir gehen von einer Ausgangsmenge A aus mit $\frac{A}{2} = A\,e^{-k t_H}$.
Gleichung nach t_H auflösen: $t_H = \frac{\ln(2)}{k}$
Wäre die Zerfallskonstante k nicht umgekehrt proportional zur Zeit t, dann hätte man ein Problem mit den Einheiten im Argument der e-Funktion, welches „Einheitenneutral" ist.

308

27. b) Wir setzen für f(t + t_H) und f(t) jeweils die Ausgangsfunktion ein und erhalten
$Ae^{-k(t + t_H)} = \frac{Ae^{-kt}}{2}$.
Gleichung umformen und es resultiert 1 = 1.
Im Sachkontext bedeutet diese Gleichung: Immer dann, wenn man sich in Einheiten der Halbwertszeit auf der Zeitachse bewegt, dann halbiert sich die Ausgangsmenge.

28. a)

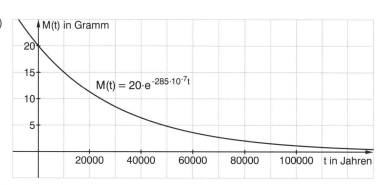

b) Wir setzen für t = 1000 Jahre und erhalten M(1000) ≈ 19,4 g.
Um die Zeit zu bestimmen, nach der noch 1 g vorhanden ist, rechnen wir
$1 = 20 e^{-285 \cdot 10^{-7} t}$ und lösen nach t auf: t ≈ 105 000 Jahre

c) Wir nutzen die Formel $t_H = \frac{\ln(2)}{k}$ und erhalten t_H ≈ 24 320 Jahre. Alternativ können Sie 10 g für den Funktionswert M(t) einsetzen und nach t auflösen.

29. Wir gehen von einer Ausgangsmenge A aus und verdoppeln diese als Funktionswert:
$2A = Ae^{kt_D}$; Gleichung nach t_D auflösen: $t_D = \frac{\ln(2)}{k}$
Die Gleichungen zur Verdopplungs- und zur Halbwertszeit sind identisch. Dies liegt daran, dass sich das negative Argument der e-Funktion beim Logarithmieren mit dem Funktionswert gerade wieder aufhebt (siehe 27 a)).

30. a) Bei einem Bevölkerungswachstum von 1,7 % pro Jahr ergibt sich eine Wachstumskonstante von k = ln(1,017). Damit folgt t_D ≈ 41 Jahre.
b) 1 % Wachstum entsprechen k_1 = ln(1,01) und damit t_{D_1} ≈ 70 Jahre.
2 % Wachstum entsprechen k_2 = ln(1,02) und damit t_{D_2} ≈ 35 Jahre.
c) Für die Wachstumsgeschwindigkeit gilt zu Beginn: $f'(0) = A \cdot k \cdot e^{k \cdot 0} = A \cdot k$
Einsetzen: $t_D = \frac{\ln(2)}{k} \Rightarrow f'(t_D) = A \cdot k \cdot e^{k \cdot \frac{\ln(2)}{k}} = A \cdot k \cdot e^{\ln(2)} = A \cdot k \cdot 2$
Die Wachstumsgeschwindigkeit verdoppelt sich in der Zeit t_D.

308 31. a) Die Funktion passt gut zu den Messdaten:

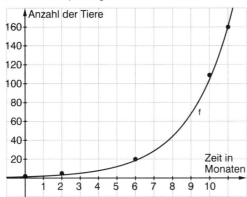

b) f′(x) = 1,39 · 0,432e^0,432x ≈ 0,6e^0,432x mit x = 8 folgt: f′(8) ≈ 19 (Tiere/Monat)

309 32. a) Tabelle für E(x) = e^x:

x	−2	−1	0	1	2	5	10
y = e^x	0,14	$\frac{1}{e}$	1	e	7,4	148	22026

Vertauschung von x- und y-Werten liefert die Tabelle für L(x) und damit den Graphen von ln(x).

b) Vertauschte Koordinaten ergeben die L(x)-Funktion, die sich auch als Spiegelung der E(x)-Funktion an der ersten Winkelhalbierenden findet.

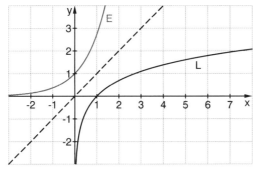

33. Für die Sekantensteigungsfunktion gilt mit entsprechender Skizze:

$$\text{msek}(x) = \frac{\ln(x + 0{,}001) - \ln(x)}{0{,}001}$$

Wir vermuten eine Hyperbel der Form $\frac{1}{x}$, die nur im positiven x-Bereich definiert ist.

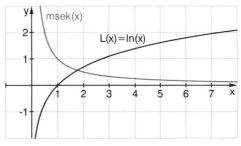

309 34. Mögliche Punkte (ohne Taschenrechner) der Funktion L(x) sind:

$x_1 = 1$; $\quad L(1) = 0$; $\quad P_1(1|0)$

$x_2 = e^1$; $\quad L(e) = 1$; $\quad P_2(e|1)$

$x_3 = e^{-1}$; $\quad L\left(\frac{1}{e}\right) = -1$; $\quad P_3(e^{-1}|-1)$

$x_4 = e^2$; $\quad L(e^2) = 2$; $\quad P_4(e^2|2)$

$x_5 = e^{-2}$; $\quad L(e^{-2}) = -2$; $\quad P_5(e^{-2}|-2)$

310 35. a) $\ln(10) \approx 2{,}3 \quad \ln(10^2) \approx 4{,}6 \quad \ln(10^3) \approx 6{,}9 \quad \ln(10^{99}) \approx 227{,}9$

These: Die Funktion ln(x) geht für große x über alle Grenzen.

b) Wir suchen den x-Wert, für den der Funktionswert von L(x) 10 LE wird:

$10 = \ln(x) \Rightarrow x = e^{10} \approx 22\,026$ LE

Die x-Achse müsste eine Länge von etwa 22 026 cm ($\approx$ 220 m) aufweisen, damit der Graph einen Abstand von 10 cm zur x-Achse hätte.

c) Nun suchen wir den x-Wert, für den der Funktionswert von L(x) 30 LE wird:

$30 = \ln(x) \Rightarrow x = e^{30} \approx 1{,}0686 \cdot 10^{13}$ LE

Die x-Achse müsste eine Länge von etwa $1{,}1 \cdot 10^{13}$ cm ($\approx 1{,}1 \cdot 10^{11}$ m) aufweisen. Für den Äquator (Erdumfang) gilt $U_{Äq} \approx 40\,000 \cdot 10^3$ m. Mit der Länge der x-Achse könnte der Äquator ungefähr 2750-mal umwickelt werden.

36. a) Die Schnittpunkte werden jeweils grafisch bestimmt:

(1) Es finden sich zwei Schnittpunkte $S_1(-0{,}91|0{,}4)$ und $S_2(1{,}12|3{,}06)$.

Die „Steilheit" der e^x-Funktion lässt keine weiteren Schnittpunkte mit der x^{10}-Funktion erwarten. Zoomen liefert aber einen weiteren Schnittpunkt bei ca. $(35|3{,}5 \cdot 10^{15})$; e^x wächst letztendlich stärker als x^{10}.

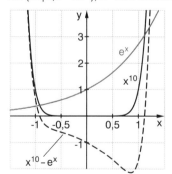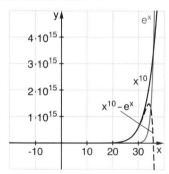

(2) Es findet sich ein Schnittpunkt bei $S(3{,}06|1{,}12)$. Dieser entspricht gerade den vertauschten Schnittpunktkoordinaten von S_2 aus (1). Der zweite Schnittpunkt aus (1) existiert nicht, da die ln(x)-Funktion nur für positive x-Werte definiert ist. Die zusammengesetzte Funktion $y = x^{0{,}1} - \ln(x)$ bestätigt den obigen Schnittpunkt.

36. Fortsetzung

(2) Analog zu (1) gibt es einen weiteren Schnittpunkt; es handelt sich jeweils um die Umkehrfunktion, sodass ca. $(3{,}5 \cdot 10^{15} | 35)$ dieser Schnittpunkt ist. $\ln(x)$ wächst letztendlich schwächer als $x^{\frac{1}{10}}$.

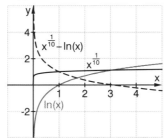
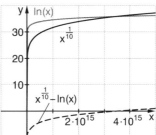

b) –

37. a) Für die Ableitung der Funktionen f_1, f_2 und f_3 gilt stets $f'(x) = \frac{1}{x}$. Für die Ableitung von $f_n(x) = \ln(n \cdot x) = \ln(n) + \ln(x)$, $(n \in \mathbb{N})$ gilt demnach $f_n'(x) = \frac{1}{x}$, da konstante Werte „$\ln(n)$" beim Differenzieren wegfallen.

b) Die Vermutung gilt auch für $f_a(x) = \ln(a \cdot x)$ mit $a \in \mathbb{R}$ und $a > 0$, da die Logarithmengesetze ihre Gültigkeit behalten.

38. a) (1) $f'(x) = \frac{1}{x}$ (5) $f'(x) = \ln(x)$

(2) $f'(x) = \frac{3}{x}$ (6) $f'(x) = \frac{3 \cdot \ln(x) - 3}{\ln(x)^2}$

(3) $f'(x) = \frac{1}{x+3}$ (7) $f'(x) = \frac{3 - 3 \cdot \ln(x)}{(3x)^2}$

(4) $f'(x) = \frac{2}{x}$ (8) $f'(x) = \frac{1}{2x}$

b)

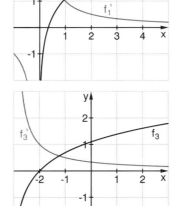
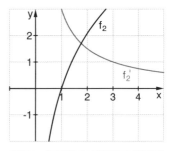
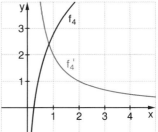

38. Fortsetzung

b)

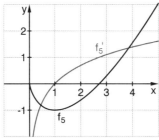
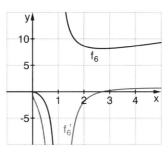
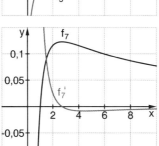
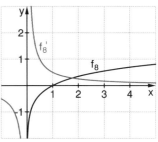

(1), (2), (3) und (4)
Keine Extrempunkte, da Gleichung f′(x) = 0 nicht algebraisch lösbar

(5) $f'(x) = \ln(x) = 0$, d.h. $x_E = 1$, $f''(x_E) = \frac{1}{1} = 1 > 0$, d.h. TP(1|−1)

(6) $f'(x) = \frac{3 \cdot \ln(x) - 3}{\ln(x)^2} = 0$, d.h. $x_E = e$, $f''(x_E) = \frac{-3 \cdot \ln(e) + 6}{e \cdot \ln(e)^3} \approx 1{,}1 > 0$, d.h. TP(e|8,2)

(7) $f'(x) = \frac{3 - 3 \cdot \ln(x)}{(3x)^2} = 0$, d.h. $x_E = e$, $f''(x_E) = \frac{\frac{2}{3}\ln(e) - 1}{e^3} \approx -0{,}02 < 0$, d.h. HP(e|0,12)

(8) Keine Extrempunkte, da Gleichung f′(x) = 0 nicht algebraisch lösbar

39. $f(x) = \ln(x^2)$ $\quad f'(x) = \frac{2}{x}$ $\quad$ Lösung im Buch ist korrekt.
   $g(x) = x \cdot \ln(x)$ $\quad g'(x) = \ln(x) + 1$ $\quad$ Lösung im Buch ist falsch.
   $h(x) = \ln(x + 2)$ $\quad h'(x) = \frac{1}{(x+2)}$ $\quad$ Lösung im Buch ist falsch.

40. $f_1(x) = \frac{1}{x}$ $\quad F_1(x) = \ln(x)$
   $f_2(x) = \frac{3}{x}$ $\quad F_2(x) = 3\ln(x)$
   $f_3(x) = \frac{1}{x+3}$ $\quad F_3(x) = \ln(x+3)$
   $f_4(x) = \frac{1}{2x}$ $\quad F_4(x) = \frac{1}{2}\ln(x)$
   $f_5(x) = \ln(x)$ $\quad F_5(x) = x\ln(x) - x$

41. a) Grobe Schätzung ergibt bei beiden Flächen (A und B) ungefähr 1 FE.

b) $A = \int_{\frac{1}{e}}^{1} f(x)\,dx = \left[\ln(x)\right]_{\frac{1}{e}}^{1} = \ln(1) - \ln\left(\frac{1}{e}\right) = 0 - (-1) = 1$ FE

$B = \int_{1}^{e} f(x)\,dx = \left[\ln(x)\right]_{1}^{e} = \ln(e) - \ln(1) = 1 - 0 = 1$ FE

312

42. a) $A_1 = \int_1^{100} f_1(x)\,dx = [\ln(x)]_1^{100} = \ln(100) - \ln(1) \approx 4{,}6$ FE

$A_2 = \int_1^{100} f_2(x)\,dx = \left[-\frac{1}{x}\right]_1^{100} = -\frac{1}{100} - \left(-\frac{1}{1}\right) = 0{,}99$ FE

$\left.\right\}\ A_1 > A_2$

b) $A_1 = \int_1^{1000} f_1(x)\,dx = [\ln(x)]_1^{1000} = \ln(1000) - \ln(1) \approx 6{,}9$ FE

$A_2 = \int_1^{1000} f_2(x)\,dx = \left[-\frac{1}{x}\right]_1^{1000} = -\frac{1}{1000} - \left(-\frac{1}{1}\right) = 0{,}999$ FE

$\left.\right\}\ A_1 > A_2$, wobei $A_2 = $ const.

c) $A_1 = \int_1^t f_1(x)\,dx = [\ln(x)]_1^t = \ln(t) - \ln(1) = \ln(t) \xrightarrow{t \to \infty} \infty$

$A_2 = \int_1^t f_2(x)\,dx = \left[-\frac{1}{x}\right]_1^t = -\frac{1}{t} - \left(-\frac{1}{1}\right) = 1 - \frac{1}{t} \xrightarrow{t \to \infty} 1$

43. a) $F(x) = x\ln(x) - x$; $F'(x) = \left(x \cdot \frac{1}{x} + 1 \cdot \ln(x)\right) - 1 = 1 + \ln(x) - 1 = \ln(x) = f(x)$

b) $F'(x) = \ln(x) = 0$, d.h. $x_E = 1$; $F''(x_E) = \frac{1}{x} = 1 > 0$, d.h. Minimum TP$(1|-1)$

$F''(x) = \frac{1}{x} = 0$; Gleichung nicht lösbar, daher kein Wendepunkt

c) $A_1 = \int_1^2 \ln(x)\,dx = [x \cdot \ln(x) - x]_1^2 = (2 \cdot \ln(2) - 2) - (1 \cdot \ln(1) - 1) \approx 0{,}39$ FE

$|A_2| = \left|\int_{\frac{1}{2}}^1 \ln(x)\,dx\right| = \left|[x \cdot \ln(x) - x]_{\frac{1}{2}}^1\right| = \left|(1 \cdot \ln(1) - 1) - \left(\frac{1}{2} \cdot \ln\left(\frac{1}{2}\right) - \frac{1}{2}\right)\right| \approx 0{,}15$ FE

Bemerkung: $|A_2|$, da orientierter Flächeninhalt

Wir folgern: $A_1 > A_2$

44. Mit dem Verfahren der partiellen Integration (vgl. Seite 312) folgt:

$\int x \cdot e^x\,dx = e^x \cdot \frac{x^2}{2} - \int e^x \cdot \frac{x^2}{2}\,dx = \ldots$

Das Verfahren der partiellen Integration führt auf diesem Wege nicht zum Ziel, da sich die zweite Funktion nicht „wegdifferenziert" und das Integral lösbar macht.

45. a) $u(x) = \ln(x)$ $\quad u'(x) = \frac{1}{x}$ $\quad v(x) = \frac{x^2}{2}$ $\quad v'(x) = x$

$\int x \cdot \ln(x)\,dx = \ln(x) \cdot \frac{x^2}{2} - \int \frac{1}{x} \cdot \frac{x^2}{2}\,dx = \ln(x) \cdot \frac{x^2}{2} - \int \frac{x}{2}\,dx = \ln(x) \cdot \frac{x^2}{2} - \frac{x^2}{4} = \frac{x^2}{2}\left(\ln(x) - \frac{1}{2}\right)$

b) $u(x) = x$ $\quad u'(x) = 1$ $\quad v(x) = -\cos(x)$ $\quad v'(x) = \sin(x)$

$\int \sin(x) \cdot x\,dx = (x \cdot (-\cos(x))) - \int 1 \cdot (-\cos(x))\,dx = (-x \cdot \cos(x)) - (-\sin(x))$

$= -x \cdot \cos(x) + \sin(x)$

c) $u(x) = x^2$ $\quad u'(x) = 2x$ $\quad v(x) = e^x$ $\quad v'(x) = e^x$

$\tilde{u}(x) = 2x$ $\quad \tilde{u}'(x) = 2$ $\quad \tilde{v}(x) = e^x$ $\quad \tilde{v}'(x) = e^x$

$\int x^2 \cdot e^x\,dx = x^2 \cdot e^x - \int 2x \cdot e^x\,dx = x^2 \cdot e^x - \left(2x \cdot e^x - \int 2e^x\,dx\right) = x^2 \cdot e^x - 2x \cdot e^x + 2e^x$

$= e^x(x^2 - 2x + 2)$

Zweimalige partielle Integration führt hier zum Ziel.

45. d) $u(x) = x^2$ $u'(x) = 2x$ $v(x) = -\cos(x)$ $v'(x) = \sin(x)$
$\tilde{u}(x) = 2x$ $\tilde{u}'(x) = -2$ $\tilde{v}(x) = \sin(x)$ $\tilde{v}'(x) = \cos(x)$

$$\int x^2 \cdot \sin(x)\, dx = -x^2 \cdot \cos(x) - \int -2x \cdot \cos(x)\, dx$$
$$= -x^2 \cdot \cos(x) - \left(-2x \cdot \sin(x) - \int -2\sin(x)\, dx\right)$$
$$= -x^2 \cdot \cos(x) + 2x \cdot \sin(x) + 2\cos(x) = \cos(x) \cdot (2 - x^2) + 2x \cdot \sin(x)$$

Zweimalige partielle Integration führt auch hier zum Ziel.

Graphen zu f(x) und F(x):

a)

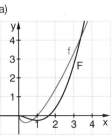

b)

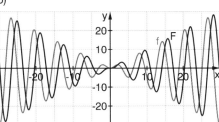

c)

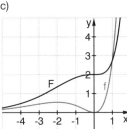

d)

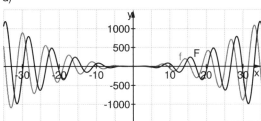

46. a) Wir müssen den (unrealistischen) Zinssatz jeweils auf Monate, Stunden und Sekunden umrechnen. Dabei gilt für die zugehörige Exponentialfunktion:

- $K(t) = K_0 \cdot \left(1 + \frac{1}{12}\right)^t$

  Mit t = 12 Monate pro Jahr folgt dann: $K(12) \approx 2{,}61$ €

- $K(t) = K_0 \cdot \left(1 + \frac{1}{525\,600}\right)^t$

  Mit t = 525 600 Stunden pro Jahr folgt dann: $K(525\,600) \approx 2{,}7182792\ldots$ €

- $K(t) = K_0 \cdot \left(1 + \frac{1}{31\,536\,000}\right)^t$

  Mit t = 31 536 000 Sekunden pro Jahr folgt dann: $K(31\,536\,000) \approx 2{,}7182816\ldots$ €

b) In „jedem Augenblick" bedeutet, dass der Bruchteil des „augenblicklichen Zinssatzes" relativ zu einem Jahr immer kleiner wird. Dabei erkennen wir die Struktur der Herleitung der Eulerschen Zahl (vgl. Aufgabe 10):

$$\left(1 + \frac{1}{n}\right)^n \xrightarrow{n \to \infty} e$$

Damit folgt: $K(t) = K_0 \cdot \left(1 + \frac{1}{t}\right)^t \xrightarrow{t \to \infty} K_0 \cdot e^1$

Wir erwarten am Ende eines Jahres ($K_0 = 1$ €) bei „augenblicklicher Verzinsung" e €.

46. c) Herleitung der Zinseszinsformel:

$K(0) = K_0$

$K(1) = K_0 + K_0 \cdot \frac{p}{100} = K_0 \cdot \left(1 + \frac{p}{100}\right)^1$

$K(2) = K_1 + K_1 \cdot \frac{p}{100} = K_1 \cdot \left(1 + \frac{p}{100}\right) = K_0 \cdot \left(1 + \frac{p}{100}\right) \cdot \left(1 + \frac{p}{100}\right) = K_0 \cdot \left(1 + \frac{p}{100}\right)^2$

...

$K(t) = K_0 \cdot \left(1 + \frac{p}{100}\right)^t = K_0 e^{\ln\left(1 + \frac{p}{100}\right)t}$

47. a)

Bedingungen	Interpolationspolynom
$f(0) = 1$ und $f'(0) = 1$	$p(x) = 1 + x$
... und $f''(0) = 1$	$p(x) = 1 + x + \frac{1}{2}x^2$
... und $f'''(0) = 1$	$p(x) = 1 + x + \frac{1}{2}x^2 + \frac{1}{6}x^3$
... und $f^{(4)}(0) = 1$	$p(x) = 1 + x + \frac{1}{2}x^2 + \frac{1}{6}x^3 + \frac{1}{24}x^4$
... und $f^{(5)}(0) = 1$	$p(x) = 1 + x + \frac{1}{2}x^2 + \frac{1}{6}x^3 + \frac{1}{24}x^4 + \frac{1}{120}x^5$

b) Die Polynome $p(x)$ nähern sich mit steigendem Grad der Funktion $f(x) = e^x$.

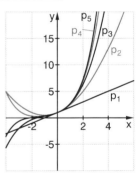

c) Wir setzen $x = 1$ und erhalten die Näherungsformel: $e \approx \sum_{k=0}^{n} \frac{1}{k!}$

$n = 1$: $\quad e \approx \frac{1}{0!} + \frac{1}{1!} = 2$

$n = 5$: $\quad e \approx \frac{1}{0!} + \frac{1}{1!} + \frac{1}{2!} + \frac{1}{3!} + \frac{1}{4!} + \frac{1}{5!} \approx 2{,}716...$

$n = 10$: $\quad e \approx \frac{1}{0!} + \frac{1}{1!} + \frac{1}{2!} + \frac{1}{3!} + \frac{1}{4!} + \frac{1}{5!} + \frac{1}{6!} + \frac{1}{7!} + \frac{1}{8!} + \frac{1}{9!} + \frac{1}{10!} \approx 2{,}7182818...$

7.2 e-Funktionen in Realität und Mathematik

314

1. a) $f(-x) = e^{-\frac{1}{2}(-x)^2} = e^{-\frac{1}{2}x^2} = f(x)$
Der Graph ist achsensymmetrisch zur y-Achse; $\lim\limits_{x \to \infty} f(x) = 0$.

Da der Exponent immer negativ ist und e^{-x} für $x > 0$ immer kleiner als 1 ist, ist $e^0 = 1$ der größte Funktionswert, also ist $(0|1)$ Hochpunkt.

Rechnung: $f'(x) = -x \cdot e^{-\frac{1}{2}x^2}$; $f'(x) = 0 \Rightarrow x = 0$

$f''(x) = (x^2 - 1)e^{-\frac{1}{2}x^2}$; $f''(x) = 0 \Rightarrow x_{1,2} = \pm 1$

$WP_1\left(-1\left|\frac{1}{\sqrt{e}}\right.\right)$; $WP_2\left(1\left|\frac{1}{\sqrt{e}}\right.\right)$

Tangenten in Wendepunkten:

$y = -\frac{1}{\sqrt{e}}x + \frac{2}{\sqrt{e}}$ bzw. $y = \frac{1}{\sqrt{e}}x + \frac{2}{\sqrt{e}}$

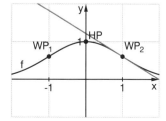

b) Näherung mit Wendetangente:
$F = \frac{1}{2} \cdot 2 \cdot \frac{2}{\sqrt{e}} = \frac{2}{\sqrt{e}} \approx 1{,}213$

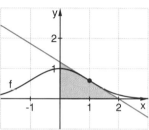

Näherung mit Verbindung durch
$y = bx^2 + 1$ in $[0;1]$ bzw. $y = b(x-3)^2$ in $[1;2]$:

$f_1(x) = \left(\frac{1}{\sqrt{e}} - 1\right)x^2 + 1$; $f_2(x) = \frac{1}{4\sqrt{e}}(x-3)^2$

$F = \int_0^1 f_1(x)\,dx + \int_1^2 f_2(x)\,dx \approx 0{,}87 + 0{,}35 = 1{,}22$

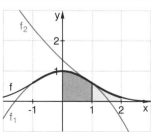

Kubische Regression mit $(0|1)$, $(0{,}5|0{,}88)$, $(1|0{,}6)$, $(1{,}5|0{,}32)$ und $(2|0{,}14)$:

$g(x) = 0{,}17x^3 - 0{,}55x^2 - 0{,}01x + 1$

$\int_0^2 g(x)\,dx \approx 1{,}19$

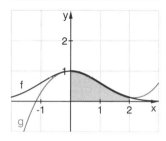

315

2. a) Verabreichung zum Zeitpunkt t = 0
Eliminationsphase: t > 0
Wirkungsdauer: Grafisch-numerische Lösung von K(t) = 3:
$x_1 \approx 4{,}9$; $x_2 = 17{,}8$
Wirkungseintritt nach ca. 5 Stunden, Wirkungsdauer ca. 13 Stunden

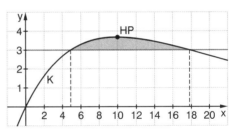

Aufbauphase und maximale Wirkungsstärke:
Extrempunkt: $K'(t) = (1 - 0{,}1t) \cdot e^{-0{,}1t} \Rightarrow \text{HP}\left(10 \mid \frac{10}{e}\right)$
Aufbauphase: 10 Stunden
Maximale Wirkungsstärke wird nach 10 Stunden erreicht mit maximal wirksamer Konzentration von 3,7 mg/kg.

b) Stärkster Aufbau zu Beginn, weil dort die größte Steigung vorliegt (Kurve rechtsgekrümmt).
Stärkster Abbau nach 20 Stunden:
$K''(t) = (0{,}01t - 0{,}2) \cdot e^{-0{,}1t} \Rightarrow \text{WP}\left(20 \mid \frac{20}{e^2}\right)$

c) Durchschnittliche Konzentration während der gesamten Wirkungsdauer beträgt ca. 3,4 mg/kg:
$\frac{1}{13} \int_{5}^{18} K(t)\,dt \approx 3{,}44$

d) $K_a(t) = a \cdot t \cdot e^{-0{,}1t}$ (Streckung in y-Richtung lässt x-Koordinaten (Zeitpunkte) der Hochpunkte (maximale Wirkung) unverändert):

$K_a'(t) = a \cdot (1 - 0{,}1t) \cdot e^{-0{,}1t}$
$\Rightarrow \text{HP}\left(10 \mid \frac{10a}{e}\right)$

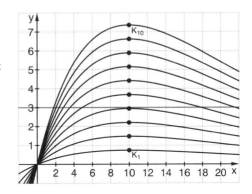

3. a) $f_k(0) = -k$, also gehört der linke Graph zu k = 1; der Graph in der Mitte zu k = 0,2; der rechte Graph zu k = −1.
Andere Begründung: Für k < 0 streben die Graphen für x → ∞ gegen ∞ und für k = 0 verläuft der Graph durch den Ursprung. Mögliche Begründungen liefert auch das Einsetzen von z. B. x = 1 in die zugehörigen Funktionsterme:
$f_{-1}(1) = e + 1 \approx 3{,}7$; $f_{0,2}(1) = 1 - \frac{e}{5} \approx 0{,}5$; $f_1(1) = 1 - e \approx -1{,}7$
Für x → −∞ strebt $k \cdot e^x$ gegen 0, also $\lim_{x \to -\infty} k \cdot e^x = 0$, es gilt für sehr kleine x dann $f_k(x) \approx x$ oder $\lim_{x \to -\infty} (f_k(x) - x) = 0$.

b) Nullstellen: Zu lösen ist die Gleichung $x - k \cdot e^x = 0$. Für solche transzendenten Gleichungen („x in Basis und Exponenten") gibt es im Allgemeinen keine Lösungsformeln, es sind nur grafisch-numerische Lösungen möglich.

315 3. Fortsetzung

b) Aus den Grafiken liest man ab:

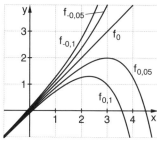

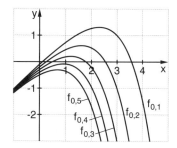

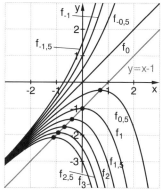

$k \leq 0$: eine Nullstelle

$0 < k \lesssim 0{,}4$: zwei Nullstellen

$k \gtrsim 0{,}4$: keine Nullstellen

c) $f_k'(x) = 1 - ke^x \Rightarrow k > 0$: $HP\left(\ln\left(\frac{1}{k}\right) \mid \ln\left(\frac{1}{k}\right) - 1\right)$ für $k > 0$

Ortskurve der Hochpunkte:

$x = \ln\left(\frac{1}{k}\right) \Rightarrow y = x - 1$

Übergang von „keiner Nullstelle zu zwei Nullstellen" bzw. „einer Nullstelle zu zwei Nullstellen" liegt dort vor, wo der Hochpunkt die y-Koordinate 0 hat, also $\ln\left(\frac{1}{k}\right) - 1 = 0 \Rightarrow k = \frac{1}{e} \approx 0{,}368$. Es gibt keine Wendepunkte, da $f_k''(x) = -k \cdot e^x$ keine Nullstellen hat.

d) Tangentenschar in $B(1 \mid 1 - k \cdot e)$: $f_k'(1) = 1 - k \cdot e$

$y = (1 - k \cdot e) \cdot (x - 1) + 1 - k \cdot e$
$= (1 - k \cdot e) \cdot x$

Die Tangenten verlaufen alle durch $(0 \mid 0)$.

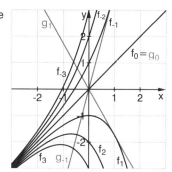

317

4. a) $f(x) = 1000 \cdot 1{,}3^x = 1000 \cdot e^{\ln(1{,}3) \cdot x} = 1000 \cdot e^{0{,}2624x}$
$f(4) = 2856{,}1$; $f(26) = 917\,333{,}3\ldots$
Nach 4 Wochen sind es ca. 3000 Heuschrecken, nach einem halben Jahr ca. 900 000 (*).
$1000 \cdot e^{\ln(1{,}3)x} = 1\,000\,000 \Rightarrow x = \frac{\ln(1000)}{\ln(1{,}3)} \approx 26{,}3$
Nach gut einem halben Jahr sind es mehr als 1 Million Heuschrecken (folgt schon aus (*)).
$1000 \cdot e^{\ln(1{,}3)x} = 10\,000\,000 \Rightarrow x = \frac{\ln(10\,000)}{\ln(1{,}3)} \approx 35{,}1$
Nach knapp 9 Monaten sind es schon 10 Millionen Heuschrecken.

b) $1000 \cdot e^{\ln(1{,}3)x} = 300\,000\,000\,000 \Rightarrow x = \frac{\ln(300\,000\,000)}{\ln(1{,}3)} \approx 74{,}4$
Nach ca. 74 Wochen, also noch nicht einmal 1,5 Jahren, wäre die Rekordzahl erreicht. Das Modell ist aber mit sehr hoher Wahrscheinlichkeit nicht für einen so großen Zeitraum angemessen.

c)

	im ersten halben Jahr	nach den ersten 2 Jahren
mittlere Änderungsrate	$\frac{f(26) - f(0)}{26} \approx 35\,243$	$\frac{f(104) - f(0)}{104} \approx 6\,808\,874\,048\,480$
momentane Änderungsrate	$f'(26) \approx 240\,675$	$f'(104) = 185\,786\,144\,085\,000$

5. a) $f(x) = 200\,000 \cdot e^{\ln(0{,}945)x} = 200\,000 \cdot e^{-0{,}0566x}$
Halbwertszeit: $t_H = \frac{\ln(2)}{-\ln(0{,}945)} = 12{,}25$. Die Halbwertszeit beträgt ca. 12 Jahre.
Die Ungleichung $f(x) < 1$ liefert formal $x > 215{,}76\ldots$ Da letztendlich Zufallsschwankungen eine Rolle spielen, ist dieser Wert wenig aussagekräftig.

b) $A \cdot e^{-kx} = \frac{A}{2}$ hat als Lösung $x = \frac{\ln(2)}{k}$ und diese ist unabhängig von A.

6. a) A: (1) Benutzung eines Messwertes:
$(4 | 92)$: $92 = 30e^{4k} \Rightarrow k = \frac{\ln\left(\frac{46}{15}\right)}{4} \approx 0{,}28$;
$A_1(x) = 30 \cdot e^{0{,}28x}$
(2) Mit exponentieller Regression:
$A_2(x) = 33{,}8 \cdot e^{0{,}247x}$
B: Benutzung von zwei Messwerten:
$(3 | 72)$: $72 = 9a + 3b + 30$
$(7 | 185)$: $185 = 49a + 7b + 30$ } LGS
$\Rightarrow a = \frac{57}{28} \approx 2$ und $b = \frac{221}{28} \approx 7{,}9$
$B(x) = 2x^2 + 7{,}9x + 30$

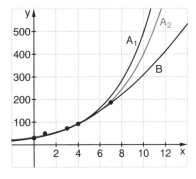

Es passen verschiedene Funktionen und auch verschiedene Funktionstypen gleich gut zu den Daten.

317

6. b) $A_1(12) \approx 864$; $A_2(12) \approx 655$; $B(12) \approx 413$
$A_1(x) = 1500 \Rightarrow x \approx 14$
$A_2(x) = 1500 \Rightarrow x \approx 15{,}4$
$B(x) = 1500 \Rightarrow x \approx 25{,}2$
Die Prognosen für die Anzahl in 12 Jahren schwankt nicht nur beim Wechsel des Funktionstyps, sondern auch innerhalb desselben Funktionstyps. Das gleiche gilt für den Zeitraum, wenn es 1500 Tiere sein sollen.

c) Bei A sind die Verdopplungszeiten konstant:
A_1: $x_D = \frac{\ln(2)}{0{,}28} \approx 2{,}48$ $\quad A_2$: $x_D = \frac{\ln(2)}{0{,}247} \approx 2{,}8$
Bei B nehmen die Verdopplungszeiten zu, das quadratische Wachstum ist nicht so stark wie das exponentielle:

x	0	2,4	5	8,5	13,2
Anzahl	30	60	120	240	480
Verdopplungszeit	–	2,4	2,6	3,5	4,7

7. a) links: A variabel; in y-Richtung gestreckt, für negative Werte von A an der x-Achse gespiegelt
rechts: k variabel; Graphen verlaufen alle durch (0|A), für negative Werte von k sind Graphen an y-Achse gespiegelt

b) $f_k(x) = 2 \cdot e^{-kx}$ $f_A(x) = A \cdot e^{-0{,}5x}$

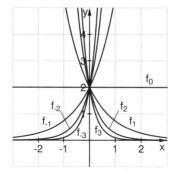
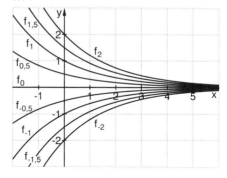

318

8. a) Wenn die Verkaufsrate zu Beginn am größten ist, heißt dies, dass die erste Ableitung positiv und abnehmend ist, also die Verkaufskurve rechtsgekrümmt ist.
Weil 20 000 die Grenze ist, ist y = 20 000 auch waagerechte Asymptote.
Für $f(x) = -18 \cdot e^{-0{,}15x} + 20$ gelten $f(0) = 2$
(2000 Verkäufe bei Markteinführung) und
$f(x) \xrightarrow[x \to \infty]{} 20$.

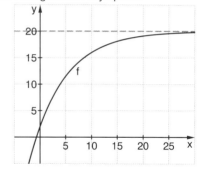

b) $f(10) = 15{,}98$: Nach 10 Monaten sind ca. 16 000 Geräte verkauft.
$-18 \cdot e^{-0{,}15x} + 20 = 10$
$\Rightarrow x = -\frac{20}{3} \ln\left(\frac{5}{9}\right) \approx 3{,}92$
Nach ca. 4 Monaten ist die Hälfte der Geräte verkauft.

318 9. a)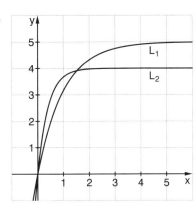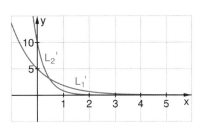

L$_1$ atmet nicht so schnell ein wie L$_2$, hat dafür aber größeres Atemvolumen (Grenze bei 5 l statt 4 l bei L$_2$). Bei beiden ist die Geschwindigkeit des Einatmens („Einatmungsrate") zu Beginn des Einatmens am größten.

b) $L_1'(x) = 5e^{-x}$; $L_2'(x) = 10e^{-2,5x}$
Beide Ableitungen sind monoton fallend. L$_2$ hat zu Beginn (x = 0) eine größere Änderungsrate. Präzisierung der Beschreibung aus a): Der Rückgang der Einatmungsgeschwindigkeit ist bei L$_2$ schneller, nach ca. einer halben Sekunde atmet L$_1$ schneller als L$_2$ ein (L$_2'$ oberhalb von L$_1'$).

c) Die Gleichung $L_1(x) = L_2(x)$ lässt sich nur grafisch-numerisch lösen, man erhält x ≈ 1,52. Nach ca. 1,5 Sekunden haben beide Personen die gleiche Menge Luft eingeatmet.
$L_1'(1,5) \approx 1,1 \frac{l}{s}$; $L_2'(1,5) \approx 0,24 \frac{l}{s}$
Die Einatmungsgeschwindigkeit von L$_1$ ist zu diesem Zeitpunkt ungefähr viermal so groß wie die von L$_2$.

d) (1) → (A); (2) → (B)
V: Maximales Atemvolumen; k: Maß für Geschwindigkeit des Einatmens

319 10. a) $f(0) = 1$; $f(x) \xrightarrow[x \to \infty]{} \frac{10}{1 + 9 \cdot 0} = 10$
Am Term lassen sich die Anfangshöhe 1 cm und die maximale Höhe von 10 cm erschließen, der s-förmige Verlauf kaum.

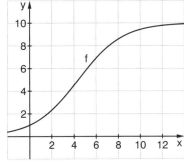 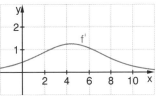

$f'(x) = \frac{45e^{-0,5x}}{(1 + 9e^{-0,5x})^2} = \frac{45e^{0,5x}}{(e^{0,5x} + 9)^2}$ bzw. $msek(x) = \frac{f(x + 0,001) - f(x)}{0,001}$ liefern glockenförmige Kurve mit anfänglicher Linkskrümmung (zunehmendes Wachstum) und anschließender Rechtskrümmung (abnehmendes Wachstum). Maximales Wachstum wird nach etwas mehr als 4 Tagen erreicht.

319

10. b) $f''(x) = 0 \Rightarrow x = 4 \cdot \ln(3) \approx 4{,}39$; $f(4 \cdot \ln(3)) = 5$
Die maximale Wachstumsgeschwindigkeit ist nach 4,4 Tagen, die Pflanze ist dann 5 cm hoch, also halb so hoch wie sie maximal werden kann.

11.

	(B)	(C)	(A)
a)	(1) → (B) variable Grenze $1 \leq G \leq 5$, Schrittweite 0,5	(2) → (C) variabler Anfangswert $1 \leq b \leq 11$, Schrittweite 2	(3) → (A) variable Wachstumskonstante $0{,}1 \leq k \leq 1$, Schrittweite 0,1
b)	Bestand wächst gegen unterschiedliche Grenzen bei unterschiedlichen Startwerten, die aber dichter zusammen liegen als die Grenzen. Handlung: Erweiterung des Lebensraums, Vergrößerung/Verkleinerung des Reservates	Unterschiedliche Anfangsbestände, Bestände wachsen mit derselben Geschwindigkeit zeitversetzt. Handlung: Aussetzen unterschiedlich großer Bestände	Bei gleichem Anfangsbestand und Grenzbestand wächst Population mit unterschiedlicher Geschwindigkeit gegen Grenze. Handlung: Wachstumsfördernde oder -hemmende Maßnahmen (z. B. mehr oder weniger Futter)
c)	Anfangsbestand: $f_G(0) = \frac{G}{5}$ Grenzbestand: G Maximale Zunahme des Bestandes: $\left(4 \cdot \ln(2) \mid \frac{G}{2}\right)$	Anfangsbestand: $f_b(0) = \frac{5}{1+b}$ Grenzbestand: 5 Maximale Zunahme des Bestandes: $(2 \cdot \ln(b) \mid 2{,}5)$	Anfangsbestand: $f_k(0) = 1$ Grenzbestand: 5 Maximale Zunahme des Bestandes: $\left(\frac{2 \cdot \ln(2)}{k} \mid 2{,}5\right)$

Es fällt auf, dass im Zeitpunkt der maximalen Bestandszunahme der Bestand immer halb so groß wie der maximal mögliche Bestand ist.

320

12. $A = f(0) = 8$; $G = 255$

(1) $\frac{255}{1 + b \cdot e^{-k \cdot 0}} = 8 \Leftrightarrow b = \frac{247}{8} = 30{,}875$

(2) $\frac{255}{1 + 31 \cdot e^{-35k}} = 131 \Leftrightarrow k = \frac{1}{35} \cdot \ln\left(\frac{131}{4}\right)$
$\approx 0{,}0997$

$f(x) = \frac{255}{1 + 31 \cdot e^{-0{,}1x}}$

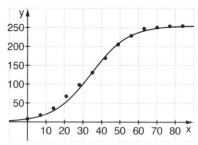

Anmerkung: Parameterwerte können sinnvoll auch mit Schiebereglern und einem dynamischen Funktionenplotter gefunden werden. Es ergeben sich dann verschiedene sinnvolle, weil nach Augenmaß ähnlich gut passende Modelle.

13. a) $f'(x) = (0{,}25 - 0{,}03x) \cdot e^{0{,}25x - 0{,}015x^2}$

Anzahl der Infizierten nimmt zunächst zu (erst zu-, dann abnehmend). Nach ca. 8 Tagen kommt es zum Übergang zur Abnahme der Anzahl der Grippekranken (Hochpunkt, Nullstelle der ersten Ableitung), erst zunehmend, dann abnehmend, ehe es nach ca. 4 Wochen keine Grippekranken mehr gibt.

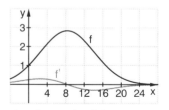

320

13. Fortsetzung

a) $f'(x) = 0 \Rightarrow x = \frac{25}{3} \Rightarrow f\left(\frac{25}{3}\right) = e^{\frac{25}{24}} \approx 2{,}83$

Maximale Anzahl an Infizierten wird nach gut 8 Tagen erreicht, es sind dann ca. 280 Menschen infiziert.

$f''(x) = (0{,}0009x^2 - 0{,}015x + 0{,}0325) \cdot e^{0{,}25x - 0{,}015x^2}$

$f''(x) = 0 \Rightarrow x = \frac{25}{3} \pm \frac{10}{3}\sqrt{3} \approx \begin{cases} 2{,}56 \\ 14{,}11 \end{cases}$

Maximale Zunahme der Infizierten nach ca. 2,5 Tagen; maximale Abnahme nach ca. 2 Wochen

b)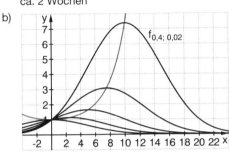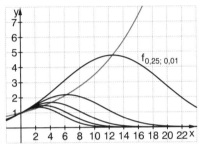

$f_g(x) = e^{gx - 0{,}02x^2}$
Variation von g: Unterschiedliche Ansteckungsraten können berücksichtigt werden.

$f_s(x) = e^{0{,}25x - sx^2}$
Variation von s: Unterschiedliche Gesundungsraten (Widerstandsfähigkeit, Immunität) werden berücksichtigt.

f_g: Bei höherer Ansteckungsrate und konstant bleibender Gesundungsrate ergibt sich eine höhere Maximalzahl an Infizierten zu einem späteren Zeitpunkt. Einem stärkeren Anwachsen der Anzahl von Infizierten steht eine entsprechend stärkere Abnahme gegenüber. Der Zeitraum bis zum vollständigen Abebben der Grippewelle verzögert sich bei wachsender Ansteckungsrate.

f_s: Je größer die Gesundungsrate, desto geringer die Maximalzahl Infizierter. Diese Anzahl wird auch früher erreicht. Der Zeitpunkt des vollständigen Verschwindens der Grippewelle zögert sich mit abnehmender Gesundungsrate weiter hinaus. Vergleicht man beide Grafiken zu den Variationen, so fällt auf, dass die Erhöhung der Gesundungsrate wohl stärkere positive Auswirkungen hat (geringere Maximalzahl, schnelleres Abklingen) als die Verringerung der Ansteckungsrate. Klare Aussagen ließen sich allerdings nur machen, wenn man genau wüsste, was denn eine Vergrößerung der Gesundungsrate um z. B. 0,1 bedeutet, ob das dann vergleichbar mit einer Verkleinerung der Ansteckungsrate von 0,5 oder eher von 0,1 ist.

c) $f_g'(x) = (g - 0{,}04x) \cdot e^{gx - 0{,}02x^2}$; $f_g'(x) = 0 \Rightarrow x = 25g \Rightarrow f_g(25g) = e^{12{,}5g^2}$:

HP$(25g \mid e^{12{,}5g^2})$; Ortskurve: $y = e^{\frac{x^2}{50}}$

$f_s'(x) = (0{,}25 - 2sx) \cdot e^{0{,}25x - sx^2}$; $f_s'(x) = 0 \Rightarrow x = \frac{1}{8s} \Rightarrow f_s\left(\frac{1}{8s}\right) = e^{\frac{1}{64s}}$

HP$\left(\frac{1}{8s} \mid e^{\frac{1}{64s}}\right)$; Ortskurve: $y = e^{\frac{x}{8}}$

320 13. d) Bei Bakterien beschreibt g die Wachstumsgeschwindigkeit und s eine Art Sterberate. Hier hat dann eine Vergrößerung der Sterberate stärkere Auswirkungen als eine Verringerung der Wachstumsrate.

321 14.

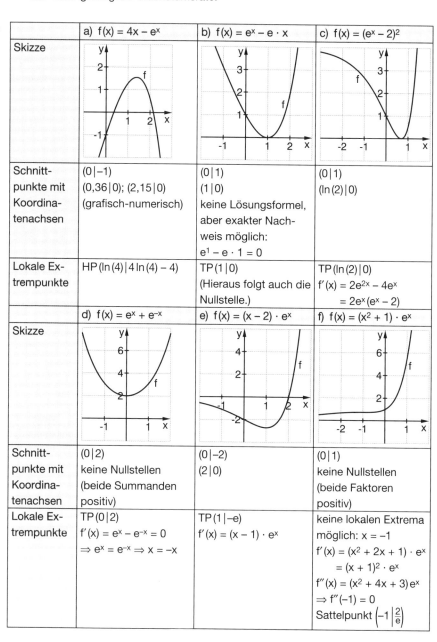

	a) $f(x) = 4x - e^x$	b) $f(x) = e^x - e \cdot x$	c) $f(x) = (e^x - 2)^2$
Skizze			
Schnittpunkte mit Koordinatenachsen	$(0\,|-1)$ $(0{,}36\,|\,0);\ (2{,}15\,|\,0)$ (grafisch-numerisch)	$(0\,|\,1)$ $(1\,|\,0)$ keine Lösungsformel, aber exakter Nachweis möglich: $e^1 - e \cdot 1 = 0$	$(0\,|\,1)$ $(\ln(2)\,|\,0)$
Lokale Extrempunkte	HP$(\ln(4)\,|\,4\ln(4) - 4)$	TP$(1\,|\,0)$ (Hieraus folgt auch die Nullstelle.)	TP$(\ln(2)\,|\,0)$ $f'(x) = 2e^{2x} - 4e^x$ $= 2e^x(e^x - 2)$
	d) $f(x) = e^x + e^{-x}$	e) $f(x) = (x - 2) \cdot e^x$	f) $f(x) = (x^2 + 1) \cdot e^x$
Skizze			
Schnittpunkte mit Koordinatenachsen	$(0\,|\,2)$ keine Nullstellen (beide Summanden positiv)	$(0\,|-2)$ $(2\,|\,0)$	$(0\,|\,1)$ keine Nullstellen (beide Faktoren positiv)
Lokale Extrempunkte	TP$(0\,|\,2)$ $f'(x) = e^x - e^{-x} = 0$ $\Rightarrow e^x = e^{-x} \Rightarrow x = -x$	TP$(1\,|-e)$ $f'(x) = (x - 1) \cdot e^x$	keine lokalen Extrema möglich: $x = -1$ $f'(x) = (x^2 + 2x + 1) \cdot e^x$ $= (x + 1)^2 \cdot e^x$ $f''(x) = (x^2 + 4x + 3)e^x$ $\Rightarrow f''(-1) = 0$ Sattelpunkt $\left(-1\,\big|\,\frac{2}{e}\right)$

321

15. a) $f(x) = e^{kx}$ $\quad$ $f'(x) = ke^{kx}$ $\quad$ $f''(x) = k^2 e^{kx}$ $\quad$ $f'''(x) = k^3 e^{kx}$
Bilden der nächst höheren Ableitung ist Multiplikation mit k, also: $f^{(n)}(x) = k^n e^{kx}$

b) $f(x) = e^x + e^{-x}$ $\quad$ $f'(x) = e^x - e^{-x}$ $\quad$ $f''(x) = e^x + e^{-x}$ $\quad$ $f'''(x) = e^x - e^{-x}$
Die ungeraden Ableitungen sind $e^x - e^{-x}$, die geraden $e^x + e^{-x}$, also:
$f^{(2n+1)}(x) = e^x - e^{-x}$ und $f^{(2n)} = f(x)$

c) $f(x) = x \cdot e^x$ $\quad$ $f'(x) = (x+1) \cdot e^x$ $\quad$ $f''(x) = (x+2) \cdot e^x$ $\quad$ $f'''(x) = (x+3) \cdot e^x$
Mit jeder Ableitung erhöht sich der zweite Summand im ersten Faktor um 1, also:
$f^{(n)}(x) = (x+n) \cdot e^x$

d) $f(x) = x^2 \cdot e^x$ $\quad$ $f'(x) = (x^2 + 2x) \cdot e^x$ $\quad$ $f''(x) = (x^2 + 4x + 2) \cdot e^x$ $\quad$ $f'''(x) = (x^2 + 6x + 6) \cdot e^x$
Keine unmittelbare Gesetzmäßigkeit zu erkennen. Der Faktor vor „x" scheint immer um 2 zu wachsen, von der Struktur her ist jede Ableitung ein Produkt aus einem quadratischen Term und e^x.

e) $f(x) = e^x \cdot x^2$ $\quad$ $f'(x) = e^x + 2x$ $\quad$ $f''(x) = e^x + 2$ $\quad$ $f'''(x) = e^x$
Ab $f'''(x)$ sind alle höheren Ableitungen e^x.

16. a) $F = \int_{-4}^{0} e^x \, dx - 0{,}5 = 0{,}5 - e^{-4} \approx 0{,}4817$ $\quad$ b) $F = 3e - \int_{-2}^{1} e^x \, dx = 2e + e^{-2} \approx 5{,}5719$

c) $F = \int_{-1,352}^{0,237} (2e^x - 0{,}5 - e^{3x}) \, dx \approx 0{,}55$ $\quad$ d) $F = 2\int_{0}^{\ln(2)} (2e^{-x} - 1) \, dx = 2(1 - \ln(2)) \approx 0{,}6137$
(Schnittstellen grafisch-numerisch bestimmen) $\qquad$ (Symmetrie ausnutzen)

17.

		Tangente in $(0 \mid f(0))$	Tangente in $(2 \mid f(2))$
a)	$f(x) = e^{2x}$	$y = 2x + 1$	$y = 2e^4 x - 3e^4$
b)	$f(x) = 2e^x$	$y = 2x + 2$	$y = 2e^2 x - 2e^2$
c)	$f(x) = e^x + x$	$y = 2x + 1$	$y = (e^2 + 1)x - e^2$
d)	$f(x) = x - e^x$	$y = -1$	$y = (1 - e^2)x + e^2$
e)	$f(x) = x \cdot e^x$	$y = x$	$y = 3e^2 x - 4e^2$
f)	$f(x) = \dfrac{e^x}{x}$	nicht definiert	$y = \dfrac{e^2}{4} x$

18. a) $4 = e - k \Rightarrow k = e - 4$

b) $f_k(2) = e^2 - 2k; \; e^2 - 2k = 0 \Rightarrow k = \tfrac{1}{2} e^2$

c) $F_1(x) = e^x - \tfrac{1}{2} x^2 + c; \; e_1 - \tfrac{1}{2} + c = 0$
$\Rightarrow c = \tfrac{1}{2} - e$

d) (1) $\int_{-1}^{1} f_k(x) \, dx = \left[e^x - \tfrac{k}{2} x^2 \right]_{-1}^{1} = e - \tfrac{1}{e}$

(2) $\int_{-t}^{t} f_1(x) \, dx = \left[e^x - \tfrac{1}{2} x^2 \right]_{-t}^{t} = e^t - \tfrac{1}{e^t}$

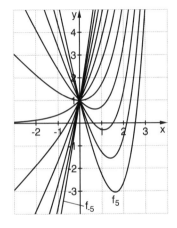

322 19. a) $f_1(x) = e^x + x$; $f_2(x) = e^x - 2x$

$f_1(x) \xrightarrow[x \to \infty]{} \infty$; $f_1(x) \xrightarrow[x \to -\infty]{} -\infty$

$f_2(x) \xrightarrow[x \to \infty]{} \infty$; $f_2(x) \xrightarrow[x \to -\infty]{} \infty$

Nullstellen: f_1: $x_N \approx -0{,}567$; f_2: keine
Lokale Extrempunkte: f_1: keine; f_2: TP$(\ln(2) | 2 - 2\ln(2))$
Wendepunkte: f_1: keine; f_2: keine

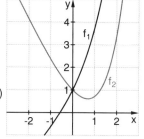

b) $g_1(x) = e^x + x^2$; $g_2(x) = e^x - x^2$

$g_1(x) \xrightarrow[x \to \infty]{} \infty$; $g_1(x) \xrightarrow[x \to -\infty]{} \infty$

$g_2(x) \xrightarrow[x \to \infty]{} \infty$; $g_2(x) \xrightarrow[x \to -\infty]{} -\infty$

Nullstellen: g_1: keine; g_2: $x_N \approx -0{,}703$
Lokale Extrempunkte:
g_1: TP $\approx (-0{,}3517 | 0{,}8272)$; g_2: keine
Wendepunkte: g_1: keine; g_2: $(\ln(2) | 2 - \ln(2)^2)$

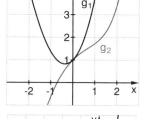

c) $h_1(x) = x^2 \cdot e^x$; $h_2(x) = x^3 \cdot e^x$

$h_1(x) \xrightarrow[x \to \infty]{} \infty$; $h_1(x) \xrightarrow[x \to -\infty]{} 0$

$h_2(x) \xrightarrow[x \to \infty]{} \infty$; $h_2(x) \xrightarrow[x \to -\infty]{} 0$

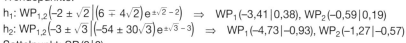

Nullstellen: h_1: $x_N = 0$; h_2: $x_N = 0$
Lokale Extrempunkte:
h_1: HP$(-2 | 4e^{-2})$, TP$(0|0)$; h_2: TP$(-3|-27e^{-3})$
Wendepunkte:
h_1: WP$_{1,2}\left(-2 \pm \sqrt{2}\,\big|\,(6 \mp 4\sqrt{2})e^{\pm\sqrt{2}-2}\right)$ $\Rightarrow$ WP$_1(-3{,}41 | 0{,}38)$, WP$_2(-0{,}59 | 0{,}19)$
h_2: WP$_{1,2}\left(-3 \pm \sqrt{3}\,\big|\,(-54 \pm 30\sqrt{3})e^{\pm\sqrt{3}-3}\right)$ $\Rightarrow$ WP$_1(-4{,}73 | -0{,}93)$, WP$_2(-1{,}27 | -0{,}57)$
Sattelpunkt: SP$(0|0)$

d) $k_1(x) = \frac{e^x}{x}$; $k_2(x) = \frac{e^x}{x^2}$; $x \neq 0$

Für $x = 0$ gilt: $\begin{cases} k_1: \text{Pol mit VZW} \\ k_2: \text{Pol ohne VZW} \end{cases}$

$k_1(x) \xrightarrow[x \to \infty]{} \infty$; $k_1(x) \xrightarrow[x \to -\infty]{} 0$

$k_2(x) \xrightarrow[x \to \infty]{} \infty$; $k_2(x) \xrightarrow[x \to -\infty]{} 0$

Nullstellen: k_1: keine; k_2: keine
Lokale Extrempunkte: k_1: TP$(1|e)$; k_2: TP$\left(2\,\big|\,\tfrac{1}{4}e^2\right)$
Wendepunkte: k_1: keine; k_2: keine

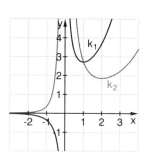

322

19. e) $l_1(x) = (e^x - 1)^2$; $l_2(x) = (e^x + 2)^2$

$l_1(x) \xrightarrow[x \to \infty]{} \infty$; $l_1(x) \xrightarrow[x \to -\infty]{} 1$

$l_2(x) \xrightarrow[x \to \infty]{} \infty$; $l_2(x) \xrightarrow[x \to -\infty]{} 4$

Nullstellen: l_1: $x_N = 0$; l_2: keine
Lokale Extrempunkte: l_1: TP$(0|0)$; l_2: keine
Wendepunkte: l_1: WP$\left(-\ln(2)\big|\frac{1}{4}\right)$; l_2: keine

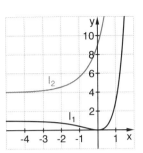

f) $m_1(x) = e^{x^2}$; $m_2(x) = e^{x^3}$

$m_1(x) \xrightarrow[x \to \infty]{} \infty$; $m_1(x) \xrightarrow[x \to -\infty]{} \infty$

$m_2(x) \xrightarrow[x \to \infty]{} \infty$; $m_2(x) \xrightarrow[x \to -\infty]{} 0$

Nullstellen: m_1: keine; m_2: keine
Lokale Extrempunkte: m_1: TP$(0|1)$; m_2: keine
Wendepunkte: m_1: keine

m_2: WP$\left(-\sqrt[3]{\frac{2}{3}}\,\big|\,e^{-\frac{2}{3}}\right) \approx (-0{,}87|0{,}51)$, Sattelpunkt SP$(0|1)$

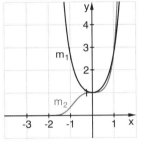

20. Anmerkung: In den Teilaufgaben wird der Gebrauch aller zur Verfügung stehenden Werkzeuge zur Untersuchung von Funktionenscharen trainiert. Dazu sollte gemäß der Aufgabenstellung zunächst ein grafischer Überblick mit ersten qualitativen Klassifikationen vorgenommen werden (GTR/Funktionenplotter). Entscheidend ist der Einsicht gebende Überblick über die Kurvenverläufe in Abhängigkeit des Parameters. Manchmal lassen sich beobachtete Eigenschaften direkt am Funktionsterm begründet erschließen, dies sollte vor jeder Rechnung versucht werden. Bei der genaueren Untersuchung prägen immer wieder grafisch-numerische und algebraische Methoden die Vorgehensweise. Nicht alle Gleichungen lassen sich algebraisch lösen.

a) $f_t(x) = e^x + tx$

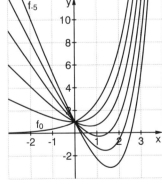
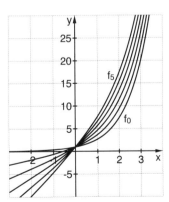

- $t < 0$: 1 Tiefpunkt, Graph verläuft von ∞ nach ∞
  $t = 0$: $f_t(x) = e^x$
  $t > 0$: keine lokalen Extrem- und Wendepunkte
  $y = tx$ ist Asymptote für $x \to -\infty$

322 20. Fortsetzung

a) • Achsenschnittpunkte: (0|1); Nullstellen sind nur grafisch-numerisch für konkrete Werte von k bestimmbar. Nach Grafik existieren für t > 0 eine Nullstelle, für −3 ≲ t < 0 keine Nullstelle und für t ≲ −3 zwei Nullstellen.
• Lokale Extrempunkte: $\begin{cases} t \geq 0: \text{ keine} \\ t < 0: \text{TP}(\ln(-t) \mid t \cdot \ln(-t) - t) \end{cases}$
Anmerkung: Mit der y-Koordinate lässt sich auch der Übergang von keiner Nullstelle zu zwei Nullstellen exakt bestimmen: $t \cdot \ln(-t) - t = 0 \Rightarrow t = -e$
Für t = −e gibt es also eine Nullstelle, für t < −e gibt es zwei Nullstellen.
• Wendepunkte: keine
• Ortskurve der Tiefpunkte: $y = (1 - x)e^x$

b) $f_a(x) = e^x + ax^2$

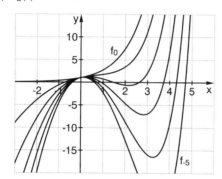
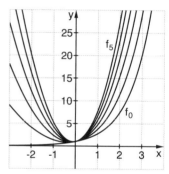

• a < 0: ein Tiefpunkt und ein Hochpunkt, ein Wendepunkt, Graph verläuft von −∞ nach ∞
a = 0: $f_a(x) = e^x$
a > 0: keine Nullstellen, ein Tiefpunkt, keine Wendepunkte, Graph verläuft von ∞ nach ∞
• Achsenschnittpunkte: (0|1)
Nullstellen: keine Lösungsformel
Nach Grafik existieren für a > 0 keine Nullstellen, für −1,5 ≲ a < 0 eine Nullstelle, für a ≈ −1,5 zwei Nullstellen und für a ≲ −1,5 drei Nullstellen.
• Lokale Extrempunkte: Die zu lösende Gleichung $e^x + 2ax = 0$ kann nur grafisch-numerisch gelöst werden. Die Anzahl der Extrempunkte in Abhängigkeit von a ist in Teilaufgabe a) beschrieben. Einsicht gibt hier auch eine grafische Untersuchung des Schnittproblems der bekannten Funktionen $f_1(x) = e^x$ und $f_2(x) = -2ax$.
• Wendepunkte: $\begin{cases} a \geq 0: \text{ keine} \\ a < 0: \text{WP}(\ln(-2a) \mid -2a + a \cdot \ln(-2a)^2) \end{cases}$
• Ortskurve der Wendepunkte: $y = \left(1 - \frac{1}{2}x^2\right)e^x$

322 20. c) $f_n(x) = x^n e^x$; $n \in \mathbb{N}$

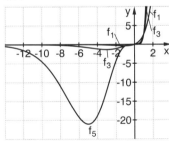 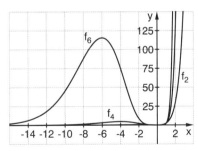

- x-Achse ist Asymptote für $x \to -\infty$. Für ungerade n mit n > 1 gibt es einen Tiefpunkt und drei Wendepunkte, für n = 1 einen Wendepunkt. Für gerades n ist der Verlauf analog, nur für x < 0 an der x-Achse gespiegelt. Mit wachsendem n werden die „Ausschläge" sehr schnell viel größer.
- Achsenschnittpunkte: $(0|0)$
- Lokale Extrempunkte: $f_n'(x) = x^{n-1} \cdot (n+x) \cdot e^x = 0 \Rightarrow x_1 = 0, x_2 = -n$
  $f_n''(x) = e^x x^{n-2}(x^2 + 2nx + n(n-1))$ $\Rightarrow$ $\begin{cases} \text{n ungerade: TP}(-n|(-n)^n e^{-n}) \\ \text{n gerade: HP}(-n|(-n)^n e^{-n}) \end{cases}$
  $f_n''(-n) = e^{-n}(-n)^{n-1}$
- Wendepunkte: $WP_{1/2}\left(-n \pm \sqrt{n} \,\big|\, (-n \pm \sqrt{n}) e^{-n \pm \sqrt{n}}\right)$; Sattelpunkt: $SP(0|0)$

d) $f_m(x) = e^{(x^m)}$; $m \in \mathbb{N}$

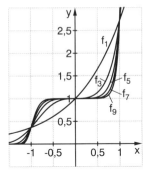 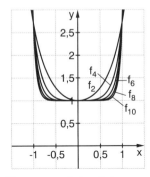

- m ungerade: x-Achse ist Asymptote für $x \to -\infty$, keine Extrempunkte, zwei von m eventuell unabhängige Wendepunkte, gemeinsame Punkte $(-1|e^{-1})$; $(0|1)$; $(1|e)$
  m gerade: Graph verläuft von ∞ nach ∞, Tiefpunkt $(0|1)$, keine Wendepunkte, gemeinsame Punkte $(-1|e)$; $(0|1)$; $(1|e)$
- Achsenschnittpunkte: $(0|1)$; keine Nullstellen
- Lokale Extrempunkte: $f_m'(0) = 0$
  Achtung: Nur für m = 2 gilt $f_m''(0) > 0$, ansonsten gilt immer $f_m''(0) = 0$. Nach der Grafik liegt aber für alle ungeraden m in $(0|1)$ ein Sattelpunkt vor und für alle geraden m ein Tiefpunkt. Für einen formalen Nachweis müsste hier das hinreichende Kriterium erweitert werden auf die Überprüfung, ob die n-te Ableitung an der Stelle x = 0 von 0 verschieden ist.
- Wendepunkte: $f_m''(x) = m \cdot x^{m-2} \cdot (m \cdot x^m + m - 1) \cdot e^{(x^m)} \Rightarrow WP\left(\sqrt[m]{\frac{1-m}{m}} \,\bigg|\, e^{\frac{1-m}{m}}\right)$

322 20. Fortsetzung

d) Nach Augenmaß scheint (−1 | 0,4) für alle m gemeinsamer Wendepunkt zu sein. Die Rechnung zeigt aber, dass dies falsch ist. Tabelliert man für ungerades m die Wendepunkte, dann sieht man, dass sie sehr dicht beieinander liegen, die x-Koordinate strebt gegen −1, die y-Koordinate gegen $e^{-1} \approx 0{,}3678$.

m	x_w	y_w
3	−0,8736	0,5134
5	−0,9564	0,4493
7	−0,9782	0,4244
9	−0,9870	0,4111
99	−0,9999	0,3716

Die Funktionenfolgen konvergieren jeweils gegen folgende Streckenzüge:

m ungerade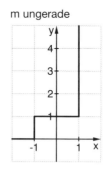

m gerade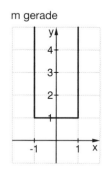

e) $f_k(x) = (x - k)e^x$

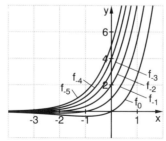
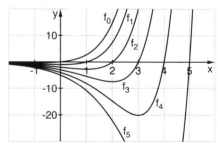

- Nach Augenschein könnten die Graphen für k < −1 keine Nullstellen und Tiefpunkte besitzen. Man erkennt aber unmittelbar am Funktionsterm, dass x = k eine Nullstelle ist. Alle Graphen werden also eine gleiche Gestalt haben: Asymptotische Näherung an die x-Achse für $x \to -\infty$, ein Krümmungswechsel von rechts nach links, einen Tiefpunkt und Streben gegen ∞ für $x \to \infty$.
- Achsenschnittpunkte: (0 | −k); (k | 0)
- Lokale Extrempunkte: $f_k'(x) = (x - k + 1)e^x$; TP$(k - 1 | -e^{k-1})$
  Ortskurve der Tiefpunkte: $y = -e^x$
- Wendepunkte: $f_k''(x) = (x - k + 2)e^x$; WP$(k - 2 | -2e^{k-2})$
  Ortskurve der Wendepunkte: $y = -2e^x$

322 20. f) $f_s(x) = (e^x - s)^2$

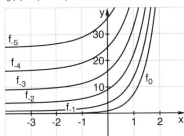
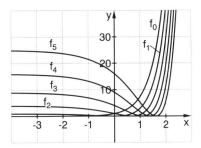

- $f_s(x) \xrightarrow[x \to -\infty]{} s^2$, $f_s(x) \xrightarrow[x \to \infty]{} \infty$, für s > 0 ein Tiefpunkt auf der x-Achse und ein Wendepunkt, für s < 0 keine Extrem- und Wendepunkte
- Achsenschnittpunkte: $(0 | (1-s)^2)$; s > 0: $(\ln(s) | 0)$
- Lokale Extrempunkte: $f_s'(x) = 2e^x(e^x - s)$; s > 0: TP$(\ln(s)|0)$
- Wendepunkte: $f_s''(x) = 2e^x(2e^x - s)$; s > 0: WP$\left(\ln\left(\frac{s}{2}\right)\Big|\frac{s^2}{4}\right)$; Ortskurve: $y = e^{2x}$

323 21. a) Die Nullstelle der Tangente von $y = e^x$ im Punkt $(t | e^t)$ ist $x = t - 1$, also um 1 kleiner als die x-Koordinate des Berührpunktes.
Geometrische Konstruktion: Berührpunkt und Schnittpunkt mit x-Achse legen Tangente fest.

Punkt	Tangente	Nullstelle	b) Fläche Dreieck
$(0|1)$	$y = x + 1$	$x = -1$	$F = 0{,}5$
$(1|e)$	$y = ex$	$x = 0$	kein Dreieck
$(-1|e^{-1})$	$y = e^{-1}x + 2e^{-1}$	$x = -2$	$F = \frac{2}{e} \approx 0{,}7358$
$(2|e^2)$	$y = e^2 x - e^2$	$x = 1$	$F = \frac{1}{2}e^2 \approx 3{,}6945$
$(-2|e^{-2})$	$y = e^{-2}x + 3e^{-2}$	$x = -3$	$F = \frac{9}{2e^2} \approx 0{,}6090$

c) Tangente in $(t|e^t)$: $y = e^t x + (1-t)e^t$; Nullstelle: $x = t - 1$
Fläche des Dreiecks: $A(t) = \frac{1}{2}(t-1)(t-1)e^t = \frac{1}{2}(t-1)^2 e^t$
Lokale Extrempunkte von $A(t)$: $A'(t) = \frac{1}{2}(t^2 - 1)e^t$;
$\quad$ TP$(1|0)$; HP$(-1|2e^{-1}) \approx (-1|0{,}7358)$
Der Tiefpunkt markiert den Fall, dass kein Dreieck existiert.

22. a) $e^{2x} \xrightarrow[x \to -\infty]{} 0$; $e^x \xrightarrow[x \to -\infty]{} 0 \Rightarrow f(x) \xrightarrow[x \to -\infty]{} 0 - 2 \cdot 0 + 1 = 1$; $e^{2x} - 2e^x + 1 = (e^x - 1)^2 \xrightarrow[x \to \infty]{} \infty$

b) Tiefpunkt: $(0|0)$; Wendepunkt: WP$\left(\ln\left(\frac{1}{2}\right)\Big|\frac{1}{4}\right)$

c) $f(x) = 1 \Rightarrow x = \ln(2)$: Schnittpunkt $(\ln(2)|1)$

Blaue Fläche	Grüne Fläche	Gelbe Fläche
$2 \cdot \int_0^{\ln(2)} f(x)\,dx = 2\ln(2) - 1$ $\approx 0{,}3863$	$2 \cdot \int_{-4}^{0} f(x)\,dx = 5 - e^{-8} + 4e^{-4}$ $\approx 5{,}0729$	$2 \cdot \int_{-\infty}^{\ln(2)} (1-f(x))\,dx = 4$

323 23. a) Nach Augenschein könnten die Graphen für t < −1 keine Nullstellen und Tiefpunkte besitzen. Man erkennt aber unmittelbar am Funktionsterm, dass x = t eine Nullstelle ist. Alle Graphen werden also eine gleiche Gestalt haben: Asymptotische Näherung an die x-Achse für x → −∞, ein Krümmungswechsel von rechts nach links, ein Tiefpunkt und Streben gegen ∞ für x → ∞.
  b) Kurve durch (0|0): $(0 - t)e^0 = 0 \Rightarrow t = 0$
  Kurve durch (1|1): $(1 - t)e^1 = 1 \Rightarrow t = 1 - \frac{1}{e}$
  $f_t'(x) = (x - t + 1)e^x$; $f_t'(0) = 0 \Rightarrow -t + 1 = 0 \Rightarrow t = 1$
  $f_t'(1) = 2 \Rightarrow (2 - t)e = 2 \Rightarrow t = 2 - \frac{2}{e}$
  c) $f_t''(x) = (x - t + 2)e^x$: $f_t''(0) = 0 \Rightarrow -t + 2 = 0 \Rightarrow t = 2$
  d) $f_t'(1) = (2 - t)e = 0 \Rightarrow t = 2$

324 24. Die Tür öffnet sich mit abnehmender Geschwindigkeit (Zunahme des Öffnungswinkels). Nach ca. 1,5 Sekunden ist der maximale Öffnungswinkel von ca. 105° erreicht, ehe sich die Tür zunächst mit zunehmender Geschwindigkeit und nach ca. 4 Sekunden mit abnehmender Geschwindigkeit sanft schließt (x-Achse als Asymptote). Nach ca. 12 Sekunden ist die Tür geschlossen.

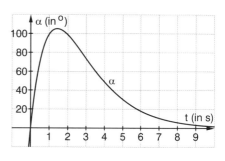

- Tür ganz offen: $\alpha'(t) = (200 - 140t) \cdot e^{-0,7t}$: $\alpha'(t) = 0 \Rightarrow x = \frac{10}{7} \approx 1{,}4286$
  Nach ca. 1,4 Sekunden ist die Tür ganz offen.
- Im Modell gilt zwar $\alpha(t) \neq 0$ für t > 0, es gilt aber $\alpha(15) \approx 0{,}08$. Nimmt man eine Türbreite von 1 m an, steht die Tür dann noch sin(0,08) ≈ 0,0014 m, also etwas mehr als 1 mm auf.
- $\alpha''(t) = (98t - 280) \cdot e^{-0,7t}$: $\alpha''(t) = 0 \Rightarrow x = \frac{20}{7} \approx 2{,}8571$
  Nach ca. 2,9 Sekunden ist die Schließbewegung am schnellsten.

25. a)

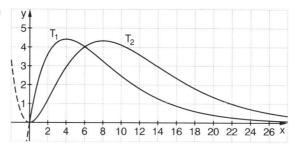

T_1: Zu Beginn schnellster Absatzzuwachs, nach ca. 4 Monaten ist die maximale Absatzrate von ca. 4500 Geräten pro Monat erreicht. Danach erst zunehmender, dann abnehmender Rückgang des Absatzes. Nach ca. 2,5 Jahren kein nennenswerter Absatz mehr.

T_2: Zunächst zunehmender Absatzzuwachs, ehe mit abnehmendem Zuwachs nach ca. 8 Monaten das Maximum erreicht ist. Kein nennenswerter Verkauf mehr nach ca. 3 Jahren. Da die Fläche unterhalb des Graphen von T_2 ersichtlich größer ist als die von T_1, werden von T_2 insgesamt mehr Geräte verkauft.

324 25. Fortsetzung

a) Der wesentliche Unterschied liegt im Beginn des Verkaufs, wo bei T_1 unmittelbar mit Markteinführung die höchste Zuwachsrate erzielt wird, die bei T_2 erst nach ca. 3 Monaten erreicht ist, das Produkt T_2 wird nach dem Modell zunächst langsamer, aber dafür letztendlich erfolgreicher verkauft.

b) T_1: $T_1'(x) = \left(3 - \frac{3}{4}x\right)e^{-0,25x} = 0 \;\Rightarrow\; x = 4$; $T_1(4) = \frac{12}{e} \approx 4{,}4146$; HP$(4\,|\,4{,}4146)$

T_2: $T_2'(x) = \left(x - \frac{x^2}{8}\right)e^{-0,25x} = 0 \;\Rightarrow\; x = 0$ oder $x = 8$; TP$(0\,|\,0)$; HP$\left(8\,\Big|\,\frac{32}{e^2}\right) \approx (8\,|\,4{,}3307)$

Typ 1 wird nach 4 Monaten maximal abgesetzt, es werden dann ca. 4400 Automaten pro Monat verkauft.

Typ 2 wird nach 8 Monaten maximal abgesetzt, es werden dann ca. 4300 Automaten pro Monat verkauft.

$T_1''(x) = \left(\frac{3}{16}x - \frac{3}{2}\right)e^{-0,25x} = 0 \;\Rightarrow\; x = 8$

$T_2''(x) = \left(\frac{x^2}{32} - \frac{x}{2} + 1\right)e^{-0,25x} = 0 \;\Rightarrow\; x_{1,2} = 8 \pm \sqrt{32} \approx \begin{cases} 2{,}3431 \\ 13{,}6569 \end{cases}$

Der zweite Wendepunkt bei $x \approx 2{,}3$ zeigt, dass es bei T_2 noch einen Krümmungswechsel, also einen Wechsel von zunehmender zu abnehmender Zunahme der Absatzrate gibt.

c) T_1: $\int_0^3 T_1(x)\,dx \approx 8{,}3212$; $\int_0^{24} T_1(x)\,dx \approx 47{,}1671$

T_2: $\int_0^3 T_2(x)\,dx \approx 2{,}5923$; $\int_0^{24} T_2(x)\,dx \approx 60{,}0340$

Die anschaulichen Beschreibungen aus a) werden bestätigt und präzisiert: Während von T_1 in den ersten 3 Monaten mehr als dreimal so viel Geräte wie von T_2 abgesetzt werden, werden in den ersten zwei Jahren von T_2 insgesamt ca. 30 % mehr verkauft.

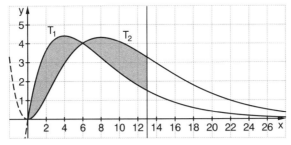

Gleichviel Geräte sind zu dem Zeitpunkt verkauft, wenn die Flächen unterhalb der Graphen gleich groß sind, rechnerisch muss die Gleichung

$$\int_0^t T_1(x)\,dx = \int_0^t T_2(x)\,dx$$

gelöst werden. Dies führt auf die transzendente Gleichung $8e^{0,25x} - x^2 - 2x - 8 = 0$. Man ist also auf grafisch-numerische Verfahren angewiesen. Nach gut einem Jahr sind beide Geräte gleichviel verkauft worden.

324 26. Das Beispiel beschreibt die Schar zu a).
b) Der Parameter a beeinflusst allein die Höhe der maximalen Konzentration, nicht den Zeitpunkt des Eintretens. Je größer a, desto größer die Geschwindigkeit des Anstiegs, nach zwei Wochen ist unabhängig von a fast alles abgebaut. Die Graphen sind in y-Richtung gestreckt.
Hochpunkt: $HP\left(50\left|\frac{50a}{e}\right.\right)$; Ortskurve: $x = 50$
Wendepunkt: $WP\left(100\left|\frac{100a}{e^2}\right.\right)$; Ortskurve: $x = 100$

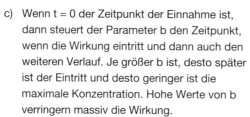

c) Wenn $t = 0$ der Zeitpunkt der Einnahme ist, dann steuert der Parameter b den Zeitpunkt, wenn die Wirkung eintritt und dann auch den weiteren Verlauf. Je größer b ist, desto später ist der Eintritt und desto geringer ist die maximale Konzentration. Hohe Werte von b verringern massiv die Wirkung.
Hochpunkt: $K_b'(x) = (-0{,}02x + 0{,}02b + 1)e^{-0{,}02x}$;
$HP(b + 50\,|\,50e^{-0{,}02b - 1})$
Ortskurve: $y = 50 \cdot e^{-0{,}02x}$
Wendepunkt: $K_b''(x) = (0{,}0004x + 0{,}0004b - 0{,}04)e^{-0{,}02x}$; $WP(b + 100\,|\,100e^{-0{,}02b - 2})$
Ortskurve: $y = 100 \cdot e^{-0{,}02x}$

325 27. a)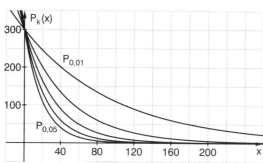

Je größer k ist, desto schneller sinkt der Preis bei Erhöhung der (gewünschten) Nachfrage. Die Abnahme ist exponentiell.

b) Umsatzfunktion: $U_k(x) = x \cdot P_k(x) = 300x \cdot e^{-kx}$
Die roten Punkte geben den maximalen Umsatz in Abhängigkeit von k an, die blauen die zugehörigen Preise. Dieser Preis scheint beim maximalen Umsatz unabhängig von k immer etwas mehr als 100 € zu sein.
Hochpunkt von $U_k(x)$: $U_k'(x) = (300 - 300kx)e^{-kx} = 0 \Rightarrow x = \frac{1}{k}$; $HP\left(\frac{1}{k}\left|\frac{300}{k \cdot e}\right.\right)$
Ortskurve der Hochpunkte: $y = \frac{300}{e}x \approx 110x$; $P_k\left(\frac{1}{k}\right) = \frac{300}{e} \approx 110{,}36$
Der maximale Umsatz ist proportional zur nachgefragten Menge, der zugehörige Preis ist gerade der Proportionalitätsfaktor.

325 28. a) Die Überlebensrate nimmt exponentiell mit der Zunahme der Dosis ab.

b) Wie erwartet sinkt die Überlebensrate schneller, wenn größere Stellen getroffen werden.

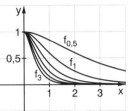

$f_k'(x) = -2(1-e^{-kx})ke^{-kx} = -2ke^{-kx} + 2ke^{-2kx}$
$f_k'(x) = 0 \Rightarrow x = 0;\ HP(0|1)$
$f_k(x) \xrightarrow[x \to \infty]{} 1-(1-0)^2 = 0$
$f_k''(x) = 2k^2e^{-kx} - 4k^2e^{-2kx} = 2k^2e^{-kx}(1-2e^{-kx});\ f_k''(x) = 0$
$\Rightarrow x = \frac{\ln(2)}{k};\ f_k\left(\frac{\ln(2)}{k}\right) = 0{,}75$

Unabhängig von der Größe k ist die Überlebensrate immer 75 % zum Zeitpunkt der maximalen Abnahme der Überlebensrate. Ein Bereich der Dosis mit maximaler Abnahme der Überlebensrate ist zwar ein effektiver Bereich, die Überlebensrate ist aber hier immer noch durchweg sehr hoch.

c) Die Grafik zeigt deutlich, dass eine deutliche Abnahme der Überlebensrate eine Mindestdosis voraussetzt. Es gibt dann einen Bereich der Dosis, in dem die Bestrahlung effektiv in dem Sinne ist, dass die Überlebensrate mit kleinen Erhöhungen stark abnimmt. Je mehr Stellen getroffen werden müssen, desto höher muss die Mindestdosis sein, bei n = 10 ca. 1,2.
Es muss die Gleichung $1-(1-e^{-x})^n = 0{,}5$ gelöst werden:
$1-(1-e^{-x})^n = 0{,}5 \Leftrightarrow 1-e^{-x} = \sqrt[n]{0{,}5} \Leftrightarrow x = -\ln\left(1-\sqrt[n]{0{,}5}\right)$

Mit der Anzahl der Stellen wächst die Dosis, die notwendig ist, um eine Überlebensrate von maximal 50 % zu erreichen, logarithmisch, also zunehmend schwächer, also weniger als proportional.

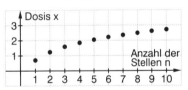

326 29. a) $P_a: 4 = 4a + 1 \Rightarrow a = 0{,}75 \Rightarrow P_{0{,}75}(x) = 0{,}75x^2 + 1$
$K_k: 4 = \frac{1}{2k}(e^{2k} + e^{-2k}) \Rightarrow 8k = e^{2k} + e^{-2k}$
Grafisch-numerische Lösung: $k_1 \approx 0{,}29;\ k_2 \approx 1{,}06$
$k_1 = 0{,}29$ passt überhaupt nicht, also: $K_{1{,}06}(x) = 0{,}4717(e^{1{,}06x} + e^{-1{,}06x})$

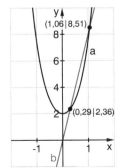 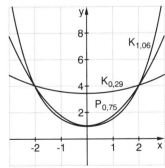

Die Parabel verläuft zunächst enger zusammen, läuft dann aber weiter auseinander als die Kettenlinie. Zu der abgebildeten Kette passen beide Funktionen gut.

326

29. Fortsetzung

a) $P_{0,75}'(x) = 1{,}5x$; $P_{0,75}''(x) = 1{,}5$
$K_{1,06}'(x) = 0{,}5(e^{1,06x} - e^{-1,06x})$;
$K_{1,06}''(x) = 0{,}53(e^{1,06x} + e^{-1,06x})$

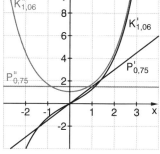

Die ersten beiden Ableitungen von $P_{0,75}$ sind Geraden, die nächsten Ableitungen sind alle y = 0. Bei der Kettenlinie $K_{1,06}$ hat die zweite Ableitung wieder die Gestalt der Funktion. Während in dem für die reale Kette relevanten Ausschnitt die ersten Ableitungen noch ähnlich aussehen, unterscheiden sich die zweiten Ableitungen auch schon in diesem Bereich sehr stark.
Die zweite Ableitung zeigt einen deutlichen Unterschied der Kurven, der an den Graphen nicht unmittelbar sichtbar ist.

b) $K_k'(x) = \frac{1}{2} \cdot (e^{kx} - e^{-kx}) = 0 \Rightarrow x = 0$: TP$\left(0 \mid \frac{1}{k}\right)$
$K_k''(x) = \frac{k}{2}(e^{kx} + e^{-kx}) > 0$

Eine Kette kann nicht frei hängend einen Krümmungswechsel haben.

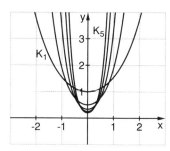

Projekt

A: $K(x) = \frac{1}{2}(e^x + e^{-x})$

Es gilt: $K'(x) = \frac{1}{2}(e^x - e^{-x})$; $K''(x) = K(x) \Rightarrow K^{(2n+1)}(0) = 0$; $K^{(2n)}(0) = 1$

Mit $K(0) = 1$; $K'(0) = 0$; $K''(0) = 1$ erhält man:
$P_2(x) = \frac{1}{2}x^2 + 1$

Da die Kettenlinie achsensymmetrisch zur y-Achse ist ($K(x) = K(-x)$), sind auch die Näherungspolynome achsensymmetrisch zur y-Achse. Damit ergibt sich für das Polynom 4. Grades der Ansatz: $P_4(x) = ax^4 + bx^2 + c$

Mit $K(0) = 1$; $K''(0) = 1$; $K^{(IV)}(0) = 1$ erhält man:
$P_4(x) = \frac{1}{24}x^4 + \frac{1}{2}x^2 + 1$

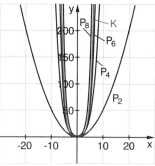

Analog erhält man für P_6 dann $P_6(x) = \frac{1}{720}x^6 + \frac{1}{24}x^4 + \frac{1}{2}x^2 + 1$

und für P_8 dann $P_8(x) = \frac{1}{40320}x^8 + \frac{1}{720}x^6 + \frac{1}{24}x^4 + \frac{1}{2}x^2 + 1$

und schließlich $P_n(x) = \frac{1}{n!}x^n + \frac{1}{(n-2)!}x^{n-2} + \ldots + \frac{1}{2}x^2 + 1$.

327

B: Punkte auslesen, z. B.: $P_1(0|1)$, $P_2(2|3)$, $P_3(3|7)$ und $P_4(4|14)$

(A) Mit Funktionenplotter:
$K_1(x) = 0{,}286\,(e^x + e^{-x}) + 0{,}5$

(B) Mit Algebra:

I $(0|1)$: $\quad \frac{2}{a} + c = 1$

II $(2|3)$: $\quad \frac{1}{a}(e^{2b} + e^{-2b}) + c = 3$

III $(4|14)$: $\quad \frac{1}{a}(e^{4b} + e^{-4b}) + c = 14$

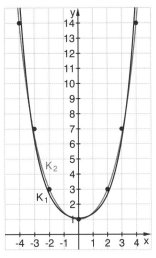

Manche CAS können auch ein nichtlineares Gleichungssystem direkt durch Eingabe der drei Gleichungen lösen:

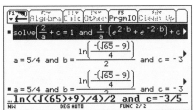

Man erkennt, dass die Gleichung algebraisch lösbar ist. Aussagekräftiger sind hier natürlich die numerischen Lösungen. Dass es jeweils für $b = \pm 0{,}7253$ eine Lösung gibt, kann auch mit der Symmetrie von $e^{bx} + e^{-bx}$ erklärt werden.

$K_2(x) = 0{,}8\,(e^{0{,}7253x} + e^{-0{,}7253x}) - 0{,}6$

Wenn man „zu Fuß" rechnen will, kommt man über $c = 1 - \frac{2}{a}$ (I) und Einsetzen in II zu
$a = \frac{1}{2}e^{2b} + \frac{1}{2}e^{-2b} - 1$. Dies in III eingesetzt führt zu
$e^{4b} + e^{-4b} - 6{,}5 e^{2b} - 6{,}5 e^{-2b} + 11 = 0$.
Diese Gleichung kann dann mit bekannten grafisch-numerischen Methoden gelöst werden.
Mit Rückwärtseinsetzen erhält man dann K_2.

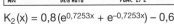

C: $K_k{}'(x) = \frac{1}{2} \cdot (e^{kx} - e^{-kx})$; $\quad K_k{}''(x) = \frac{k}{2}(e^{kx} + e^{-kx})$

$1 + K_k{}'(x)^2 = 1 + \frac{1}{4}(e^{2kx} - 2 e^{kx} e^{-kx} + e^{-2kx}) = \frac{1}{4}e^{2kx} + \frac{1}{2} + \frac{1}{4}e^{-2kx} = \frac{1}{4}(e^{kx} + e^{-kx})^2$

$\Rightarrow \sqrt{1 + K_k{}'(x)^2} = \frac{1}{2}(e^{kx} + e^{-kx}) \quad \Rightarrow \quad K_k{}''(x) = k \cdot \sqrt{1 + K_k{}'(x)^2}$

$P_a{}'(x) = 2ax; \quad P_a{}''(x) = 2a$

$1 + P_a{}'(x)^2 = 1 + 4a^2 x^2 \quad \Rightarrow \quad \sqrt{1 + P_a{}'(x)^2} = \sqrt{1 + 4a^2 x^2}$

$\Rightarrow \quad a \cdot \sqrt{1 + 4a^2 x^2} = \sqrt{a^2 + 4a^4 x^2} \neq 2a \quad$ für alle $x \in \mathbb{R} \quad \Rightarrow \quad P_a{}''(x) \neq a \cdot \sqrt{1 + P_a{}'(x)^2}$

327   **D:**   a)
- Steigung an der Stelle a: $K'(a) = \frac{1}{2}(e^a - e^{-a})$
- Flächeninhalt: $\int_0^a K(x)\,dx = \left[\frac{1}{2}(e^x - e^{-x})\right]_0^a = \frac{1}{2}(e^a - e^{-a})$
- Bogenlänge: $\int_0^a \sqrt{1 + K'(x)^2}\,dx = \int_0^a K(x)\,dx = \frac{1}{2}(e^a - e^{-a})$

Die Steigung an der Stelle a, der Flächeninhalt und die Bogenlänge haben dieselbe Maßzahl.

b) Mit $\overline{OQ} = K(a)$ und dem Satz des Pythagoras im Dreieck OQA gilt
$1^2 + \overline{AQ}^2 = K(a)^2$, also: $\overline{AQ}^2 = K(a)^2 - 1$ (*)
Nach dem Tipp gilt $K(a) = \sqrt{1 + K'(a)^2}$, also: $K'(a)^2 = K(a)^2 - 1$ (**)
Aus (*) und (**) folgt unmittelbar $K'(a) = \overline{AQ}$.

Wegen a) ist die Länge des Kettenstücks AP gleich $K'(a)$, also gleich der Streckenlänge von $\overline{AQ}$ und wird entsprechend der Konstruktionsbeschreibung konstruiert. Die Fläche des durch O, A und Q festgelegten gelben Rechtecks $(1 \cdot K'(a))$ entspricht der Fläche unter der Kurve.

Kapitel 8
Wachstum

Didaktische Hinweise

Während im bisherigen Unterricht das Aufstellen geeigneter Funktionsterme direkt zu den Modellen führte, werden in diesem Kapitel die grundlegenden Wachstumsmodelle durch ihr charakteristisches Änderungsverhalten in Bezug auf die Bestände modelliert. Der Zugang zum Modell erfolgt also über Differenzialgleichungen. Ausgangspunkt der Modellierung ist dann zunächst die sprachliche Formulierung des Zusammenhanges von Änderung und Bestand, auf die dann die Formalisierung zur DGL folgt. Es werden keine Lösungsalgorithmen oder gar Existenz- und Eindeutigkeitssätze formuliert, zentral ist die Ausbildung adäquater Grundvorstellungen zu dieser Art des Modellierens und zu DGLn. Um Übersichtlichkeit und dann auch Nachhaltigkeit im Lernprozess zu erreichen, sind alle Lernabschnitte in derselben Struktur aufgebaut, die den Schülern Sicherheit gibt und einfachen Überblick ermöglicht. Darüber hinaus kann auf diese Weise gewinnbringend auch eventuell nur ein Lernabschnitt behandelt werden, um exemplarisch in diese Art des Modellierens einzuführen.

- 1. grüne Ebene: Zusammenhänge zwischen dem Neuen (DGL) und den Funktionen stehen im Mittelpunkt.
- Basiswissen: von der DGL zur Funktion zur Grafik, allgemeine Formulierung mit parallel dargestelltem Beispiel
- Weiße Ebene:
  (1) Innermathematisches Durcharbeiten der Beziehung von DGL und Lösungsfunktion
  (2) Daten aus den unterschiedlichsten Sachzusammenhängen werden zum Modellieren mit den erarbeiteten Modellen benutzt.
  (3) Phasendiagramme
- 2. grüne Ebene: Modifikationen der Modelle

Eine nicht zu unterschätzende Schwierigkeit besteht in der notwendigen Unterscheidung zwischen mittleren Änderungsraten, wie sie in Prozentangaben innerhalb von Sachzusammenhängen meistens gegeben sind („20 % pro Monat dazu") und der Wachstumskonstanten k, wie sie in den DGLn auftritt (z. B. $f'(x) = k \cdot f(x)$), die sich auf eine momentane Änderung bezieht. Um hier sprachliche Klarheit zu schaffen, wird im gesamten Kapitel immer von einer Wachstumskonstanten gesprochen, wenn die momentane Änderung gemeint ist, bei Angaben in % ist immer eine mittlere Änderung gemeint. Auf diese Weise werden missverständliche und gekünstelte Formulierungen wie „kommen in jedem Moment 10 % dazu" vermieden.

Am Ende der weißen Ebene wird beginnend in 8.1 mit den Phasendiagrammen (f'-f-Diagramme) eine neue, für diese DGLn sehr produktive und vertiefte Einsicht schaffende Darstellungsart eingeführt, deren Thematisierung und weitere Behandlung dann in den folgenden Lernabschnitten an der entsprechenden Stelle erfolgt. Damit wird sowohl eine systematische, integrierte Behandlung solcher Phasendiagramme möglich als auch das einfache Weglassen.

In den Modellierungsphasen werden unterschiedliche Aspekte des Modellierens angesprochen, sodass hier ein Zuwachs bezüglich dieser prozessorientierten Kompetenz erzielt werden kann. Die verwendeten Daten sind alle recherchiert.

Zu **8.1**
In zwei Sachkontexten werden in den Einführungsaufgaben die beiden grundlegenden Modelle, das lineare und das exponentielle Wachstum, eingeführt. Es werden dabei Zugänge gewählt, die zunächst bekannte Aufgabenstellungen aufnehmen, ehe dann mit einem neuen Blick die charakterisierenden DGLn vorgestellt und inhaltlich einsichtig gemacht werden. Bewusst wird das lineare Wachstum mit aufgenommen, um durch den neuen Blick auf Bekanntes eine Vernetzung des Neuen mit Altem zu ermöglichen. In einem dritten Zugang wird in einem innermathematischen Kontext das Beziehungsgefüge von Funktion und Ableitung untersucht, wobei auch hier bekannte Zusammenhänge auf neuartige treffen, um so eine erste Einsicht in den Zusammenhang von DGL und Funktion zu erzeugen. Es kann darauf hingewiesen werden, dass man schon beim Suchen nach der Ableitung von Exponentialfunktionen an der DGL vorbeigekommen ist, dort aber noch in der Formulierung $f'(x) = k \cdot b^x$.
Im Basiswissen wird schon auf der Marginalie der wichtige Zusammenhang zwischen Prozentwerten und der Wachstumskonstanten k genannt.
Beispiel (A): Zusammenhang zwischen Funktion und DGL
Beispiel (B): Bekanntes Problem in neuem Zugang
Beispiel (C): DGL im Vergleich zu bekanntem Gleichungstyp

Zu (1): Die Übungen 4–7 widmen sich dem Unterschied zwischen Wachstumskonstante k und %-Angaben und machen diesen auf mehrfache Art und Weise einsichtig (A6, A7). A8 und A9 sichern den Umgang mit DGLn und Funktionen, dabei führt die Entdeckung in A9 zur Vernetzung mit der Integralrechnung („Aufleiten ist Lösen einer DGL.").

Zu (2): Das Finden eines passenden Modells zu Daten nach vorgängiger Festlegung eines Modells durchzieht dann alle Lernabschnitte. Deswegen werden hier in einem Strategiekasten verschiedene Möglichkeiten als Basiswissen fixiert. Zentral ist dabei, dass Schüler erfahren, dass unterschiedliche Lösungen in gleicher Weise richtig sein können. A16 (Windkraftanlagen) schult die sinnvolle Auswahl eines geeigneten Modelltyps. Die Erkenntnis, dass die „Balkendiagrammkurve" die Ableitung der Kurve der kumulierten Leistung (rot) ist, schließt eine Parabel für die kumulierte Leistung aus (Ableitung wäre Gerade). Der ähnliche Kurvenverlauf der „Balkendiagrammkurve" und der „kumulierten Kurve" legt exponentielles Wachstum nahe. Ein kubisches Modell erscheint auch sinnvoll (Ableitung wäre dann Parabel). Stehen nur zwei Daten zur Verfügung, passen unterschiedliche Modelle sogar exakt, sie interpolieren die Daten. Diese Zweifelhaftigkeit einer solchen Modellierung wird in A17 zugänglich gemacht.

Zu (3): Trägt man $f'(x)$ über $f(x)$ ab, dann wird exponentielles Wachstum zu einer Ursprungsgeraden ($f'(x) = k \cdot f(x)$), man erhält Phasendiagramme. Diese Diagramme sind also mit der DGL gegeben, wenn $f'(x)$ nur von $f(x)$ abhängt. Die Produktivität dieser Diagramme liegt nun darin, dass aus ihnen ein Bestandsdiagramm qualitativ entwickelt werden kann, die DGL wird also grafisch – anschaulich gelöst. Beim exponentiellen Wachstum kann die algebraische Lösung noch leicht erschlossen werden, spätestens beim logistischen Wachstum gelingt das nicht. Wenn aber mit der DGL das Phasendiagramm vorliegt, kann hieran qualitativ der s-förmige Verlauf erschlossen werden (vgl. 8.3, A18). In A19 wird qualitativ – grafisch das begrenzte Wachstum vorweggenommen.

In einer abschließenden Untersuchung der Entwicklung der Weltbevölkerung werden die erarbeiteten Verfahren zunächst wiederholend geübt (A20a), b)), ehe in einem neuen Modellierungsanlauf mithilfe der Formulierung einer DGL ein neues Modell erzeugt wird. Eine Bestandsfunktion, die stärker als Exponentialfunktionen wächst, kennen Schüler i. A. nicht. Eine Funktion, die stärker als eine Gerade wächst (Phasendiagramm) ist Schülern aber zugängig. Hier entfaltet der Zugang über DGLn also seine erste Kraft zur selbsttätigen Erarbeitung von neuem.

Zu 8.2

Besonders schön und lernwirksam, mindestens motivierend, ist es, wenn Schüler in Experimenten die Daten selber erzeugen, deren Auswertung dann zur Suche nach passenden Modellen wird. Zum begrenzten Wachstum werden als Einstieg zwei Experimente aus sehr unterschiedlichen Wissenschaftsbereichen angeboten, ein physikalisches und ein sozialwissenschaftlich – psychologisches. Werden beide durchgeführt bzw. behandelt, erleben Schüler bewusst den Unterschied. Während die Kurven bei der Kaffeeabkühlung bei allen Messvorgängen ziemlich ähnlich sind, wird es bei der Nennung von Säugetieren zu sehr unterschiedlichen Kurven kommen, jeder kennt halt unterschiedlich viele Säugetiere. Unabhängig davon erfahren Schüler aber anderseits auch, dass so unterschiedliche Gegenstandsbereiche, wie Wasserabkühlung und Gehirntätigkeit sich strukturell auf gleiche Weise beschreiben lassen.

Im Basiswissen wird das begrenzte Wachstum in der schon in 8.1 auftretenden Struktur dargestellt. Das gleiche gilt für die Übungsphase, wo auch wieder zunächst der sichere Umgang mit den DGLn und Bestandsfunktionen im Zentrum steht, ehe das Modellieren wieder im Vordergrund steht. Auf je einer Themenseite erfahren Schüler die Wirkmächtigkeit mathematischer Modellierungen in zweierlei Hinsicht. Die formale Struktur des Modells ermöglicht Anwendungen in verschiedenen Realitätsbereichen, die grundsätzliche Offenheit der realen Situationen ermöglicht verschiedene, passende Modelle. Hier wird dann auch am Beispiel der Modellierung der Wasserabkühlung mit Hyperbeln der Unterschied von beschreibender Modellierung und Modellierungen von Wirkzusammenhängen (mit DGLn) thematisiert. Bezüge zum letzten Absatz im Basiswissen zu Kapitel 3.1 schaffen hier Vernetzungen und Verständnis.

In vielen Prozessen geht es um Zu- und Abflüsse und ihre Überlagerung. Die einfachste Modellierung benutzt additiv dann jeweils exponentielle Zu- oder Abnahme und lineare Zu- oder Abnahme Das begrenzte Wachstum kann durch eine einfache Termumformung der DGL als ein solches Zufluss-Abflussmodell identifiziert werden. Dieses Modell wird an einem Beispiel erarbeitet (A14), in einem Basiswissen dokumentiert und der Umgang damit in einigen Übungen gefestigt (A15–A21). Dieser Übungsteil eignet sich gut als zusätzliches Angebot für Referate oder als Projekt und ermöglicht so Binnendifferenzierung. Eine Modifikation des Zufluss-Abflussmodells liefert A18 aus den Vermischten Übungen, wo die Zunahme logistisch und die Abnahme linear oder exponentiell ist.

In den Übungen zum Phasendiagramm werden anschaulich die zentralen Begriffe Fixwert und Parametersensitivität eingeführt, in A23 erscheint – analog zu 8.1 A19 – das logistische Wachstum in Form einer Übung zur Interpretation von Phasendiagrammen. Zum Abschluss wird die Anwendung aller bisher behandelter Modelle innerhalb einer Geschichte geübt.

Zu **8.3**

Zum Einstieg werden zunächst zwei gestufte Aufgaben zur Modellierung des Wachstums von Sonnenblumen gegeben.
1. Vorgabe einer Funktion, inhaltliche Interpretation der DGL und Überprüfung der Passung mit der Funktion
2. Modellierung der Daten mit schülerspezifischen, unterschiedlichen Modellen, Interpretation der DGL und Nachweis der Lösungsfunktion

In einem dritten Zugang steht die Modellierung des Wirkzusammenhanges mit einer DGL am Beginn, d.h., es wird gedanklich modelliert, ohne Datensatz. Die Ausbreitung eines Gerüchts eignet sich gut, weil dieser Sachverhalt eine leichte Zuordnung zu den Teilen der DGL ermöglicht. Als Übung im Umgang mit DGLn sollen Schüler hier jetzt eine passende DGL durch Termanalyse herausfinden. Es gibt hier sicher mehrere Möglichkeiten der Begründung, ein Hinweis zu einer Begründung steht auf der Marginalie neben der Aufgabe, eine andere Begründung liefert Ausmultiplizieren in (1), was unmittelbar dazu führt, dass (1) nicht passt.

Die charakteristische Eigenschaft des Wendepunktes wird in einem gelben Kasten dokumentiert. Sie wird in der Modellierungsphase von Bedeutung sein, wenn es darum geht, die Qualität von Modellierungen, ihre Adäquatheit, zu prüfen. Hier erfahren Schüler, dass ein entscheidendes Kriterium darin liegt, welcher Bereich des s-förmigen Verlaufs durch Daten abgedeckt ist. Wenn der Wendepunkt noch lange nicht erreicht ist, passen sehr unterschiedliche Modelle, mit sehr unterschiedlichen Grenzen (A14, A15).
In den Übungen zu den Phasendiagrammen schulen Schüler ihren Umgang mit Parabeln in neuer Weise, in A19 können sie die ganze Kraft der Modellierung über eine DGL erleben. Das Phasendiagramm ist qualitativ zugänglich, wenn man das Phasendiagramm zum logistischen Wachstum erfasst hat. Aus ihnen lassen sich die aus dem Text leicht antizipierbaren Bestandsdiagramme herleiten, so dass Schüler hier weitgehend selbstständig eine Lösung finden können. Terme für die Bestandsfunktion liegen dagegen weit außerhalb des Schülerhorizonts.

In der zweiten grünen Ebene wird das letzte grundlegende Wachstumsmodell, das „Wachstum mit Selbstvergiftung" erarbeitet. Dies geschieht konsequent über die DGL, die durch eine Modifikation der DGL des logistischen Wachstums (Sterberate proportional zur Zeit statt proportional zum Bestand) ausgehend von inhaltlichen, sachbezogenen Überlegungen motiviert werden kann. Den Abschluss des Lernabschnitts und damit des Kapitels bildet eine Aufgabe, in der Schüler noch einmal alle behandelten DGLn und ihre Lösungsfunktionen in einen erweiterten Kontext einbetten und alle DGLn zu den Grundfunktionen entwickeln. Damit können nun alle Funktionsklassen durch ihr spezifisches Änderungsverhalten klassifiziert werden, mit neuem Blick wird Bekanntes sortiert.

Zum Abschluss gibt es ein Projekt, in dem Schüler erarbeiten, wie man eine DGL numerisch – grafisch lösen kann. Die dazu erzeugten Richtungsfelder können auf CAS-Geräten realisiert werden. Damit verfügen die Schüler über ein Werkzeug, das es ihnen ermöglicht, ohne algebraische Tricks und Umformungen, eine DGL näherungsweise zu lösen. So, wie Phasendiagramme das qualitative Konstruieren einer Lösung ermöglichen, so erhält man mit Richtungsfeldern numerisch – grafische Lösungen. Algebraische Lösungen bleiben der nachschulischen Ausbildung vorbehalten.

Lösungen

8.1 Exponentielles Wachstum

338 1. a) (A) A = 10: $\frac{536}{387} \approx 1{,}385 = b^5 \Rightarrow b \approx 1{,}067$

$\frac{129}{63} \approx 2{,}047 = b^5 \Rightarrow b \approx 1{,}154$

$\frac{1481}{1325} \approx 1{,}118 = b^5 \Rightarrow b \approx 1{,}022$

$\Rightarrow \frac{1}{3}(1{,}067 + 1{,}154 + 1{,}022) \approx 1{,}081$

$f_1(x) = 10 \cdot 1{,}081^x = 10 \cdot e^{\ln(1{,}081)x} = 10 \cdot e^{0{,}077x}$

(B) „Expreg": $f_2(x) = 11{,}96 \cdot 1{,}097^x = 11{,}96 \cdot e^{0{,}0926x}$

(C) (0|10): $10 = A \cdot e^{k \cdot 0} = A$

(1) (40|536): $536 = 10 \cdot e^{40k} \Rightarrow k = \frac{1}{40}\ln(53{,}6) \approx 0{,}099$

(2) (60|1481): $1481 = 10 \cdot e^{60k} \Rightarrow k = \frac{1}{60}\ln(148{,}1) \approx 0{,}083$

$f_3(x) = 10 \cdot e^{0{,}09x}$ ((1), (2) gemittelt)

Prognosen:
Extrem stark streuende Prognosen trotz guter Datenpassung aller Modelle

	2015	2030
$f(x) = 10 \cdot e^{0{,}077x}$	1492	4734
$f(x) = 11{,}96 \cdot e^{0{,}0926x}$	4918	19724
$f(x) = 10 \cdot e^{0{,}09x}$	3472	13394

b) $f_1'(x) = 0{,}077 \cdot 10 \cdot e^{0{,}077x} = 0{,}077 \cdot f_1(x)$
$f_2'(x) = 0{,}0926 \cdot 11{,}96\, e^{0{,}0926x} = 0{,}0926 \cdot f_2(x)$
$f_3'(x) = 0{,}09 \cdot 10 \cdot e^{0{,}09x} = 0{,}09 \cdot f_3(x)$
Die Schulden wachsen momentan mit einem Vielfachen der vorhandenen Schulden.
Die momentane Änderung ist proportional zum Bestand.

c) Durchschnittlich von 1950 bis 1955: $\frac{11\,000\,000\,000}{5 \cdot 365 \cdot 24 \cdot 60 \cdot 60} \approx 69{,}76 \approx 70$

Funktionsgleichung für die Schulden:
Schulden pro Jahr (Zeit in Jahren): $70 \cdot 60 \cdot 60 \cdot 24 \cdot 365 = 2\,207\,520\,000 \approx 2{,}2$ Mio.
$f(x) = 2{,}2x + 10$

x	1960	1965	1970	1975	1980	1985	1990	1995
f(x)	32	43	54	65	76	87	98	109

Hier liegt ein wesentlich langsameres Anwachsen der Schulden vor.

339 2. a)

Zeit (h)	Narkotikum (mg)	Alkohol (g)
0	400	80
1	320	73
2	256	66
3	204,8	59
4	163,84	52
5	131,07	45
6	104,86	38
⋮	⋮	⋮
10	42,95	10
11	34,36	3
⋮	⋮	⋮
30	0,49	–

Narkotikum:
$N(t) = 400 \cdot 0{,}8^t = 400 \cdot e^{\ln(0{,}8t)}$
$= 400 \cdot e^{-0{,}223t}$

Alkohol: $A(t) = 80 - 7t$

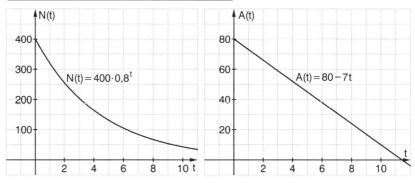

N(t): Zunächst stark, dann schwach abnehmend langfristiger Abbau   A(t): Nach ca. 10 Stunden weg

b) $N'(t) = -0{,}223 \cdot 400 \cdot e^{-0{,}223t} = -0{,}223 \cdot N(t)$
$A'(t) = -7$
Die Ableitung von N ist ein Vielfaches von N.
Die Änderung des Bestandes an Alkohol ist konstant.

c) $N(t) = 600 \cdot e^{-0{,}223t}$
(A) $N'(t) = -0{,}223 \cdot 600 \cdot e^{-0{,}223t} = -0{,}223 \cdot N(t)$
$A(t) = -7t + 100$
(B) $A'(t) = -7$
Die Gleichungen (A) und (B) sind auch für alle anderen Anfangsdosen erfüllt.

3. a) (A) – (6)   (B) – (4)   (C) – (1)
    (D) – (3)   (E) – (5)   (F) – (2)

b) Mit (1), (5), (6): f'(x) ist ein Vielfaches von f(x), also ist f' ~ f.
  (F) – (2): Änderung ist konstant
  (B) – (4): Änderung ist proportional zu x
  (D) – (3): Änderung ist umgekehrt proportional zu x

341

4. a) $f(x) = 80 \cdot 1{,}15^x = 80 \cdot e^{\ln(1{,}15)x} = 80 \cdot e^{0{,}14x}$
$f'(x) = \ln(1{,}15) \cdot f(x) = 0{,}14 \cdot f(x);\ A = 80$
b) $f(x) = -0{,}5x + 24;\ f'(x) = -0{,}5;\ A = 24$
c) $f(x) = A \cdot 0{,}95^x = A \cdot e^{\ln(0{,}95)x} = A \cdot e^{-0{,}051x}$
$f'(x) = -0{,}051 \cdot f(x);\ f(0) = A$
d) $f(x) = 13 \cdot 0{,}95^x = 13 \cdot e^{-0{,}051x},\ f'(x) = -0{,}051 \cdot f(x);\ A = 13$
e) $f(x) = -0{,}1x + 9;\ f'(x) = -0{,}1;\ A = 9$
f) $f(x) = 5000 \cdot 1{,}025^x = 5000 \cdot e^{0{,}0247x};\ f'(x) = 0{,}0247 \cdot f(x);\ A = 5000$

5. a) (1) $k = 0{,}3 = \ln(b) \Rightarrow b = e^{0{,}3} = 1{,}35;\ p = 35\%$
Eine Population von 100 Tieren wächst jährlich um 35 %.
(2) $k = -0{,}002 = \ln(b) \Rightarrow b = 0{,}998;\ p = -0{,}2\%$
Eine Waldfläche von 5 km² schrumpft jährlich um 0,2 %.
(3) $1{,}25 = \ln(b) \Rightarrow b = 3{,}49 \Rightarrow p = 249\%$
(4) $-0{,}3 = \ln(b) \Rightarrow b = 0{,}741 \Rightarrow p = -25{,}9\%$
b) $k = \ln(b) = \ln\left(1 + \dfrac{p}{100}\right)$

342

6. • p und k sind Änderungsraten
• p ist eine mittlere Änderungsrate
• k ist eine momentane Änderungsrate
• Wenn f linksgekrümmt ist, dann gilt p > k.
Wenn f rechtsgekrümmt ist, dann gilt p < k.

7. siehe 5 b)
Für p ≤ 20 stimmen die beiden Funktionen k*(p) und k(p) fast überein. Je größer p ist, desto größer der Unterschied.

8. a) $f(x) = 2 \cdot e^{1{,}3x}$
b) $f(x) = 5000 \cdot e^{-1{,}2x}$
c) Fehler im Buch: $f'(x) = 0{,}5 \cdot f(x)$ $\Big\}$ $f(x) = A \cdot e^{0{,}5x}$
$\quad\quad\quad\quad\quad f(1) = 2$ $\quad\quad 2 = A \cdot e^{0{,}5 \cdot 1} \Rightarrow A = \dfrac{2}{e^{0{,}5}} = \dfrac{2}{\sqrt{e}}$
$\Rightarrow f(x) = \dfrac{2}{\sqrt{e}} \cdot e^{0{,}5x}$

9. a) (1) $f(x) = m \cdot e^{0{,}257x}$

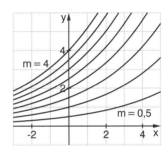

342 9. Fortsetzung
a) (2) $f(x) = 3e^{mx}$
(3) $f(x) = mx + 3$

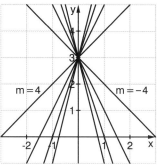

(4) $f(x) = x^2 + x + c$

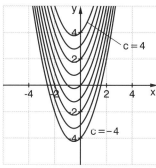

(5) $f(x) = \ln(x) + 10$

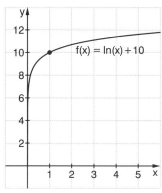

(6) $f(x) = A \cdot e^{-x}$
$1 = A \cdot e^{-2} = \frac{A}{e^2} \Rightarrow A = e^2$
$\Rightarrow f(x) = e^2 \cdot e^{-x}$

b) (4) $f(x) = x^2 + x + c$ ist Stammfunktion von $f'(x) = 2x + 1$.
(5) $f(x) = \ln(x) + 10$ ist Stammfunktion von $f'(x) = \frac{1}{x}$; $f(1) = 10$.
Wenn die DGL nur von „x" abhängt, dann ist „DGL lösen" dasselbe wie integrieren.

10. Der Fehler liegt beim Übergang von $a \cdot 1{,}1^t$ zur DGL $f'(t) = 0{,}1 \cdot f(t)$.
Richtig ist $a \cdot 1{,}1^t = a \cdot e^{\ln(1{,}1)t} \Rightarrow f'(t) = \ln(1{,}1) \cdot f(t) = 0{,}095 \cdot f(t)$.

343

11. a) f_2 hat in $(0|1)$ wohl die Steigung 0, ist also eine Parabel.

b) $f_1(x) = e^x$ $\qquad\qquad\qquad$ $f_2(x) = 1{,}7x^2$
$f_1'(x) = e^x$ $\qquad\qquad\qquad$ $f_2'(x) = 3{,}4x$
$f_1''(x) = e^x$ $\qquad\qquad\qquad$ $f_2''(x) = 3{,}4$
$f_1'''(x) = e^x$ $\qquad\qquad\qquad$ $f_2'''(x) = 0$
$\Rightarrow$ Alle Graphen sind identisch. $\qquad$ $\Rightarrow$ Alle Graphen bis auf f_2''' sind unterschiedlich, ab f_2''' entsprechen sie der x-Achse.

c) $1{,}7x^2 + 1 \neq 3{,}4x$ (Ausnahme: die beiden Lösungen der quadratischen Gleichung)
$g(x) = 1{,}7x^2 + 1$ löst aber die DGL $g'(x) = 2 \cdot \frac{g(x) - 1}{x}$:
$2 \cdot \frac{g(x) - 1}{x} = 2 \cdot \frac{1{,}7x^2 + 1 - 1}{x} = 2 \cdot 1{,}7x = 3{,}4x = g'(x)$

d) Bei Polynomen wird der Grad der 1. Ableitung immer um 1 geringer und Polynome von unterschiedlichem Grad sind immer verschieden.

12. a) $f'(x) = 0{,}15 \cdot f(x)$; $A = 10\,000$
$f(x) = 10\,000 \cdot e^{0{,}15x}$

b) $f(7) = 28\,577$ (1 Woche); $f(30) = 900\,171 \approx 900\,000$ (1 Monat)

c)

	1. Woche	2. Woche	3. Woche	1. Monat
mittlere Änd.rate	$\frac{f(7) - f(0)}{7}$ $= 2654$	$\frac{f(14) - f(7)}{7}$ $= 7584$	$\frac{f(21) - f(14)}{7}$ $= 21\,671$	$\frac{f(30) - f(0)}{30}$ $= 29\,672$
momentane Änd.rate	$f'(7) = 4286$	$f'(14) = 12\,249$	$f'(21) = 35\,004$	$f'(30) = 135\,026$

Die mittlere Änderungsrate liegt immer zwischen den momentanen Änderungsraten der Intervallgrenzen (z. B. $4286 < 7584 < 12\,249$).

13. a) $k = \frac{\ln\left(\frac{1}{2}\right)}{5700} = -0{,}0001216$; $f'(x) = -0{,}0001216 \cdot f(x)$
$f(x) = A \cdot e^{-0{,}0001216x}$

b) $e^{-0{,}0001216 \cdot 5200} = 0{,}53$; ca. 53 % vom ursprünglichen Wert

c) $e^{-0{,}0001216x} = 0{,}92 \Rightarrow x = 685$; das Tuch ist ca. 700 Jahre alt, also nicht das Grabtuch von Jesus.

344

14. a) Mit exponentieller Regression:
$f(x) = 0{,}200586 \cdot 1{,}8776^x$
$ = 0{,}200586 \cdot e^{\ln(1{,}8776)x} \approx 0{,}2 \cdot e^{0{,}63x}$
mit $A = 0{,}2$ und Messwert:
(1) $(5|4{,}9)$: $f(x) = 0{,}2 \cdot e^{kx}$ $\qquad\qquad$ (2) $(7|16{,}1)$: $f(x) = 0{,}2 \cdot e^{kx}$
$\qquad\qquad\quad 4{,}9 = 0{,}2 \cdot e^{5k}$ $\qquad\qquad\qquad\qquad\qquad\quad 16{,}1 = 0{,}2 \cdot e^{7k}$
$\qquad\qquad\quad \Rightarrow k = \frac{1}{5}\ln(24{,}5) \approx 0{,}64$ $\qquad\qquad\qquad \Rightarrow k \approx 0{,}627$
$\qquad\qquad\quad f(x) = 0{,}2 \cdot e^{0{,}64x}$ $\qquad\qquad\qquad\qquad\qquad f(x) = 0{,}2 \cdot e^{0{,}627x}$

b) Prognose 2010: $0{,}2 \cdot e^{0{,}63 \cdot 20} \approx 59\,311$
Es sind ca. 59 Milliarden Rechner unmöglich.
Das Modell dafür (Prognose) ist nicht mehr geeignet.
Quotienten: $\frac{0{,}4}{0{,}2} = 2$; $\frac{0{,}7}{0{,}4} = 1{,}75$; $\frac{1{,}3}{0{,}7} = 1{,}86$; $\frac{16{,}1}{9{,}5} = 1{,}7$; $\frac{2{,}2}{1{,}3} = 1{,}7$; $\frac{4{,}9}{2{,}2} = 2{,}23$; $\frac{9{,}5}{4{,}9} = 1{,}94$
$\Rightarrow$ Quotienten ungefähr konstant, also ist exponentielles Modell angemessen.

345 15. a) 15 − 8,5 = 6,5
8,5 − 2 = 6,5
2 − (−4,5) = 6,5
−4,5 − (−11) = 6,5
⇒ Differenzen konstant

f(x) = −6,5x + 15

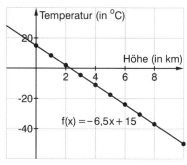

b) Nach Augenmaß können Gerade, Parabel und Exponentialfunktion passen.

- Gerade: $m = \frac{2,7 - 0,4}{9 - 1} = \frac{2,3}{8} \approx 0,2875$; g(x) = 0,2875x + 0,1

- Parabel: SP(1 | 0,4); P(x) = a(x − 1)² + 0,4
  2,7 = a(9 − 1)² + 0,4 ⇒ a = 0,036
  P(x) = 0,036(x − 1)² + 0,4

- Exponentialfunktion:
  E(0) = 0,5   E(x) = 0,5 · e^{kx}
  2,7 = 0,5 · e^{9k} ⇒ $k = \frac{1}{9}\ln(5,4) \approx 0,187$
  E(x) = 0,5 · $e^{0,187x}$

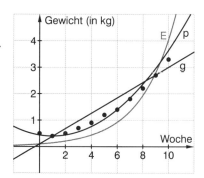

- Prognosen:

x	g(x)	P(x)	E(x)
15	4,4	7,46	8,26
30	8,7	30,68	136,6 (absurd)

Mittelfristig sind alle 3 Modelle unpassend, weil es ein Maximalgewicht gibt.

16. a) Die kumulierte Leistung ist die aufsummierte Leistung der jährlichen Installationen. Damit sind die „blauen Balken" die Ableitung der roten Kurve. Nach Augenmaß passt zu beiden („installiert", „kumuliert") derselbe Funktionstyp. f und f' stimmen vom Typ her bei Exponentialfunktionen überein.
Installierte Leistung:

Jahr	bis 1990	1991–1992	1993–1994	1995–1996	1997–1998	1999–2000	2001–2002
Leistung (in MW)	55	118	445	928	1325	3233	5890

Mittelwert der Quotienten: $\frac{1}{6}\left(\frac{118}{55} + \frac{445}{118} + \frac{928}{445} + \frac{1325}{928} + \frac{3233}{1325} + \frac{5890}{3233}\right) = 2,28$

⇒ b² = 2,28 ⇒ b ≈ 1,5
⇒ ln(1,5) ≈ 0,4   ⇒ $f_1(x) = 55 \cdot e^{0,4x}$

345

16. Fortsetzung
   a) Kumulierte Leistung:
   A = 55; Wahl eines Messwertes: (10|6104)
   $\Rightarrow 6104 = 55 \cdot e^{10k} \Rightarrow k = \frac{1}{10}\ln\left(\frac{6104}{55}\right) \approx 0{,}47$
   $\Rightarrow f_2(x) = 55 \cdot e^{0{,}47x}$

   Anmerkung: $f_2'(x) = 25{,}85 \cdot e^{0{,}47x}$ passt tatsächlich auch gut zu den jährlichen Installationen.

   b) Prognosen (2009): $f_1(19) = 109\,900$
   $f_2(19) = 415\,539$ } Die Prognosen sind wohl absurd.

   Reale Werte: Vergleichen Sie mit der vermischten Aufgabe 17 für dieses Kapitel.
   installiert: 1800 (nach 2002 Abnahme); kumuliert: 25777

17. a) (0|5,3) } linear: L(x) = 0,07x + 5,3
       (10|6) } exponentiell: E(x) = 5,3 · $e^{0{,}0124x}$

	2010	2030	2050
Prognosen	L(20) = 6,7	L(40) = 8,1	L(60) = 9,5
	E(20) = 6,8	E(40) = 8,7	E(60) = 11,2

   Es passen 2010 (noch) beide Modelle ganz gut.

   b) Bei zwei Daten gibt es jeweils genau eine lineare Funktion und eine Exponentialfunktion, die exakt passen (Interpolation). Man findet auch andere exakt passende Funktionen, z.B. zu $f(x) = ax^2 + b$. Zwei Daten sind viel zu wenig und liefern keine Aussagekraft und sinnvolle Prognosemöglichkeit.

346

18. a)

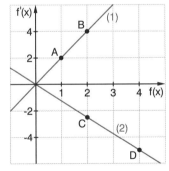

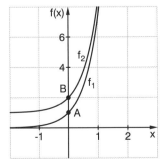

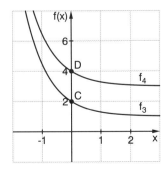

$f_1(x) = e^{2x}$; $f_2(x) = e^{2x} + 1$ $f_3(x) = e^{-1{,}25x} + 1$; $f_4(x) = e^{-1{,}25x} + 3$

346 18. b) (1) f'(x) = 1,5 f(x)
(2) f'(x) = –0,75 f(x)
Wenn man in (0|0) startet, bleibt man in (0|0), es gibt ja keine Änderung, wenn nichts vorhanden ist.
c) Parallele zur x-Achse

347 19. a) A: Wachstum mit abnehmender Rate
B: Zerfall, zunehmend weniger schnell

Bestände streben gegen 4

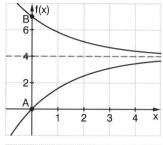

b) A: Zunehmend schnelleres Wachsen
B: Zunehmend schnellere Abnahme

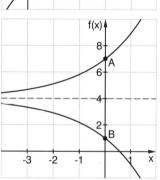

348 20. a) 0,2 → 0,4: 550 Jahre
0,4 → 0,8: 500 Jahre
0,8 → 1,6: ca. 150 Jahre
1,6 → 3,2: ca. 70 Jahre

Wenn exponentiell, dann müssen die Verdoppelungszeiträume konstant sein. (1)

⇒ Regression:

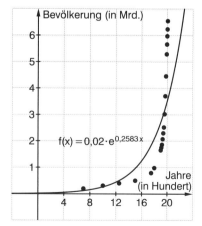

$f(x) = 0,02 \cdot e^{0,2583 x}$

348 20. b) linear: y = 0,056x − 0,19

exponentiell: y = 0,06 · e^{0,1505x}

Schnelles Wachstum bei exponentiellem Wachstum wirkt sich zu Beginn noch nicht aus.

$$f(x) = \begin{cases} 0{,}06 \cdot e^{0{,}1505x}; & 0 \le x \le 17{,}5 \\ e^{0{,}11x} - 6; & 17{,}5 \le x \le 19{,}5 \\ 1{,}5 \cdot e^{0{,}1515x} - 25; & 19{,}5 \le x \le 20{,}06 \end{cases}$$

Weil man je nach Änderung der Daten immer eine passende Funktion findet, flickt man entsprechende Funktionen an, die aber dann nur zu bestehenden Daten passen, also keine Prognosen ermöglichen.

c) siehe (1) in Teilaufgabe a)

Interpretation der DGL:

„Die Änderung ist proportional zum Quadrat des Bestandes."

$$k \cdot (f(x))^2 = k \cdot \left(\frac{-a}{akx-1}\right)^2 = \frac{a^2 k}{(akx-1)^2} = f'(x)$$

$f(0) = \frac{-a}{-1} = a$; nach Daten sinnvoll: a = 0,1 (0,1 Milliarden zu Christi Geburt)

$$\frac{-0{,}1}{0{,}1 \cdot k \cdot 19{,}60 - 1} = 3{,}02 \text{ (mit Messwert (19,6 | 3,02))}$$

−0,1 = 5,9192k − 3,02

⇒ k ≈ −0,4933 ⇒ $f(x) = \frac{-0{,}1}{0{,}04933x - 1}$

Interpretation:

1. Wachstum ins Unendliche in endlicher Zeit
2. Polstelle bei x ≈ 20,27 (Nullstelle des Nenners), also Weltuntergang 2027

c) Alternative ohne Verschiebung in y-Richtung:

f(x) = A · e^{kx} mit (19,3 | 2,07) und (20,06 | 6,54)

I: 2,07 = A · e^{19,3k}
II: 6,54 = A · e^{20,06k} } ⇒ $A = \frac{2{,}07}{e^{19{,}3k}}$

in II eingesetzt: $6{,}54 = \frac{2{,}07 \cdot e^{20{,}06k}}{e^{19{,}3k}}$

⇒ $\frac{6{,}54}{2{,}07} = e^{(20{,}06 - 19{,}3)k}$

⇒ $k = \frac{1}{1{,}039} \ln\left(\frac{6{,}54}{2{,}07}\right) \approx 1{,}107207 \Rightarrow k \approx 1{,}107207$

⇒ $A = \frac{2{,}07}{e^{19{,}3 \cdot 1{,}107207}} \approx 0{,}000000001085$

f(x) ≈ 0,000000001 · e^{1,107207x}

8.2 Begrenztes Wachstum

349 1. a) Die Grenze ist y = 20 (Raumtemperatur) und nicht die x-Achse (y = 0).
„Je mehr Zeit vergeht, desto langsamer kühlt der Kaffee ab."
„Je näher die Kaffeetemperatur an der Raumtemperatur ist, desto langsamer verläuft die Abkühlung."

b) Formel passt: G – f(x) ist Temperaturdifferenz, wenn f(x) ≈ G, dann ist f'(x) nahe 0, also langsame Abkühlung (kleine Änderung).
f(x): Kaffeetemperatur
f'(x): Abkühlungsgeschwindigkeit (Änderung der Temperatur)
k: Faktor, der angibt, wie schnell Abkühlung erfolgt (Isolierfähigkeit der Tasse)
G: Raumtemperatur
k > 0, weil G – f(x) < 0 und f'(x) < 0
Die Abkühlung ist proportional zur Differenz aus Raumtemperatur und Kaffeetemperatur.

c) $f(x) = 64 \cdot e^{-kx} + 20$; $f'(x) = k \cdot (20 - f(x))$
$f'(x) = -64k \cdot e^{-kx}$
$k \cdot (20 - f(x)) = k \cdot (20 - (64 \cdot e^{-kx} + 20)) = -64k \cdot e^{-kx} = f'(x)$
Passendes k z. B. mit (10|47):
$47 = 64 \cdot e^{-10k} + 20 \Rightarrow k = -\frac{1}{10} \ln\left(\frac{27}{64}\right) \approx 0{,}0863 \Rightarrow f(x) = 64 \cdot e^{-0{,}0863x} + 20$

d) Weil jetzt G – f(x) > 0 und auch f'(x) > 0 erfüllt sind, bleibt k > 0.
Es ist $f(x) = -15 \cdot e^{-kx} + 20$, weil f(0) = 5 gilt.

350 2. Anmerkung: Das Experiment sollte unmittelbar nach Bekanntgabe durchgeführt werden, damit nicht schon vorher Tiere assoziiert werden.

a) –

b) Berechnung mit vorgegebener Tabelle:

$C = 65$: $N(t) = 65 \cdot (1 - e^{-mt}) = -65 \cdot e^{-mt} + 65$
(10|50): $50 = 65 \cdot (1 - e^{-10m})$
$\Rightarrow m = -\frac{1}{10} \ln\left(\frac{3}{13}\right) \approx 0{,}1466$

$N(t) = -65 \cdot e^{-0{,}1466t} + 65$

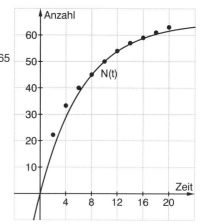

c) $N'(t) = m \cdot (C - N(t))$
„Je weniger ich noch kenne ..." → C – N(t) („Übrige")
„Je weniger Arten noch übrig ..." → N'(t) wird kleiner, wenn C – N(t) klein ist
„... schon genannte Tiere." → weniger Neue, also wird N'(t) kleiner
$N'(t) = 0{,}1466 \cdot 65 \cdot e^{-0{,}1466t}$
$m \cdot (C - N(t)) = 0{,}1466 \cdot (65 - (-65 \cdot e^{-0{,}1466t} + 65))$
$= 0{,}1466 \cdot 65 \cdot e^{-0{,}1466t} = N'(t)$

352 3. a) $f_1'(x) = 0{,}15 \cdot (250 - f_1(x))$
$f_1(0) = 50$

$f_1(x) = -200 \cdot e^{-0{,}15x} + 250$

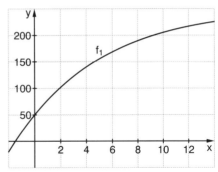

Ein Anfangsbestand von 50 Tieren lebt in einem Lebensraum, der 250 Tieren Existenz ermöglicht. Er vermehrt sich mit einer Wachstumskonstanten k = 0,15 proportional zum möglichen Restbestand $250 - f_1(x)$.

b) $f_2'(x) = 0{,}3 \cdot (20\,000 - f_2(x))$
$f_2(0) = 32\,000$

$f_2(x) = 12\,000 \cdot e^{-0{,}3x} + 20\,000$

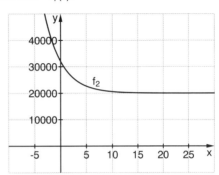

c) $f_3'(x) = 0{,}1 \cdot (4 - f_3(x))$
$f_3(0) = A$

$f_3(x) = (A - 4) \cdot e^{-0{,}1x} + 4$

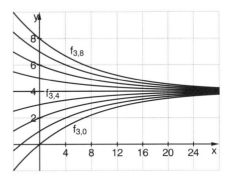

d) $f_4'(x) = 0{,}18 \cdot (250 - f_4(x))$
$f_4(0) = 250$

$f_4(x) = 0 \cdot e^{-0{,}18x} + 250 = 250$
Wenn A = G, dann gilt f(x) = G.

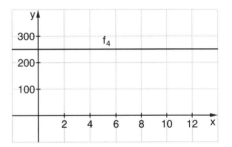

352

4. a) $f(x) = -75 \cdot e^{-0,4x} + 100$ b) $f(x) = 150 \cdot e^{-0,05x} + 250$
   c) $f'(x) = 0,1 \cdot (4000 - f(x))$ d) Fehler im Buch: $f(0) = 50$
   $f(x) = -3500 \cdot e^{-0,1x} + 4000$ $f(x) = -50 \cdot e^{-0,1x} + 100$

5. a) (1) – (C)   b) $f_{(1)}(x) = 200 \cdot e^{-0,3x} + 500$
   (2) – (B) $f_{(2)}(x) = -500 \cdot e^{-0,1x} + 700$
   (3) – (A) $f_{(3)}(x) = -300 \cdot e^{-0,1x} + 400$

6. a) $f(x) = -4 \cdot e^{-0,2x} + 5$
   b) (1) $y = e^{-x}$
   (2) – (D) Spiegelung an x-Achse
   (3) – (A) Streckung in y-Richtung
   (4) – (C) Verschiebung in y-Richtung um 5 Einheiten
   (5) – (B) Streckung in x-Richtung
   c) $y = e^{-x}$ $\Rightarrow$ $y = 3 \cdot e^{-x}$; Streckung in y-Richtung
   $\Rightarrow$ $y = 3 \cdot e^{-x} + 4$; Verschiebung in y-Richtung um 4 Einheiten
   $\Rightarrow$ $y = 3 \cdot e^{-0,4x} + 4$; Streckung in x-Richtung
   Also ist $f(x) = 3 \cdot e^{-0,4x} + 4$ die entsprechende Lösungsfunktion.

353

7. a) $G = 40\,000$; $k = \ln\left(1 + \frac{12}{100}\right) = 0,1133$; $A = 0$

   $f(x) = -40\,000 \cdot e^{-0,1133x} + 40\,000$
   $f(12) = 29\,729,46$
   Die Firma wird knapp 30 000 Geräte verkaufen.

   b) $20\,000 = -40\,000 \cdot e^{-0,1133x} + 40\,000$
   $x = -\frac{1}{0,1133} \ln\left(\frac{1}{2}\right) \approx 6,118$

   Nach ca. 6 Monaten haben 50 % der Haushalte ein Gerät.

   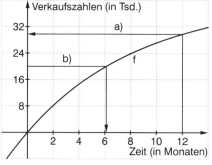

   c) $f(x)$ wird nie exakt 40 000, aber $f(48) = 39\,826$: Nach ca. 4 Jahren besitzen alle Haushalte ein Gerät.

8. x: Zeit in Quartalen (3 Monaten)
   $p = 15\%$; $k = \ln(1,15) \approx 0,1398$; $G = 5800$; $A = 870$
   $\frac{870}{5800} = 0,15$; $f(x) = -4930 \cdot e^{-0,1398x} + 5800$
   $f(60) = 5799$: nach 15 Jahren

9. $A = 87$; Annahme: $G = 130$ $\Rightarrow$ $f(x) = -43 \cdot e^{-kx} + 130$
   k mit (6|120): $120 = -43 \cdot e^{-6k} + 130$ $\Rightarrow$ $k \approx 0,2431$
   $f(x) = -43 \cdot e^{-0,2431x} + 130$
   Manche Personen haben mehrere Anschlüsse (Dienstlich, Privat).
   Sinnvolle Maximalzahl: 1,5
   $\Rightarrow$ $G = 150$: $g(x) = -63 \cdot e^{-kx} + 150$
   (6|120): $k = -\frac{1}{6} \ln\left(\frac{30}{63}\right) \approx 0,1237$ $\Rightarrow$ $g(x) = -63 \cdot e^{-0,1237x} + 150$

353   **10.** **a)** Die Daten legen eher eine Rechtskrümmung der Funktion nahe. Außerdem gibt es wohl eine Maximalzahl verkaufbarer Geräte.

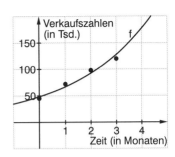

b) Wegen Rechtskrümmung und Grenze ist begrenztes Wachstum sinnvoll.
Annahmen:
1) 200 000 maximal verkaufbare Geräte
$g_1'(x) = k \cdot (200 - g_1(x))$; $A = 45$
$g_1(x) = -155 \cdot e^{-kx} + 200$
$(3 | 120)$: $120 = -155 \cdot e^{-3k} + 200$
$\Rightarrow \quad k \approx 0{,}22$
$g_1(x) = -155 \cdot e^{-0{,}22x} + 200$

2) $G = 300$: $g_2'(x) = k(300 - g_2(x))$; $A = 45$
$g_2(x) = -255 \cdot e^{-kx} + 300$
$(3 | 120)$: $k = 0{,}116$
$\Rightarrow \quad g_2(x) = -255 \cdot e^{-0{,}116x} + 300$

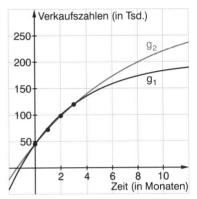

c) I $(0 | 45)$: $f_G(x) = (45 - G) \cdot e^{-kx} + G$
II $(1 | 72)$: $72 = (45 - G) \cdot e^{-k} + G$
II nach k auflösen und in I einsetzen:
$e^{-k} = \frac{72 - G}{45 - G} \Rightarrow k = -\ln\left(\frac{72 - G}{45 - G}\right)$
$\Rightarrow f_G(x) = (45 - G) \cdot e^{\ln\left(\frac{72-G}{45-G}\right)x} + G$

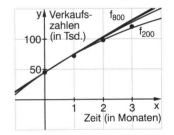

- $f_{500}(x) = -455 \cdot e^{-0{,}0612x} + 500$: $f_{500}(60) = 488{,}43$
Wenn das Gerät mindestens 5 Jahre auf dem Markt ist, können eventuell 500 000 Telefone verkauft werden (f_{500} passt zu Daten).
- Eine Skizze der Schar zeigt, dass für $G \geq 200$ alle Grenzen gut zu den Daten passen, die Grenze wird nur immer später erreicht.
- Es bleibt unberücksichtigt, dass der Markt bei Mobiltelefonen schnelllebig ist, auch wegen technischer Entwicklungen. Nach Einführung auf den Markt kommende Konkurrenzprodukte bleiben unberücksichtigt.
Die Grenze wird wohl schnell erreicht und danach bleibt der Verkauf nicht konstant.

354

11. (1) Annahmen: Es gibt keine Überlebenden, also ist G = 0.
   $f(x) = A \cdot e^{-kx}$
   (A) Regression: $f(x) = 101{,}98 \cdot 0{,}7912^x$
   $f(x) \approx 102 \cdot e^{-0{,}234x}$
   (B) mit 2 Messwerten:
   I (1|80): $80 = A \cdot e^{-k}$
   II (4|40): $40 = A \cdot e^{-4k} \Rightarrow A = 40 \cdot e^{4k}$
   in I: $80 = 40 \cdot e^{4k} \cdot e^{-k} = 40 \cdot e^{3k} \Rightarrow k \approx 0{,}231$
   $A = 40 \cdot e^{0{,}924} \approx 100{,}77$

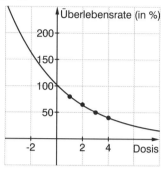

(2) Annahmen: Es überleben immer 20 %, also ist G = 20.
   $f'(x) = k \cdot (20 - f(x));\ f(x) = (A - 20) \cdot e^{-kx} + 20$
   (A) Ansatz: „Messwerte – 20" → exponentielle Regression
   → Funktion um + 20 in y-Richtung verschieben

Basis	1	2	3	4
Überlebensrate	60	45	30	20

   Also: $g_1^*(x) = 90 \cdot 0{,}691^x = 90 \cdot e^{-0{,}371x}$
   $\Rightarrow g_1(x) = 90 \cdot e^{-0{,}371x} + 20$
   ($f(0) = 110$, das passt hier nicht)
   Korrektur: $f(0) = 100$ als Messwert dazu,
   also für exponentielle Regression mit (0|80):
   $g_2(x) = 84 \cdot e^{-0{,}3467x} + 20$

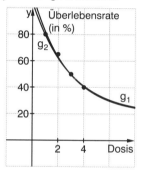

Da alle Modelle sehr gut zu den Daten passen, lässt sich aus den Daten kein sicherer Rückschluss auf die Restmenge an Überlebenden machen.
Umgekehrt: Je nach Modellansatz erhält man unterschiedliche Prognosen.
Pointiert ausgedrückt: Wer hofft, dass keine Bakteriophagen überleben, findet genauso ein passendes Modell, wie derjenige, der meint, dass 20 % überleben.

12. a) $f(x) = \dfrac{a}{x - b} + 20$

   I (0|84): $84 = \dfrac{a}{-b} + 20 \Rightarrow a = -64b$
   II (16|38): $38 = \dfrac{a}{16 - b} + 20 = \dfrac{-64b}{16 - b} + 20$
   $\Rightarrow b = -\dfrac{144}{23} \approx -6{,}26 \Rightarrow a = 400{,}64$
   $g(x) = \dfrac{400{,}64}{x + 6{,}26} + 20$

   Die Funktion passt gut zum Datensatz.
   Anmerkung: $f(x)$ aus b) ist Funktion zu (0|84) und (10|47).

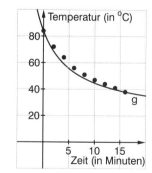

354 12. b) $f'(x) = \frac{-467}{(x+7,3)^2}$
$k \cdot (20 - f(x)) = \frac{-467 \cdot k}{x+7,3}$
$\Rightarrow f'(x) \neq k \cdot (20 - f(x))$

(CAS: k ist nicht konstant, sondern von x abhängig.)
Exponentialfunktionen sind besser geeignet, weil sie mit DGL auch einen gesetzmäßigen Zusammenhang (Wirkzusammenhang) erfüllen und nicht nur gut zu den Daten passen.

355 13. (1) $f_G'(x) = 0{,}1 \cdot (G - f_G(x))$
$f_G(0) = 85$

$f_G(x) = (85 - G) \cdot e^{-0{,}1x} + G$

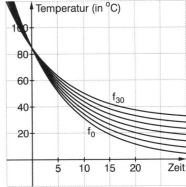

(2) $f_k'(x) = k \cdot (20 - f_k(x))$
$f_k(0) = 85$

$f_k(x) = 65 \cdot e^{-kx} + 20$

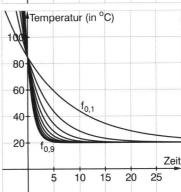

(3) $f_A'(x) = 0{,}1 \cdot (20 - f_A(x))$
$f_A(0) = A$

$f_A(x) = (A - 20) \cdot e^{-0{,}1x} + 20$

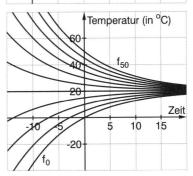

(1) Verkleinerung bzw. Vergrößerung des Lebensraumes (Grenze)
(2) Wachstumsfördernde bzw. -hemmende Maßnahmen
(3) Variation des Anfangsbestandes

Die Verläufe entsprechen weitgehend den Erwartungen.

355 **14. a)** $p = 17\% \Rightarrow k = \ln\left(1 - \frac{17}{100}\right) = \ln(0{,}83) \approx -0{,}186$

(2) passt (in (1) wird p mit k verwechselt, in (3) ist 83% Abnahme)

b) $f'(x) = \ln(0{,}83) \cdot \left(20 + \frac{2}{\ln(0{,}83)}\right) \cdot e^{\ln(0{,}83)x}$

$\ln(0{,}83) \cdot f(x) + 2 = \ln(0{,}83) \cdot \left(\left(20 + \frac{2}{\ln(0{,}83)}\right) \cdot e^{\ln(0{,}83)x} - \frac{2}{\ln(0{,}83)}\right) + 2$

$\qquad = \ln(0{,}83) \cdot \left(20 + \frac{2}{\ln(0{,}83)}\right) \cdot e^{\ln(0{,}83)} - 2 + 2$

$\qquad = f'(x)$

Prognose: $f(x) \to 10{,}74$

Es werden langfristig ca. 11 Nashörner sein.

- jährlich 3 Nashörner dazu:
  $f_3'(x) = -0{,}186 \cdot f_3(x) + 3$
  $f_3(x) = \left(20 + \left(\frac{3}{-0{,}186}\right)\right) \cdot e^{-0{,}186x} - \left(\frac{3}{-0{,}186}\right)$
  $\Rightarrow f_3(x) = 3{,}87 \cdot e^{-0{,}186x} + 16{,}13$
  „Einpendeln" bei ca. 16 Nashörnern.
- jährlich 4 Nashörner dazu:
  $f_4'(x) = -0{,}186 \cdot f_4(x) + 4;$
  $f_4(x) = -1{,}5 \cdot e^{-0{,}186x} + 21{,}5$
  Ein stabiler Bestand ist bei ca. 21 Nashörnern.
  Anmerkung: Wenn 17% von 20, also 3,4 Tiere dazugekauft werden, dann konstanter Bestand von 20 Tieren.
- Anfangsbestand: $A = 6$
  $f^*(x) = \left(6 + \frac{2}{\ln(0{,}83)}\right) \cdot e^{\ln(0{,}83)x} - \frac{2}{\ln(0{,}83)}$
  $f^*(x) = -4{,}7 \cdot e^{-0{,}186x} + 10{,}74$
  $f_3^*(x) = -10{,}1 \cdot e^{-0{,}186x} + 16{,}13$
  $f_4^*(x) = -15{,}5 \cdot e^{-0{,}186x} + 21{,}5$
  Der Anfangsbestand hat keinen Einfluss auf den Endbestand.

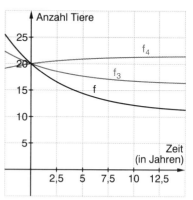

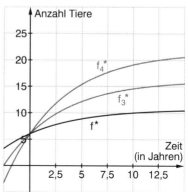

c) $g_3'(x) = \ln(1{,}09) \cdot g_3(x) - 3 = 0{,}086 \cdot g(x) - 3$

$g_3(x) = \left(30 - \frac{3}{0{,}086}\right) \cdot e^{0{,}086x} + \frac{3}{0{,}086}$

$g_3(x) = -4{,}88 \cdot e^{0{,}086x} + 34{,}88$

jährlich 2 verkauft:
$g_2(x) = 6{,}74 \cdot e^{0{,}086x} + 23{,}26$

jährlich 4 verkauft:
$g_4(x) = -16{,}5 \cdot e^{0{,}086x} + 46{,}5$

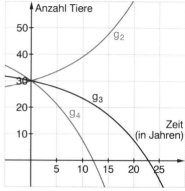

355 14. Fortsetzung

c) A = 35
$g_3^*(x) = 0{,}12 \cdot e^{0{,}086x} + 34{,}88$
$g_2^*(x) = 11{,}74 \cdot e^{0{,}086x} + 23{,}26$
$g_4^*(x) = -11{,}5 \cdot e^{0{,}086x} + 46{,}5$

Die Bestände wachsen bei geringem Verkauf über alle Grenzen, bei größerem Verkauf sterben sie aus. Nur wenn man 9 % von 35, also „3,15" Nilpferde jährlich verkauft, bleibt der Bestand konstant.

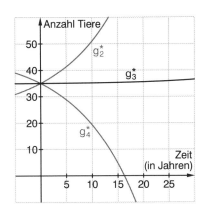

357 15. a) (1) $f(x) = \left(10 - \dfrac{5}{0{,}6}\right) \cdot e^{0{,}6x} + \dfrac{5}{0{,}6}$

$f(x) = \dfrac{5}{3} \cdot e^{0{,}6x} + \dfrac{25}{3}$

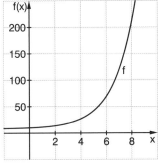

(2) $f(x) = -6500 \cdot e^{-0{,}1x} + 15\,000$

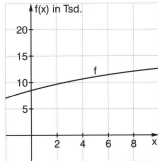

(3) $f(x) = 32{,}78 \cdot e^{-0{,}9x} + 72{,}22$

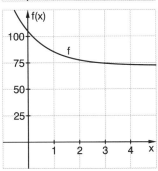

357   15. b) (1) $f'(x) = 0{,}2 \cdot f(x) - 1{,}2$
　　　　　　　　$A = 21$
　　　　　　　　Probe: $f'(x) = 3 \cdot e^{0,2x}$
　　　　　　　　$0{,}2 \cdot f(x) - 1{,}2 = 0{,}2 \cdot (15 \cdot e^{0,2x} + 6) - 1{,}2 = 3 \cdot e^{0,2x} + 1{,}2 - 1{,}2 = f'(x)$
　　　　　(2) $f'(x) = -0{,}5 \cdot f(x) + 50$
　　　　　　　　$A = 300$
　　　　　　　　Probe: $f'(x) = -100 \cdot e^{-0,5x}$
　　　　　　　　$-0{,}5 \cdot f(x) + 50 = -0{,}5 \cdot (200 \cdot e^{-0,5x} + 100) + 50 = -100 \cdot e^{-0,5x} = f'(x)$
　　　　　(3) $f'(x) = 0{,}25 \cdot f(x) - 20$
　　　　　　　　$A = 60$
　　　　　　　　Probe: $f'(x) = -5 \cdot e^{0,25x}$
　　　　　　　　$0{,}25 \cdot f(x) - 20 = 0{,}25 \cdot (-20 \cdot e^{0,25x} + 80) - 20 = -5 \cdot e^{0,25x} + 20 - 20 = f'(x)$

　　16. a) $k = \ln(0{,}95) \approx -0{,}0513$: $f'(x) = -0{,}0513 \cdot f(x) + 6$; $f(0) = 150$
　　　　　　$\Rightarrow \ f(x) = \left(150 + \left(\dfrac{6}{-0{,}0513}\right)\right) \cdot e^{-0,0513x} - \left(\dfrac{6}{-0{,}0513}\right)$
　　　　　　$f(x) = 33{,}04 \cdot e^{-0,0513x} + 116{,}96$
　　　　　　Der Wasserstand stabilisiert sich bei ca. 1,17 m.
　　　　　　• 4 cm pro Tag dazu: $f(x) = 72{,}03 \cdot e^{-0,0513x} + 77{,}97$
　　　　　　　Der Wasserstand stabilisiert sich bei ca. 0,78 m.
　　　　　　• 8 cm pro Tag dazu: $f(x) = 156 - 6 \cdot e^{-0,0513x}$
　　　　　　　Der Wasserstand ist stabil bei ca. 1,56 m, er steigt also.

　　17. a) $p = 50\,\% \ \Rightarrow \ k = \ln(0{,}5) \approx -0{,}693$
　　　　　　$f'(x) = -0{,}693 \cdot f(x) + 40$; $f(0) = 0$
　　　　　　$\Rightarrow \ f(x) = -57{,}72 \cdot e^{-0,693x} + 57{,}72$
　　　　　　$f(x) \to 57{,}72$
　　　　　　Ja, der Grenzbestand wird bei ca. 58 Tonnen liegen.
　　　　b) Einleitung von b Tonnen Dünger: $f(x) = -1{,}44b \cdot e^{-0,693x} + 1{,}44b$
　　　　　　$f(x) \to 1{,}44b$
　　　　　　Langfristig wird ungefähr das 1,5-fache der jährlich zugeführten Menge im See sein.
　　　　　　$1{,}44b = 30 \ \Rightarrow \ b = 20{,}8$
　　　　　　Es dürfen maximal 21 Tonnen jährlich eingeleitet werden, damit der langfristige Bestand nicht über 30 Tonnen liegt.
　　　　c) 40 t wird nicht konstant bleiben, auch 50%-Abbaurate kann bei Veränderung des Wassers schwanken.

357

18. A = 2000; k = 0,26
$f_{500}'(x) = 0{,}26 \cdot f_{500}(x) - 500$
$f_{500}(x) = 77 \cdot e^{0{,}26x} + 1923$

$f_{550}'(x) = 0{,}26 \cdot f_{550}(x) - 550$
$f_{550}(x) = -115 \cdot e^{0{,}26x} + 2115$

Wenn 50 Fische mehr geangelt werden, stirbt der Bestand nach ca. 11 Jahren aus.

2000 · 0,26 = 520

Wenn mehr als 520 Fische geangelt werden, stirbt der Bestand aus, bei 520 bleibt er konstant, bei weniger als 520 wächst er über alle Grenzen.

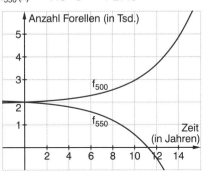

19. a) Eine Tierpopulation wächst mit der Wachstumskonstanten 0,05. Jährlich werden 100 Tiere geschossen. Anfänglich sind es 500 Tiere.
$f(x) = -1500 \cdot e^{0{,}05x} + 2000$; $-\frac{b}{k} = \frac{100}{0{,}05} = 2000 > A = 500$
$f(6) < 0 \;\Rightarrow\;$ Die Tiere sterben aus.

b) Die Kundenzahl eines Geschäfts nimmt monatlich um 25,9 % ab (k = –0,3). Außerdem verlassen noch monatlich 50 Kunden das Einzugsgebiet des Geschäfts. Zu Beginn waren es 500 Kunden.
$f(x) = 667 \cdot e^{-0{,}3x} - 167$
$f(5) < 0 \;\Rightarrow\;$ Nach gut 4 Monaten gibt es keine Kunden mehr.

c) Zu Beginn beträgt die Ernte zunächst 500 t. Die jährliche Ernte nimmt mit k = –0,2 ab, es werden jährlich 250 t dazu gekauft.
$f(x) = -750 \cdot e^{-0{,}2x} + 1250$
Ernte und Zukauf stabilisieren sich bei 1250 t.

358

20. a) $f'(x) = -0{,}5 \cdot f(x) + 5$; A = 8
$f(x) = -2 \cdot e^{-0{,}5x} + 10$
Langfristig gerade so befahrbar, Wassermenge zwischen 8 und 10 Liter pro m²

b) (1) Langfristige Stabilisierung bei 10 Liter pro m²

Für A > 10 erst nach ca. 6 Tagen befahrbar.

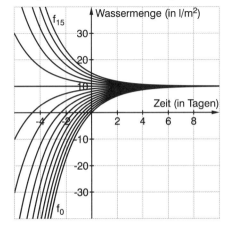

358 20. Fortsetzung

b) (2) $G = -\frac{5}{k} \leq 10 \Rightarrow k \leq -0{,}5$

Ab $k \leq -0{,}5$ sind die Böden befahrbar, wenn der Boden 8 Liter pro m² hat und es 5 Liter pro m² regnet.

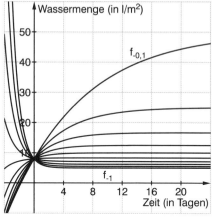

(3) $G = 2N \leq 10 \Rightarrow N \leq 5$

Wenn es bis zu 5 Liter pro m² regnet, sind die Böden mit anfänglich 8 Liter pro m² Wasser und Versickerungskonstante $k = -0{,}5$ befahrbar.

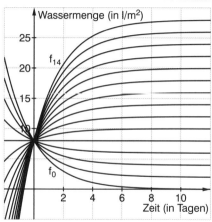

21. a) $f'(x) = k \cdot \left(A + \frac{b}{k}\right) \cdot e^{kx}$

$k \cdot f(x) + b = k \cdot \left(\left(A + \frac{b}{k}\right) \cdot e^{kx} - \frac{b}{k}\right) + b = k \cdot \left(A + \frac{b}{k}\right) \cdot e^{kx} - b + b$

$= k \cdot \left(A + \frac{b}{k}\right) \cdot e^{kx} = f'(x)$

b) $f'(x) = k^* \cdot f(x) + b$

$f'(x) = k \cdot (G - f(x)) = k \cdot G - k \cdot f(x)$

$\Rightarrow b = k \cdot G; \; k^* = -k$

c) (1) Additive Überlagerung von exponentiellem Zufluss und linearem Zufluss

Bsp.: $k = 0{,}2$
$b = 3$
$A = 5$
$\Bigg\}$ $f(x) = 20 \cdot e^{0{,}2x} - 15$ Schnelles Wachsen über alle Grenzen

(2) Bsp.: $k = -0{,}2$
$b = -3$
$A = 5$
$\Bigg\}$ $f(x) = 20 \cdot e^{-0{,}2x} - 15$ Bestand nähert sich Grenzbestand

359   22. a)

	k > 0	k < 0
b > 0	(A) (1)	(C) (3)
b < 0	(D) (2)	(B) (4)

b) • Nullstelle im Phasendiagramm heißt f′(x) = 0, also keine Änderung. „Im Grenzwert" ist die Steigung 0.
   • Start in Nullstelle: Konstanter Bestand y = x_n
   • (B), (C) anziehend: Unabhängig von A strebt f(x) → G.
     (A), (D) abstoßend: Für A > G gilt: f(x) → ∞
                         Für A < G gilt: f(x) → –∞

c) Start etwas oberhalb des Fixwertes: f(x) → ∞
   Start etwas unterhalb des Fixwertes: f(x) → –∞

23. a) (2) passt: Der Bestand wächst zunächst zunehmend, dann abnehmend.
    b) Extrempunkte im Phasendiagramm sind Wendepunkte im Bestandsdiagramm.

360   24. • $f_1'(x) = -0{,}1 \cdot f_1(x) + 1000$
$f_1(0) = 6000$ ⇒ $f_1(x) = -4000 \cdot e^{-0{,}1x} + 10\,000$; $0 \leq x < 3$

• $f_2'(x) = -0{,}1 \cdot f_2(x) - 200$
$f_2(3) = 7037$ (weil $f_1(3) = 7037$)
$f_2(x) = (A + 2000) \cdot e^{-0{,}1x} - 2000$
$7037 = (A + 2000) \cdot e^{-0{,}3} - 2000$ ⇒ $A = 10\,200$
⇒ $f_2(x) = 12\,200 \cdot e^{-0{,}1x} - 2000$; $3 \leq x \leq 6$

• $f_2(6) = 4695$
$f_3'(x) = 0{,}05 \cdot f_3(x) - 400$
$f_3(6) = 4695$
$f_3(x) = (A - 8000) \cdot e^{0{,}05x} + 8000$
$4695 = (A - 8000) \cdot e^{0{,}3} + 8000$ ⇒ $A = 5550$
⇒ $f_3(x) = -2450 \cdot e^{0{,}05x} + 8000$; $6 \leq x \leq 9$

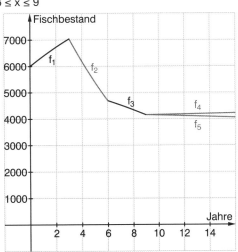

• $f_3(9) = 4158$; Fangquote: F
$G = -\frac{F}{k} = -\frac{F}{0{,}05} = 4000$
⇒ F = –200
empfohlene Fangquote
$f_4(x) = (A - 4000) \cdot e^{0{,}05x} + 4000$
$4158 = (A - 4000) \cdot e^{0{,}45} + 4000$
⇒ A = 4101
⇒ $f_4(x) = 101 \cdot e^{0{,}05x} + 4000$
$f_4(19) = 4261$; $f_4(50) = 5230$
⇒ f_4 wächst langsam (Rundung)
F = 220:
$f_5(x) = -154 \cdot e^{0{,}05x} + 4400$
Minimale Erhöhung führt zu einem langsamen Aussterben.

8.3 Logistisches Wachstum

361 1. Wegen der Rechtskrümmung ab 40 Tagen passt exponentielles Wachstum nicht, wegen der Linkskrümmung zu Beginn passt begrenztes Wachstum nicht.

Bis ca. x = 40 zunehmend schnelleres Wachstum, danach abnehmendes Wachsen, Stabilisierung (Grenze) bei ca. 255 cm.

a) $f(x) = \dfrac{2600}{10 + 250 \cdot e^{-0,1x}} \xrightarrow[x \to \infty]{} \dfrac{2600}{10} = 260$

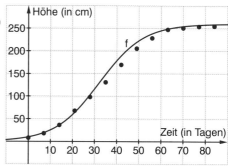

Die Sonnenblume würde 260 cm hoch werden. Stärkstes Wachstum ist nach etwa 32 Tagen.

$f'(x) = \dfrac{-2600 \cdot (-25 \cdot e^{-0,1x})}{(10 + 250 \cdot e^{-0,1x})^2}$

$= \dfrac{65\,000 \cdot e^{-0,1x}}{(10 + 250 \cdot e^{-0,1x})^2}$

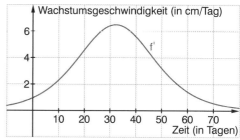

b) $\dfrac{1}{2600} \cdot \left(\dfrac{2600}{10 + 250 \cdot e^{-0,1x}}\right) \cdot \left(260 - \dfrac{2600}{10 + 250 \cdot e^{-0,1x}}\right)$

$= \dfrac{260}{10 + 250 \cdot e^{-0,1x}} - \dfrac{2600}{(10 + 250 \cdot e^{-0,1x})^2} = \dfrac{260 \cdot (10 + 250 \cdot e^{-0,1x}) - 2600}{(10 + 250 \cdot e^{-0,1x})^2} = \dfrac{65\,000 \cdot e^{-0,1x}}{(10 + 250 \cdot e^{-0,1x})^2}$

362 2. a) $e^{-kGx} \xrightarrow[x \to \infty]{} 0 \Rightarrow f(x) \to \dfrac{A \cdot G}{A} = G$

$f(0) = \dfrac{A \cdot G}{A + (G - A) \cdot 1} = \dfrac{A \cdot G}{G} = A$ A: Anfangswert für x = 0

k: Wachstumsgeschwindigkeit

(C) G = 255; (56 | 228,3); A = 8

$\Rightarrow f(x) = \dfrac{2040}{8 + 247 \cdot e^{-255k \cdot x}}$

$\Rightarrow 228,3 = \dfrac{2040}{8 + 247 \cdot e^{-14280k}}$

$1826,4 + 56\,390,1 \cdot e^{-14280k} = 2040$

$e^{-14280k} = 0,003787$

$\Rightarrow k = 0,0003905$; weiter mit k ≈ 0,0004

$f(x) = \dfrac{2040}{8 + 247 \cdot e^{-0,102x}}$

362 2. b) $f'(x) = \dfrac{-2040 \cdot (-0{,}102) \cdot 247 \cdot e^{-0{,}102x}}{(8 + 247 \cdot e^{-0{,}102x})^2}$

$= \dfrac{51\,395{,}76 \cdot e^{-0{,}102x}}{(8 + 247 \cdot e^{-0{,}102x})^2}$

$0{,}0004 \cdot \left(\dfrac{2040}{8 + 247 \cdot e^{-0{,}102x}}\right) \cdot \left(255 - \dfrac{2040}{8 + 247 \cdot e^{-0{,}102x}}\right)$

$= \dfrac{208{,}08}{8 + 247 \cdot e^{-0{,}102x}} - \dfrac{1664{,}64}{(8 + 247 \cdot e^{-0{,}102x})^2}$

$= \dfrac{1664{,}64 + 51\,395{,}76 \cdot e^{-0{,}102x} - 1664{,}64}{(8 + 247 \cdot e^{-0{,}102x})^2}$

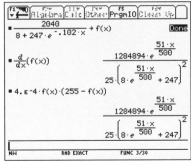

Wegen der Rundungen passt es nicht exakt, es empfiehlt sich CAS oder grafische Lösung.
Die Wachstumsgeschwindigkeit ist ein Vielfaches zum Produkt aus Bestand und Restbestand, also proportional zu Bestand und Restbestand.
Proportional zu Bestand ⇒ exponentielles Wachstum
Proportional zu Restbestand ⇒ beschränktes Wachstum

363 3. a)

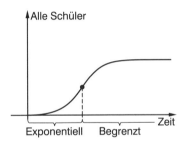

(1) $f'(x) = 0{,}002 \cdot f(x) + 1{,}8 - 0{,}002 \cdot f(x)$
$= 1{,}8 \Rightarrow$ lineares Wachstum
oder:
Wenn fast alle ein Gerücht kennen, wird $0{,}002 \cdot (900 - f(x)) \approx 0$ sein und es bleibt
$f'(x) = 0{,}002 \cdot f(x) \Rightarrow$ exponentielles Wachstum.
Also ist (2) korrekt.

b) $f(0) = \dfrac{900}{1 + 224} = 4$

$f(x) \underset{x \to \infty}{\to} \dfrac{900}{1 + 224 \cdot 0} = 900$

$f'(x) = \dfrac{-900 \cdot (-1{,}8) \cdot 224 \cdot e^{-1{,}8x}}{(1 + 224 \cdot e^{-1{,}8x})^2} = \dfrac{362\,880 \cdot e^{-1{,}8x}}{(1 + 224 \cdot e^{-1{,}8x})^2}$

$0{,}002 \cdot \dfrac{900}{1 + 224 \cdot e^{-1{,}8x}} \cdot \left(900 - \dfrac{900}{1 + 224 \cdot e^{-1{,}8x}}\right)$

$= \dfrac{1620}{1 + 224 \cdot e^{-1{,}8x}} - \dfrac{1620}{(1 + 224 \cdot e^{-1{,}8x})^2}$

$= \dfrac{1620(1 + 224 \cdot e^{-1{,}8x}) - 1620}{(1 + 224 \cdot e^{-1{,}8x})^2} = \dfrac{362\,880 \cdot e^{-1{,}8x}}{(1 + 224 \cdot e^{-1{,}8x})^2} = f'(x)$

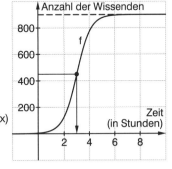

Nach ca. 3 Stunden kennt die halbe Schülerschaft das Gerücht.

365 4. a) $k = 0{,}008$; $G = 50$ $f(x) = \dfrac{150}{3 + 47 \cdot e^{-0{,}4x}}$
$A = 3$

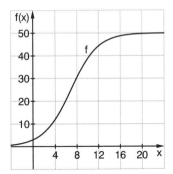

365

4.

b) $k = 0{,}01$; $G = 7$ $f(x) = \dfrac{7}{1 + 6 \cdot e^{-0{,}07x}}$
   $A = 1$

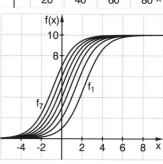

c) $k = 0{,}1$; $G = 10$ $f_A(x) = \dfrac{10 \cdot A}{A + (10 - A) \cdot e^{-x}}$
   A variabel

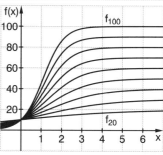

d) $k = 0{,}02$; G variabel $f_G(x) = \dfrac{10 \cdot G}{10 + (G - 10) \cdot e^{-0{,}02 \cdot Gx}}$
   $A = 10$

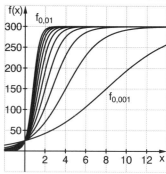

e) k variabel; $G = 300$ $f_k(x) = \dfrac{7500}{25 + 275 \cdot e^{-300 \cdot k \cdot x}}$
   $A = 25$

365

4. f) $f'(x) = 0{,}2 \cdot f(x) \cdot (8 - f(x))$
$k = 0{,}2;\ G = 8$
$A = 1$

$f(x) = \dfrac{8}{1 + 7 \cdot e^{-1{,}6x}}$

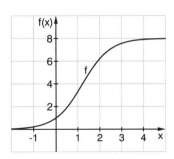

5. a) $A = 5;\ G = 30 \quad f'(x) = 0{,}02 \cdot f(x) \cdot (30 - f(x))$
$k = 0{,}02$
b) $A = 100;\ G = 200 \quad f'(x) = 0{,}0005 \cdot f(x) \cdot (200 - f(x))$
$k = 0{,}0005$
c) $A = 1;\ G = 9 \quad f'(x) = \dfrac{1}{60} \cdot f(x) \cdot (9 - f(x))$
$k = \dfrac{1}{60} \approx 0{,}017$
d) $A = 15;\ G = 10 \quad f'(x) = 0{,}03 \cdot f(x) \cdot (10 - f(x))$
$k = 0{,}03$

366

6. a) $6 = \dfrac{20}{1 + 4 \cdot e^{-k}} \ \Rightarrow\ 6 + 24 \cdot e^{-k} = 20$
$\Rightarrow\ e^{-k} = \dfrac{7}{12} \ \Rightarrow\ k = -\ln\left(\dfrac{7}{12}\right) \approx 0{,}539$

b) $8 = \dfrac{100}{c + 2 \cdot e^{-0{,}2}} \ \Rightarrow\ 8c + 16 \cdot e^{-0{,}2} = 100$
$\Rightarrow\ c = \dfrac{100 - 16 \cdot e^{-0{,}2}}{8} \approx 10{,}86$

c) $25 = \dfrac{a}{1 + 5 \cdot e^{-0{,}1}} \ \Rightarrow\ a = 25 + 125 \cdot e^{-0{,}1} \approx 138{,}1$

7. a) $A = 10;\ G = 120 \quad$ Punkt: $(1\,|\,60)$
$\Rightarrow\ f(x) = \dfrac{1200}{10 + 110 \cdot e^{-120kx}}$
$60 = \dfrac{1200}{10 + 110 \cdot e^{-120k}}$
$\Rightarrow\ 600 + 6600 \cdot e^{-120k} = 1200 \ \Rightarrow\ e^{-120k} = \dfrac{1}{11} \ \Rightarrow\ k = -\dfrac{1}{120}\ln\left(\dfrac{1}{11}\right) \approx 0{,}02$

b) $A = 30;\ G = 80 \quad$ Punkt: $(4\,|\,60)$
$\Rightarrow\ f(x) = \dfrac{2400}{30 + 50 \cdot e^{-80kx}}$
$60 = \dfrac{2400}{30 + 50 \cdot e^{-320k}} \ \Rightarrow\ k = \dfrac{1}{320}\ln(5) \approx 0{,}005$

c) $A = 10;\ G = 200 \quad$ Punkt: $(1\,|\,100)$
$f(x) = \dfrac{2000}{10 + 190 \cdot e^{-200kx}}$
$100 = \dfrac{2000}{10 + 190 \cdot e^{-200k}} \ \Rightarrow\ k = \dfrac{1}{200}\ln(19) \approx 0{,}147$

8. (1) $f(x) = \dfrac{G}{1 + \left(\dfrac{G}{A} - 1\right) \cdot e^{-kGx}} = \dfrac{A \cdot G}{A\left(1 + \left(\dfrac{G}{A} - 1\right) \cdot e^{-kGx}\right)} = \dfrac{A \cdot G}{A + (G - A) \cdot e^{-kGx}}$

(2) Vgl. (1): $a = G;\ b = \dfrac{G}{A} - 1;\ C = k \cdot G$

(3) $f(x) = \dfrac{A \cdot G \cdot e^{kGx}}{e^{kGx} \cdot (A + (G - A) \cdot e^{-kGx})} = \dfrac{AG}{A + (G - A) \cdot e^{-kGx}}$

366 9.

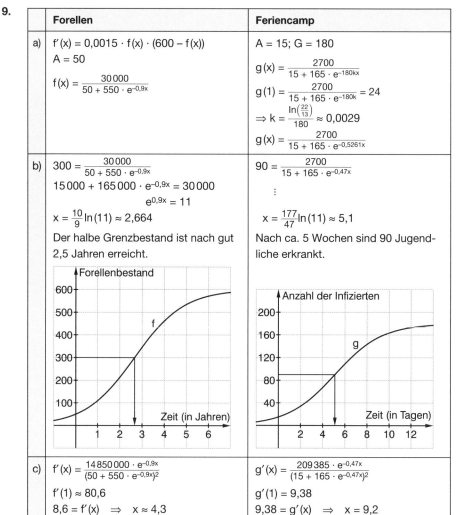

d) Vermutung: Die maximale Wachstumsgeschwindigkeit ist zu dem Zeitpunkt, wenn der halbe Grenzbestand erreicht ist. Oder: Die y-Koordinate des Wendepunktes ist $\frac{1}{2}G$.

366

9. Fortsetzung

d) Überprüfung mit Funktionen aus Aufgabe 5 mithilfe von:
- GTR und z. B. „nDeriv"
- Sekantensteigungsfunktion $m_{sek}(x) = \dfrac{f(x + 0{,}001) - f(x)}{0{,}001}$
- CAS

367

10.
$f''(x) = k \cdot f'(x) \cdot (G - f(x)) + k \cdot f(x) \cdot (-f'(x))$
$= k \cdot f'(x) \cdot G - k \cdot f'(x) \cdot f(x) - k \cdot f(x) \cdot f'(x)$
$= k \cdot f'(x) \cdot G - 2k \cdot f'(x) \cdot f(x)$
$= k \cdot f'(x) \cdot (G - 2 \cdot f(x))$
$f''(x) = 0 \;\Rightarrow\; G - 2 \cdot f(x) = 0 \;\Rightarrow\; f(x) = \tfrac{1}{2} G$

11.
a) Je größer der Bestand ist, desto größer ist die Sterberate. Einfachster Zusammenhang ist Proportionalität, also: $S = k \cdot f(x)$
$\Rightarrow\; f'(x) = (g - k \cdot f(x)) \cdot f(x)$
$= g \cdot f(x) - k \cdot f(x)^2 \underset{(g = k \cdot G)}{=} k \cdot G \cdot f(x) - k \cdot f(x)^2 = k \cdot f(x)(G - f(x))$

b) $f'(x) = k \cdot f(x) - b \cdot f(x)^2$
Eine Population wächst exponentiell. Das Wachstum wird eingeschränkt durch Begegnungen der Art mit sich selbst (Futterkonkurrenz, Kannibalismus, …).
$f'(x) = b \cdot f(x) \cdot \left(\dfrac{k}{b} - f(x)\right)$, d. h. $G = \dfrac{b}{k}$

368

12.
a) Prunkbohne
$f(0) = 1$; $G = 65$ (7|30)
$30 = \dfrac{65}{1 + 64 \cdot e^{-65 \cdot 7k}}$
$30 + 1920 \cdot e^{-455k} = 65$
$k = \dfrac{1}{455} \ln\left(\dfrac{35}{1920}\right) \approx 0{,}0088$
$f(x) = \dfrac{65}{1 + 64 \cdot e^{-0{,}572x}}$

Anmerkung: Man benötigt nicht exakte Werte; sinnvolle Rundung führt zu einfacheren Rechnungen, exakte Passung ist grundsätzlich nicht möglich.

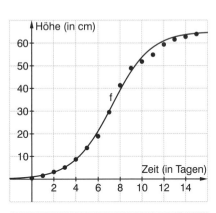

b) $A = 0{,}1$; $G = 36$ (6|13)
$\Rightarrow\; k = \dfrac{1}{216}\ln\left(\dfrac{4667}{23}\right) \approx 0{,}0246$

$f_1(x) = \dfrac{3{,}6}{0{,}1 + 35{,}9 \cdot e^{-0{,}8856x}}$

$f_2(x) = \dfrac{3{,}75}{0{,}1 + 37{,}4 \cdot e^{-0{,}75x}}$

(mit Plotter und Schiebereglern)

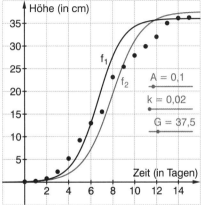

368 12. c) Beispiel (mit Plotter)

① $A = 3$; $G = 60$; $k = 0{,}006$

$$f_1(x) = \frac{180}{3 + 57 \cdot e^{-0{,}36k}}$$

② $A = 4$; $G = 80 \Rightarrow k = 0{,}0033$
(7 | 20)

$$f_2(x) = \frac{320}{4 + 76 \cdot e^{-0{,}2637x}}$$

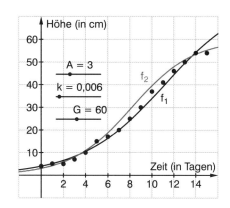

13. $x = 0$: Jahr 1700; $A = 6$; $G = 70$

(240 | 42): $k = \frac{\ln(2)}{4200} \approx 0{,}00017$

$$f_1(x) = \frac{420}{6 + 64 \cdot e^{-0{,}0116x}}$$

Mit Plotter:

$A = 5$; $G = 90$; $k = 0{,}00012$

$$f_2(x) = \frac{450}{5 + 85 \cdot e^{-0{,}0108x}}$$

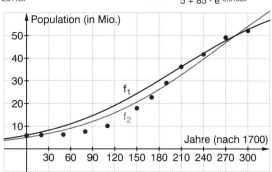

Es passen verschiedene Grenzen zu den Daten.

Prognosen für 2010: $f_1(310) = 54{,}15$
$f_2(310) = 56{,}33$

Aktuelle Einwohnerzahlen:
England: 50,4 Mio.
Wales: 2,9 Mio.
$\Rightarrow$ 53,3 Mio.: f_1 passt also besser.

Wenn das logistische Modell weiterhin passend sein soll, dann wird die Bevölkerungszahl gegen ca. 70 Millionen streben.

369 14. a) $A = 4$; $G = 200$

(120 | 92) $\Rightarrow k = \frac{1}{24\,000} \ln\left(\frac{1127}{27}\right) \approx 0{,}000155$: $f_1(x) = \frac{800}{4 + 196 \cdot e^{-0{,}031x}}$

b) 2010: $f_1(220) = 189{,}8 \Rightarrow$ Das passt überhaupt nicht zu 308,4 Mio. im Jahr 2010. Passt ein anderes logistisches Modell?

Mit Plotter: $f_2(x) = \frac{1900}{5 + 375 \cdot e^{-0{,}02584x}}$; $f_2(220) = 302{,}8$

369

14. Fortsetzung
b) Der Wert von 1940 passt nicht so gut. Die Daten legen keinen Grenzbestand nahe. Es bleibt die Frage nach dem Modelltyp offen, wie die weitere Entwicklung prognostiziert werden kann, da sehr unterschiedliche Grenzen zu den Daten passen.

G = 500; A = 5; k = 0,000046 passt auch noch gut (vgl. auch Aufgabe 15).

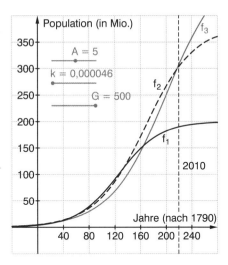

15. a) A = 38; G = 160; (3 | 110)

$110 = \dfrac{6080}{38 + 122 \cdot e^{-480k}} \Rightarrow k \approx 0{,}004$

$\Rightarrow f_A(x) = \dfrac{6080}{38 + 122 \cdot e^{-0{,}64x}}$

Die Zahl wird nur unwesentlich ansteigen und sich bei ca. 160 Arabismen stabilisieren.

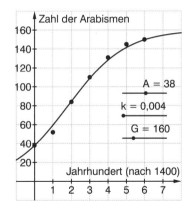

b) Latein: A = 250; G = 2200; (5 | 1300)
$\Rightarrow k \approx 0{,}00022$

$\Rightarrow f_{L1}(x) = \dfrac{550\,000}{250 + 1950 \cdot e^{-0{,}4844x}}$

Mit Plotter: $f_{L2}(x) = \dfrac{292\,500}{130 + 2120 \cdot e^{-0{,}6075x}}$

Weil die genaue Anzahl im 11./12. Jahrhundert sicher unbekannt ist, braucht die Passung hier nicht so gut zu sein.
Eine Skizze beider Funktionen und der Daten zeigt eine gute Passung.

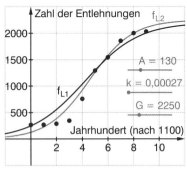

369 15. Fortsetzung
b) Modell mit G = 6000:
A = 1; G = 6000; (9|500)
$\Rightarrow$ k ≈ 0,000167
$\Rightarrow$ $f_{E3}(x) = \dfrac{6000}{1 + 5999 \cdot e^{-0,7x}}$
Mit Plotter: $f_{E2}(x) = \dfrac{60}{0,01 + 5999,99 \cdot e^{-1,2x}}$

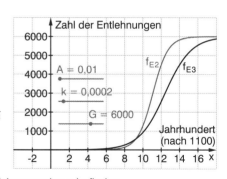

Zu den Latein-Daten passt kein wesentlich höherer Grenzbestand, weil die Daten schon stark „rechtsgekrümmt" sind und sich in der Stabilisierungsphase befinden.

c) Wenn ein Datensatz nur den Anfang eines Wachstumsprozesses zeigt, sind sehr unterschiedliche Prognosen möglich. Der Wendepunkt als charakteristischer Punkt (halber Grenzbestand) liegt noch nicht vor.
Umgekehrt: Wenn aus Daten ein Krümmungswechsel der Bestandsfunktion ablesbar ist, kennt man den Grenzbestand ziemlich genau.

370 16.

	A = 1; G = 5; k var.	k = 0,15; A = 1; G var.	k = 0,15; G = 5; A var.
Handlung	wachstumsfördernde bzw. -hemmende Maßnahmen (Futterdosierung, …)	Vergrößern bzw. Verkleinern des Lebensraums	Variation des anfänglich ausgesetzten Bestandes bzw. Zeitpunkt des Beginns der Messung
Funktionsgleichung	$f_k(x) = \dfrac{5}{1 + 4 \cdot e^{-5kx}}$	$f_G(x) = \dfrac{G}{1 + (G-1) \cdot e^{-0,15Gx}}$	$f_A(x) = \dfrac{5A}{A + (5-A) \cdot e^{-0,75x}}$
Parameterbereich	0 < k ≤ 1 Schrittweite 0,05	1 < G < 20 Schrittweite 0,5	0 < A < 10 Schrittweite 0,5
Grafik	(Kurvenschar, y bis 4)	(Kurvenschar, y bis 16)	(Kurvenschar, y bis 8)
Interpretation	Bestände wachsen unterschiedlich schnell gegen die Grenze 500; die Grenze ist unabhängig von k.	Erwartet: Bestände wachsen gegen die jeweilige Grenze. Unerwartet: Je größer die Grenze, desto schnelleres Wachsen zur Grenze (vgl. Kasten „Eine Modellanalyse …").	Bei Anfangsbeständen unterhalb des Grenzbestandes wächst der Bestand gegen die Grenze. Wenn A > G, dann Abnahme des Bestandes gegen die Grenze. Die Grenze ist unabhängig vom Anfangsbestand.

17. Lösungsfunktionen zu A = 1: (1) $f(x) = \dfrac{10}{1 + 9 \cdot e^{-x}}$

(2) $f(x) = \dfrac{5}{1 + 4 \cdot e^{-5x}}$

(3) $f(x) = \dfrac{20}{1 + 19 \cdot e^{-0,2x}}$

Je kleiner die y-Koordinate des Scheitelpunktes, desto geringer ist die maximale Wachstumsgeschwindigkeit.
Nullstelle $x_N \neq 0$ ist Grenzbestand; Extremstelle ist maximale Wachstumsgeschwindigkeit (Wendepunkt).
Im Phasendiagramm wird unmittelbar klar und einsichtig, warum im Wendepunkt des Bestandsdiagramms der halbe Grenzbestand erreicht ist (Symmetrie von Parabeln).

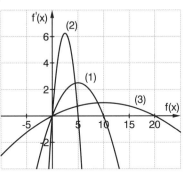

18. a) $f'(x) = k \cdot f(x) \cdot (6 - f(x))$
$2 = k \cdot 2 \cdot (6 - 2) \Rightarrow k = 0,25$
$\Rightarrow f'(x) = 0,25 \cdot f(x) \cdot (6 - f(x))$

$f_A(x) = \dfrac{3}{0,5 + 5,5 \cdot e^{-1,5x}}$; $f_B(x) = \dfrac{12}{2 + 4 \cdot e^{-1,5x}}$; $f_C(x) = \dfrac{24}{4 + 2 \cdot e^{-1,5x}}$; $f_D(x) = \dfrac{42}{7 - e^{-1,5x}}$

b)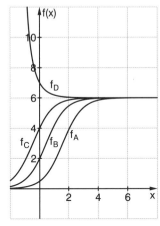

19. a)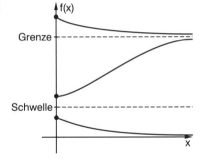

371 19. b) (1) – (A) f(x) = 0,04 · x · (x – 3) · (10 – x) ist ein Polynom vom Grad 3.
(2) – (B) f(x) = 0,2 · (x – 3) · (10 – x) ist eine Parabel.

(A)   (B)

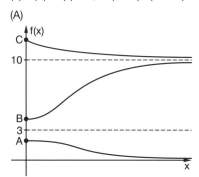
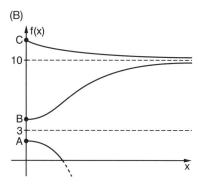

A: zu geringer Bestand ⇒ Aussterben
B: Wachstum gegen Grenze
C: Abnahme zur Grenze
Unterschied:
Bei (A): Langfristig abnehmende Abnahme, „asymptotisches" Aussterben
Bei (B): zunehmend schnelle Abnahme und Aussterben

373 20. a) Der Wachstumsfaktor g – s · x setzt sich aus der konstanten Geburtenrate g und einer zur Zeit proportionalen Sterberate s zusammen. Mit zunehmender Zeit wird s · x im Vergleich zu g immer größer, sodass irgendwann s · x > g gilt. Der Bestand muss abnehmen, wenn $x > \frac{g}{s}$. (*)
g: Wachstums- bzw. Verbreitungsrate
s: Rate, mit der Bestände abnehmen bzw. Immunisierungsrate
$f(x) = e^{gx - \frac{s}{2}x^2}$; $f'(x) = (g - s \cdot x) e^{gx - \frac{s}{2}x^2} = (g - s \cdot x) \cdot f(x)$

b)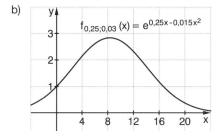

$f'(x) = 0 \Rightarrow g - s \cdot x = 0 \Rightarrow x_E = \frac{g}{s}$ (vgl. (*))
$g = 0{,}25$; $s = 0{,}03 \Rightarrow x_E = 8{,}\overline{3} = \frac{25}{3}$; $f\left(\frac{25}{3}\right) = e^{\frac{25}{24}} \approx 2{,}83$
Maximaler Bestand: 2,83 zum Zeitpunkt $x = 8{,}\overline{3}$

$f''(x) = -s \cdot e^{gx - \frac{s}{2}x^2} + (g - s \cdot x) \cdot (g - s \cdot x) \cdot e^{gx - \frac{s}{2}x^2}$

$= -\frac{3}{100} \cdot e^{\frac{1}{4}x - \frac{15}{1000}x^2} + \left(\frac{1}{16} - \frac{3}{200}x + \frac{9}{10000}x^2\right) \cdot e^{\frac{1}{4}x - \frac{15}{1000}x^2}$

$= \left(\frac{9}{10000}x^2 - \frac{3}{200}x + \frac{13}{400}\right) \cdot e^{\frac{1}{4}x - \frac{15}{1000}x^2} = 0$ (g = 0,25 und s = 0,03 eingesetzt)

$\Rightarrow x_{1,2} = \frac{25}{3} \pm \frac{10}{3}\sqrt{3} \Rightarrow x_1 \approx 2{,}56$; $x_2 \approx 14{,}1$ (Stellen maximaler Zu- bzw. Abnahme)

373 20. c)

	Bakterien	Grippewelle
① g variabel s = 0,03	Zeitverzögertes höheres Maximum des Bestandes, Aussterben etwas später	Zeitverzögerte höhere Maximalanzahl Kranker, Immunisierung etwas später
② g = 0,25 s variabel	Zeitverzögertes höheres Maximum bei Verringerung der Giftigkeit, Aussterben wird weiter hinausgezögert → Verringerung von s effektiver	Zeitverzögertes höheres Maximum, wenn Immunisierung (Heilungsprozess) schlechter → Einflussnahme auf Ansteckung (→ g) effektiver

① $f_g(x) = e^{gx - 0,015x^2}$

$f_g'(x) = (g - 0,03x) \cdot e^{gx - 0,015x^2}$

$f_g'(x) = 0 \Rightarrow x = \dfrac{100\,g}{3} \Rightarrow f_g\left(\dfrac{100\,g}{3}\right) = e^{\frac{50\,g^2}{3}}$

HP $\left(\dfrac{100\,g}{3} \,\middle|\, e^{\frac{50\,g^2}{3}}\right)$

Ortskurve:

(i) Parameterdarstellung:

$x(g) = \dfrac{100\,g}{3}$

$y(g) = e^{\frac{50}{3} g^2}$

(ii) Mit Parameterelimination:

$x = \dfrac{100\,g}{3} \Rightarrow g = \dfrac{3x}{100}$

$\Rightarrow y = e^{\frac{50}{3}\left(\frac{3x}{100}\right)^2} \Rightarrow y = e^{\frac{3x^2}{200}}$

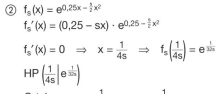

② $f_s(x) = e^{0,25x - \frac{s}{2}x^2}$

$f_s'(x) = (0,25 - sx) \cdot e^{0,25x - \frac{s}{2}x^2}$

$f_s'(x) = 0 \Rightarrow x = \dfrac{1}{4s} \Rightarrow f_s\left(\dfrac{1}{4s}\right) = e^{\frac{1}{32s}}$

HP $\left(\dfrac{1}{4s} \,\middle|\, e^{\frac{1}{32s}}\right)$

Ortskurve: $x = \dfrac{1}{4s} \Rightarrow s = \dfrac{1}{4x}$

$\Rightarrow y = e^{\frac{1}{32\frac{1}{4x}}} \Rightarrow y = e^{\frac{x}{8}}$

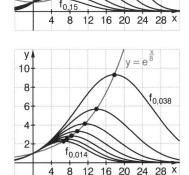

Maximale Bestandszunahme:

Für f_g: $\left.\begin{array}{l}\left(\dfrac{10(10g - \sqrt{3})}{3} \,\middle|\, e^{\frac{50g^2}{3} - \frac{1}{2}}\right) \\ \left(\dfrac{10(10g + \sqrt{3})}{3} \,\middle|\, e^{\frac{50g^2}{3} - \frac{1}{2}}\right)\end{array}\right\}$ vgl. Schülerband, S. 373 unten

Für f_s: $\left(\dfrac{1 + 4\sqrt{s}}{4s} \,\middle|\, e^{\frac{1}{32s} - \frac{1}{2}}\right)$

$\left(\dfrac{1 - 4\sqrt{s}}{4s} \,\middle|\, e^{\frac{1}{32s} - \frac{1}{2}}\right)$

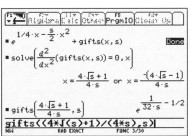

374   **21.**   a)   (1) – (e) – (A) – (IV)   (2) – (a) – (B) – (V)
                (3) – (d) – (D) – (II)   (4) – (c) – (E) – (III)
                (5) – (b) – (C) – (I)

b)   (A) $f'(x) = \ln(k) \cdot k^x = \ln(k) \cdot f(x)$

     (B) $f'(x) = \frac{k}{x}$

     (C) $f'(x) = k \cdot x$

     (D) $f'(x) = k$

     (E) $f'(x) = \frac{1}{2}(2kx)^{-\frac{1}{2}} \cdot 2k = \frac{k}{\sqrt{2kx}} = \frac{k}{f(x)}$

     $k \cdot \ln(x) \to \sqrt{2kx} \to kx \to \frac{1}{2}kx^2 \to k^x$

c) $f(x) = \sin(x)$
     $f'(x) = \cos(x)$ $\Rightarrow f''(x) = -f(x)$ Die 2. Ableitung ist das Negative
     $f''(x) = -\sin(x)$ der Ausgangsfunktion.

     $f(x) = x^k$ Die Änderung ist proportional zum Quotienten
     $f'(x) = k \cdot x^{k-1} = \frac{k \cdot x^k}{x^1} = \frac{k \cdot f(x)}{x}$ aus Bestand und Zeit.